普通高等院校网络空间安全“十四五”规划系列教材

密码学原理

MIMAXUE YUANLI

骆　婷　汤学明　崔永泉◆编

华中科技大学出版社
http://press.hust.edu.cn
中国·武汉

图书在版编目(CIP)数据

密码学原理/骆婷,汤学明,崔永泉编. —武汉:华中科技大学出版社,2023.12
ISBN 978-7-5680-9704-8

Ⅰ.①密… Ⅱ.①骆… ②汤… ③崔… Ⅲ.①密码学 Ⅳ.①TN918.1

中国国家版本馆 CIP 数据核字(2023)第 238156 号

密码学原理
Mimaxue Yuanli

骆 婷 汤学明 崔永泉 编

策划编辑:范 莹
责任编辑:李 露
封面设计:原色设计
责任校对:阮 敏
责任监印:周治超
出版发行:华中科技大学出版社(中国·武汉) 电话:(027)81321913
武汉市东湖新技术开发区华工科技园 邮编:430223
录 排:武汉市洪山区佳年华文印部
印 刷:武汉市洪林印务有限公司
开 本:787mm×1092mm 1/16
印 张:19.5
字 数:468 千字
版 次:2023 年 12 月第 1 版第 1 次印刷
定 价:52.00 元

序言

本教材依托华中科技大学“密码学原理”课程讲授内容和所建设“密码学原理”慕课内容编纂而成。密码学涵盖内容丰富，且涉及一定的数学基础知识，本教材着重于讲解密码学的基本原理和方法，相关的数学背景知识请参考本校“信息安全数学基础”课程的内容。通过学习本教材，学生应掌握密码学基本原语的设计思想和构造方法，能够利用所学构造方法提出满足实践安全需求的密码方案。本教材适合网络空间安全专业及相关专业的本科生使用。

第 1 章通过介绍简单古典密码，引出密码学基本术语、基本的构造技术等内容。

第 2 章介绍了香农对密码学的基本贡献、信息论在密码学中的应用、完善保密性相关知识。密码学中的熵可以揭示加密的本质，乘积密码体制是迭代密码的基本思想。

第 3 章介绍了分组密码的基本设计思想、使用原则、结构，以及典型的分组密码算法，同时介绍了分组密码实践中的工作模式和短块处理。为了易于理解差分密码分析和线性密码分析的思想，选择通过简单的 SPN 示例来进行介绍。

第 4 章介绍了序列密码及其相关内容。

第 5 章对 Hash 函数和消息认证码 MAC 进行了介绍，包括通用的生日攻击、基本结构和构造方法。同时还介绍了利用 Hash 函数构造密钥派生函数 KDF 的过程。

第 6 章主要介绍基于大整数分解和离散对数问题的公钥密码体制，并讨论了相关数学问题的求解算法。

第 7 章介绍了常用的及特殊类型的数字签名方案。

第 8 章介绍了计算复杂性理论下的可证明安全，包括形式化地定义攻击模型、密码方案的安全性，以及形式化定义下的安全性证明。

第 9 章和第 10 章主要介绍了密钥分配、协商的相关知识，以及身份认证的密码学安全协议，同时也介绍了公钥基础设施 PKI。

第 11 章主要介绍了我国的标识算法 SM9 和属性加密算法。

教材每章均附有适量习题，帮助学生学习和巩固章节重点内容。

由于编者水平有限，编写内容可能存在疏漏和错误，敬请批评和指正。

最后，衷心感谢所有为本书付出时间和精力的人们，特别感谢邢光林、许映沙、汪凯和李金璠。

编　者

2023 年 11 月于武汉

目录

1

古典密码

密码学作为一门科学,已经有几千年的历史,在外交和军事上留下了无数的传奇和故事。在我们的生活中也处处都有密码学的身影,电子支付中的口令、验证码中就有密码学的应用。密码学从最初主要用于秘密通信,发展到现今无处不在,以图解决信息系统中的很多安全问题。密码学能提供基本的安全服务,可通过加密、解密来保障信息的机密性,可通过计算不可伪造的函数来提供认证功能,这有助于提供数据保护功能,以防止重要信息被泄露、伪造、篡改。

1.1 安全需求和基本术语

1.1.1 安全需求和安全服务

密码学研究与信息保密、数据完整性、实体认证等相关的数学技巧。一般安全信息系统的安全性主要包括以下几个特性。

数据机密性(Confidentiality):发送者将消息传递给接收者,希望保证除了接收者之外,其他人不能读懂消息的内容,这就是消息的机密性要求,保障消息不泄露给未经授权的人。

数据完整性(Integrity):要求传输的信息在传输过程中不被未授权者篡改,并且保证信息的真实性。

可用性(Availability):保证系统能为需要使用系统资源的被授权者提供服务。

抗抵赖性(不可否认服务,Non-repudiation):能为数据的接收者提供数据来源,使发送者谎称未发送过这些数据或否认它的内容的企图不能得逞;并为数据的发送者提供数据交付证据,使接收者谎称未收到这些数据或否认它的内容的企图不能得逞。

密码技术是信息安全技术的核心,它是用于实现安全服务的关键技术。

1.1.2 基本概念和术语

密码学(Cryptology)包括密码编码学(Cryptography)和密码分析学(Cryptanalysis)。密码编码学用于寻求生成高强度的、有效的加密或认证算法。密码分析学用于破译密码或者伪造加密信息,也可用于通过密文或者给定信息寻求密钥,即破译密文。

明文(Plaintext)是在加密传输中要变换的信息,有时也称为消息(Message),用 P

或者 M 来表示，它可以是文本文件、位图、数字化的语音序列或数字化的视频图像等。对于计算机，它主要是二进制数据。

密文(Ciphertext)是对明文经过变换或者隐蔽之后得到的消息，用 C 来表示，对于计算机，它也是二进制数据。

加密(Encipher 或 Encode)是指通过某种方法将明文伪装、隐藏、转换成密文的过程。

解密(Decipher 或 Decode)是指将密文还原成明文的过程，是加密的逆过程。

加密函数(算法)是在加密过程中所使用的一组规则的集合。作用于明文 P 得到密文 C，表示成 $E(P)=C$。

解密函数(算法)是指解密过程中的变换规则，表示成 $D(C)=P$。

先加密再解密，将会恢复明文，即有 $D(E(P))=P$。

如果加密方案的安全性依赖于加密算法本身的保密性，则这种算法称为受限制的算法。在现代密码学中，算法的安全性一般不能依赖于算法的保密性，根据 Kerckhoffs 假设，一个密码算法的安全性不取决于密码算法的保密性，即算法的细节可以公开，而取决于密钥的保密性，即只要敌手不知道加密过程中所使用的密钥，方案就是安全的。

密钥(Key)是在加密算法和解密算法中所使用的参数，根据所起的作用分为加密密钥和解密密钥。因此，一次具体的加解密过程由密钥来确定。

定义 1.1 一个密码体制是满足以下条件的五元组($\mathscr{P}$,$\mathscr{C}$,$\mathscr{K}$,$\mathscr{E}$,$\mathscr{D}$)，其中，$\mathscr{P}$ 表示明文空间，其为由所有可能的明文组成的有限集；$\mathscr{C}$ 表示密文空间，其为由所有可能的密文组成的有限集；$\mathscr{K}$ 表示密钥空间，其为由所有可能的密钥组成的有限集；$\mathscr{E}$ 表示加密算法集合；$\mathscr{D}$ 表示解密算法集合。

对每个 $k\in\mathscr{K}$，都存在一个加密规则 $e_k\in\mathscr{E}$ 和对应的解密规则 $d_k\in\mathscr{D}$。并且对每对 $e_k:\mathscr{P}\to\mathscr{C}$，$d_k:\mathscr{C}\to\mathscr{P}$，满足：对每个明文 $x\in\mathscr{P}$，均有 $d_k(e_k(x))=x$。

对于一个加密体制，加解密函数由对应的密钥确定。如果加密过程是一个确定性的过程，即为给定明文加密得到的密文唯一确定，为了能够正确恢复明文，且使不同明文在固定密钥的作用下得到不同的密文，那么加密函数一定是单射函数。

可以使用一个通信系统来描述一个加密系统，如图 1.1 所示，其中，Alice 为发送者，Bob 为接收者，Eve 为攻击者。

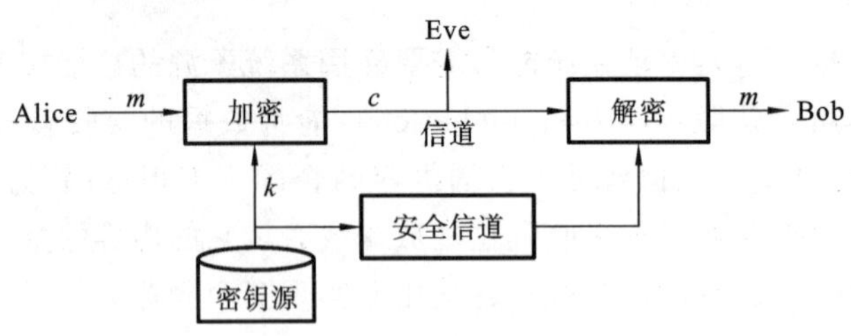

图 1.1 加密的通信模型

加解密过程可以看作一个通信过程，Alice 加密消息 m，只希望 Bob 能够接收到，那么 Alice 相当于消息的发送者，Bob 相当于消息接收者，消息在不安全的信道中传播，Alice 对信息首先进行处理，即进行加密，加密后发送给 Bob，那么在信道上传输的是加密之后的密文 c，即使信道上的 Eve 进行非法窃听或者截获，由于无法获取关键的密钥

k,他也无法看懂密文,而接收方 Bob 可以根据由安全信道得到的密钥 k 恢复消息。

通信安全的关键在于密钥 k 的保密性,所以密钥必须在安全信道中传输以保证不被 Eve 获取。

在一个密码体制中,当加密密钥和解密密钥相同或者由一个密钥可以很容易推导出另一个密钥时,这种密码体制称为对称密码体制(Symmetric-key cryptosystem)。而当加密密钥和解密密钥不同且不能互相推导得到时,我们称这种密码体制为非对称密码体制,也称为公钥密码体制(Public-key cryptosystem),加密密钥公开,对应的解密密钥保密。

在公钥密码体制中,用户持有一对密钥(P_k,P_r),其中,P_k 公开,称为公钥,P_r 私有,称为私钥。公钥密码体制可以用于保密通信和数字签名。Alice 可以通过使用 Bob 的公钥给 Bob 传输秘密信息,使得传输的信息只能由 Bob 阅读;另一方面,Alice 可以通过自己的私钥对消息进行签名,Bob 可以使用 Alice 的公钥来验证签名,由此确认消息来自于 Alice。

此外,按照明文的处理方式,密码体制分为分组密码(Block cipher)和序列密码(Stream cipher)。分组密码将明文分成长度固定的组块,称为分组,对每个分组使用同样的密钥和算法进行加密和解密;而序列密码又称为流密码,通过生成一个伪随机串来逐比特或者逐字符加密,不同位置的比特或者字符使用不同的密钥,一般加解密过程比较简单,如逐比特异或,序列密码也属于对称密码体制,是各国军事或者外交主要使用的密码体制。

1.1.3 发展简史

密码学由早期用于秘密通信变成保障信息系统安全的科学,经过了以下五个阶段。

第一阶段为古代到 19 世纪末,这个时期产生的密码体制一般称为"古典密码体制",加密和解密工作主要以"手工"为主,也有使用简单机械设备进行操作的。

第二阶段为 20 世纪初到 20 世纪 50 年代末,摩尔斯发明了电报,建立了电报通信,使用一些复杂机械和电动机械设备实现加解密的体制,如两次世界大战期间使用的转轮机等设备。

第三阶段从香农 1949 年发表《保密系统的通信理论》开始,到 20 世纪末结束。1967 年,戴维卡恩(David Kahn)《破译者》(the Codebreakers)的出版,使得密码学从隐秘走向公开。1977 年,美国标准局 NBS 发布的数据加密标准 DES(Data Encryption Standard),促进了当代密码学的蓬勃发展和应用,出现了大量实用的传统密码体制和标准。

第四阶段指非对称密码学,即公钥密码体制的出现,1976 年,由 Diffie 和 Hellman(获得 2015 年图灵奖)发表的划时代的开创性论文《密码学的新方向》提出。公钥密码体制主要基于一些数学难题。1978 年,R. Rivest、A. Shamir 和 L. Adleman(获得 2002 年图灵奖)提出第一个成熟和完善的公钥密码体制 RSA,该体制基于大整数因式分解困难性问题,扩展了密码学的应用。此后,椭圆曲线密码体制、基于属性的加密 IBE、基于格的密码体制等公钥密码体制相继提出。

第五阶段从 Goldwasser 和 Micali(获得 2012 年图灵奖)于 1982 年提出语义安全性的概念开始,开启了可证明安全领域的先河,密码学进入"现代密码学"阶段。此外,各种新的算法和标准纷纷发布和提出，如高级加密标准 AES（Advanced Encryption Standard），抵抗量子攻击的后量子密码等；随着量子技术的兴起，量子密码也成为一个研究方向；密码学的研究内容也拓展到消息认证、数字签名、安全协议（密钥交换、身份认证、多方计算等）等。

1.2 代换与置换

古典密码是一些早期的基于字符的密码体制，在古典密码中，常常使用到两种技术：代换（Substitution）与置换（Permutation）。

代换是指将明文字符按照某种对应关系替换成另外的密文字符，解密则是使用相应的对应关系将密文字符还原成明文字符，而其中的对应关系即是密钥。

而置换则不改变明文字符本身，其通过改变明文字符的位置来产生密文，密钥为位置的变换表。

1.2.1 代换密码

通过几个中外古典密码的实例，我们可以了解代换技术，并得到代换密码的数学描述。

例 1.1 棋盘密码是代换密码的实例，在棋盘密码中，将 26 个英文字母填进一个 5×5 的方阵中，由于 J 出现的频率比较低，将 I 和 J 放在一个格内，如图 1.2 所示。

	1	2	3	4	5
1	A	B	C	D	E
2	F	G	H	I/J	K
3	L	M	N	O	P
4	Q	R	S	T	U
5	V	W	X	Y	Z

图 1.2 棋盘密码方阵

在棋盘密码的代换规则中，明文字符是 26 个英文字母，密文字符则是明文字符在图 1.2 的方阵中的位置索引(i,j)，其中，$1\leqslant i\leqslant 5$，$1\leqslant j\leqslant 5$（i、j 即为行列坐标）。加密时，对每个明文字母，找到其在方阵中的位置(i,j)，使用 ij 来作为其密文。比如明文为 HELLO，对于明文字符 H，通过查询可以知道 H 在第 2 行第 3 列，因此 H 的密文为 23，对所有的明文字符查询相同的方阵，最终得到密文 2315313134；解密的过程则是在密文的数字串中，根据图 1.2 所示的方阵，逐个选取数字对作为行列坐标，返回坐标对应的字母作为明文字符，即可恢复明文。

例 1.2 代换密码的另一个著名实例是凯撒密码，明文字符和密文字符都是 26 个字母，每个明文字母（使用小写字母表示）使用其后的第三个字母来进行代换，即得到密文字符（使用大写字母表示），比如明文字符 a、b、c 分别代换成密文字符 D、E、F，如图 1.3 所示。

根据凯撒密码的加密规则，明文串 happy 被代换成 KDSSB。

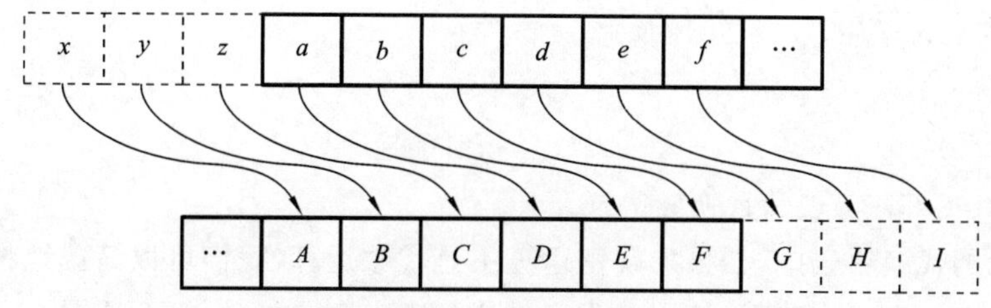

图 1.3　凯撒密码

例 1.3　在中国也有代换密码的实例，比如北宋时期曾公亮的《武经总要》中记载，将常用的军事情报编为 40 种：1 请弓、2 请箭、3 请刀、4 请甲、5 请枪旗、6 请锅幕、7 请马、8 请衣赐、9 请粮料、10 请草料、11 请车牛、12 请船、13 请攻城守具、14 请添兵、15 请移营、16 请进军、17 请退军、18 请固守、19 未见贼、20 见贼讫、21 贼多、22 贼少、23 贼相敌、24 贼添兵、25 贼移营、26 贼进兵、27 贼退兵、28 贼固守、29 围得贼城、30 解围城、31 被贼围、32 贼围解、33 战不胜、34 战大胜、35 战大捷、36 将士投降、37 将士叛、38 士卒病、39 都将病、40 战小胜。

然后选择一首包含 40 个字的五言律诗作为密码本（字不能重复），比如杜甫的《春望》：

国破山河在，城春草木深；感时花溅泪，恨别鸟惊心；

烽火连三月，家书抵万金；白头搔更短，浑欲不胜簪。

加密过程是根据军事情报对应的序号，在五言律诗中找到对应序号所在位置上的字，然后将该字做标记放在普通公文中发送。

比如要传送消息请弓，其序号为 1，找到五言律诗中序号为 1 的字，比如《春望》中即为“国”，将国字写进普通公文中，并在“国”上加印。解密，即字验的过程，在普通公文中找到加标记的字，根据五言律诗密码本，找到该字在五言律诗中的位置，通过字的序号即可得到情报。比如，同样以《春望》作为密码本，若在公文中有“火”字且加上印，那么就在《春望》中搜索“火”字，可以看到“火”是该五言律诗中的第 22 个字，那么就可知传输的消息为 22 贼少。

1.2.1.1　一般代换密码的数学描述

在古典密码中，明文空间和密文空间经常都是 26 个英文字母所组成的字母表，为了方便运算，通常将字母转换成数字，通过模 26 将运算结果保持在[0,25]，字母与数字的对应关系如表 1.1 所示。

表 1.1　字母与数字的对应关系

字母	a	b	c	d	e	f	g	h	i	j	k	l	m
数字	0	1	2	3	4	5	6	7	8	9	10	11	12
字母	n	o	p	q	r	s	t	u	v	w	x	y	z
数字	13	14	15	16	17	18	19	20	21	22	23	24	25

我们给出代换密码的数学描述。

密码体制 1.1　代换密码

令 $P=C=Z_{26}$，K 是定义在由 26 个数字 0，1，…，25 组成的集合上所有可能的置

换。对 $\forall \pi \in K$，定义

$$e_\pi(p)=\pi(p)$$
$$d_\pi(c)=\pi^{-1}(c)$$

其中，$p\in P$，$c\in C$，π^{-1}表示置换 π 的逆。

在一般的代换密码中，如果加解密运算不是代数运算，我们可以简单地将加解密看作字母表上的一个一一映射，使用一张字母代换表来表示，如表 1.2 所示。

表 1.2　置换 π 的加密表

a	b	c	d	e	f	g	h	i	j	k	l	m
Y	H	N	A	X	P	O	G	Z	Q	W	B	T
n	o	p	q	r	s	t	u	v	w	x	y	z
S	F	L	R	C	D	M	U	E	K	J	V	I

如表 1.2 所示，通过置换 π 可以得到一个加密函数。同样，小写字母表示明文字符，大写字母表示密文字符。

有 $e_\pi(a)=Y$，$e_\pi(b)=H$。解密函数即是相应的逆置换 π^{-1}，如表 1.3 所示。

表 1.3　解密函数逆置换表

A	B	C	D	E	F	G	H	I	J	K	L	M
d	l	r	s	v	o	h	b	z	x	w	p	t
N	O	P	Q	R	S	T	U	V	W	X	Y	Z
c	g	f	j	q	n	m	u	y	k	e	a	i

有 $d_\pi(\mathrm{A})=d$，$d_\pi(\mathrm{B})=l$。可以看到，$d_\pi(e_\pi(a))=d_\pi(Y)=a$，经过一次加密和解密过程可以还原明文。

那么我们可以通过解密函数来解密密文，由

FSXGFUCMFAYVZDKFCMGMKFMFTFCCFK

可得到明文

one hour today is worth two tomorrow

为了防止穷举攻击，密钥空间应该足够大，这是密码体制安全的必要条件，但不是充分条件。代换密码的密钥空间是 Z_{26} 上的置换，有 26! 个代换表，数值超过了 4.0×10^{26}，如果使用穷尽密钥暴力搜索的方法来进行攻击，在计算上不可行。但是，采用其他的密码分析方法可以攻破该密码体制。

1.2.1.2　仿射密码

仿射密码是一种单表代换体制，单表代换是指代换规则总是依据一张代换表，也就是一旦密钥选定，每个字母都被加密成对应的唯一的另外的字母。

密码体制 1.2　仿射密码

令 $P=C=Z_{26}$，$K=\{(a,b)\in Z_{26}\times Z_{26}:\gcd(a,26)=1\}$，对任意 $k=(a,b)\in K$，$\forall x$，$y\in Z_{26}$，定义

$$e_k(x)=ax+b \bmod 26$$

$$d_k(y)=a^{-1}(y-b) \bmod 26$$

其中，a^{-1}为 a 在 Z_{26} 中的乘法逆。

$a=1$ 对应移位密码；$a=1,b=3$ 对应凯撒密码。

a 和 26 互素，同余方程 $y\equiv ax+b \bmod 26$ 在给定 y、a、b 时有唯一解，所以仿射运算构成的加密函数是一个单射，满足密码体制中对于加密函数必须是单射的要求。

在 Z_m 中与 m 互素的数的个数称为 m 的欧拉函数，用 $\phi(m)$表示，下面的定理给出了 $\phi(m)$的计算公式，相关的知识和有关同余方程解的知识请参看参考文献[1]。

定理 1.1 假定

$$m=\prod_{i=1}^{n} p_i^{e_i}$$

这里，p_i为互不相同的素数，$e_i>0$，$1\leqslant i\leqslant n$，则

$$\phi(m)=\prod_{i=1}^{n}(p_i^{e_i}-p_i^{e_i-1})$$

由上面的公式，我们可以得到仿射密码的密钥空间大小为

$$\phi(26)=12\times 26=312$$

例 1.4 设密钥 $k=(5,8)$，$5^{-1} \bmod 26=21$，加密函数为

$$e_k(x)=5x+8 \bmod 26$$

相应的解密函数为

$$d_k(y)=21(y-8)=21y+14 \bmod 26$$

下面可以验证对于 $\forall x\in Z_{26}$，有 $d_k(e_k(x))=x$：

$$d_k(e_k(x))=21(5x+8)+14 \bmod 26=105x+182 \bmod 26=x$$

使用例 1.4 中的密钥，我们可以加密明文 cat，首先转化字母为数，c、a、t 分别对应 2、0、19，每个明文字符分别加密为

$$5\times 2+8 \bmod 26=18 \bmod 26=18$$

$$5\times 0+8 \bmod 26=8 \bmod 26=8$$

$$5\times 19+8 \bmod 26=103 \bmod 26=25$$

转化为字母可得到密文为 SIZ。解密过程将每个密文字母转化成数字，使用解密函数可以完成该过程。

1.2.1.3 维吉尼亚密码

维吉尼亚密码是一种多表代换密码，由 16 世纪的法国人 Blaise De Vigenère 发明。多表代换体制是指在加密代换中，一个明文字符可通过多张代换表来进行代换，可以得到不同的密文字符。在维吉尼亚密码中，一个明文字母可以使用 26 张代换表中的其中一张来进行代换。

密码体制 1.3 维吉尼亚密码

设 m 是一个正整数。定义 $P=C=K=(Z_{26})^m$。对任意的密钥 $k=(k_1,k_2,\cdots,k_m)$，定义

$$e_k(x_1,x_2,\cdots,x_m)=(x_1+k_1,x_2+k_2,\cdots,x_m+k_m)$$

$$d_k(y_1,y_2,\cdots,y_m)=(y_1-k_1,y_2-k_2,\cdots,y_m-k_m)$$

以上运算都在 Z_{26} 上进行。

维吉尼亚密码中，每个密钥 k 是一个长度为 m 的字母串，称为密钥字，对于维吉尼亚密码来说，一次加密 m 个明文字母，每个明文字母独立使用移位密码进行加密，但在一次加密中，一个字母可以被映射为 m 个字母中的某一个(假设密钥字含有 m 个不同的字母)，也就是说，一个字母可以根据其在明文分组中对应位置上的密钥字母来选择 m 张表中的其中一张来进行代换。这样的密码体制称为多表代换体制，一个字母最多对应 26 张表。一般来说，多表代换比单表代换更为安全一些。

例 1.5 假设 $m=6$，密钥字为 CIPHER，对应于数字串 $K=(2,8,15,7,4,17)$，假设需要加密的明文为

thiscryptosystemisnotsecure

首先将明文串转化为相应的数字，每六个为一组，对应于同一个密钥字，使用密钥字进行模 26 的加法运算：

$$
\begin{array}{ccccccccccccccc}
 & 19 & 7 & 8 & 18 & 2 & 17 & & 24 & 15 & 19 & 14 & 18 & 24 & \\
+ & 2 & 8 & 15 & 7 & 4 & 17 & + & 2 & 8 & 15 & 7 & 4 & 17 & \bmod 26 \\
\hline
 & 21 & 15 & 23 & 25 & 6 & 8 & & 0 & 23 & 8 & 21 & 22 & 15 &
\end{array}
$$

$$
\begin{array}{ccccccccccccccc}
 & 18 & 19 & 4 & 12 & 8 & 18 & & 13 & 14 & 19 & 18 & 4 & 2 & \\
+ & 2 & 8 & 15 & 7 & 4 & 17 & + & 2 & 8 & 15 & 7 & 4 & 17 & \bmod 26 \\
\hline
 & 20 & 1 & 19 & 19 & 12 & 9 & & 15 & 22 & 8 & 25 & 8 & 19 &
\end{array}
$$

$$
\begin{array}{ccccc}
 & 20 & 17 & 4 & \\
+ & 2 & 8 & 15 & \bmod 26 \\
\hline
 & 22 & 25 & 19 &
\end{array}
$$

转换成相应的密文为

VPXZGIAXIVWPUBTTMJPWIZITWZT

维吉尼亚密码的密钥空间为 26^m，即使 m 取值很小(比如 5)，密钥空间也比较大，使用穷举密钥来进行暴力破解需要很长时间。

1.2.1.4 希尔密码

希尔密码(Hill Cipher)是一种多字母代换密码。该密码体制是 Lester S. Hill 于 1929 年提出的。它每次加密 m 个字符，通过与一个 $m\times m$ 的矩阵进行在 Z_{26} 上的线性变换来进行加密。

密码体制 1.4 希尔密码

设 $m\geqslant 2$ 为正整数，$P=C=(Z_{26})^m$ 且 $\mathcal{K}=\{$定义在 Z_{26} 上的 $m\times m$ 可逆矩阵$\}$，

对任意的明文 $x\in P$，密文 $y\in P$ 和密钥 $\boldsymbol{K}\in\mathcal{K}$，定义：

$$e_K(x)=x\boldsymbol{K}$$

和

$$d_K(y)=y\boldsymbol{K}^{-1}$$

以上运算都在 Z_{26} 上进行。其中，$\boldsymbol{K}^{-1}$ 是 $\boldsymbol{K}$ 在 Z_{26} 上的乘法逆矩阵，即

$$\boldsymbol{K}\times\boldsymbol{K}^{-1}=\boldsymbol{I}\ (\boldsymbol{I}\text{ 为 } m \text{ 维单位矩阵})$$

我们知道一个实矩阵 $\boldsymbol{K}$ 可逆当且仅当其行列式值非零，那么，如何判断 Z_{26} 上的矩阵 $\boldsymbol{K}$ 是否为 Z_{26} 上的可逆矩阵呢？此时，矩阵运算在 Z_{26} 上进行，即加法和乘法是 Z_{26} 上的模 26 加和模 26 乘，因此结论是，Z_{26} 上的矩阵 $\boldsymbol{K}$ 为可逆矩阵当且仅当其行列式值与 26 互素，即 $\gcd(\det(\boldsymbol{K}),26)=1$，其中，$\det(\boldsymbol{K})$ 表示矩阵 $\boldsymbol{K}$ 的行列式值。

对明文 $x=(x_1,x_2,\cdots,x_m)\in P$，以及 $\boldsymbol{K}\in\mathcal{K}$，定义加密过程为

$$y=(y_1,y_2,\cdots,y_m)=(x_1,x_2,\cdots,x_m)\begin{pmatrix}k_{11} & k_{12} & \cdots & k_{1m}\\ k_{21} & k_{22} & \cdots & k_{2m}\\ \vdots & \vdots & \vdots & \vdots\\ k_{m1} & k_{m2} & \cdots & k_{mm}\end{pmatrix}$$

例 1.6 假设密钥为

$$\boldsymbol{K}=\begin{pmatrix}2 & 5\\ 9 & 5\end{pmatrix}$$

其逆矩阵为

$$\boldsymbol{K}^{-1}=\begin{pmatrix}11 & 15\\ 1 & 20\end{pmatrix}$$

假设要加密的明文为 moon，可将明文划分为两个加密单元，并将字母转化成 Z_{26} 上的元素，即(12,14)和(14,13)，分别使用相同的线性变换来进行加密：

$$(12\quad 14)\begin{pmatrix}2 & 5\\ 9 & 5\end{pmatrix}=((24+126)\bmod 26\quad (60+70)\bmod 26)=(20\quad 0)$$

$$(14\quad 13)\begin{pmatrix}2 & 5\\ 9 & 5\end{pmatrix}=((28+117)\bmod 26\quad (70+65)\bmod 26)=(15\quad 5)$$

转换成字母后密文为 UAPF，解密过程类似。

逆矩阵可以通过初等行变换来求解，若矩阵维数不大(如 $m=2,3$)，可以通过伴随矩阵来直接计算出矩阵的逆，详情请参考线性代数相关教材，计算时需要注意运算规则都是基于 Z_{26} 上的。

1.2.2 置换密码

置换也是古典密码中常用的一种技术，不同于代换，它并不是将明文字符替换成另外不同的密文字符，而是保持明文中的所有字符不变，只是利用位置的置换来打乱明文字符的位置和次序，以达到加密的目的。

例 1.7 很久以前，古斯巴达人就使用过置换技术来传递消息。他们将羊皮条螺旋地缠绕在圆柱形木棒上，如图 1.4 所示，并将消息横向书写在羊皮条上，然后将羊皮条解下送出，相当于横填纵取。解密时将羊皮条以同样的方式缠绕在相同直径的圆柱形木棒上，横向即可读出消息。

密码体制 1.5 置换密码

设 m 为一正整数，$P=C=(Z_{26})^m$，$\mathcal{K}$ 是由所有定义在集合 $\{0,1,\cdots,m\}$ 上的置换组成的。对任意的密钥(即置换)，π 定义为

$$e_\pi(x_1,x_2,\cdots,x_m)=(x_{\pi(1)},x_{\pi(2)},\cdots,x_{\pi(m)})$$

图 1.4 古斯巴达人所使用的“天书”

$$d_\pi(y_1, y_2, \cdots, y_m) = (y_{\pi^{-1}(1)}, y_{\pi^{-1}(2)}, \cdots, y_{\pi^{-1}(m)})$$

其中，π^{-1}是 π 的逆置换。

例 1.8 设 $m=6$，密钥为表 1.4 所示的置换 π。

表 1.4 置换 π

i	1	2	3	4	5	6
$\pi(i)$	3	6	2	5	1	4

可以得到其逆置换如表 1.5 所示。

表 1.5 逆置换 π^{-1}

i	1	2	3	4	5	6
$\pi^{-1}(i)$	5	3	1	6	4	2

假设我们要加密的明文是

joypeacepatiencekindness

首先将明文字符串以 6 个字母为单位进行分组

joypea | cepati | enceki | ndness

对每组的 6 个字母使用密钥 π 进行置换，可以得到

YAOEJP | PIETCA | CINKEE | NSDSNE

最后可以得到密文

YAOEJPPIETCACINKEENSDSNE

解密过程使用逆置换完成相同的过程。

置换密码可以看作希尔密码的一种特殊情形。给定集合$\{1,2,\cdots,m\}$上的置换，可按如下方法定义一个置换 π 的关联置换矩阵 $\boldsymbol{K}_\pi=(k_{i,j})_{m\times m}$：

$$k_{i,j}=\begin{cases}1 & 若\ i=\pi(j) \\ 0 & 其他\end{cases}$$

那么，一个置换矩阵中的每行、每列都恰好只有一个 1，其他元素都是 0。

对例 1.8 中的置换 π，其关联矩阵为

$$\boldsymbol{K}_\pi=\begin{pmatrix}0&0&0&0&1&0\\0&0&1&0&0&0\\1&0&0&0&0&0\\0&0&0&0&0&1\\0&0&0&1&0&0\\0&1&0&0&0&0\end{pmatrix} \quad 和 \quad \boldsymbol{K}_{\pi^{-1}}=\begin{pmatrix}0&0&1&0&0&0\\0&0&0&0&0&1\\0&1&0&0&0&0\\0&0&0&0&1&0\\1&0&0&0&0&0\\0&0&0&1&0&0\end{pmatrix}$$

容易看出，$\boldsymbol{K}_\pi^{-1}=\boldsymbol{K}_{\pi^{-1}}$。

1.3 古典密码分析

密码分析学是指在不知道密钥的情况之下恢复出明文的科学。对密码进行分析的尝试称为攻击。在密码分析过程中,根据 Kerckhoffs 假设,通常假定密码分析者或者敌手知道密码系统的全部细节,意即,密码系统的安全性基于密钥的保密,而不是密码算法的保密。根据分析时所能获取的信息和资源,常见的攻击模型有唯密文攻击、已知明文攻击、选择明文攻击和选择密文攻击。

唯密文攻击(Ciphertext only attack,COA):敌手只拥有使用同一密钥加密的密文串,并且试图恢复其对应的明文。

已知明文攻击(Known plaintext attack,KPA):敌手不仅可以获得同一密钥加密的密文,而且也知道其对应的明文。目标是获取其他密文对应的明文。

选择明文攻击(Chosen plaintext attack,CPA):敌手可获得对加密机的临时访问权限,这样就可以选择一个明文串,并可获得对应的密文串。在此基础上,试图恢复其他密文对应的明文。

选择密文攻击(Chosen ciphertext attack,CCA):敌手除了可获得加密机的临时访问权限,还可获得解密机的临时访问权限,因此他还能够选择一个密文串,并可获得对应的明文串。同样,分析目标是获取其他密文对应的明文,不能直接将待分析的密文作为输入询问解密机而直接得到其明文。

在任何一种攻击模型下,敌手都希望根据可以获取的信息或者资源确定正在使用的密钥,最终能够解密任何使用同一密钥加密的密文串。能够得到的资源越多,越有利于进行密码分析。对以上四种攻击模型,攻击强度按照从唯密文攻击到选择密文攻击的顺序递增,唯密文攻击只能获取到密文信息,其是最弱的一种攻击方式。对于一个密码系统来说,如果能够抵抗最强的攻击方式,那么该密码系统就可以抵抗其余三种攻击,可以认为能够抵抗选择密文攻击的密码系统的安全性比只能抵抗唯密文攻击的密码系统的高。

对于古典密码来说,1.2 节所介绍的密码体制的安全强度都有限。单表代换很容易使用唯密文攻击进行破译,一般都是利用英文语言的统计特性来进行分析。对于移位密码来说,其密钥空间很小(密钥空间大小为 26),可以很容易使用密钥穷举来进行攻击,对于一个密码系统来说,其具备安全性的一个必要条件是密钥空间需要足够大,但这并不是一个密码系统安全的充分条件,比如 1.2.1 节中的代换密码,一个一般的代换系统的密钥空间大小是 26!,但我们可以利用英文字母的统计特性来进行分析,在单表代换中,明文字符的统计特性会在其对应的密文字符中保留下来。

多表代换体制的破译要比单表代换体制的难,因为在单表代换中,虽然字母的表现形式会有变化,但是单字母的频度、重复字母的模式和字母的结合方式等统计特征都未发生改变,依靠不变的统计特征就可以找到明文与密文字符之间的对应关系;而在多表代换下,原来明文中的统计特性通过多表的平均作用而隐藏了。不过,我们后面会介绍,可以通过唯密文攻击来分析多表的维吉尼亚密码。不过,使用唯密文攻击分析多字母代换体制,比如 Hill 密码,则比较困难,但 Hill 密码不能经受已知明文攻击。

这里假设明文串是不包含标点符号、空格的英文文本，通过对大量小说、杂志、报纸等英文文本的统计，人们得到了26个英文字母的概率分布估计，如表1.6所示。古典密码的分析技术主要是利用了英语语言的统计特征，根据分析出来的密钥恢复明文串，最终分析成功的依据是判断该明文串是否是可读的有意义的英语文本。因此，在对古典密码的分析中，语言学家经常扮演着非常重要的角色。

表1.6 26个英文字母出现的概率

字母	概率	字母	概率
A	0.082	N	0.067
B	0.015	O	0.075
C	0.028	P	0.019
D	0.043	Q	0.001
E	0.127	R	0.060
F	0.022	S	0.063
G	0.020	T	0.091
H	0.061	U	0.028
I	0.070	V	0.010
J	0.002	W	0.023
K	0.008	X	0.001
L	0.040	Y	0.020
M	0.024	Z	0.001

在表1.6中，26个英文字母可以划分成5组：

(1) E出现的概率最大，大约为0.127；

(2) T、A、O、I、N、S、H、R出现的概率为0.06～0.091；

(3) D、L出现的概率大约为0.04；

(4) C、U、M、W、F、G、Y、P、B出现的概率为0.015～0.028；

(5) V、K、J、X、Q、Z出现的概率小于等于0.01。

另外，有些两字母组或三字母组也会经常出现，可为分析提供线索。以下是30个最常见的两字母组(出现的概率递减)：TH、HE、IN、ER、AN、RE、ED、ON、ES、ST、EN、AT、TO、NT、HA、ND、OU、EA、NG、AS、OR、TI、IS、ET、IT、AR、TE、SE、HI和OF。以下是12个最常见的三字母组(出现的概率递减)：THE、ING、AND、HER、ERE、ENT、THA、NTH、WAS、ETH、FOR和DTH。

1.3.1 单表代换的密码分析

在单表代换中，明文字符与密文字符是一一对应的，所有明文单字母、多字母及字母的组合形式等特征都体现在其所对应的密文字符上。分析时，首先统计密文字符串中所有密文字符出现的频度，推测出现频度比较高的密文字符，如果有密文字符的出现频度远远高于其他字符的，则该密文字符很大可能是e对应的密文字符，然后可以推测出现频度处于统计概率在第(2)组的字符;也可根据二字母组或者三字母组推测出一些密文的组合;出现频度较高的字符推测正确之后,可以根据密文串中的片段继续推测其他字符,如果有字符组合不太可能出现在一个单词中,那么其很有可能是单词的边界,如果有片段是疑似单词的部分,就可以得到更多密文字符与明文字符的对应关系。

密码分析是一个不断猜测和试验的过程,猜测和试验的依据就是英语语言的单词构成规则、字符统计特性等,所获得的密文越长越有利于密码分析。

通过引用参考文献[2]中的用例来示例唯密文攻击单表代换,使用频率分析方法。

例 1.9 分析仿射密码得到的密文串

FMXVEDKAPHFERBNDKRXRSREFMORUDSDKDVSHVUFEDKAPRKDL-YEVLRHHRH

首先分析密文字母的出现频数得到表 1.7。

表 1.7 频数统计

字母	频数	字母	频数
A	2	N	1
B	1	O	1
C	0	P	2
D	7	Q	0
E	5	R	8
F	4	S	3
G	0	T	0
H	5	U	2
I	0	V	4
J	0	W	0
K	5	X	2
L	2	Y	1
M	2	Z	0

由于我们知道仿射密码的加密函数为 $ax+b \bmod 26$,因此只需要正确猜测出两个字母的明密文对应关系,即可求出密钥(a,b)。通过分析可以得到出现频数比较高的密文字母:$R(8)$、$D(7)$、$E(5)$、$H(5)$、$K(5)$,假设猜测 R 为 e 的密文,D 为 t 的密文,可以得到

$$\begin{cases}4a+b=17 \bmod 26\\19a+b=3 \bmod 26\end{cases}$$

解得 $a=6,b=19$,由于$(a,26)=2\neq1$,因此不合法,猜测不正确。假设 R 的猜测不变,继续猜测 E、H、K 为 t 的密文,得到 a 分别为 13、8 和 3,根据 $e(t)=K$ 可以得到 $a=3,b=5$,看起来合法,接着检验该密钥的正确性,检验的标准是是否可以得到有意义的明文串,通过密钥(3,5)可以得到解密函数 $d(y)=9y+7 \bmod 26$,对上述密文解密得到:

algorithms are quite general definitions of arithmetic processes

因此,我们可以认为找到了正确的密钥。此处密文有 57 个字符,根据第 2 章中香农理论的结论,密文足够长,当分析出有意义的明文时即可确定密钥。

例 1.10 分析代换密码得到的密文

YIFQFMZRWQFYVECFMDZPCVMRZWNMDZVEJBTXCDDUMJ
NDIFEFMDZCDMQZKCEYFCJMYRNCWJCSZREXCHZUNMXZ
NZUCDRJXYYSMRTMEYIFZWDYVZVYFZUMRZCRWNZDZJJ
XZWGCHSMRNMDHNCMFQCHZJMXJZWIEJYUCFWDJNZDIR

首先,同样分析密文中字母的出现频数,如表 1.8 所示。

表 1.8 例 1.10 频数统计

字母	频数	字母	频数
A	0	N	9
B	1	O	0
C	15	P	1
D	13	Q	4
E	7	R	10
F	11	S	3
G	1	T	2
H	4	U	5
I	5	V	5
J	11	W	8
K	1	X	6
L	0	Y	10
M	16	Z	20

(1) 可以看到,出现频数最高的字母是 Z(20),其次是 M、C、D、F、J、R 和 Y,因此猜测 $d_K(Z)=e$,而 M、C、D、F、J、R 和 Y 是$\{t,a,o,i,n,s,h,r\}$的一个子集。

(2) 考查与 Z 相关的双字母组-Z/Z-,DZ 和 ZW 最多,各出现 4 次,其次是 NZ(3)、ZU(3)、RZ(2)、HZ(2)、XZ(2)、FZ(2)、ZR(2)、ZV(2)、ZC(2)、ZD(2)和 ZJ(2),ZW 出现多次而 WZ 未出现,W 在密文中也不是出现频数较高的字母,猜测 $d_K(W)=d$;密文中 ZRW 和 RW 有出现,R 出现的频数较高,猜测 $d_K(R)=n$。

我们可以得到

```
- - - - - - e n d - - - - - - - - - e - - - - n e d - - - e - - - - - - - - - - - -
Y I F Q F M Z R W Q F Y V E C F M D Z P C V M R Z W N M D Z V E J B T X C D D U M J
- - - - - - - - e - - - - e - - - - - - - - - n - - d - - - e n - - - - e - - - - e
N D I F E F M D Z C D M Q Z K C E Y F C J M Y R N C W J C S Z R E X C H Z U N M X Z
- e - - - n - - - - - - n - - - - - - e d - - - e - - - e - - n e - n d - e - e - -
N Z U C D R J X Y Y S M R T M E Y I F Z W D Y V Z V Y F Z U M R Z C R W N Z D Z J J
- e d - - - - - - n - - - - - - - - - - - e - - - - e d - - - - - - - d - - - e - n
X Z W G C H S M R N M D H N C M F Q C H Z J M X J Z W I E J Y U C F W D J N Z D I R
```

(3) NZ 出现 3 次，而 ZN 未出现，且在密文中有 RZCRWNZ(ne-nd-e)，可以猜测 $d_K(N)=\mathrm{h}$，$d_K(C)=\mathrm{a}$。存在 RNM，M 出现的频数较高，RN 若为 nh，很可能 h 为一个单词的起始，M 很大概率为元音，则可能为 o 或 i，CM 在密文中出现，ai 比 ao 更常见，则猜测 $d_K(M)=\mathrm{i}$。

得到

```
- - - - - i e n d - - - - - a - i - e - a - i n e d h i - e - - - - - - a - - - i -
Y I F Q F M Z R W Q F Y V E C F M D Z P C V M R Z W N M D Z V E J B T X C D D U M J
h - - - - - i - e a - i - e - a - - - a - i - n h a d - a - e n - - a - e - h i - e
N D I F E F M D Z C D M Q Z K C E Y F C J M Y R N C W J C S Z R E X C H Z U N M X Z
h e - a - n - - - - - i n - i - - - - e d - - - e - - - e - i n e a n d h e - e - -
N Z U C D R J X Y Y S M R T M E Y I F Z W D Y V Z V Y F Z U M R Z C R W N Z D Z J J
- e d - a - - i n h i - - h a i - - a - e - i - - e d - - - - - a - d - - h e - - n
X Z W G C H S M R N M D H N C M F Q C H Z J M X J Z W I E J Y U C F W D J N Z D I R
```

(4) 剩下出现的频数比较高的字母有 D、F、J、Y，其中可能有 o 对应的密文字母，而密文中有 CDM、CJM 和 CMF 存在，猜测 $d_K(Y)=\mathrm{o}$，否则将会得到很长的元音字母序列。那么 D、F、J 很可能是 r、s、t，由于有 NMD(hi-)多次出现，且有 NMDHNCMF(hi--hai-)，则猜测 $d_K(D)=\mathrm{s}$，$d_K(F)=\mathrm{r}$，$d_K(J)=\mathrm{t}$，$d_K(H)=\mathrm{c}$。

则可以得到

```
o - r - r i e n d - r o - - a r i s e - a - i n e d h i s e - - t - - - a s s - i t
Y I F Q F M Z R W Q F Y V E C F M D Z P C V M R Z W N M D Z V E J B T X C D D U M J
h s - r - r i s e a s i - e - a - o r a t i o n h a d t a - e n - - a c e - h i - e
N D I F E F M D Z C D M Q Z K C E Y F C J M Y R N C W J C S Z R E X C H Z U N M X Z
h e - a s n t - o o - i n - i - o - r e d s o - e - o r e - i n e a n d h e s e t t
N Z U C D R J X Y Y S M R T M E Y I F Z W D Y V Z V Y F Z U M R Z C R W N Z D Z J J
- e d - a c - i n h i s c h a i r - a c e t i - - t e d - - t o - a r d s t h e s - n
X Z W G C H S M R N M D H N C M F Q C H Z J M X J Z W I E J Y U C F W D J N Z D I R
```

当我们猜测出出现频数很高的密文字母时，密文中的大部分字母得到解密，就很容易猜测出剩下密文对应的明文字母了，所以可以得到明文为

Our friend from Paris examined his empty glass with surprise, as it evaporation had taken place while he wasn't looking . I poured some more wine and he settled back in his chair, face tilted up towards the sun.

需要注意的是，分析过程并不是一目了然的，解密是一个猜测和试探的过程，中间当然也可能猜测错误，通过例 1.9 和例 1.10 我们可以看到唯密文分析单表代换的基本思路。

1.3.2 维吉尼亚密码的密码分析

维吉尼亚密码是多表代换密码，不能简单地使用频率分析法进行分析。在维吉尼亚密码的分析中，关键是要知道密钥字的长度 m，在明文中，相隔字母数为 m 整数倍的两个字母，其对应密钥字位置上的密钥字母是相同的，实际上是选择同一张代换表进行移位代换的，那么可以以密钥字长度为周期，将明文分成 m 个单表代换序列。那么，如

何来猜测密钥字的长度 m 呢？一般有两种方法：Kasiski 测试法和重合指数法。

Kasiski 测试法是由普鲁士军官 Kasiski 于 1863 年提出的一种重码分析法，早在约 1854 年，查尔斯·巴贝奇已使用该方法成功破解维吉尼亚密码。其基本思想是：在明文中，相同的字母组之间间隔 m 的整数倍时，其加密得到的密文字母组一定相同。但反过来，若密文中出现相同的密文组，则它们对应的明文组不一定相同，其有可能是不同的字母组在不同的密钥字下形成的相同密文字母组，也有可能是相同的明文字母组在相同的密钥字下形成的相同密文字母组，而后者的可能性更大。所以，Kasiski 测试就是找出密文中相同的字母组，统计它们之间的距离（即间隔的字母数），计算距离的最大公因子，出现频度比较高的公因子可能就是所求的密钥长度 m。

可以通过重合指数法来进一步确定 m，重合指数法是 1920 年由 William Friedman 提出的。

定义 1.2　设 $x=x_1x_2\cdots x_n$ 是包含 n 个字母的字符串，x 的重合指数定义为 x 中两个随机元素相同的概率，记为 $I_c(x)$。

设 $f_0, f_1, \cdots, f_{25}$ 分别表示字母 $A, B, \cdots, Z$ 在 x 中出现的频数（个数），C_n^2 表示从 x 的 n 个字母中随机选取两个元素的组合数，$C_{f_i}^2$ 表示从 f_i 个字母 i 中随机选取两个 i 的方法数，其中，$0\leqslant i\leqslant 25$，则

$$I_c(x)=\frac{\sum_{i=0}^{25}C_{f_i}^2}{C_n^2}=\frac{\sum_{i=0}^{25}f_i(f_i-1)}{n(n-1)} \tag{1.1}$$

如果 x 是一个完全随机的字符串，每个字母等概率（1/26）出现，我们可以计算重合指数 $I_c(x)=26\times\left(\frac{1}{26}\right)^2\approx 0.038$。

如果 x 是可读的有意义的英文文本，根据表 1.6 所统计的字母 $A, B, \cdots, Z$ 在英文文本中出现的期望概率为 $p_0, p_1, \cdots, p_{25}$，有 $I_c(x)=\sum_{i=0}^{25}p_i^2\approx 0.065$。对于经过单表代换之后得到的密文串，由于明文、密文字母之间具有一一映射关系，因此，密文字母的概率只是明文字母概率的一个置换，$\sum_{i=0}^{25}p_i^2$ 是不变的，因此，对于由单表代换得到的密文串 x，也有 $I_c(y)=\sum_{i=0}^{25}p_i^2\approx 0.065$。

从上面的结论可以看到，可以通过重合指数区别随机串和英语文本（明文串或者单表代换得到的密文串）。

在维吉尼亚密码中，将密文串 $y=y_1y_2\cdots y_n$ 分成 m 个子串，记为

$$Y_1=y_1y_{1+m}y_{1+2m}\cdots$$
$$Y_2=y_2y_{2+m}y_{2+2m}\cdots$$
$$\cdots$$
$$Y_m=y_my_{2m}y_{3m}\cdots$$

如果 m 为密钥字的长度，那么每个子串都是由一个单表代换得到的密文串，每个子串的重合指数都约等于 0.065。如果 m 不是密钥字的长度，那么子串会更加随机，可以看作随机串，重合指数会接近随机串的重合指数 0.038。通过重合指数就可以判断 m 猜测的正确性。

例 1.11 假设有一段使用维吉尼亚密码加密的密文：
UFQUIUDWFHGLZARIHWLLWYYFSYYQATJPFKMUXSSWWCSVFAEVWWGQCMVVSWFKUTBLLGZFVITYOEIFASJWGGSJEPNSUETPTMPOPHZSFDCXEPLZQWKDWFXWTHASPWIUOVSSSFKWWLCCEZWEUEHGVGLRLLGWOFKWLUWSHEVWSTTUARCWHWBVTGNITJRWWKCOTPGMILRQESKWGYHAENDIULKDHZIQASFMPRGWRVPBUIQQDSVMPFZMVEGEEPFODJQCHZIUZZMXKZBGJOTZAXCCMUMRSSJW

首先使用 Kasiski 测试法，统计密文中相同双字符和三字符的距离，如表 1.9 所示。说明：其中位置栏为字符组两次出现时前面的字符数，比如 UI，位置为 3/228，UI 第一次出现在第 3 个字符之后，而第二次出现在第 228 个字符之后，距离为 228－3＝225，$225=3^2\times5^2$，因此，因子栏为 3、3、5、5。

表 1.9 kasiski 测试

	位置		距离	因子			
UI	3	228	225	3	3	5	5
IU	4	122	118	2	59		
IU	4	207	203	7	29		
IU	4	254	250	2	5	5	5
DW	6	111	105	3	5	7	
WF	7	57	50	2	5	5	
WF	7	112	105	3	5	7	
HG	9	142	133	7	19		
GL	10	145	135	3	3	3	5
LZ	11	106	95	5	19		
ZA	12	267	255	3	5	17	
AR	13	168	155	5	31		
HW	16	172	156	2	2	3	13
WL	17	132	115	5	23		
WL	17	155	138	2	3	23	
LL	18	63	45	3	3	5	
LL	18	148	130	2	5	13	
YY	21	25	4	2	2		
QA	27	215	188	2	2	47	
TJ	29	180	151	151			
PF	31	236	205	5	41		
PF	31	245	214	2	107		
FK	32	58	26	2	13		

续表

	位置		距离	因子					
FK	32	129	97	97					
FK	32	153	121	11	11				
MU	34	272	238	2	7	17			
SS	37	126	89	89					
SS	37	127	90	2	3	3	5		
SS	37	276	239	239					
SW	38	56	18	2	3	3			
WW	39	48	9	3	3				
WW	39	131	92	2	2	23			
WW	39	183	144	2	2	2	2	3	3
SV	42	233	191	191					
FA	44	75	31	31					
AE	45	203	158	2	79				
EV	46	161	115	5	23				
VW	47	162	115	5	23				
WW	48	131	83	83					
WW	48	183	135	3	3	3	5		
WG	49	79	30	2	3	5			
WG	49	199	150	2	3	5	5		
QC	51	250	199	199					
CM	52	271	219	3	73				
MV	53	239	186	2	3	31			
VS	55	125	70	2	5	7			
WF	57	112	55	5	11				
FK	58	129	71	71					
FK	58	153	95	5	19				
LL	63	148	85	5	17				
LG	64	149	85	5	17				
IT	69	179	110	2	5	11			
AS	76	118	42	2	3	7			
AS	76	216	140	2	2	5	7		
SJ	77	82	5	5					
SJ	77	277	200	2	2	2	5	5	

续表

	位置		距离	因子					
JW	78	278	200	2	2	2	5	5	
WG	79	199	120	2	2	2	3	5	
SJ	82	277	195	3	5	13			
EP	84	104	20	2	2	5			
EP	84	244	160	2	2	2	2	2	5
UE	88	140	52	2	2	13			
TP	90	188	98	2	7	7			
MP	93	219	126	2	3	3	9		
MP	93	235	142	2	71				
HZ	97	212	115	5	23				
HZ	97	252	155	5	31				
SF	99	128	29	29					
SF	99	217	118	2	59104				
EP	104	244	140	2	2	5	7		
WK	109	184	75	3	5	5			
KD	110	210	100	2	2	5	5		
HA	117	202	85	5	17				
AS	118	216	98	2	7	7			
IU	122	207	85	5	17				
IU	122	254	132	2	2	3	11		
SS	126	127	1						
SS	126	276	150	2	3	5	5		
SS	127	276	149	149					
SF	128	217	89	89					
FK	129	153	24	2	2	2	3		
KW	130	154	24	2	2	2	3		
KW	130	198	68	2	2	17			
WW	131	183	52	2	2	13			
WL	132	155	23	23					
CC	134	270	136	2	2	2	17		
LR	146	193	47	47					
GW	150	222	72	2	2	2	3	3	
KW	154	198	44	2	2	11			

续表

	位置		距离	因子				
WS	158	163	5	5				
OT	187	265	78	2	3	13		
IU	207	254	47	47				
HZ	212	252	40	2	2	2	5	
ZI	213	253	40	2	2	2	5	
IQ	214	229	15	3	5			
MP	219	235	16	2	2	2	2	
PF	236	245	9	3	3			
ZM	238	257	19	19				
DWF	6	111	105	3	5	7		
EVW	46	161	115	5	23			
LLG	63	148	85	5	17			
SJW	77	277	200	2	2	2	5	5
FKW	129	153	24	2	2	2	3	
HZI	212	252	40	2	2	2	5	

我们可以分析因子出现的频数，表 1.10 所示的为 10 以内的因子出现的频数。

表 1.10 因子及其频数

因子	频数	因子	频数	因子	频数
2	52	3	32	4	28
5	50	6	18	7	13
8	15	9	11	10	21

出现频数最大的为因子 2，但是密钥长度为 2 的可能性不大，因此密钥长度可能为频数次之的 5。

其次，我们可以使用重合指数法来确定密钥长度，还可确认上面的猜测是否正确。重合指数按照式(1.1)进行计算，计算结果见表 1.11。

表 1.11 重合指数计算结果

m	$I_c(Y_1)$	$I_c(Y_2)$	$I_c(Y_3)$	$I_c(Y_4)$	$I_c(Y_5)$
1	0.043				
2	0.037	0.048			
3	0.039	0.047	0.039		
4	0.046	0.040	0.036	0.059	
5	0.062	0.051	0.065	0.062	0.062

可见，当 $m=5$ 时，每个子串的重合指数都比较大，且与 0.065 比较接近，这确认了 Kasiski 测试的结果。

得到密钥字的长度之后，需要确认具体的密钥字 $K=k_1k_2\cdots k_m$。对于 $1\leqslant j\leqslant m$，每个子串 Y_j 都是由对应密钥 k_j 所确定的一个移位密码，假设在每个子串中，$f_0,f_1,\cdots,f_{25}$ 表示字母 $A,B,\cdots,Z$ 出现的频数，用 n_j 表示子串的长度（$n_j=n/m$），则 26 个字母在密文子串中的概率分布可以表示为

$$\frac{f_0}{n_j},\frac{f_1}{n_j},\cdots,\frac{f_{25}}{n_j}$$

子串 Y_j 是由 k_j 所确定的一个移位密码，那么子串是由明文字符移动 k_j 位所构成的，那么明文字母 $a,b,\cdots,z$ 在密文子串中对应的字母为 $k_j \bmod 26, 1+k_j \bmod 26,\cdots, 25+k_j \bmod 26$，对应的密文字母出现的概率为

$$\frac{f_{k_j}}{n_j},\frac{f_{1+k_j}}{n_j},\cdots,\frac{f_{25+k_j}}{n_j}$$

其中，f_i 的下标是 Z_{26} 上的模 26 的加法运算。

它们的分布应该近似于表 1-6 中所示的概率分布（$p_0,p_1,\cdots p_{25}$）。

对于 $0\leqslant g\leqslant 25$，对每个子串 Y_j 定义 $M_g=\sum_{i=0}^{25}p_i\times\frac{f_{i+g}}{n_j}$，如果 $g=k_j$，则有 $M_g\approx\sum_{i=0}^{25}p_i^2\approx 0.065$，如果 $g\neq k_j$，则 M_g 一般应该小于 0.065。

对于 $1\leqslant j\leqslant m$，$0\leqslant g\leqslant 25$，可以求出 $26\times m$ 个 M_g 值，如表 1.12 所示。

表 1.12　M_g 值

j	M_g												
1	0.029	0.040	**0.067**	0.044	0.031	0.031	0.047	0.036	0.040	0.033	0.033	0.032	0.040
	0.044	0.042	0.044	0.037	0.042	0.042	0.037	0.033	0.034	0.036	0.031	0.042	0.031
2	0.047	0.035	0.035	0.035	0.039	0.038	0.029	0.038	0.035	0.033	0.036	**0.063**	0.042
	0.032	0.033	0.048	0.037	0.036	0.042	0.035	0.033	0.033	0.045	0.036	0.045	0.040
3	0.040	0.043	0.031	0.049	0.042	0.038	0.034	0.040	0.035	0.027	0.041	0.036	0.034
	0.036	**0.068**	0.040	0.035	0.032	0.047	0.032	0.039	0.039	0.032	0.029	0.032	0.049
4	0.035	0.042	0.036	0.041	0.036	0.043	0.037	0.048	0.043	0.038	0.023	0.036	0.046
	0.037	0.038	0.030	0.037	0.040	**0.064**	0.039	0.036	0.030	0.044	0.033	0.035	0.033
5	0.047	0.039	0.029	0.041	**0.067**	0.041	0.027	0.033	0.047	0.034	0.037	0.040	0.030
	0.032	0.042	0.043	0.037	0.046	0.046	0.041	0.034	0.031	0.037	0.039	0.035	0.030

根据表 1.12，密钥可能是 $K=(2,11,14,18,4)$，对应的字母为 CLOSE，根据它对密文进行解密可以得到：

Success in dealing with unknown ciphers is measured by these four things in the order named perseverance, careful methods of analysis, intuition, luck. The ability at least to read the language of the original text is very desirable but not essential. Such is the opening sentence of Parker Hitt's manual for the solution of Military Ciphers.

可以看出密钥是正确的。

1.3.3 希尔密码的密码分析

对希尔密码使用唯密文攻击进行破译比较困难，但是如果采用已知明文攻击，则其很容易被破译。假定敌手能够确定加密密钥的维数，即 m 值，且至少有 m 对不同的明密文，设为 $\boldsymbol{x}_i=(x_{i1},x_{i2},\cdots,x_{im})$ 和 $\boldsymbol{y}_i=(y_{i1},x_{i2},\cdots,x_{im})$，对于任意 $1\leqslant i\leqslant m$，有 $\boldsymbol{y}_i=e_K(\boldsymbol{x}_i)=\boldsymbol{x}_i\boldsymbol{K}$，则我们可以得到 $\boldsymbol{Y}=\boldsymbol{XK}$，其中，$\boldsymbol{X}=(x_{ij})$，$\boldsymbol{Y}=(y_{ij})$，$1\leqslant i,j\leqslant m$，如果矩阵 $\boldsymbol{X}$ 可逆，则可以得到 $\boldsymbol{K}=\boldsymbol{X}^{-1}\boldsymbol{Y}$（如果 $\boldsymbol{X}$ 不可逆，重新选择 m 对明密文对）。

例 1.12 假设明文 behold 使用 2 阶希尔密码加密得到密文 RZZPMH。

根据加密关系有 $e_K(1,4)=(17,25)$，$e_K(7,14)=(25,15)$，$e_K(11,3)=(12,7)$，所有计算均在 Z_{26} 上，使用前两个明密文对，有

$$\begin{pmatrix}1 & 4\\ 7 & 14\end{pmatrix}K=\begin{pmatrix}17 & 25\\ 25 & 15\end{pmatrix}$$

但 $\begin{vmatrix}1 & 4\\ 7 & 14\end{vmatrix}=12$，$\gcd(12,26)=2\neq 1$，故矩阵 $\begin{pmatrix}1 & 4\\ 7 & 14\end{pmatrix}$ 不存在逆矩阵。

重新选择后面两个明密文对，可以得到

$$\begin{pmatrix}7 & 14\\ 11 & 3\end{pmatrix}K=\begin{pmatrix}25 & 15\\ 12 & 7\end{pmatrix}$$

可以计算

$$\begin{pmatrix}7 & 14\\ 11 & 3\end{pmatrix}^{-1}=\begin{pmatrix}25 & 22\\ 21 & 15\end{pmatrix}$$

则

$$K=\begin{pmatrix}25 & 22\\ 21 & 15\end{pmatrix}\begin{pmatrix}25 & 15\\ 12 & 7\end{pmatrix}=\begin{pmatrix}5 & 9\\ 3 & 4\end{pmatrix}$$

求得的结果可以使用第一对明密文进行验证。

此外，置换密码是线性变换，因此也容易遭受到已知明文攻击。通过本节的讨论，我们可以看到，古典密码不能经受唯密文攻击或者已知明文攻击，其中所使用的代换和置换技术是现代分组密码设计的两种基本技术。

习题

1.1 已知 $K=(7,12)$ 是定义在 Z_{26} 上的仿射密码的密钥。

(1) 以 $d_k(y)=a'y+b'$ 的形式给出解密函数，$a',b'\in Z_{26}$；

(2) 如果密文字符串是 AWN，试解密之。

1.2 使用穷尽密钥搜索的方法破译如下使用移位密码加密得到的密文：

LWWESPMCTRSEACPNTZFDESTYRDQLOPDZQLDE

1.3 在一个密码体制中，如果一个加密函数 e_k 和其对应的解密函数 d_k 相同，我们将这样的密钥 k 称为对合密钥。

(1) 假设 $k=(a,b)$ 是定义在 Z_n 上的仿射密码的密钥，试给出对合密钥的条件；

(2) 求出 Z_{26} 上和 Z_{15} 上仿射密码的所有对合密钥；

(3) 设 $n=pq$，这里 p 和 q 是不同的奇素数，证明定义在 Z_n 上的所有仿射密码的对

合密钥量是$n+p+q+1$。

1.4 设表中的π是集合$\{1,2,\cdots,8\}$上的置换：

题 1.4 表

x	1	2	3	4	5	6	7	8
$\pi(x)$	6	3	1	8	2	7	5	4

(1) 求出逆置换π^{-1}；

(2) 计算使用该置换密码加密的密文 OVLSOEDELTNGOIEDVIHLTIEN 的重合指数；

(3) 解密(2)中的密文。

1.5 假设置换加密 A 将明文"abcdefg"加密为"DFABGEC"，试问至少经过多少次加密，A 总是可以将任意明文加密成该明文本身。

1.6 假设明文 crypto 利用 2 阶希尔密码$Y=XK \bmod 26$加密得到密文 NFRXXU，试求该希尔密码的加密密钥。

1.7 已知某分组长度为 3 的希尔密码将明文"determinants"加密成密文"KQDCFDIJLXRG"，试问在该加密算法下，密文 NOP 对应的明文。

1.8 假设明文 breathtaking 使用希尔密码被加密为 RUPOTENTOIFV，试求加密密钥(矩阵维数m未知)。

1.9 我们先给出一个特殊的置换密码。设m、n为正整数，将明文按行写成一个$m\times n$矩阵的形式，依次取矩阵的各列构成密文。例如，设$m=3$，$n=4$，可将明文"cryptography"表示为

c r y p
t o g r
a p h y

对应的密文为"CTAROPYGHPRY"。

(1) 请指出在已知m和n的情况下，如何解密密文；

(2) 试解密通过上述方法获得的密文

MYAMRARUYIQTENCTORAHROYWDSOYEOUARRGDERNOGW

1.10 试分析以下密文。

(1) 通过仿射密码得到的密文

ZYLZHSFALFCPUBOPGZLKAFNPGZSUQPKCPLPSXPBYFSPSPJNUQPNJDLUOPHDFCGPGONXZKQPCL

(2) 通过维吉尼亚密码得到的密文

WVRREHKTVBUEATRPBXESVFMQYZFBZIZYSEIICSYLNGCCVNDPXFFOJXHGJXKWPEBRVLFEIUEWZMPNNVLDXLQARRWNEYUWGLUSEXKIAYLNJESSQLITKIAYSEOJGRSQRUEXHIHIZYXKJNIVYIUYPXZFRODARUSPHREHKTVBUEOMIEPXEHGKESUPAXZRWMPPAQDOJDEIKMRSZFTVAVULPKIWSTDEZYMVPTNJFJSWZBRVQZMPNNVLDXDOSVQDYNHKUGLUSEXKIAYLNJGPDNYTKOXWMPPXFFOJXBKTSPJDKTFAQFDTNVOQTHNVCELSEEDKTUTMLKDJLSLLRPAKJYTNVGUDATGEEODDTN-

RWWMPAHZPLYJTUVGYWJPZGMHHPSUWTOFTNZVBWTQHOJSZSN-
HUFWLSRWKYEYJEHKTLRXPNVCELSEEDKTUTMLKDRHBDPGGIUH-
CYVKSJWLMYTEQGPBXFOHSEROMMDQWYOWXKJNREGXDSLLEJXL-
XLLRFAHIEOGJOVZNHWLIVYTOTJEVBSAZZWWMPETTVBUEIUESIF-
MCJV

2

Shannon 理论

香农(Shannon)1949 年在 Bell Systems Technical Journal 上发表的《保密系统的通信原理》,对密码学的研究和发展影响深远。香农在这篇论文中对他在 1948 年发表的经典论文《通信的数学理论》中所创立的信息论的概念和方法作了进一步发挥,并精辟地阐明了关于密码系统的分析、评价和设计的科学思想,提出了保密系统的数学模型、随机密码、纯密码、完善保密性、理想保密系统、唯一解距离、理论保密性和实际保密性等重要概念,开创了用信息理论研究密码的新途径。这不仅是分析古典密码(如单表代换密码和多表代换密码)的重要工具,而且也是探索现代密码理论的有力武器。文中所提出的破译密码的计算量理论已和计算机理论中的计算复杂性理论结合起来,成为评价密码安全性的一个重要准则。香农的主要贡献包括:提出了密码体制安全性;提出了信息熵;通过唯一解距离给出了唯密文分析的密文长度下限;对于密码设计,提出了混乱和扩散的设计原则,这也是现代分组密码设计的原则;提出用乘积密码的思想来构造安全性更高的密码体制。

2.1 密码体制安全性

香农提出了理论保密性和实际保密性,即无条件安全性和计算安全性,现代密码学在计算安全性和计算复杂性理论的框架下,提出了语义安全性和可证明安全。安全性总是基于某种攻击类型,比如唯密文攻击、选择明文攻击等。

1. 计算安全性(Computational security)

从计算量方面来度量破译密码体制的难易程度。如果破译一个密码体制在原理上是可能的,但对于现有算法和计算工具所需要的计算量超过一个给定的很大的值,我们可以称该密码体制为计算安全的。例如,对固定长度密钥的穷尽搜索攻击,当密钥长度达到一定的值,搜索规模很大时,可以认为是安全的。比如目前分组密码的密钥长度为 128 比特被认为是安全的,DES 的主要安全问题在于其 56 比特的密钥太短。

2. 可证明安全性(Provable security)

通过归约的方法来对安全性提供数学证明。可证明安全是基于计算安全性和计算复杂性理论的。通常将某个被认为困难的问题,比如大整数的分解,归约到待证明安全性的密码体制,假设存在可破解该密码体制的算法,那么如果破译算法有效,困难问题即可解，但目前困难问题是不可解的，因此假设的破译算法不存在，给定的密码体制是安全的。这种证明方法只能说明密码体制的安全性和某个问题相关，并没有完全证明密码体制是安全的。这种证明方法和证明一个问题是NP问题的方法类似，只能证明某个问题至少和其他NP问题的难度一样，但并没有证明该问题的计算难度。归约是指将一个问题(比如问题P_1)的求解转化成另一个问题(如P_2)的求解，即将P_1的实例转化成P_2具有相同答案的实例，称将P_1归约到P_2，然后可以通过调用P_2的求解算法来求解P_1的实例，归约算法的构造不需要了解P_2求解算法的细节。在可证明安全中，归约证明的思想如图2.1所示。假设问题X为已知的困难问题，或者是安全的，即没有有效的算法可以得到问题X某实例x的解，现在的目标是证明密码方案Ⅱ的安全性，那么可以通过设计算法将问题X归约到方案Ⅱ，然后使用反证法进行证明。

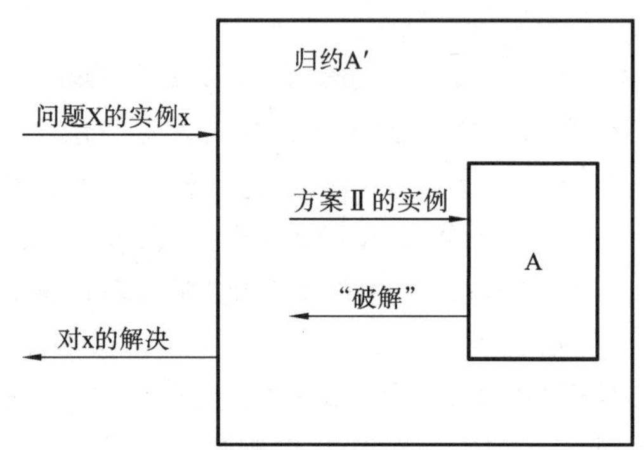

图2.1 归约证明

证明过程如下。

(1) 假设存在破解方案Ⅱ的算法A；

(2) 构造归约算法A'将问题X的实例转化成方案Ⅱ的实例(归约算法A'不需要了解算法A的实现细节，只需要调用A即可)；

(3) 当A被调用，与方案Ⅱ的实例交互，可以破解方案Ⅱ，进而通过归约A'可得到问题X的实例x的解，并输出；

(4) 已知问题X无有效算法可得到实例x的解，因此矛盾，(3)不能成功，而(3)能成功基于假设A存在，因此该假设不成立，可以得到结论，不存在有效破解方案Ⅱ的算法A，即密码方案Ⅱ安全。

有关可证明安全的相关知识参见第8章的内容。

3. 无条件安全性(Unconditional security)

对攻击者的计算资源和能力没有限制时考虑密码体制的安全性。即使提供了无限的计算、存储资源，密码体制也无法攻破，我们称这种安全为无条件安全的。无条件安全也需要考虑攻击类型。在唯密文攻击下，一次一密是无条件安全的。

当密钥固定，密文足够长的时候，在第1章中介绍的仿射密码(包括移位密码)、代换密码和维吉尼亚密码对于唯密文攻击都不是计算安全的。而如果密文很短，某些密码体制在唯密文攻击下则是无条件安全的，比如只有单个密文字符的移位密码或者代换密码，同样，只有一个密文分组(即只有密钥字长度的密文)的维吉尼亚密码也是无条件安全的。

2.2 概率论和信息论基础

2.2.1 概率论基础

1. 样本空间

当代最通行的方法是利用集合论来定义事件，把随机试验中可能出现的结果称为样本点(或基本事件)。所有可能出现的结果的全体，即样本点的全体构成样本空间，记为 Ω。

2. 事件

事件 A 定义成样本点的一个集合(或样本空间 Ω 的一个子集)，称事件 A 发生当且仅当 A 中的样本点之一出现。

3. 概率

概率是定义在事件域上的具有非负性的、规范性的、可列可加性的函数，即

(1) 非负性：$\Pr(A)\geqslant 0$；

(2) 规范性：$\Pr(\Omega)=1$；

(3) 可列可加性：$\Pr\left(\sum_{i=1}^{\infty} A_i\right)=\sum_{i=1}^{\infty}\Pr(A_i)$。

4. 联合概率

事件 A 和 B 同时发生的概率称为联合概率，记为 $\Pr(AB)$。

当事件 A 和 B 独立时，有 $\Pr(AB)=\Pr(A)\Pr(B)$。

5. 条件概率

已知事件 B 发生的条件下，事件 A 发生的概率称为条件概率，记为 $\Pr(A|B)$，条件概率是概率论中的重要概念，它具有概率的一切性质。

同时，条件概率与独立性有密切关系。

条件概率定义如下：

$$\Pr(A|B)=\frac{\Pr(AB)}{\Pr(B)}(\Pr(B)>0)$$

乘法公式为

$$\Pr(AB)=\Pr(B)\Pr(A|B)=\Pr(A)\Pr(B|A)$$

当 A 和 B 是独立事件时，有

$$\Pr(A|B)=\Pr(A)$$

6. 全概率公式

设事件组 $A_1,A_2,\cdots,A_n$(或 $A_1,A_2,\cdots,A_n,\cdots$)为样本空间 Ω 的一个分割，或称完全事件组，即满足：

(1) $A_i\cap A_j=\varnothing(i\neq j)$；

(2) $\sum_{i=1}^{n}A_i=\Omega\left(\text{或}\sum_{i=1}^{\infty}A_i=\Omega\right)$，

则对 Ω 中任一事件 B，有

$$\Pr(B) = \sum_{i=1}^{n} \Pr(A_i)\Pr(B \mid A_i)$$

或

$$\Pr(B) = \sum_{i=1}^{\infty} \Pr(A_i)\Pr(B \mid A_i)$$

7. 贝叶斯(Bayes)公式

在与全概率公式相同的条件下，有

$$\Pr(A_iB)=\Pr(B)\Pr(A_i|B)=\Pr(A_i)\Pr(B|A_i)$$

故

$$\Pr(A_i \mid B) = \frac{\Pr(A_i)\Pr(B \mid A_i)}{\Pr(B)}$$

代入全概率公式，即有

$$\Pr(A_i \mid B) = \frac{\Pr(A_i)\Pr(B \mid A_i)}{\sum_{i=1}^{n}\Pr(A_i)\Pr(B \mid A_i)}$$

或

$$\Pr(A_i \mid B) = \frac{\Pr(A_i)\Pr(B \mid A_i)}{\sum_{i=1}^{\infty}\Pr(A_i)\Pr(B \mid A_i)}$$

8. 随机变量

设随机试验的样本空间为 Ω，定义在 Ω 上的一类实值函数 $X:\Omega\to R$ 称为随机变量，即对样本空间 Ω 中的每一个样本点 ω，都唯一对应着一个实数 $X(\omega)$，且能利用它计算有关概率，则称 $X(\omega)$ 是一个随机变量，简记作 X。

如果随机变量 X 所有可能取的值为有限个或可数个，则称其为离散型随机变量，设 X 可能取到的值为 $x_1,x_2,\cdots$，称事件 $\{X=x_i\}$，$i=1,2,\cdots$ 的概率 $\Pr_i=\Pr(x_i)=\Pr\{X=x_i\}$ $i=1,2,\cdots$为 X 的概率分布。

概率分布具有以下性质。

(1) 非负性：$\Pr(x_i)\geqslant 0$ $i=1,2,3,\cdots$；

(2) 规范性：$\sum_{i=1}^{\infty}\Pr(x_i) = 1$。

2.2.2 信息论基础

香农提出了开关理论和符号逻辑，建立了信息论，他被称为“信息论之父”，被认为是数字通信的奠基人。他认为通信是在一点近似重建另一点的消息，他对信息提出形式化的假说、非决定论假设和不确定性的假设，从而建立信息论，使用数学工具形式化地描述信息。

根据香农对消息的定义，通信后接收者从消息中获取的“信息”，从数量上等于通信前后“不确定性”的消除，既然“不确定性”是消息发生的概率的函数，那么“不确定性”的消除量也一定是消息发生的概率的某一函数。对随机消息而言，虽然不能精确预测其是否会发生，但表示随机消息可能性大小的“概率”是一个精确的数量，这样，香农对信息的定义从理论上可以解决信息的度量问题。图 2.2 所示的为一个简单的通信系统模型。

信源 → 信道 → 信宿

图 2.2 简单的通信系统模型

2.2.2.1 自信息量介绍

我们可以使用一维随机变量 X 的概率空间来描述单符号离散信源。

$$\begin{bmatrix} X \\ \Pr(X) \end{bmatrix} = \begin{bmatrix} x_1 & x_2 & \cdots & x_i & \cdots & x_n \\ \Pr(x_1) & \Pr(x_2) & \cdots & \Pr(x_i) & \cdots & \Pr(x_n) \end{bmatrix}$$

其中，$0 \leqslant \Pr(x_i) \leqslant 1 (i=1,2\cdots,n)$，且 $\sum \Pr(x_i) = 1$。

1. 自信息量

一个随机事件发生某一结果后所带来的信息量称为自信息量，简称自信息，定义为其发生概率倒数的对数值。若随机事件发生的概率为 $\Pr(x_i)$，则自信息 $I(x_i)$ 定义为：$I(x_i) = -\log_2 \Pr(x_i)$。

对于自信息量，我们可以从两个方面来理解，当消息未发出时，其表示该消息的不确定度，当消息发出后，其表示要消除该消息的不确定度所需要的信息量。

自信息的单位与对数的底有关，在信息论中，常用的对数底为 2，单位为比特(bit)。在信息论的推导中，为了方便，常使用自然对数，即以 e 为底，单位为奈特(nat)。若对数底为 10，则自信息的单位为笛特(det)或者哈特(hart)。

自信息具有的性质如下。

(1) 非负性。

$\Pr(x_i)$代表随机事件 x_i 发生的概率，取值[0,1]。根据对数的性质，$\log_2 \Pr(x_i)$为非正值，故信息量$-\log_2 \Pr(x_i)$非负，见图 2.3。

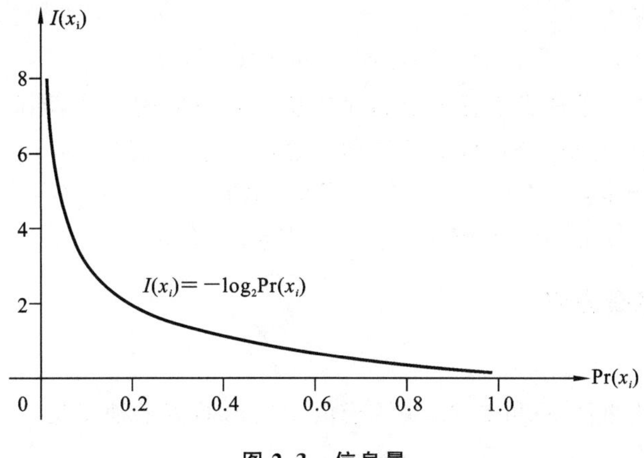

图 2.3 信息量

(2) 当 $\Pr(x_i)=1$ 时，$I(x_i)=0$。

当 $\Pr(x_i)=1$ 时，说明事件 x_i 为必然事件，必然事件不具有任何不确定性，所以信息量为 0，表示不含有任何信息量。

(3) 当 $\Pr(x_i)=0$ 时，$I(x_i)=\infty$。

这说明不可能事件如果发生，会带来非常大的信息量。

(4) $I(x_i)$是 $\Pr(x_i)$的单调递减函数。

这个性质与香农所提出的不确定性假设吻合，消息发生的概率越高，说明其不确定性越小，那么要消除不确定性所需要的信息量就少。

2. 联合自信息量

联合自信息量是自信息量的推广，涉及两个随机变量 X 和 Y，假设定义在两个可数集合 X 和 Y 上，其数学模型可以表示为

$$\begin{bmatrix} XY \\ \Pr(xy) \end{bmatrix} = \begin{bmatrix} x_1y_1 & \cdots & x_1y_m & x_2y_1 & \cdots & x_2y_m & \cdots & x_ny_1 & \cdots & x_ny_m \\ \Pr(x_1y_1) & \cdots & \Pr(x_1y_m) & \Pr(x_2y_1) & \cdots & \Pr(x_2y_m) & \cdots & \Pr(x_ny_1) & \cdots & \Pr(x_ny_m) \end{bmatrix}$$

其中，$0 \leqslant \Pr(x_iy_j) \leqslant 1(i=1,2\cdots,n,j=1,2\cdots,m)$，且 $\sum_{i=1}^{n}\sum_{j=1}^{m}\Pr(x_iy_j)=1$。

那么联合自信息量定义为二维联合集合 XY 上元素 x_iy_j 的联合概率 $\Pr(x_iy_j)$ 对数的负值，用 $I(x_iy_j)$ 表示，即

$$I(x_iy_j) = -\log_2 \Pr(x_iy_j)$$

当 X 和 Y 相互独立时，$\Pr(x_iy_j)=\Pr(x_i)\Pr(y_j)$，有

$$\begin{aligned} I(x_iy_j) &= -\log_2 \Pr(x_iy_j) = -\log_2(\Pr(x_i)\Pr(y_j)) = -\log_2 \Pr(x_i) - \log_2 \Pr(y_j) \\ &= I(x_i) + I(y_j) \end{aligned}$$

说明当两个随机事件相互独立时，它们同时发生时的自信息量，等于这两个随机事件各自独立发生时的自信息量之和。这个性质也体现了信息可加性。

3. 条件自信息量

条件自信息量定义为条件概率对数的负值。假设在 y_j 发生的条件下 x_i 发生的条件概率为 $\Pr(x_i|y_j)$，那么，对应的自信息量 $I(x_i|y_j)$ 定义为

$$I(x_i|y_j) = -\log_2 \Pr(x_i|y_j)$$

表示在特定条件（y_j 已定）下，随机事件 x_i 发生所带来的信息量。同样，x_i 已知时，y_j 发生的条件自信息量为

$$I(y_j|x_i) = -\log_2 \Pr(y_j|x_i)$$

联合自信息量和条件自信息量也满足非负性和单调递减性，同时它们也是随机变量。容易证明，自信息量、条件自信息量和联合自信息量之间有如下关系：

$$\begin{aligned} I(x_iy_j) &= -\log_2 \Pr(x_iy_j) = -\log_2(\Pr(x_i)\Pr(y_j|x_i)) = I(x_i) + I(y_j|x_i) \\ &= -\log_2(\Pr(y_j)\Pr(x_i|y_j)) = I(y_j) + I(x_i|y_j) \end{aligned}$$

2.2.2.2 互信息量介绍

1. 互信息量

设有两个随机事件 X 和 Y，X 取值于信源发出的离散消息集合，Y 取值于信宿收到的离散消息集合。

由前面可知，信源 X 的数学模型为

$$\begin{bmatrix} X \\ \Pr(X) \end{bmatrix} = \begin{bmatrix} x_1 & x_2 & \cdots & x_i & \cdots & x_n \\ \Pr(x_1) & \Pr(x_2) & \cdots & \Pr(x_i) & \cdots & \Pr(x_n) \end{bmatrix}$$

$$0 \leqslant \Pr(x_i) \leqslant 1 (i=1,2,\cdots,n)$$

$$\sum_{i=1}^{n} \Pr(x_i) = 1$$

信宿 Y 的数学模型为

$$\begin{bmatrix} Y \\ \Pr(Y) \end{bmatrix} = \begin{bmatrix} y_1 & y_2 & \cdots & y_j & \cdots & y_m \\ \Pr(y_1) & \Pr(y_2) & \cdots & \Pr(y_j) & \cdots & \Pr(y_m) \end{bmatrix}$$

$$0 \leqslant \Pr(y_j) \leqslant 1 (i=1,2,\cdots,m)$$

$$\sum_{j=1}^{m} \Pr(y_j) = 1$$

如果信道是理想的，当信源发出 x_i 后，信宿必能准确无误地收到该消息，彻底消除对 x_i 的不确定度，所获得的信息就是 x_i 的不确定度 $I(x_i)$，即 x_i 本身含有的全部信息量。

一般而言，信道中总是存在着噪声和干扰，信源发出的消息 x_i 通过信道后，信宿可能只能收到由于干扰作用引起的某种变形 y_j。信宿收到 y_j 后推测信源发出 x_i 的概率，这一过程可由后验概率 $\Pr(x_i|y_j)$来描述。相应地，信源发出消息 x_i 的概率 $\Pr(x_i)$ 称为先验概率。

我们定义 x_i 的后验概率与先验概率的比值的对数为 y_j 对 x_i 的互信息量，也称交互信息量(简称互信息)，用 $I(x_i;y_j)$表示，即

$$I(x_i;y_j)=\log_2 \frac{\Pr(x_i|y_j)}{\Pr(x_i)} \quad (i=1,2,\cdots,n;j=1,2,\cdots,m)$$

展开有

$$\begin{aligned} I(x_i;y_j) &= -\log_2 \Pr(x_i)+\log_2 \Pr(x_i|y_j) \\ &= I(x_i)-I(x_i|y_j) \quad (i=1,2,\cdots,n;j=1,2,\cdots,m) \end{aligned}$$

表示互信息量等于自信息量减去条件自信息量。自信息量在数量上与随机事件 x_i 发生的不确定度相同，可以理解为对 y_j 一无所知的情况下 x_i 存在的不确定度。同理，条件自信息量在数量上等于已知 y_j 的情况下 x_i 仍然存在的不确定度。两个不确定度之差，就是不确定度被消除的部分，代表已经确定的部分，实际是从 y_j 得到的关于 x_i 的信息量。

同样的道理，可以定义 x_i 对 y_j 的互信息量为

$$I(y_j;x_i)=\log_2 \frac{\Pr(y_j|x_i)}{\Pr(y_j)}=I(y_j)-I(y_j|x_i) \quad (i=1,2,\cdots,n;j=1,2,\cdots,m)$$

这相当于站在输入端观察问题，观察者在输入端发生 x_i 之前和之后观察到输出端 y_j 的情况不一样，故从 x_i 中也可以提取关于 y_j 的信息量，这就是观察者得知输入端发出 x_i 前后，输出端出现 y_j 的不确定度的差。

当然，观察者还可以既不站在输入端也不站在输出端，而是站在通信系统的总体立场上，从宏观的角度观察问题。在通信前，可以认为输入随机变量 X 和输出随机变量 Y 之间没有任何关联关系，即 X 和 Y 统计独立，根据概率的性质，“输入端出现 x_i 和输出端出现 y_j”的概率为

$$\Pr'(x_i y_j)=\Pr(x_i)\Pr(y_j)$$

先验不确定度提供的信息量：

$$I'(x_i y_j)=-\log_2 \Pr(x_i y_j)=-\log_2(\Pr(x_i)\Pr(y_j))=I(x_i)+I(y_j)$$

在通信后，输入随机变量 X 和输出随机变量 Y 之间由信道的统计特性相联系，“输入端出现 x_i 和输出端出现 y_j”的联合概率为

$$\Pr(x_i y_j)=\Pr(x_i)\Pr(y_j|x_i)=\Pr(y_j)\Pr(x_i|y_j)$$

后验不确定度提供的信息量为

$$I(x_i y_j)=-\log_2 \Pr(x_i y_j)$$

这样，通信后流经信道的信息量，等于通信前后不确定度的差，即

$$I(x_i;y_j)=I'(x_iy_j)-I(x_iy_j)=I(x_i)+I(y_j)-I(x_iy_j)$$
$$=\log_2\frac{\Pr(x_iy_j)}{\Pr(x_i)\Pr(y_j)}\quad(i=1,2\cdots,n;j=1,2,\cdots,m)$$

上面给出了互信息量的三种不同表达式，表达了观察者从不同角度对输入 x_i 与输出 y_j 之间的互信息量的描述。在稍后的讨论中可以发现，这三种表达式是等效的。

2. 互信息的性质

(1) 对称性。

互信息的对称性表示为

$$I(x_i;y_j)=I(y_j;x_i)$$

可推导如下：

$$I(x_i;y_j)=\log_2\frac{\Pr(x_i|y_j)}{\Pr(x_i)}=\log_2\frac{\Pr(x_i|y_j)\Pr(y_j)}{\Pr(x_i)\Pr(y_j)}=\log_2\frac{\Pr(y_j|x_i)\Pr(x_i)}{\Pr(x_i)\Pr(y_j)}$$
$$=\log_2\frac{\Pr(y_j|x_i)}{\Pr(y_j)}=I(y_j;x_i)$$

(2) 当 X 和 Y 相互独立时，互信息为 0。

如果 X 和 Y 相互独立，则 $\Pr(x_iy_j)=\Pr(x_i)\Pr(y_j)$，此时互信息量为

$$I(x_i;y_j)=\log_2\frac{\Pr(x_iy_j)}{\Pr(x_i)\Pr(y_j)}=\log_2\frac{\Pr(x_i)\Pr(y_j)}{\Pr(x_i)\Pr(y_j)}$$
$$=0\quad(i=1,2,\cdots,n;j=1,2,\cdots,m)$$

这表明 x_i 和 y_j 之间不存在统计约束关系，从 y_j 得不到关于 x_i 的任何消息。反之亦然。相当于信道关闭。

(3) 互信息量可为正值或负值。

如前所述，当后验概率大于先验概率时，互信息量为正值。反之，当后验概率小于先验概率时，互信息量为负值。当后验概率和先验概率相等时，互信息量为 0，这就是两个随机事件相互独立的情况。

当互信息量为负值时，说明信宿在收到 y_j 后，不仅没有使 x_i 的不确定度减小，反而使 x_i 的不确定度变大。这是通信受到干扰或发生错误所造成的。

3. 条件互信息量

条件互信息量的含义是，在给定 z_k 的条件之下，x_i 与 y_j 之间的互信息量，用 $I(x_i;y_j|z_k)$表示，其定义式为

$$I(x_i;y_j|z_k)=\log_2\frac{\Pr(x_i|y_jz_k)}{\Pr(x_i|z_k)}$$

可以推导得到

$$I(x_i;y_jz_k)=I(x_i;z_k)+I(x_i;y_j|z_k)$$

需要注意的是，z_k 不仅是 y_j 的已知条件，也是 x_i 的已知条件。推导过程如下：

$$I(x_i;y_jz_k)=\log_2\frac{\Pr(x_i|y_jz_k)}{\Pr(x_i)}=\log_2\frac{\Pr(x_i|y_jz_k)\Pr(x_i|z_k)}{\Pr(x_i|z_k)\Pr(x_i)}$$
$$=\log_2\frac{\Pr(x_i|z_k)}{\Pr(x_i)}+\log_2\frac{\Pr(x_i|y_jz_k)}{\Pr(x_i|z_k)}$$

$$=I(x_i;z_k)+I(x_i;y_j|z_k)$$

这表明，一个联合事件(y_jz_k)发生后所提供的有关 x_i 的信息量 $I(x_i;y_jz_k)$，等于 z_k 发生后所提供的有关 x_i 的信息量 $I(x_i;z_k)$与给定 z_k 条件下再出现 y_j 后所提供的有关 x_i 的信息量 $I(x_i;y_j|z_k)$之和。

不难证明，式中 y_j 和 z_k 的位置可以互换，即

$$I(x_i;y_jz_k)=I(x_i;y_j)+I(x_i;z_k|y_j)$$

2.2.2.3 信息熵介绍

1. 信息熵

已知单符号离散无记忆信源的数学模型为

$$\begin{bmatrix} X \\ \Pr(X) \end{bmatrix}=\begin{bmatrix} x_1 & x_2 & \cdots & x_i & \cdots & x_n \\ \Pr(x_1) & \Pr(x_2) & \cdots & \Pr(x_i) & \cdots & \Pr(x_n) \end{bmatrix}$$

其中，$0\leqslant \Pr(x_i)\leqslant 1(i=1,2\cdots,n)$，且 $\sum_{i=1}^{n}\Pr(x_i)=1$。

前述的各种信息量都是单个离散信息的函数，本身都具有随机变量的性质，不能作为信源的总体信息测度。我们定义信源信息熵为各个离散消息的自信息量的数学期望，一般称为信源的信息熵，也叫信源熵或香农熵，有时称为无条件熵或熵函数，简称熵，记为 $H(X)$。

$$H(X)=E(I(x_i))=E\left(\log_2\frac{1}{\Pr(x_i)}\right)=-\sum_{i=1}^{n}\Pr(x_i)\log_2\Pr(x_i)$$

熵函数的自变量为 X，表示信源整体，它实质上是无记忆信源平均不确定度的度量。取 2 为底，信源熵的单位是比特/符号(bit/sign)。

信源熵 $H(X)$有三种物理含义：

(1) 表示信源输出后，平均每个离散消息所提供的信息量；

(2) 表示信源输出前，信源的平均不确定度；

(3) 反映了随机变量 X 的随机性。

2. 条件熵

条件熵是在联合符号集合 XY 上的条件自信息量的数学期望。在已知随机变量 Y 的条件下，随机变量 X 的条件熵 $H(X|Y)$定义为

$$H(X\mid Y)=E(I(x_i\mid y_j))=\sum_{j=1}^{m}\sum_{i=1}^{n}\Pr(x_iy_j)I(x_i\mid y_j)$$

$$=-\sum_{j=1}^{m}\sum_{i=1}^{n}\Pr(x_iy_j)\log_2\Pr(x_i\mid y_j)$$

相应地，在给定 X 条件下，Y 的条件熵 $H(Y|X)$为

$$H(Y\mid X)=E(I(y_j\mid x_i))=-\sum_{j=1}^{m}\sum_{i=1}^{n}\Pr(x_iy_j)\log_2\Pr(y_j\mid x_i)$$

应特别注意，在求条件熵时，使用联合概率进行加权。

先取一个 y_j，在已知 y_j 的条件下，X 的条件熵 $H(X|y_j)$为

$$H(X\mid y_j)=\sum_{i=1}^{n}\Pr(x_i\mid y_j)I(x_i\mid y_j)=-\sum_{i=1}^{n}\Pr(x_i\mid y_j)\log_2\Pr(x_i\mid y_j)$$

上式是仅知某一个 y_j 时 X 的条件熵，它随着 y_j 的变化而变化，仍然是一个随机变量。已知所有的 $y_j(j=1,2,\cdots,m)$ 时 X 仍然存在的不确定度，应该是将 $H(X|y_j)$ 在 Y 集合上取数学期望，即

$$H(X \mid Y)=\sum_{j=1}^{m}\Pr(y_j)H(X \mid y_j)=-\sum_{j=1}^{m}\sum_{i=1}^{n}\Pr(y_j)\Pr(x_i \mid y_j)\log_2\Pr(x_i \mid y_j)$$
$$=-\sum_{j=1}^{m}\sum_{i=1}^{n}\Pr(x_iy_j)\log_2\Pr(x_i \mid y_j)$$

条件熵是一个确定值，表示信宿在收到 Y 后，信源 X 仍然存在的不确定度。这是传输失真所造成的。

3. 联合熵

联合熵也称为共熵，是联合离散符号集合 XY 上的每个元素 x_iy_j 的联合自信息量的数学期望，用 $H(XY)$ 表示，即

$$H(XY)=\sum_{j=1}^{m}\sum_{i=1}^{n}\Pr(x_iy_j)I(x_iy_j)=-\sum_{j=1}^{m}\sum_{i=1}^{n}\Pr(x_iy_j)\log_2\Pr(x_iy_j)$$

4. 信源熵的基本性质和定理

(1) 非负性。

信源熵是自信息的数学期望，自信息是非负值，所以信源熵一定满足非负性。

(2) 对称性。

当信源含有 n 个离散消息时，信源熵 $H(X)$ 是这 n 个消息发生的概率的函数。我们把 $H(X)$ 写成

$$H(X)=H(\Pr(x_1),\Pr(x_2),\cdots,\Pr(x_n))=-\sum_{i=1}^{n}\Pr(x_i)\log_2\Pr(x_i)$$

其中，$0\leqslant\Pr(x_i)\leqslant 1(i=1,2,\cdots,n)$，且 $\sum_{i=1}^{n}\Pr(x_i)=1$。熵的对称性指 $\Pr(x_1),\Pr(x_2),\cdots,\Pr(x_n)$ 的顺序任意互换时，熵的值不变。

这一性质说明熵的总体特性只与信源的总体特性有关，而不在乎个别消息发生的概率，甚至与消息的取值无关。

(3) 最大离散熵定理。

定理 2.1 信源 X 中包含 n 个不同离散消息时，信源熵 $H(X)$ 有

$$H(X)\leqslant\log_2 n$$

在证明定理 2.1 之前，首先给出凸函数的定义：定义在区间 I 上的函数 f，对于任意 $x_1,x_2\in I$，实数 $0\leqslant\lambda\leqslant 1$，有

$$\lambda f(x_1)+(1-\lambda)f(x_2)\leqslant f(\lambda x_1+(1-\lambda)x_2) \tag{2.1}$$

则称 f 为区间 I 上的凸函数。

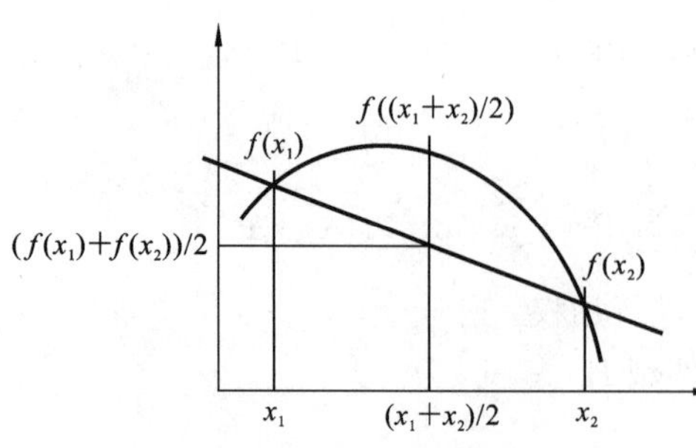

图 2.4 凸函数示意图

当 $\lambda=1/2$ 时，如图 2.4 所示。

严格凸函数的性质有：函数图像开口向下；式(2.1)等号成立当且仅当 $x_1=x_2$；二阶导小于 0。

定理 2.2(Jensen 不等式) 假设 f 是

区间 I 上的连续的严格凸函数，且 $\sum_{i=1}^{n} a_i = 1$，其中，$a_i > 0, 1 \leqslant i \leqslant n$，那么有

$$\sum_{i=1}^{n} a_i f(x_i) \leqslant f\left(\sum_{i=1}^{n} a_i x_i\right)$$

其中，$x_i \in I, 1 \leqslant i \leqslant n$，当且仅当 $x_1 = x_2 = \cdots = x_n$ 等式成立。

定理 2.3 可通过 Jensen 不等式进行证明。

证明 log 函数为定义在其区间内的凸函数，有

$$H(X) = \sum_{i=1}^{n} \Pr(x_i) \log_2 \frac{1}{\Pr(x_i)} \leqslant \log_2 \sum_{i=1}^{n} \left(\Pr(x_i) \times \frac{1}{\Pr(x_i)}\right) = \log_2 n$$

所以可证，等号当且仅当每个消息的发生等概率时成立，即对于任意 $1 \leqslant i \leqslant n$，有 $p(x_i) = 1/n$。

以二进制信源为例，概率空间为

$$\begin{bmatrix} X \\ P(X) \end{bmatrix} = \begin{bmatrix} 0 & 1 \\ p & 1-p \end{bmatrix}$$

则该信源的信源熵为

$$H(X) = -[p\log_2 p + (1-p)\log_2(1-p)]$$

这个熵有时使用 $H(p)$ 来表示，它与概率 p 的关系如图 2.5 所示。当 $p = 0.5$ 时，信源熵达到最大值（1 bit/sign）。

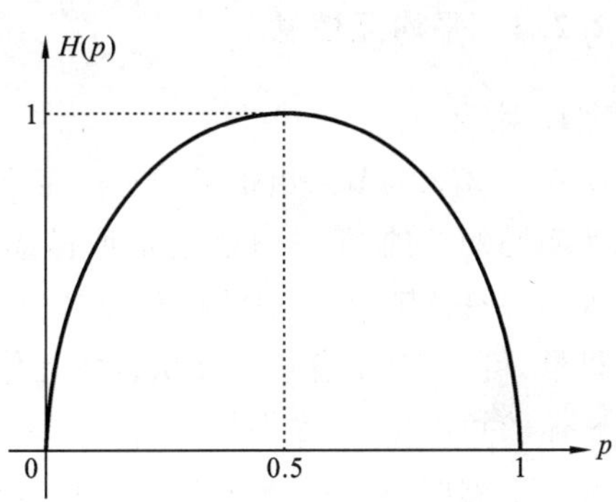

图 2.5 $n=2$ 时熵与概率的关系

定理 2.4 可加性：

$$H(XY) = H(X) + H(Y|X)$$

证明
$$\begin{aligned}
H(XY) &= -\sum_{i=1}^{n}\sum_{j=1}^{m} \Pr(x_i y_j) \log_2 \Pr(x_i y_j) \\
&= -\sum_{i=1}^{n}\sum_{j=1}^{m} \Pr(x_i y_j) \log_2 \Pr(y_j \mid x_i) \Pr(x_i) \\
&= -\sum_{i=1}^{n}\sum_{j=1}^{m} \Pr(x_i y_j) \log_2 \Pr(x_i) - \sum_{i=1}^{n}\sum_{j=1}^{m} \Pr(x_i y_j) \log_2 \Pr(y_j \mid x_i) \\
&= -\sum_{i=1}^{n} \Pr(x_i) \log_2 \Pr(x_i) - \sum_{i=1}^{n}\sum_{j=1}^{m} \Pr(x_i y_j) \log_2 \Pr(y_j \mid x_i) \\
&= H(X) + H(Y \mid X)
\end{aligned}$$

定理 2.5 $H(XY) \leqslant H(X) + H(Y)$，当且仅当 X 和 Y 独立时等号成立。

证明 $H(XY) - H(X) - H(Y)$

$$\begin{aligned}
&= -\sum_{i=1}^{n}\sum_{j=1}^{m} \Pr(x_i y_j) \log_2 \Pr(x_i y_j) \\
&\quad + \sum_{i=1}^{n} \Pr(x_i) \log_2 \Pr(x_i) + \sum_{j=1}^{m} \Pr(y_j) \log_2 \Pr(y_j) \\
&= -\sum_{i=1}^{n}\sum_{j=1}^{m} \Pr(x_i y_j) \log_2 \Pr(x_i y_j) + \sum_{i=1}^{n}\sum_{j=1}^{m} \Pr(x_i y_j) \log_2 \Pr(x_i) \\
&\quad + \sum_{j=1}^{m}\sum_{i=1}^{n} \Pr(x_i y_j) \log_2 \Pr(y_j) \\
&= \sum_{i=1}^{n}\sum_{j=1}^{m} \Pr(x_i y_j) \log_2 \frac{\Pr(x_i)\Pr(y_j)}{\Pr(x_i y_j)} \leqslant \log_2 \sum_{i=1}^{n}\sum_{j=1}^{m} \Pr(x_i y_j) \frac{\Pr(x_i)\Pr(y_j)}{\Pr(x_i y_j)}
\end{aligned}$$

$$= \log_2 \sum_{i=1}^{n} \sum_{j=1}^{m} \Pr(x_i)\Pr(y_j) = 0$$

所以有 $H(XY) \leqslant H(X) + H(Y)$。

等号在 $\frac{\Pr(x_i)\Pr(y_j)}{\Pr(x_i y_j)}$ 为常量时取得，令 $\frac{\Pr(x_i)\Pr(y_j)}{\Pr(x_i y_j)} = c$，$c$ 为一常量，因为 $\sum_i \sum_j \Pr(x_i)\Pr(y_j) = 1 = \sum_i \sum_j \Pr(x_i y_j)$，所以 $c = 1$，即 $\Pr(x_i y_j) = \Pr(x_i)\Pr(y_j)$，故此时随机变量 X 和 Y 相互独立。

定理 2.6 $H(X|Y) \leqslant H(X)$

可直接通过 Jenson 不等式证明，或者根据定理 2.4 和定理 2.5 得到。

2.2.2.4 平均互信息

1. 定义

在 2.2.2.2 节给出了互信息的定义，并已知道互信息量 $I(x_i;y_j)$ 是定量研究信息流通问题的基础，但它只能定量地描述输入随机变量发出某个具体消息 x_i、输出变量出现某一具体消息 y_j 时流经信道的信息量。$I(x_i;y_j)$ 是随着 x_i 和 y_j 的变化而变化的随机量，可见，互信息量不能从整体上作为信道中信息流通的测度，这种测度应该能够从整体的角度出发，在平均意义上度量每通过一个符号流经信道的平均信息量；同时，作为一个测度，它不能是随机量，而应该是一个确定量。为了客观测度信道中流通的信息，我们给出如下定义：

$$I(X;Y) = \sum_{i=1}^{n} \sum_{j=1}^{m} \Pr(x_i y_j) I(x_i;y_j) = \sum_{i=1}^{n} \sum_{j=1}^{m} \Pr(x_i y_j) \log_2 \frac{\Pr(x_i \mid y_j)}{\Pr(x_i)} \tag{2.2}$$

称 $I(X;Y)$ 是 Y 对 X 的平均互信息量，简称平均互信息，也称为平均交互信息量或交互熵。这是从接收端观察到的结果。

同理，X 对 Y 的平均互信息定义为

$$I(Y;X) = \sum_{i=1}^{n} \sum_{j=1}^{m} \Pr(x_i y_j) I(y_j;x_i) = \sum_{i=1}^{n} \sum_{j=1}^{m} \Pr(x_i y_j) \log_2 \frac{\Pr(y_j \mid x_i)}{\Pr(y_j)} \tag{2.3}$$

式(2.3)是从发送端观察到的结果，$I(X;Y)$ 也可以表示为

$$I(X;Y) = \sum_{i=1}^{n} \sum_{j=1}^{m} \Pr(x_i y_j) \log_2 \frac{\Pr(x_i y_j)}{\Pr(x_i)\Pr(y_j)} \tag{2.4}$$

2. 物理意义

(1) 由式(2.2)有

$$\begin{aligned} I(X;Y) &= \sum_{i=1}^{n} \sum_{j=1}^{m} \Pr(x_i y_j) \log_2 \frac{\Pr(x_i \mid y_j)}{\Pr(x_i)} \\ &= \sum_{i=1}^{n} \sum_{j=1}^{m} \Pr(x_i y_j) \log_2 \frac{1}{\Pr(x_i)} - \sum_{i=1}^{n} \sum_{j=1}^{m} \Pr(x_i y_j) \log_2 \frac{1}{\Pr(x_i \mid y_j)} \\ &= H(X) - H(X \mid Y) \end{aligned} \tag{2.5}$$

其中，条件熵 $H(X|Y)$ 表示收到随机变量 Y 后，对随机变量 X 仍然存在的不确定度，这是 Y 关于 X 的后验不确定度，通常称为信道疑义度。相应地称 $H(X)$ 为 X 的先验不确定度。式(2.5)表明，Y 对 X 的平均互信息是对 Y 一无所知的情况下，X 的先验不确定度与收到 Y 后关于 X 的后验不确定度之差，即收到 Y 前后对 X 不确定度减少的量，也

就是从 Y 获得的关于 X 的平均信息量。

(2) 由式(2.3)有

$$
\begin{aligned}
I(Y;X) &= \sum_{i=1}^{n}\sum_{j=1}^{m}\Pr(x_i y_j)\log_2\frac{\Pr(y_j \mid x_i)}{\Pr(y_j)} \\
&= \sum_{i=1}^{n}\sum_{j=1}^{m}\Pr(x_i y_j)\log_2\frac{1}{\Pr(y_j)} \\
&\quad - \sum_{i=1}^{n}\sum_{j=1}^{m}\Pr(x_i y_j)\log_2\frac{1}{\Pr(y_j \mid x_i)} \\
&= H(Y) - H(Y \mid X)
\end{aligned}
\tag{2.6}
$$

其中,条件熵 $H(Y|X)$ 表示发出随机变量 X 后对随机变量 Y 仍然存在的不确定度。如果信道中不存在任何噪声,发送端和接收端必存在确定的关系,发出 X 后必能确定对应 Y。而现在不能完全确定,这是由信道噪声引起的,因此 $H(Y|X)$ 常称为噪声熵。

式(2.6)说明,X 对 Y 的平均互信息量 $I(Y;X)$ 等于 Y 的先验不确定度 $H(Y)$ 与发出 X 后关于 Y 的后验不确定度 $H(Y|X)$ 之差,即发出 X 前后关于 Y 的不确定度的减少的量。

(3) 由式(2.4),有

$$
\begin{aligned}
I(X;Y) &= \sum_{i=1}^{n}\sum_{j=1}^{m}\Pr(x_i y_j)\log_2\frac{\Pr(x_i y_j)}{\Pr(x_i)\Pr(y_j)} \\
&= \sum_{i=1}^{n}\sum_{j=1}^{m}\Pr(x_i y_j)\log_2\frac{1}{\Pr(x_i)} + \sum_{i=1}^{n}\sum_{j=1}^{m}\Pr(x_i y_j)\log_2\frac{1}{\Pr(y_j)} \\
&\quad - \sum_{i=1}^{n}\sum_{j=1}^{m}\Pr(x_i y_j)\log_2\frac{1}{\Pr(x_i y_j)} \\
&= H(X) + H(Y) - H(XY)
\end{aligned}
\tag{2.7}
$$

其中,联合熵 $H(XY)$ 表示输入 X 输出 Y,即收发双方通信后整个系统仍然存在的不确定度。如果在通信前,把 X 和 Y 看作两个互相独立的随机变量,那么通信前整个系统的先验不确定度即 X 和 Y 的联合熵等于 $H(X)+H(Y)$;通信后,我们把信道两端出现 X 和 Y 看成是由信道的传递统计特性联系起来的,它们是具有一定统计关联关系的两个随机变量,整个系统的后验不确定度由 $H(XY)$ 来描述。式(2.7)说明信道两端随机变量 X 和 Y 之间的平均互信息量等于通信前后整个系统不确定度减少的量。

从以上三个不同的角度说明,从一个事件获得另一个事件的平均互信息需要消除不确定度,一旦消除了不确定度,就获得了信息,这就是所谓的"信息就是负熵"的概念。

2.3 完善保密性

假设(P,C,K,E,D)是一个给定的密码体制,一次加密使用一个特定的密钥 $k\in K$。假设明文空间 P 存在一个概率分布,则明文元素定义了一个随机变量,用 X 表示,明文 x 发生的先验概率为 $\Pr(X=x)$。假设 Alice 和 Bob 以某种固定的概率分布选取密钥 k(通常密钥随机选取,所有的密钥都是等概率的),所以密钥也定义了一个随机变量,用 K 表示,密钥 k 发生的概率为 $\Pr(K=k)$。密钥的选取决定了加密函数,一般来说,密钥和明文的选取是独立的,因此,可以合理地假设密钥和明文统计独立。

密文 C 是明文 P 和密钥 K 在加密函数的作用下生成的，因此，同样可以把密文看成随机变量，用 Y 表示。可以通过明文和密钥的概率来计算密文的概率。

所谓完善保密性，是指 Eve 不能通过观察 Alice 和 Bob 之间的密文来获得有关明文的任何信息，当我们将加密系统看为一个通信系统时，那么无论接收方接收到哪个密文，都无法确定发送方所发送的信息是哪一个。我们可以使用概率来进行定义。

在一个密码体制中，如果对于任意的 $x\in P$ 和 $y\in C$，都有 $\Pr(x|y)=\Pr(x)$，则我们称该密码体制具有完善保密性。也就是说，给定密文 y，明文 x 的后验概率等于明文 x 的先验概率。根据 2.2 节中的定义，有

$$I(x;y)=\log_2\frac{\Pr(x|y)}{\Pr(x)}=0$$

即对于任意明密文对 $x\in P$ 和 $y\in C$，它们之间的互信息 $I(x;y)=0$，使用联合概率对其进行加权平均得到的平均互信息 $I(X;Y)=0$ 说明 X 和 Y 是两个独立的随机变量，明文、密文统计独立，从密文 Y 中无法获取任何关于明文的信息，相当于信道关闭。

根据平均互信息和熵的关系，$I(X;Y)=H(P)-H(P|C)=0$，所以有 $H(P)=H(P|C)$。

对于密钥 $k\in K$，定义集合 $C(k)=\{e_k(x):x\in P\}$，$C(k)$ 表示密钥为 k 时所有可能的密文。对于任意的 $y\in C$，有

$$\Pr(Y=y)=\sum_{k:y\in C(k)}\Pr(K=k)\Pr(x=d_k(y))$$

明文和密文根据密钥相关联，所以当给定 $y\in C$ 和 $x\in P$ 时，可以计算条件概率 $\Pr(Y=y|X=x)$ 为

$$\Pr(Y=y\mid X=x)=\sum_{k:x=d_k(y)}\Pr(K=k)$$

当得到 $\Pr(Y=y)$ 和 $\Pr(Y=y|X=x)$，就可以使用贝叶斯公式计算条件概率：

$$\Pr(X=x\mid Y=y)=\frac{\Pr(X=x)\sum\limits_{k:x=d_k(y)}\Pr(K=k)}{\sum\limits_{k:y\in C(k)}\Pr(K=k)\Pr(x=d_k(y))}$$

例 2.1 假设明文空间 $P=\{a,b\}$，密钥空间 $K=\{k_1,k_2,k_3\}$，明文 P(随机变量 X)和密钥 K 的概率空间如下：

$$\begin{bmatrix}X\\ \Pr(x)\end{bmatrix}=\begin{bmatrix}a & b\\ \frac{1}{4} & \frac{3}{4}\end{bmatrix}\quad\begin{bmatrix}K\\ \Pr(k)\end{bmatrix}=\begin{bmatrix}k_1 & k_2 & k_3\\ \frac{1}{2} & \frac{1}{4} & \frac{1}{4}\end{bmatrix}$$

设密文空间 $C=\{1,2,3,4\}$，加密函数定义为 $e_{k_1}(a)=1$，$e_{k_1}(b)=2$，$e_{k_2}(a)=2$，$e_{k_2}(b)=3$，$e_{k_3}(a)=3$，$e_{k_3}(b)=4$，可表示成如表 2.1 所示的加密矩阵。

表 2.1 加密矩阵

	a	b
k_1	1	2
k_2	2	3
k_3	3	4

我们可以计算 C 的概率分布 $\Pr(y)$：

$$\Pr(1)=\Pr(k_1)\Pr(a)=\frac{1}{8}$$

$$\Pr(2)=\Pr(k_1)\Pr(b)+\Pr(k_2)\Pr(a)=\frac{1}{2}\times\frac{3}{4}+\frac{1}{4}\times\frac{1}{4}=\frac{7}{16}$$

$$\Pr(3)=\Pr(k_2)\Pr(b)+\Pr(k_3)\Pr(a)=\frac{1}{4}\times\frac{3}{4}+\frac{1}{4}\times\frac{1}{4}=\frac{1}{4}$$

$$\Pr(4)=\Pr(k_3)\Pr(b)=\frac{1}{4}\times\frac{3}{4}=\frac{3}{16}$$

在已知明文 x 的条件下密文 y 的概率分布 $\Pr(y|x)$为

$$\Pr(1|a)=\Pr(k_1)=\frac{1}{2}$$

$$\Pr(2|a)=\Pr(k_2)=\frac{1}{4}$$

$$\Pr(3|a)=\Pr(k_3)=\frac{1}{4}$$

$$\Pr(4|a)=0$$

$$\Pr(1|b)=0$$

$$\Pr(2|b)=\Pr(k_1)=\frac{1}{2}$$

$$\Pr(3|b)=\Pr(k_2)=\frac{1}{4}$$

$$\Pr(4|b)=\Pr(k_3)=\frac{1}{4}$$

由 $\Pr(y)$和 $\Pr(y|x)$，我们可以根据贝叶斯公式计算在已知密文 y 的条件下明文 x 的概率分布 $\Pr(x|y)=\dfrac{\Pr(y|x)\Pr(x)}{\Pr(y)}$，得到：

$$\Pr(a|1)=1,\quad \Pr(b|1)=0,\quad \Pr(a|2)=\frac{1}{7},\quad \Pr(b|2)=\frac{6}{7}$$

$$\Pr(a|3)=\frac{1}{4},\quad \Pr(b|3)=\frac{3}{4},\quad \Pr(a|4)=0,\quad \Pr(b|4)=1$$

可以看到，对于密文 $y=3$，系统满足完善保密性的特性，但是对于其他的密文则不满足。因此，例 2.1 中的密码体制不是完善保密体制。

下面给出关于完善保密性的两个定理，首先证明密钥随机选取的移位密码的完善保密性。

定理 2.7 假设移位密码的 26 个密钥都是以相同的概率 1/26 使用的，则对于任意的明文概率分布，移位密码具有完善保密性。

证明：已知为移位密码，所以 $P=C=K=Z_{26}$，对于任意的 $0\leqslant k\leqslant 25$，加密函数 e_k 定义为 $e_k(x)=x+k \bmod 26$，所以任意密文 y 的概率为

$$\begin{aligned}\Pr(y) &= \sum_{k\in Z_{26}}\Pr(k)\Pr(x=d_k(y)) = \sum_{k\in Z_{26}}\Pr(k)\Pr(x=y-k)\\ &= \frac{1}{26}\sum_{k\in Z_{26}}\Pr(x=y-k)\end{aligned}$$

当固定 y 时，$y-k \bmod 26$ 构成 Z_{26}的一个置换，因此有

$$\sum_{k\in Z_{26}}\Pr(x=y-k)=\sum_{x\in Z_{26}}x=1$$

所以对于任意的 y，有

$$\Pr(y)=\frac{1}{26}$$

对于任意的 x,y，有

$$\Pr(y|x)=\Pr(k=(y-x \bmod 26))=\frac{1}{26}$$

所以，根据贝叶斯公式，有

$$\Pr(x|y)=\frac{\Pr(x)\Pr(y|x)}{\Pr(y)}=\Pr(x)$$

完善保密性得证。

因此，如果使用随机密钥来加密每个明文字母，则移位密码是“不可攻破的”。

在完善保密性中进行概率计算时，常常需要去除某个明文或者某个密文的概率，我们约定在计算和证明时只考虑它们非零的情况，但约定只是为了简化，而并不是一种限制，计算和证明同样适用于任何概率分布，包括一些明文和密文的概率为 0 的情况。如果对于某一明文 x_0，有 $\Pr(x_0)=0$，则显然对于所有的密文 $y\in C$，有 $\Pr(x_0)=\Pr(x_0|y)=0$。因此，我们只考虑使得 $\Pr(x)>0$ 的明文 x。对于密文来说，如果对于 $y_0\in C$，$\Pr(y_0)=0$，说明密文 y_0 不可能通过 x 加密得到，其也不会被使用，那么可以将其从 C 中去掉，也不影响密码方案，我们也可以合理地假设 $\Pr(y)>0$。因此，对于概率非零的明文，我们使用贝叶斯公式，“所有的 $y\in C,\Pr(x)=\Pr(x|y)$”，等价于“所有的 $y\in C$，$\Pr(y)=\Pr(y|x)$”。

因此，在完善保密体制中，对于任意固定的 $x\in P$，对于每个 $y\in C$，我们有 $\Pr(y)=\Pr(y|x)>0$，意味着对于每个 $y\in C$，一定至少存在一个密钥 k 满足 $e_k(x)=y$。这样就有 $|K|\geqslant|C|$。而任意一个密码体制的加密函数都是单射函数，一定有 $|C|\geqslant|P|$，因此有 $|K|\geqslant|C|\geqslant|P|$。当 $|K|=|C|=|P|$ 时，香农提出一个关于在什么时候能够取得完善保密性的性质，可以使用此定理来证明一次一密的完善保密性。

定理 2.8 假设密码体制 (P,C,K,E,D) 满足 $|K|=|C|=|P|$。该密码体制是完善保密的，当且仅当每个密钥被使用的概率都是 $1/|K|$，并且，对于任意 $x\in P$ 和 $y\in C$ 存在唯一的密钥使得 $e_k(x)=y$。

证明 (1) 首先来证明必要性。

假设给定的密码体制是完善保密的，由上面的约定和结论可知，对于任意 $x\in P$ 和 $y\in C$，一定至少存在一个密钥 k 使得 $e_k(x)=y$，因此有

$$|C|=|\{e_k(x):k\in K\}|\leqslant|K|$$

但是假设 $|C|=|K|$，所以有 $|\{e_k(x):k\in K\}|=|K|$，因此不存在两个不同的密钥 k_1 和 k_2 使得 $e_{k_1}(x)=e_{k_2}(x)$，否则 $|C|<|K|$，所以对于任意 $x\in P$ 和 $y\in C$，恰好存在唯一一个密钥使得 $e_k(x)=y$。

下面来求每个密钥使用的概率。

假设对于某个密文 y_j，对于任意明文 $x_i\in P$ 有唯一密钥使得 $e_{k_i}(x_i)=y_j$，因为密码体制具有完善保密性，有

$$\Pr(x_i|y_j)=\frac{\Pr(y_j|x_i)\Pr(x_i)}{\Pr(y_j)}=\frac{\Pr(k_i)\Pr(x_i)}{\Pr(y_j)}=\Pr(x_i)$$

则有 $\Pr(k_i)=\Pr(y_j)$，由于 k_i 的任意性，则所有的密钥的值都等于一个固定值 $\Pr(y_j)$，因此，所有的密钥都是等概率使用的，因为密钥的数目为 $|K|$，所以对于任意的 $k\in K$，有 $\Pr(k)=1/|K|$。

必要性得证。

(2) 再证明充分性，充分性的证明类似于定理 2.7 的证明。

如果每个密钥被使用的概率都是 $\Pr(k)=1/|K|$，且对于任意 $x\in P$ 和 $y\in C$ 存在唯一的密钥使得 $e_k(x)=y$，所以对于固定的 $y\in C$，有

$$\Pr(y)=\sum_{k\in K}\Pr(k)\Pr(x=d_k(y))=\frac{1}{|K|}\sum_{k\in K}\Pr(x=d_k(y))=\frac{1}{|K|}$$

而对于任意 $x\in P$ 和 $y\in C$，有

$$\Pr(y|x)=\Pr(k:\text{st }e_k(x)=y)=\frac{1}{|K|}$$

根据贝叶斯公式，很容易计算

$$\Pr(x|y)=\frac{\Pr(y|x)\Pr(x)}{\Pr(y)}=\frac{1/|K|\times\Pr(x)}{1/|K|}=\Pr(x)$$

所以该密码体制是完善保密体制。

“一次一密”(One Time Pad，OTP)密码体制最早由 Gilbert Vernam 在 1917 年提出并使用，在当时并没有被证明是安全的，但其一直被认为是不可破的，直到香农提出了完善保密性的概念，并证明了“一次一密”具有完善保密性。

密码体制 2.1 一次一密

设 $n\geqslant 1$ 为正整数，$P=C=K=(Z_2)^n$，对于任意 $x=(x_1,x_2,\cdots,x_n)\in P$，随机选取 $k=(k_1,k_2,\cdots,k_n)\in K$，定义

$$e_k(x)=(x_1\oplus k_1,x_2\oplus k_2,\cdots,x_n\oplus k_n)$$

若密文为 $y=(y_1,y_2,\cdots,y_n)\in C$，则

$$d_k(y)=(y_1\oplus k_1,y_2\oplus k_2,\cdots,y_n\oplus k_n)$$

由定理 2.8 可以看到，当密钥随机等概率选取，其概率分布为均匀分布时，则“一次一密”为完善保密体制，因为 $P=C=K=(Z_2)^n$，且对于任意 $x\in P$ 和 $y\in C$，存在唯一的密钥 $k=(x_1\oplus y_1,x_2\oplus y_2,\cdots,x_n\oplus y_n)$ 使得 $e_k(x)=y$。

在完善保密体制中，$|K|\geqslant|P|$，因此，“一次一密”每次加密需要随机选择一个密钥，密钥长度至少和明文长度一样，这意味着需要安全地存储和传输一个很长的密钥，在实践中很难实现。当同一个密钥被使用两次时，“一次一密”不能经受已知明文攻击。序列密码方案可以看作借鉴“一次一密”的思想，在可证明安全框架下，当使用较短的种子生成伪随机串作为密钥，且密钥只用于加密一次时，可以证明其具有唯密文攻击下的安全性。

2.4 密码学中的熵

根据 2.2.2.3 节中熵的定义，我们可以给出在一个密码体制中各组成部分熵的基本关系。由于唯密文攻击下的密码分析是在已知密文的条件之下获取关于密钥的信息，我们来关注条件熵 $H(K|C)$，其称为密钥含糊度，用来度量给定密文条件下密钥的不确定性。

根据密码体制中明文、密文和密钥的关系，在已知明文和密钥时，可以通过加密函数确定密文，同样，已知密文和密钥，可以进行解密得到明文，根据熵的意义，$H(C|PK)=0$ 和 $H(P|CK)=0$。同时，可以假定明文和密钥是独立随机选取的，那么明文和密钥是统计独立的随机变量。

定理 2.9　设有密码体制(P,C,K,E,D)，那么有

$$H(K|C)=H(P)+H(K)-H(C)$$

证明　$H(K|C)=H(CK)-H(C)$。

$$H(CK)=H(PCK)-H(P|CK)=H(PCK)$$

$$H(PCK)=H(PK)+H(C|PK)=H(PK)=H(P)+H(K)$$

$$H(K|C)=H(P)+H(K)-H(C)$$

我们可以利用例 2.1 来验证这个结论。

例 2.1 中，我们可以计算 $H(P)$，$H(C)$和 $H(K)$。

$$H(P)=-\frac{1}{4}\log_2\frac{1}{4}-\frac{3}{4}\log_2\frac{3}{4}=0.81$$

$$H(K)=-\frac{1}{2}\log_2\frac{1}{2}-\frac{1}{4}\log_2\frac{1}{4}-\frac{1}{4}\log_2\frac{1}{4}=1.5$$

$$H(C)=-\frac{1}{8}\log_2\frac{1}{8}-\frac{7}{16}\log_2\frac{7}{16}-\frac{1}{4}\log_2\frac{1}{4}-\frac{3}{16}\log_2\frac{3}{16}=1.85$$

我们可以计算概率 $\Pr(K=k_i|Y=j)(1\leqslant i\leqslant 3,1\leqslant j\leqslant 4)$：

$$\Pr(k_1|1)=\frac{\Pr(a)\Pr(k_1)}{\Pr(1)}=1,\quad \Pr(k_2|1)=0,\quad \Pr(k_3|1)=0$$

$$\Pr(k_1|2)=\frac{\Pr(b)\Pr(k_1)}{\Pr(2)}=\frac{6}{7},\quad \Pr(k_2|2)=\frac{\Pr(a)\Pr(k_2)}{\Pr(2)}=\frac{1}{7},\quad \Pr(k_3|2)=0$$

$$\Pr(k_1|3)=0,\quad \Pr(k_2|3)=\frac{\Pr(b)\Pr(k_2)}{\Pr(3)}=\frac{3}{4},\quad \Pr(k_3|3)=\frac{\Pr(a)\Pr(k_3)}{\Pr(3)}=\frac{1}{4}$$

$$\Pr(k_1|4)=0,\quad \Pr(k_2|4)=0,\quad \Pr(k_3|4)=\frac{\Pr(b)\Pr(k_3)}{\Pr(4)}=1$$

所以，有

$$H(K|C)=-\frac{7}{16}\times\left(\frac{6}{7}\log_2\frac{6}{7}-\frac{1}{7}\log_2\frac{1}{7}\right)-\frac{1}{4}\times\left(\frac{3}{4}\log_2\frac{3}{4}-\frac{1}{4}\log_2\frac{1}{4}\right)=0.46$$

$$H(P)+H(K)-H(C)=0.81+1.5-1.85=0.46$$

这与定理 2.9 的结果相符。

对于一般的密码体制，我们可以得到关于熵的几个关系，如图 2.6(a)所示。

$$|P|\leqslant|C|$$

$$H(P|CK)=H(C|PK)=0$$

$$H(PK)=H(K)+H(P)$$

$$H(K|C)=H(P)+H(K)-H(C)$$

$$H(P)\leqslant H(C)\leqslant H(P)+H(K)$$

$$H(P|C)\leqslant H(K|C)$$

若$|P|=|C|$，P 满足均匀分布，则 C 一定也是均匀分布的，则有

$$H(K|C)=H(K)$$

在加密后，密文的熵变大，但是在已知密钥的情况之下，熵和明文的熵一样：

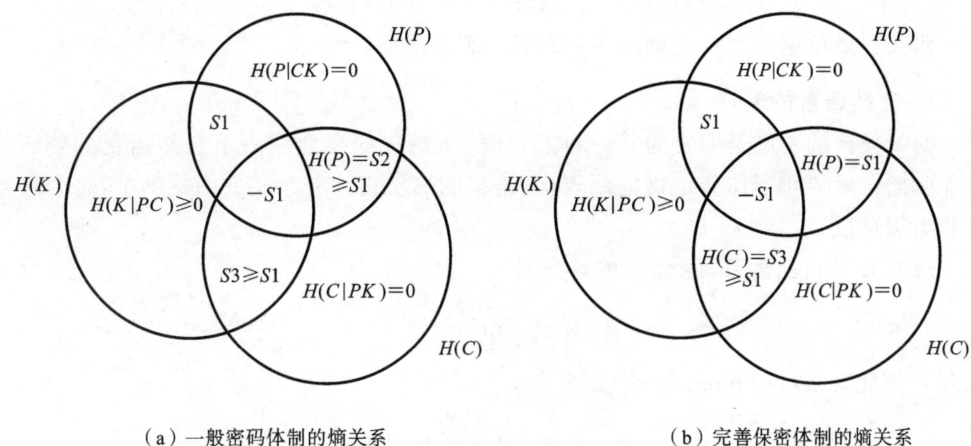

（a）一般密码体制的熵关系　　（b）完善保密体制的熵关系

图 2.6　密码体制中的熵关系

$I(C;P|K)=H(P)=H(C|K)$。

而对于完善保密系统，如图 2.6(b)所示，有

$$H(P|CK)=H(C|PK)=0$$

$$|P|\leqslant|C|\leqslant|K|$$

$$H(P)=H(P|C)$$

2.5　伪密钥和唯一解距离

1. 伪密钥

完善保密性是在密钥随机选取时，在唯密文攻击之下，一个密码体制安全的定义。在 1.3.1 节中曾经提及，在唯密文分析单表代换时，所得到的密文越长越有利于密码分析，下面我们来研究在一个密钥被多次用于加密多个明文消息时，进行一次成功的唯密文攻击至少需要多长的密文。

设(P,C,K,E,D)是正在使用的密码体制，明文串 $x_1x_2\cdots x_n$ 使用同一个密钥加密得到密文串 $y_1y_2\cdots y_n$。

密码分析的基本目标是确定密钥，假设敌手 Eve 具有唯密文攻击条件，且拥有无限的计算资源，同时 Eve 知道明文为某一自然语言，比如英文，那么通过解密得到的明文是否可读是密码分析成功的判断标准。一般来说，Eve 可以排除某些密钥，但是可能存在不止一个密钥能够使得密文解密得到的明文有意义，但是其中只有一个密钥是正确的，那些可能存在但不正确的密钥称为伪密钥。

例如，如果 Eve 获得密文串 KDAH，并且知道该密文串是通过移位密码得到的。我们可以通过穷举密钥来分析，可以得到两个有意义的明文 bury 和 slip，分别对应于可能的加密密钥 9 和 18。这两个密钥，一个是正确的密钥，另一个是伪密钥。对于长度很长的移位密码，找到两个有意义的解密结果有些困难，因为密钥空间比较小，我们可以通过后面要介绍的唯一解距离来解释。

如果希望成功分析一段密文，那么应该不存在伪密钥，伪密钥个数应该为 0。在 2.4 节中介绍了密钥含糊度的概念，定义为

$$H(K|C)=H(P)+H(K)-H(C)$$

那么如果根据密文可以确定密钥的话，熵 $H(K|C)=0$。

2. 自然语言的熵

相关分析的基础是明文为某一自然语言，下面先简要介绍一下自然语言的熵。我们可以把自然语言当作有记忆信源，自然语言的熵定义为有意义的明文串中，每个符号的平均信息量。

假设 L 是自然语言，语言 L 的熵定义为

$$H_{\mathrm{L}}=\lim_{n\to\infty}\frac{H(P^n)}{n}$$

语言 L 的冗余度(redundancy)定义为

$$R_{\mathrm{L}}=1-\frac{H_{\mathrm{L}}}{\log_2|P|}$$

以英文为例，若字母串是一随机字符串，那么熵为 $\log_2 26\approx 4.7$，但是自然语言中字母不是随机组织的，字母间有依赖关系，根据表 1.6 中所统计的英文字母出现的概率，可以得到一阶近似值 $H(P)\approx 4.19$，当字母之间的依赖关系越强，即相关性越强的时候，所提供的平均信息量就越小。

在英文中，通过大量的统计，可以得到经验性的结果：$1.0\leqslant H_{\mathrm{L}}\leqslant 1.5$，使用 1.25 作为 H_{L} 的估计值，冗余度大约为 0.75。

3. 唯一解距离

给定 K 和 P^n 的概率分布，我们可以得到 C^n 的概率分布，其中，C^n 是密文的 n 字母组。定义 P^n 为代表明文 n 字母组的随机变量，类似地，定义 C^n 为代表密文 n 字母组的随机变量。

根据定理 2.9，$H(K|C^n)=H(P^n)+H(K)-H(C^n)$，当明文为某自然语言有意义的明文串时，有 $H(P^n)=nH_{\mathrm{L}}=n(1-R_{\mathrm{L}})\log_2|P|$，加密是一个随机化的过程，因此密文会破坏明文的词法和语法规则，可以将信号看作是符号之间彼此没有任何依赖关系且符号等概分布的信号，有 $H(C^n)\leqslant n\log_2|C|$。

如果 $|P|=|C|$，则有

$$\begin{aligned}H(K|C^n)&\geqslant H(K)+n(1-R_{\mathrm{L}})\log_2|P|-n\log|C|\\&=H(K)-nR_{\mathrm{L}}\log_2|P|=\log_2|K|-nR_{\mathrm{L}}\log_2|P|\end{aligned}\tag{2.8}$$

如果在唯密文攻击下成功分析出正确密钥，那么就不存在伪密钥，伪密钥的期望值为 0，因此熵 $H(K|C^n)=0$，由式(2.8)可得

$$\log_2|K|-nR_{\mathrm{L}}\log_2|P|\leqslant 0\Rightarrow n\geqslant\frac{\log_2|K|}{R_{\mathrm{L}}\log_2|P|}$$

一个密码体制的唯一解距离定义为使得伪密钥的期望等于 0 的 n 的值，记为 n_0，即在唯密文攻击由同一密钥加密得到的多个密文分组时，若给定足够的计算时间，分析者能计算出密钥所需密文的平均分组数。

我们有

$$n_0=\frac{\log_2|K|}{R_{\mathrm{L}}\log_2|P|}$$

若考虑代换密码，$|P|=26$，$|K|=26!$，$R_{\mathrm{L}}=0.75$，加密以单个字符为一个分组，当

使用同一张代换表来加密多个字符组成的字符串时，得到唯一解距离的估计为

$$n_0 \approx \frac{88.4}{0.75 \times 4.7} = 25$$

这意味着，通常给定的密文长度至少是 25 个字符时，解密结果才是唯一的。

2.6 乘积密码体制

香农在其 1949 年的论文中提到一些关于设计密码系统的观点，如安全强度高的组合密码系统的构造方法，以及挫败统计分析的混乱和扩散原则。混乱和扩散原则我们将在第 3 章中进行介绍，这里主要介绍通过“乘积”组合密码体制的思想，这种思想在现代分组密码体制中非常重要，其是非常流行的设计方法。

为了简单起见，我们主要考虑 $C=P$ 的密码体制，这种密码体制称为内嵌式密码体制(endomorphic cryptosystem)。设 $S_1=(P,P,K_1,E_1,D_1)$，$S_2=(P,P,K_2,E_2,D_2)$是两个具有相同明文空间(密文空间)的内嵌式密码体制，那么 S_1 和 S_2 的乘积密码体制 $S_1 \times S_2$ 定义为

$$S=(P,P,K_1 \times K_2,E,D)$$

乘积密码的密钥形式为 $k=(k_1,k_2)$，其中，$k_1 \in K_1$，$k_2 \in K_2$。加密和解密的规则定义为，对于任意的 $k=(k_1,k_2)$，e_k定义为

$$e_k(x)=e_{k_2}(e_{k_1}(x))$$

d_k 定义为

$$d_k(x)=d_{k_1}(d_{k_2}(x))$$

满足一致性条件

$$d_{(k_1,k_2)}(e_{(k_1,k_2)}(x))=d_{(k_1,k_2)}(e_{k_2}(e_{k_1}(x)))=d_{k_1}(d_{k_2}(e_{k_2}(e_{k_1}(x))))=d_{k_1}(e_{k_1}(x))=x$$

密码体制中，加密函数和解密函数的分布由与密钥空间相关的概率分布决定，因此，需要定义密钥空间 K 的概率分布。一般来说，K_1和 K_2统计独立，因此，很自然地，我们有 $\Pr(k)=\Pr(k_1)\times\Pr(k_2)$，也就是说，分别根据定义在 K_1和 K_2上的概率分布，独立地选取 k_1和 k_2。

下面我们举例来说明乘积密码的定义。

密码体制 2.2 乘法密码

设 $P=C=Z_{26}$，并且 $K=\{a \in Z_{26}:\gcd(a,26)=1\}$，对于 $a \in K$，定义

$$e_a(x)=ax \bmod 26$$
$$d_a(y)=a^{-1}y \bmod 26$$

假设 M 是乘法密码(密钥等概率选取)，S 是移位密码(密钥等概率选取)，很容易看出 $M \times S$ 是仿射密码(同样，密钥等概率选取)。此外，$S \times M$ 也是密钥等概率选取的仿射密码。

我们来证明这个论断。

要证明两个密码体制(P_1,C_1,K_1,E_1,D_1)和(P_2,C_2,K_2,E_2,D_2)是相同的，需要证明：

(1) $P_1=P_2$；

(2) $C_1=C_2$；

(3) $K_1=K_2$，且概率分布相同；

(4) $E_1=E_2$；

(5) $D_1=D_2$。

一般来说，(1)和(2)很容易证明，D 和 E 是对应的，能够证明(4)，(5)可以得到证明，所以关键在于证明(3)和(4)，(4)取决于(3)。对于内嵌式密码体制，(1)和(2)是一样的。

首先证明 $M\times S$ 是密钥等概选取的仿射密码(设为 A)。

一方面，移位密码的密钥是 $k\in Z_{26}$，相应的加密规则是 $e_k(x)=x+k \bmod 26$。乘法密码的密钥是 $a\in Z_{26}$，$\gcd(a,26)=1$，相应的加密规则是 $e_a(x)=ax \bmod 26$。

对于任意 $e_{k_{M\times S}}\in M\times S$，$k_{M\times S}=(a,k)$，有

$$e_{(a,k)}(x)=ax+k \bmod 26$$

这构成密钥为(a,k)的仿射密码，且密钥(a,k)的概率是$\frac{1}{12}\times\frac{1}{26}=\frac{1}{312}$。则有 $M\times S\subseteq A$。

另一方面，对于任意 $e_k\in A$，$k=(a,b)$，其中，$a,b\in\mathbb{Z}_{26}$，且 $\gcd(a,26)=1$，a、b 独立均匀地从其所在集合中选取，其加密函数为 $e_k(x)=ax+b \bmod 26$，该加密函数属于 $M\times S$，且密钥为(a,b)，a、b 均等概选取，所以有 $A\subseteq M\times S$。

综上，有 $M\times S=A$。

下面证明 $S\times M$ 也是一个密钥随机等概分布的仿射密码 A。

明、密文空间均为$\mathbb{Z}_{26}$。

一方面，对于任意的 $e_{k_{S\times M}}\in S\times M$，$a',k'\in\mathbb{Z}_{26}$，且 $\gcd(a',26)=1$，有

$$e_{(k',a')}(x)=a'(x+k') \bmod 26=a'x+(a'k' \bmod 26) \bmod 26,(a',26)=1$$

所以，当 a'给定时，k'遍历$\mathbb{Z}_{26}$，$a'k' \bmod 26$ 也遍历$\mathbb{Z}_{26}$，且 $a'k' \bmod 26$ 的概率也均匀分布在$\mathbb{Z}_{26}$上，因此 $S\times M$ 中任意一个加密函数是一个密钥为$(a,b)=(a',a'k' \bmod 26)$的仿射密码，且密钥概率为 1/312，有 $S\times M\subseteq A$。

另一方面，对于任意的 $e_k\in A$，$k=(a,b)$，$a,b\in Z_{26}$，且 $\gcd(a,26)=1$，有 $e_k=ax+b \bmod 26=a(x+a^{-1}b) \bmod 26=a(x+a^{-1}b \bmod 26) \bmod 26$，令 $k'=a^{-1}b$，得到$(k',a)=(ba^{-1} \bmod 26,a)\in K_{S\times M}$，由于$(a,26)=1$，同样有$(a^{-1},26)=1$。所以，当给定 a，a^{-1}也确定，当 b 遍历 Z_{26}，$ba^{-1} \bmod 26$ 也遍历 Z_{26}，且 $ba^{-1} \bmod 26$ 的概率也均匀分布在 Z_{26}上，则 $a(x+a^{-1}b \bmod 26) \bmod 26\in S\times M$，有 $A\subseteq S\times M$。

综上，$S\times M$ 也是一个密钥随机等概分布的仿射密码。

通过上面的证明可以知道，$M\times S$ 和 $S\times M$ 都是密钥等概率分布的仿射密码。所以有 $M\times S=S\times M$，因此可以说密码体制 M 和 S 是可交换的。但并不是所有的密码体制都是可交换的，不过，乘积运算是可结合的：

$$(S_1\times S_2)\times S_3=S_1\times(S_2\times S_3)$$

可以证明如下：

$$(S_1\times S_2)\times S_3=e_{k_3}(e_{(k_1,k_2)}(x))=e_{k_3}(e_{k_2}(e_{k_1}(x)))=e_{(k_2,k_3)}(e_{k_1}(x))=S_1\times(S_2\times S_3)$$

如果将(内嵌式)密码体制和自己做乘积，我们得到密码体制 $S\times S$，记为 S^2。如果做 n 重乘积，得到的密码体制记为 S^n。

如果 $S^2=S$，一个密码体制称为幂等的。我们在第 1 章给出的古典密码体制都是

幂等的，移位密码、代换密码、仿射密码、希尔密码、维吉尼亚密码和置换密码等都是幂等的。如果一个密码体制是幂等的，那么使用乘积密码就毫无意义，因为它需要多余的密钥却没有提供更高的安全性。

如果密码体制不是幂等的，那么多次迭代有可能提高安全性。这个思想在现代分组密码中都用到了，现代分组密码都是多重迭代密码，比如 DES、AES，其中，DES 使用了 16 轮迭代。这种方法要求以非幂等的密码体制开始构造。一种构造简单的非幂等的密码体制的方法是对两个不同的简单的密码体制做乘积。

但是要注意，如果密码体制 S_1 和 S_2 都是幂等的，并且是可交换的，那么 $S_1 \times S_2$ 也是幂等的。

可以用如下的过程证明，其中利用了密码体制乘积的结合性：

$$\begin{aligned}(S_1 \times S_2) \times (S_1 \times S_2) &= S_1 \times (S_2 \times S_1) \times S_2 = S_1 \times (S_1 \times S_2) \times S_2 \\ &= (S_1 \times S_1) \times (S_2 \times S_2) = S_1 \times S_2\end{aligned}$$

因此，如果我们想使用幂等的密码体制 S_1 和 S_2 做乘积构造新的密码体制，则 S_1 和 S_2 一定不能是可交换的。

习题

2.1 同时扔两个正常的骰子，即各面出现的概率都是 1/6，求：

(1) “3 和 5 同时出现”的自信息量；

(2) “两个 1 同时出现”的自信息量；

(3) 两个点数中至少有一个是 1 的自信息量；

(4) 两个点数各种组合的熵；

(5) 两个点数之和的熵。

2.2 设有 12 枚同值硬币，其中一枚为假币，且只知道假币的重量与真币的重量不同，但不知道是重还是轻，现采用比较轻重的方法来测量（无砝码），为了在天平上测出哪一枚是假币，试问至少需要称多少次？

2.3 思考：

(1) 若密钥随机等概率选取，则密文一定是随机等概率的吗？

(2) 若密文随机等概率选取，则明文一定是随机等概率的吗？

(3) 若明文随机等概率选取，则密文一定是随机等概率的吗？

2.4 对于仿射密码，试证明：

(1) 如果每个密钥的概率都是 1/312，则仿射密码是完善保密的；

(2) 更一般地，假设在下面的集合上给定一个概率分布

$$\{a \in Z_{26} : \gcd(a, 26) = 1\}$$

假设每个密钥 (a,b) 的概率是 $\Pr(a)/26$，且密钥空间定义在这个概率分布上，仿射密码具有完善保密性。

2.5 将明文和密文分别定义成随机变量 P 和 C，证明密码体制具有完善保密性当且仅当 $I(P;C)=0$。

2.6 设密钥、明文、密文对应的随机变量为 K、P、C，证明 $H(K|C) \geqslant H(P|C)$，并思考其含义。

2.7 考虑一个密码体制，其中，$M=\{a,b,c\}$，$C=\{1,2,3\}$，$K=\{K_1,K_2,K_3\}$，其中，加密矩阵如下：

	a	b	c
K_1	1	2	3
K_2	1	3	2
K_3	2	1	3

若 $p(K_1)=p(K_2)=\frac{1}{4}$，$p(K_3)=\frac{1}{2}$，$p(a)=\frac{1}{2}$，$p(b)=p(c)=\frac{1}{4}$，试：

(1) 计算 $H(C)$、$H(K|C)$和 $H(M|C)$；

(2) 判断密码体制是否具有完善保密性，给出理由。

2.8 对仿射密码计算 $H(K|C)$和 $H(K|PC)$，这里假定密钥等概率选取，明文是等概率的。

2.9 考虑密钥是字长为 m 的维吉尼亚密码。证明唯一解距离是 $1/R_L$，其中，R_L 是自然语言的冗余度(这个结论可以解释为：如果 n_0 表示加密的字母数，因为每个明文由 m 个字母组成，所以明文的“长度”是 n_0/m，因此，唯一解距离 $1/R_L$ 对应由 m/R_L 个字母组成的明文)。

2.10 证明具有 $m\times m$ 加密矩阵的希尔密码的唯一解距离不小于 m/R_L(注意，这个长度对应的明文中的字符个数是 m^2/R_L)。

2.11 证明密钥等概率选取的移位密码是幂等的。

2.12 假设 S_1是移位密码(密钥等概率选取)，S_2是密钥满足概率分布 P_K(不必是等概率的)的移位密码，试证明 $S_1\times S_2=S_1$。

2.13 假设S_1和S_2都是维吉尼亚密码，密钥都是等概率的，并且长度分别是m_1和m_2，$m_1>m_2$。

(1) 证明：如果 $m_2|m_1$，则 $S_1\times S_2=S_1$。

(2) 人们可能试图证明猜想 $S_1\times S_2=S_3$，其中，S_3 是密钥长度为 $\mathrm{lcm}(m_1,m_2)$的维吉尼亚密码，试证明这个猜想是错误的。提示：如果$m_1\not\equiv 0 \pmod{m_2}$，则乘积密码$S_2\times S_1$的密钥个数小于$S_3$的密钥个数。

2.14 假设定义一个 8 比特输入到 8 比特输出的代换，该代换与按位进行异或是可交换的吗？将代换换成比特置换，则其与按位进行异或是可交换的吗？

3 分组密码

分组密码可以看作 n 比特明文在 k 比特密钥作用下到 n 比特密文的一个随机代换，即 $E:\{0,1\}^n\times\{0,1\}^k\rightarrow\{0,1\}^n$，给定密钥，即给定加密函数时，可得到一个 n 比特到 n 比特的置换。从明文到密文可能的置换有 $2^n!$ 个，可用熵 $\log_2 2^n!$ 来表示描述任一置换的平均信息量，当 n 很大时，平均信息量太大，需要巨大的存储空间来描述。因此，在设计分组密码算法时，一般密钥长度为 k 比特，密钥空间为 2^k，希望在密钥控制下从一个足够大且“好”的置换子集中选出一个作为加密函数；同时，通过小的代换来构造出大的代换。这是基于香农所提出的乘积密码思想、混乱和扩散原则的。

3.1 分组密码设计思想

分组密码的设计原则包括安全性原则和实现原则。安全性原则主要从安全强度方面来考虑分组密码算法的设计；而实现原则是从实现代价和执行速度方面来考虑的。

安全性原则主要基于香农所提出的混乱和扩散原则。

混乱(confusion)主要是指使加密和密钥的关系尽量复杂和相关，可以很好地隐藏明文、密文和密钥之间的关系。好的混乱使得密钥和明密文之间的依赖关系很复杂以致使用强有力的密码分析工具都不能有效进行分析。一般使用代换(非线性)技术来实现，如 S 盒代换。

扩散(diffusion)就是把单个明文位或密钥位的影响尽可能扩大到更多的密文中去，这也隐藏了明文的统计特性，同时使得明密文的关系复杂，使密码分析更困难。扩散会导致随机性的统计结构分散到一个很长的范围中，敌手需要截获大量的密文才可以限制这种结构。主要通过置换技术来实现。

仅使用混乱对安全性来说是足够的，由 64 位明文到 64 位密文的密钥相关表组成的算法是相当安全的，问题是需要很大的存储空间来实现；而分组密码算法的设计就是使用较少的存储空间创建这样大的表，技巧就是在一个密码中设计一个小的代换表来实现小的混乱，比如 AES 中使用一个 8 比特到 8 比特的 S 盒代换，称为字节代换，然后多次组合整个分组内的扩散和混乱(用小的代换表)，这就是乘积密码的思想，通过迭代，将一个简单的轮函数迭代多次，输出更强的密码函数。

根据不同的应用环境，分组密码既可以使用软件实现，也可以使用硬件实现。软件实现的优点是灵活性强、实现代价低；而硬件实现的优点是实现效率高。分组密码的实现原则也包括软件实现原则和硬件实现原则。

软件实现原则是密码算法尽可能地使用字节或者字节的整数倍作为基本操作单位，运算简单，比如以字节或字节整数倍为基础进行模加、移位或者异或运算。美国AES和欧洲NESSIE在征集算法的过程中，都强调所提交算法能在多种平台上有效运行。因此，密码算法一般使用标准处理器所具有的基本运算指令，比如加法、乘法、移位和基本的逻辑运算。

硬件的设计原则是尽量节约成本，减少硬件逻辑门的数量，加解密算法相似，使得同样的器件既可用于加密也可用于解密，加解密算法的区别只是密钥的使用方式不同。

现代分组密码算法大多采用迭代密码的方式，使用乘积密码思想，轮流使用代换(substitution)S盒和置换(permutation)P盒技术。代换主要用来进行混乱，而置换则主要可以达到扩散的效果。在大多数密码算法中，有比较独立和明确的S盒和P盒，作用明确，但是在有些密码分组算法中，可能会混合使用不同群中的运算，混乱和扩散作用难以区别。

在迭代密码中，需要定义一个轮函数 G 和一个密钥编排方案，一个明文经过 N_r 轮类似的过程，如图3.1所示，最后一轮的输出即为加密之后的密文。密钥编排方案根据初始的密钥来进行扩展派生和选取，并得到每一轮的子密钥。

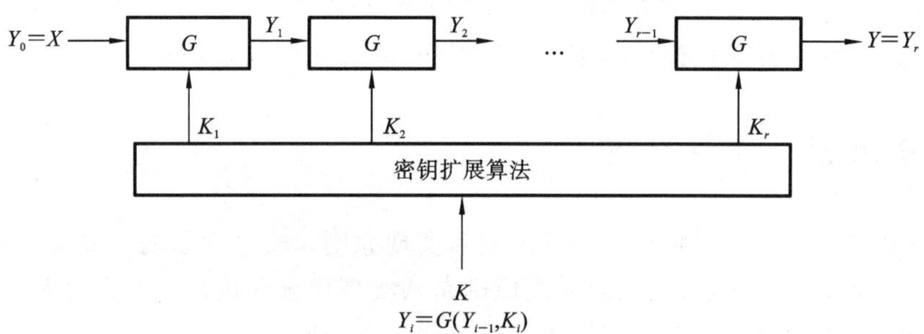

图3.1 迭代密码的工作过程

S盒是分组密码中用来提供混乱效果的非线性组件，对整个算法的安全性起关键作用，各种分组密码的安全强度，特别是对抗线性密码攻击和差分密码攻击的能力，都与S盒的设计相关。从安全角度，S盒的规模越大，密码算法的非线性程度越高，混乱效果越好；但从实现的角度，计算、存储和查表的开销就越大，实现效率越低。所以一般折中考虑。目前采用的S盒规模都不大，DES采用的是6比特到4比特的S盒，AES和SM4(我国的分组密码商密标准)采用的是8比特到8比特的S盒，通常以查表的方式来完成。

P盒主要用来进行扩散，一般在S盒之后使用，在整个分组范围之内进行，能够提供雪崩效应，即输入的一个比特的变化会影响输出的每一个比特，并能进一步提高算法的混乱程度。

分组密码的常用结构有两种：代换-置换网络(SPN)和Feistel结构，典型代表分别为高级加密标准AES和数据加密标准DES。Feistel结构本身是可逆的结构，所以Feistel型的算法加解密过程是一样的，非线性变换也不需要可逆，但每次只改变一半分组，扩散速度比较慢，我们会在3.5节中详细介绍。

3.2 代换-置换网络

一个代换-置换网络是一种迭代密码结构，每轮主要包括两层可逆的变换，分别记为π_S和π_P。设l和m是正整数，明文和密文都是长度为lm的比特串，即分组长度为lm，每轮使用将l比特代换成l比特的代换表用于混乱，在整个分组$l\times m$个位置上进行置换，通过多轮迭代可以达到高强度的混乱。

$\pi_S:\{0,1\}^l\to\{0,1\}^l$和$\pi_P:\{1,\cdots,lm\}\to\{1,\cdots,lm\}$都是置换，置换$\pi_S$为S盒，它使用一个长为$l$的比特串代换另一个长为$l$的比特串；置换$\pi_P$为P盒，用于在整个分组范围之内置乱位置。

给定一个长度为lm的比特串$x=(x_1,\cdots,x_{lm})$，可以看作m个长为l比特的子串$x_{\langle 1\rangle},\cdots,x_{\langle m\rangle}$的串联，即$x=x_{\langle 1\rangle}\parallel\cdots\parallel x_{\langle m\rangle}$，其中，$x_{\langle i\rangle}=(x_{(i-1)l+1},\cdots,x_{il})$，$1\leqslant i\leqslant m$。设$N_r$为正整数，算法3.1为一个$N_r$轮SPN结构示例，一般初始密钥$K$通过密钥扩展和密钥编排，可以得到轮密钥$(K^1,K^2,\cdots,K^{N_r},K^{N_r+1})$。

算法 3.1 $\text{SPN}(x,\pi_S,\pi_P,(K^1,K^2,\cdots,K^{N_r+1}))$

$w^0=x$

for $r=1$ to N_r-1

$$\text{do}\begin{cases} u^r\leftarrow w^{r-1}\oplus K^r\\ \text{for } i=1 \text{ to } m\\ \text{do } v^r_{\langle i\rangle}\leftarrow\pi_S(u^r_{\langle i\rangle})\\ w^r\leftarrow(v^r_{\pi_P(1)},\cdots,v^r_{\pi_P(lm)})\end{cases}$$

$u^{N_r}\leftarrow w^{N_r-1}\oplus K^{N_r}$

for $i=1$ to m

do $v^{N_r}_{\langle i\rangle}\leftarrow\pi_S(u^{N_r}_{\langle i\rangle})$

$y\leftarrow v^{N_r}\oplus K^{N_r+1}$

return(y)

在每一轮中，都会与每一轮的子密钥进行异或，这种操作称为白化(whitening)，由于代换和置换都是确定已知的，所以加密算法通过密钥的参与来使得一个不知道密钥的人无法进行正确加密、解密。

例 3.1 设$l=m=N_r=4$，分组长度为16比特，每轮使用4个相同的S盒代换π_S(使用DES中S1的其中一张代换表，见3.5节)，π_S如表3.1所示，输入输出均使用十六进制数表示，π_P如表3.2所示。

表 3.1 代换表 π_S

z	0	1	2	3	4	5	6	7	8	9	A	B	C	D	E	F
$\pi_S(z)$	4	1	E	8	D	6	2	B	F	C	9	7	3	A	5	0

表 3.2 置换表 π_P

z	1	2	3	4	5	6	7	8	9	10	11	12	13	14	15	16
$\pi_P(z)$	1	5	9	13	2	6	10	14	3	7	11	15	4	8	12	16

在图 3.2 中,S 盒 $S_i^j(1\leqslant i\leqslant 4,1\leqslant j\leqslant 4)$ 表示第 j 轮第 i 个 S 盒,均使用同一个代换 π_S。

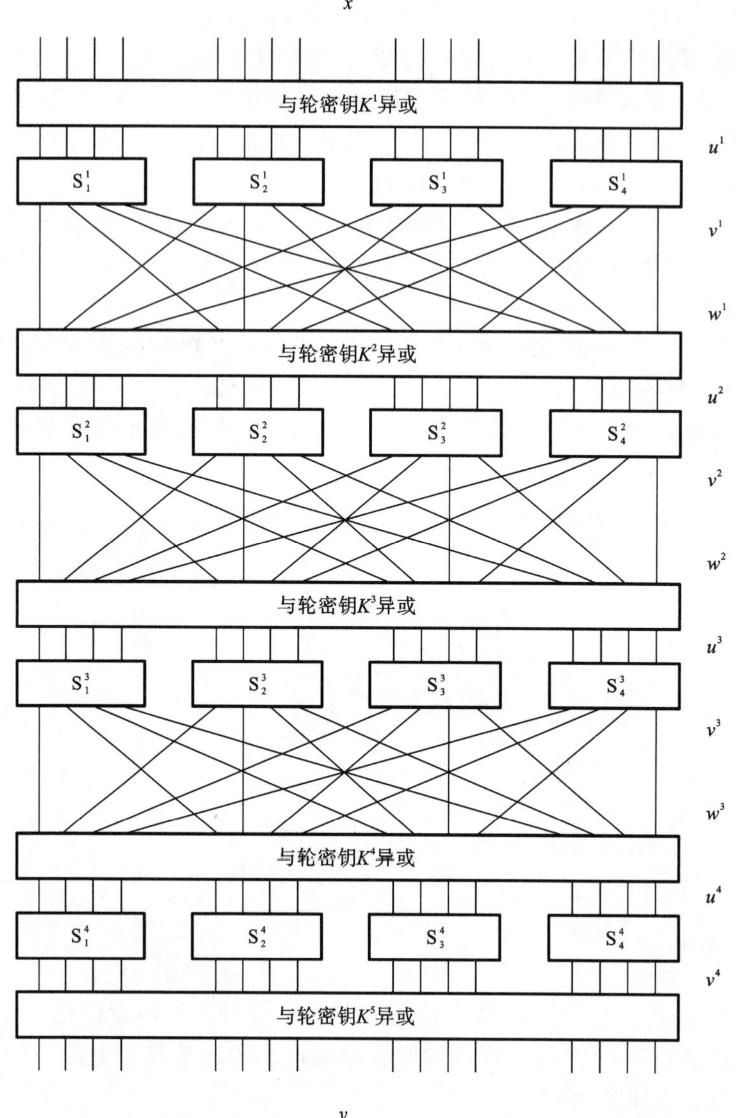

图 3.2 SPN **网络示例**

参考本书参考文献[2]中的方式,我们同样定义简单而非安全的密钥编排方案来完成 SPN 算法的描述。密钥编排方案如下。选择一个 32 比特的密钥 $K=\{k_i \mid k_i\in\{0,1\},1\leqslant i\leqslant 32\}$,对于 $1\leqslant r\leqslant 5$,定义 K^r 是从 k_{4r-3} 到 k_{4r+12} 的连续 16 比特信息组成的。

下面给出一个加密过程,所有数据使用 0、1 比特流来表示。设密钥为

$$K=0110\ 1100\ 1010\ 0111\ 1001\ 1111\ 0100\ 0111$$

根据密钥编排方案,我们可以得到各轮子密钥为

$$K^1=0110\ 1100\ 1010\ 0111$$

$$K^2=1100\ 1010\ 0111\ 1001$$

$$K^3=1010\ 0111\ 1001\ 1111$$

$$K^4 = 0111\ 1001\ 1111\ 0100$$
$$K^5 = 1001\ 1111\ 0100\ 0111$$

假设明文为

$$x = 0010\ 0110\ 1011\ 0111$$

则加密 x 的过程如下：

$$w^0 = 0010\ 0110\ 1011\ 0111$$
$$K^1 = 0110\ 1100\ 1010\ 0111$$
$$u^1 = 0100\ 1010\ 0001\ 0000$$
$$v^1 = 1101\ 1001\ 0001\ 0100$$
$$w^1 = 1100\ 1001\ 0000\ 1110$$
$$K^2 = 1100\ 1010\ 0111\ 1001$$
$$u^2 = 0000\ 0011\ 0111\ 0111$$
$$v^2 = 0100\ 1000\ 1011\ 1011$$
$$w^2 = 0111\ 1000\ 0011\ 0011$$
$$K^3 = 1010\ 0111\ 1001\ 1111$$
$$u^3 = 1101\ 1111\ 1010\ 1100$$
$$v^3 = 1010\ 0000\ 1001\ 0011$$
$$w^3 = 1010\ 0000\ 1001\ 0011$$
$$K^4 = 0111\ 1001\ 1111\ 0100$$
$$u^4 = 1101\ 1001\ 0110\ 0111$$
$$v^4 = 1010\ 1100\ 0010\ 1011$$
$$K^5 = 1001\ 1111\ 0100\ 0111$$

则密文为

$$y = 0011\ 0011\ 0110\ 1100$$

在例 3.1 所示的算法中，π_S 和 π_P 都是可逆的，异或操作也是可逆的，所以算法 3.1 的过程直接倒过来执行即为解密过程。我们注意到，在最后一轮时少了一个置换，SPN 网络经常在最后一轮做这样的设计，这是为了让解密算法可以变换成与加密算法结构相同的等价解密过程，AES 算法也有类似处理。对于任意线性变换 $A: x \rightarrow y = A(x)$，有

$$A(x \oplus k) = A(x) \oplus A(k)$$

置换是一个线性过程，可以通过交换上下轮中的置换和密钥异或的过程，来构造一个与加密过程结构相同的等价的解密过程。假设加密算法 3.1 可记为 $y = \text{SPN}(x, \pi_S, \pi_P, (K^1, K^2, \cdots, K^{N_r+1}))$，那么我们可以使用相同的结构来定义解密算法 $x = \text{SPN}(y, \pi_S^{-1}, \pi_{PP}^{-1}, (L^{N_r+1}, L^{N_r}, \cdots, L^1))$，如算法 3.2 所示。

算法 3.2 $\text{SPN}(y, \pi_S^{-1}, \pi_P^{-1}, (L^{N_r+1}, L^{N_r}, \cdots, L^1))$

$w^{N_r} = y$

for $r = N_r$ to 2

$$\text{do}\begin{cases} v^r \leftarrow w^r \oplus L^{r+1} \\ \text{for } i = 1 \text{ to } m \\ \text{do } u^r_{<i>} \leftarrow \pi_S^{-1}(v^r_{<i>}) \\ w^r \leftarrow (u^r_{\pi_P^{-1}(1)}, \cdots, u^r_{\pi_P^{-1}(lm)}) \end{cases}$$

$v^1 \leftarrow w^1 \oplus L^2$
for $i=1$ to m
do $u^1_{<i>} \leftarrow \pi_S^{-1}(v^1_{<i>})$
$x \leftarrow u^1 \oplus L^1$
return(x)

其中，$L^1=K^1$，$L^{N_r+1}=K^{N_r+1}$，$L^i=\pi_P^{-1}(K^i)$，$2\leqslant i\leqslant N_r$。

例 3.1 给出了一个 SPN 结构的密码算法的简单实例，虽然例 3.1 不安全，分组长度、密钥长度和轮数都过短，S 盒代换规模也过小，但我们通过例 3.1 可以看到，SPN 网络结构简单，每一轮中代换和置换都是可逆的，使得通过 SPN 结构加密的数据可以还原。而且 SPN 结构易于软件、硬件实现，高效快速，易于扩展和强化。一个 S 盒通常使用查表的方法来实现，对于 S 盒 $\pi_S:\{0,1\}^l\rightarrow\{0,1\}^l$，需要 $l\times 2^l$ 的存储空间。在 SPN 网络中可以通过增加 l 和 m 来提高穷举密钥的难度，但 l 和 m 过大，可能给 S 盒和 P 盒的存储带来困难，这是一个折中的过程；还可通过增加轮数来进一步提高密文的混乱程度；同时还可以使用多个 S 盒和 P 盒，进一步提高变换的复杂度。可参见 3.5 节和 3.6 节对 DES 和 AES 的描述。

3.3 线性密码分析

线性密码分析最早由 M. Matsui 在 1993 年的欧密会(Eurocrypt 1993)上提出，主要针对 DES 的分析，在 1994 年的美密会(Crypto 1994)上，M. Matsui 改进了结果，给出了对 16 轮 DES 的攻击。

线性密码分析是一种已知明文的分析方法，其基本思想是寻找明文、密文和密钥比特的概率线性关系，即存在一个比特子集使得其中元素的异或表现出非随机的分布(比如，该异或值以偏离 1/2 的概率取值 0)，可通过 S 盒的这种非均衡的线性特性来进行密码分析。

3.3.1 堆积引理

设 $X_1,X_2,\cdots$，是取值于集合$\{0,1\}$上的独立随机变量，Pr_1，Pr_2，$\cdots$，是$[0,1]$上的实数，$\mathrm{Pr}(X_i=0)=\mathrm{Pr}_i$，$i=1,2,\cdots$。

定义 3.1 对于取值于$\{0,1\}$上的随机变量 X_i，其偏差 ε_i 定义为 $\varepsilon_i=\mathrm{Pr}_i-\frac{1}{2}$。那么对于 $i=1,2,\cdots$，$-\frac{1}{2}\leqslant\varepsilon_i\leqslant\frac{1}{2}$，$\mathrm{Pr}[X_i=0]=\frac{1}{2}+\varepsilon_i$，$\mathrm{Pr}[X_i=1]=\frac{1}{2}-\varepsilon_i$。

引理 3.1 堆积引理 设 $X_{i_1},\cdots,X_{i_k}$ 是取值于$\{0,1\}$上的独立随机变量，ε_{i_j} $(1\leqslant j\leqslant k)$ 是随机变量 X_{i_j} 的偏差，$\varepsilon_{i_1 i_2\cdots i_k}$ $(i_1<i_2<\cdots<i_k)$ 表示随机变量 $X_{i_1}\oplus X_{i_2}\oplus\cdots\oplus X_{i_k}$ 的偏差，则 $\varepsilon_{i_1 i_2\cdots i_k}=2^{k-1}\prod_{j=1}^{k}\varepsilon_{i_j}$。

使用数学归纳法进行证明。

(1) $k=1$，结论显然成立；

(2) $k=2$,有

$$\begin{aligned}\Pr(X_{i_1}\oplus X_{i_2}=0)&=\Pr(X_{i_1}=0)\Pr(X_{i_2}=0)+\Pr(X_{i_1}=1)\Pr(X_{i_2}=1)\\&=\left(\frac{1}{2}+\varepsilon_{i_1}\right)\left(\frac{1}{2}+\varepsilon_{i_2}\right)+\left(\frac{1}{2}-\varepsilon_{i_1}\right)\left(\frac{1}{2}-\varepsilon_{i_2}\right)\\&=\frac{1}{2}+2\varepsilon_{i_1}\varepsilon_{i_2}\end{aligned}$$

结论成立;

(3) 假设当 $k=n$ 时成立,即 $X_{i_1}\oplus X_{i_2}\oplus\cdots\oplus X_{i_n}$ 的偏差 $\varepsilon_{i_1i_2\cdots i_n}=2^{n-1}\prod_{j=1}^{n}\varepsilon_{i_j}$,则当 $k=n+1$ 时,$X_{i_1}\oplus X_{i_2}\oplus\cdots\oplus X_{i_n}\oplus X_{i_{n+1}}=(X_{i_1}\oplus X_{i_2}\oplus\cdots\oplus X_{i_n})\oplus X_{i_{n+1}}$,同(2),则 $\varepsilon_{i_1i_2\cdots i_ni_{n+1}}=2\varepsilon_{i_1i_2\cdots i_n}\varepsilon_{i_{n+1}}=2^n\prod_{j=1}^{n+1}\varepsilon_{i_j}$,结论成立;

由归纳假设,结论成立。

推论 3.2 设 $X_{i_1},\cdots,X_{i_k}$ 是取值于{0,1}的独立随机变量,ε_{i_j} $(1\leqslant j\leqslant k)$ 是随机变量 X_{i_j} 的偏差,$\varepsilon_{i_1i_2\cdots i_k}$ $(i_1<i_2<\cdots<i_k)$ 表示随机变量 $X_{i_1}\oplus X_{i_2}\oplus\cdots\oplus X_{i_k}$ 的偏差,若对某个 j,有 $\varepsilon_{i_j}=0$,则 $\varepsilon_{i_1i_2\cdots i_k}=0$。

3.3.2 S盒的线性逼近

考虑一个 S 盒:$\{0,1\}^m\to\{0,1\}^n$,输入 $X=(x_1,x_2,\cdots,x_m)$ 均匀随机地从集合 $\{0,1\}^m$ 中选取,即每个坐标 $x_i(1\leqslant i\leqslant m)$ 定义了一个随机变量 X_i,取值于{0,1},这 m 个随机变量统计独立,且偏差 $\varepsilon_i=0$,有 $\Pr(X_1=x_1,X_2=x_2,\cdots,X_m=x_m)=2^{-m}$。输出 $Y=(y_1,y_2,\cdots y_n)$ 中每一个坐标 $y_j(1\leqslant j\leqslant n)$ 定义了一个随机变量 Y_j,取值于{0,1},它们之间并不相互独立,与 X_i 也不独立。

当 $(y_1,y_2,\cdots,y_n)\neq\pi_S(x_1,x_2,\cdots,x_m)$ 时,有

$$\Pr(Y_1=y_1,Y_2=y_2,\cdots,Y_n=y_n\mid X_1=x_1,X_2=x_2,\cdots,X_m=x_m)=0$$

则

$$\Pr(X_1=x_1,X_2=x_2,\cdots,X_m=x_m,Y_1=y_1,Y_2=y_2,\cdots,Y_n=y_n)=0$$

当 $(y_1,y_2,\cdots,y_n)=\pi_S(x_1,x_2,\cdots,x_m)$ 时,有

$$\Pr(Y_1=y_1,Y_2=y_2,\cdots,Y_n=y_n\mid X_1=x_1,X_2=x_2,\cdots,X_m=x_m)=1$$

则

$$\Pr(X_1=x_1,X_2=x_2,\cdots,X_m=x_m,Y_1=y_1,Y_2=y_2,\cdots,Y_n=y_n)=2^{-m}$$

从 X 和 Y 中抽取部分比特异或构成随机变量 $x_{i_1}\oplus x_{i_2}\oplus\cdots\oplus x_{i_k}\oplus y_{j_1}\oplus y_{j_2}\oplus\cdots\oplus y_{j_1}$,可以通过上面的结论来计算该随机变量的偏差,如果该随机变量具有绝对值较大的偏差,则可以成为线性分析的基础。

对于例 3.1 中所定义的 S 盒 π_S,我们可以给出输入、输出的对应关系,如表 3.3 所示。

表 3.3 例 3.1 中 S 盒定义的随机变量

X_1	X_2	X_3	X_4	Y_1	Y_2	Y_3	Y_4
0	0	0	0	0	1	0	0

续表

X_1	X_2	X_3	X_4	Y_1	Y_2	Y_3	Y_4
0	0	0	1	0	0	0	1
0	0	1	0	1	1	1	0
0	0	1	1	1	0	0	0
0	1	0	0	1	1	0	1
0	1	0	1	0	1	1	0
0	1	1	0	0	0	1	0
0	1	1	1	1	0	1	1
1	0	0	0	1	1	1	1
1	0	0	1	1	1	0	0
1	0	1	0	1	0	0	1
1	0	1	1	0	1	1	1
1	1	0	0	0	0	1	1
1	1	0	1	1	0	1	0
1	1	1	0	0	1	0	1
1	1	1	1	0	0	0	0

考虑随机变量 $X_3 \oplus X_4 \oplus Y_3$，通过计算表 3.3 中 $X_3 \oplus X_4 \oplus Y_3 = 0$ 的行数(在表中有 8 行使得该随机变量的值为 0)，可以获得该随机变量值为 0 的概率 $\Pr(X_3 \oplus X_4 \oplus Y_3 = 0) = \frac{8}{16} = \frac{1}{2}$，可见，该随机变量的偏差为 0。

我们再看一个随机变量 $X_3 \oplus X_4 \oplus Y_3 \oplus Y_4$，可以看到该随机变量为 0 的概率 $\Pr(X_3 \oplus X_4 \oplus Y_3 \oplus Y_4 = 0) = \frac{14}{16} = \frac{7}{8}$，所以偏差为 $\frac{3}{8}$。

当 S 盒代换表确定，我们可以计算出所有 $2^8 = 256$ 个这种形式的随机变量的偏差。所有的这种形式的随机变量可以表示成 $(\bigoplus_{i=1}^{4} a_i X_i) \oplus (\bigoplus_{i=1}^{4} b_i Y_i)$，其中，$a_i, b_i \in \{0,1\}$，$i = 1,2,3,4$，我们直接将二元向量 $\boldsymbol{a} = (a_1, a_2, a_3, a_4)$ 和 $\boldsymbol{b} = (b_1, b_2, b_3, b_4)$ 表示成一个 16 进制数，将每个随机变量表示成这样一对 16 进制数。比如 $X_3 \oplus X_4 \oplus Y_3$ 和 $X_3 \oplus X_4 \oplus Y_3 \oplus Y_4$，输入和可以表示成(0,0,1,1)，输出和可以表示成(0,0,1,0) 和(0,0,1,1)，那么随机变量 $X_3 \oplus X_4 \oplus Y_3$ 和 $X_3 \oplus X_4 \oplus Y_3 \oplus Y_4$ 可以表示成(3,2) 和(3,3)。设 $N_L(a,b)$ 表示满足 $(y_1, y_2, y_3, y_4) = \pi_S(x_1, x_2, x_3, x_4)$，且 $(\bigoplus_{i=1}^{4} a_i x_i) \oplus (\bigoplus_{i=1}^{4} b_i y_i) = 0$ 的 $(x_1, x_2, x_3, x_4, y_1, y_2, y_3, y_4)$ 的个数，则随机变量 $(\bigoplus_{i=1}^{4} a_i x_i) \oplus (\bigoplus_{i=1}^{4} b_i y_i)$ 的偏差为 $\varepsilon(a,b) = (N_L(a,b) - 8)/16$，根据定义，我们有 $N_L(3,2) = 8$，$\varepsilon(3,2) = 0$，$N_L(3,3) = 14$，$\varepsilon(3,3) = 3/8$。包含所有 N_L 值的表称为线性逼近表，如表 3.4 所示。

表 3.4 线性逼近表

a	b															
	0	1	2	3	4	5	6	7	8	9	A	B	C	D	E	F
0	16	8	8	8	8	8	8	8	8	8	8	8	8	8	8	8
1	8	6	8	6	6	8	6	8	8	10	8	10	10	8	2	8
2	8	8	8	8	6	6	6	6	8	8	8	8	10	2	10	10
3	8	6	8	14	8	10	8	10	8	10	8	10	8	6	8	6
4	8	8	10	10	6	6	12	4	6	6	8	8	8	8	6	6
5	8	10	6	8	8	6	10	8	6	12	12	10	6	8	8	10
6	8	8	10	10	8	8	6	6	10	10	12	4	10	10	8	8
7	8	10	6	8	6	12	8	6	10	8	8	6	4	6	6	8
8	8	10	8	6	8	6	8	10	8	10	8	6	8	6	8	2
9	8	12	8	8	6	10	6	6	8	8	8	12	10	10	10	6
A	8	6	12	6	6	8	10	8	12	10	8	10	6	8	10	8
B	8	8	12	8	8	8	4	8	4	8	8	8	4	8	8	8
C	8	10	10	8	10	8	8	10	10	4	12	10	8	6	6	8
D	8	8	6	10	4	4	6	10	10	6	8	8	6	10	8	8
E	8	6	6	8	12	6	6	4	10	8	8	10	6	8	8	6
F	8	12	10	10	10	6	8	8	10	10	4	8	8	8	6	10

3.3.3 SPN 的线性密码分析

线性分析需要找到一组 S 盒的线性逼近，通过这组线性逼近可以得到关于 SPN 中输入和最后一轮 S 盒输入的一个有效线性逼近，据此我们可以分析出最后一轮相关的子密钥。

在例 3.1 的 SPN 中，我们可以找到一组线性逼近，如图 3.3 所示。箭头标记为参与线性逼近运算的比特。

通过查找线性逼近表(表 3.4)，我们可以找到四个线性逼近：

在 S_2^1 中，随机变量 $T_1=u_5^1\oplus u_6^1\oplus u_7^1\oplus v_6^1$，具有偏差 1/4；

在 S_2^2 中，随机变量 $T_2=u_6^2\oplus v_6^2\oplus v_7^2$，具有偏差 1/4；

在 S_2^3 中，随机变量 $T_3=u_6^3\oplus v_6^3\oplus v_7^3$，具有偏差 1/4；

在 S_3^3 中，随机变量 $T_4=u_{10}^3\oplus v_{10}^3\oplus v_{11}^3$，具有偏差 1/4。

四个线性逼近 T_1、T_2、T_3 和 T_4 都具有较高的偏差，从图 3.3 中我们可以看到，它们的异或会消去中间结果，最后可以表示成一个关于输入 x、u^4 和前三轮密钥的部分比特的异或关系，因此可以使用四个线性逼近异或偏差的不均衡性来分析 K^5。

假设这四个随机变量相互独立，可以利用堆积引理计算它们异或的偏差，可以得到 $T_1\oplus T_2\oplus T_3\oplus T_4$ 具有偏差 $2^3\times(1/4)^4=1/32$。

根据各轮的迭代关系，有

$$T_1=u_5^1\oplus u_6^1\oplus u_7^1\oplus v_6^1=x_5\oplus K_5^1\oplus x_6\oplus K_6^1\oplus x_7\oplus K_7^1\oplus v_6^1$$

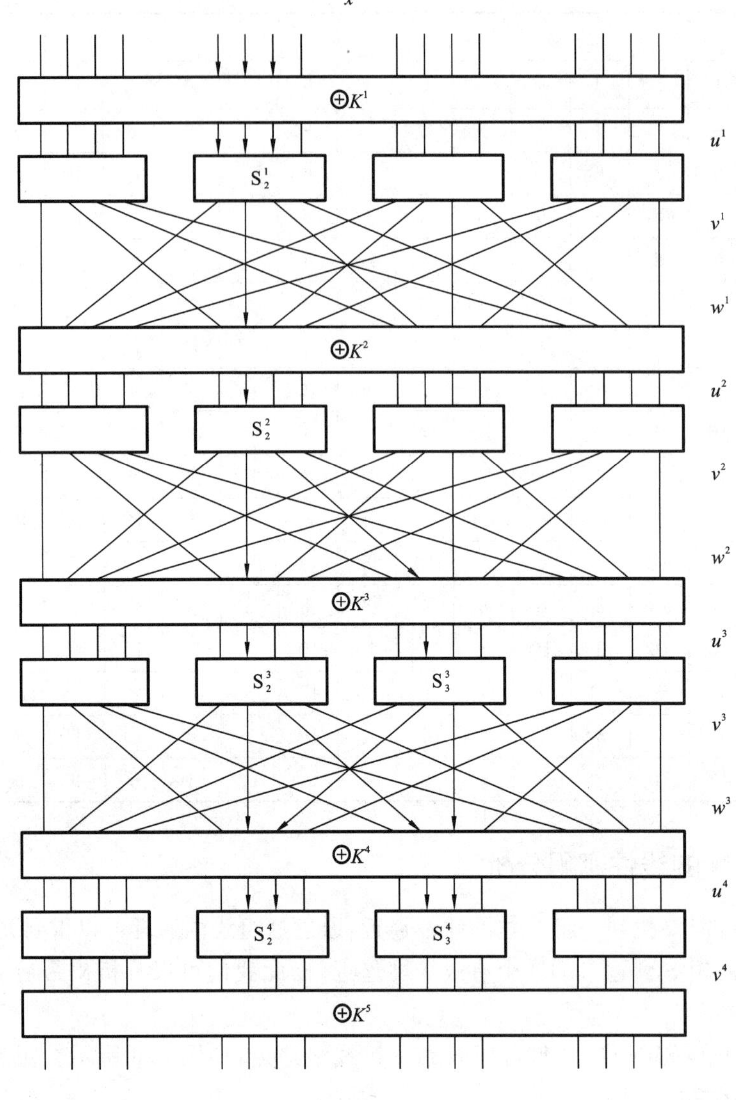

图 3.3 线性逼近示意图

$$T_2 = u_6^2 \oplus v_6^2 \oplus v_7^2 = v_6^1 \oplus K_6^2 \oplus v_6^2 \oplus v_7^2$$

$$T_3 = u_6^3 \oplus v_6^3 \oplus v_7^3 = v_6^2 \oplus K_6^3 \oplus v_6^3 \oplus v_7^3$$

$$T_4 = u_{10}^3 \oplus v_{10}^3 \oplus v_{11}^3 = v_7^2 \oplus K_{10}^3 \oplus v_{10}^3 \oplus v_{11}^3$$

$$\begin{aligned} T_1 \oplus T_2 \oplus T_3 \oplus T_4 &= x_5 \oplus x_6 \oplus x_7 \oplus v_6^3 \oplus v_7^3 \oplus v_{10}^3 \oplus v_{11}^3 \oplus K_5^1 \oplus K_6^1 \oplus K_7^1 \oplus K_6^2 \oplus K_6^3 \oplus K_{10}^3 \\ &= x_5 \oplus x_6 \oplus x_7 \oplus u_6^4 \oplus u_7^4 \oplus u_{10}^4 \oplus u_{11}^4 \oplus K_5^1 \oplus K_6^1 \oplus K_7^1 \oplus K_6^2 \oplus K_6^3 \oplus K_{10}^3 \\ &\quad \oplus K_6^4 \oplus K_7^4 \oplus K_{10}^4 \oplus K_{11}^4 \end{aligned} \tag{3.1}$$

假设式(3.1)中的密钥比特固定，则随机变量 $K_5^1 \oplus K_7^1 \oplus K_8^1 \oplus K_6^2 \oplus K_6^3 \oplus K_{10}^3 \oplus K_6^4 \oplus K_7^4 \oplus K_{10}^4 \oplus K_{11}^4$ 具有固定的值 0 或 1，因此，随机变量 $x_5 \oplus x_6 \oplus x_7 \oplus u_6^4 \oplus u_7^4 \oplus u_{10}^4 \oplus u_{11}^4$ 具有偏差 $\pm 1/32$，符号取决于未知密钥的固定值。

线性分析是一种已知明文的攻击方法，假设我们可以得到关于同一密钥加密的多对明密文对(x,y)，根据上面得到的关于 x 和 u^4 的概率线性关系，可以分析最后一轮 K^5 的部分子密钥。

在图 3.3 中，我们可以看到，该线性逼近只与最后一轮中第二个和第三个 S 盒的输入比特相关，所以我们只能分析最后一轮 K^5 中和第二个及第三个 S 盒中相关的 8 比特的子密钥。首先收集足够多的关于同一密钥加密的 t 对明密文对(x,y)，根据已知的密文 y 和猜测的密钥 $K^5_{<2>}$、$K^5_{<3>}$（穷举最后一轮 K^5 中相关的 8 比特子密钥）可以得到最后一轮 S 盒的输出 v^4，根据 S 盒代换的逆得到 u^4，然后判断 $x_5 \oplus x_6 \oplus x_7 \oplus u^4_6 \oplus u^4_7 \oplus u^4_{10} \oplus u^4_{11}$ 是否等于 0，对每个候选子密钥（$k^5_{<2>}$、$k^5_{<3>}$ 构成的 8 比特）设置一个计数器，如果等于 0 则计数器加 1；当尝试完所有的 t 对明密文对时，正确候选子密钥的计数器值接近$\frac{1}{2}t \pm \frac{1}{32}t$，而其他密钥的计数器值则接近$\frac{1}{2}t$。算法的伪码如下。

算法 3.3　线性分析(T,t,π_S^{-1})

```
for (L1,L2)=(0,0) to (F,F)
Count[L1,L2]=0
for each(x,y)∈T/ * |T|=t * /
{ for(L1,L2)=(0,0) to (F,F)
   { v4<2> =L1⊕y<2>
     v4<3> =L2⊕y<3>
     u4<2> =πS^-1(v4<2>)
     u4<3> =πS^-1(v4<3>)
   }
}
z=x5⊕x6⊕x7⊕u4_6⊕u4_7⊕u4_10⊕u4_11
if z=0 Count[L1,L2]++
max=-1
for (L1,L2)=(0,0) to (F,F)
{ Count[L1,L2]= |Count[L1,L2]-(1/2)t|
    if Count[L1,L2]>max
    { max=Count[L1,L2]
         maxkey=(L1,L2)}
}
output(max key)
```

一般来说，用一个基于偏差为 ε 的线性逼近来进行线性分析，如果希望获得成功，所需要的明密文对数 t 接近于 $c\varepsilon^{-2}$，其中，c 为一个常数。对算法 3.2 进行实现，一般 $t=8000$ 时会成功。

3.4　差分密码分析

差分密码分析是一种选择明文攻击方法，是攻击迭代密码最有效的方法之一，由

Eli Biham 和 Adi Shamir 于 1991 年提出，1992 年，美密会（Crypto 1992）给出了 16 轮 DES 的差分分析。其基本思想是通过分析一对明文的差值对其相应密文对差值的影响来恢复某些密钥比特。我们常使用异或值来作为差值。

3.4.1 S 盒的差分特征

差分密码分析通过分析明文对的异或值对其相应密文对异或值的影响来进行分析，因此分析时会考查两组明密文对，其中两个明文具有固定的异或值。假设敌手拥有大量使用同一密钥 k 加密的四元组 (x,x^*,y,y^*)，其中明文异或值 $x'=x\oplus x^*$ 是固定的，y 和 y^* 分别是明文 x 和 x^* 的密文。同线性密码分析一样，差分分析也只能分析最后一轮的子密钥。如果对于给定的明文对异或值，其输出异或的分布不均匀，则这可能成为一个成功的差分分析的基础。

设 $\pi_S:\{0,1\}^m\rightarrow\{0,1\}^n$ 是一个 S 盒。考虑长为 m 的有序比特串对 (x,x^*)，我们称 S 盒的输入异或为 $x\oplus x^*$，输出异或为 $\pi_S(x)\oplus\pi_S(x^*)$。对任何 $x'\in\{0,1\}^m$，定义集合 $\Delta(x')$ 为包含所有具有输入异或值 x' 的有序对 (x,x^*)。

$\Delta(x')$ 包含 2^m 对有序对，并且 $\Delta(x')=\{(x,x\oplus x'):x\in\{0,1\}^m\}$。

对于 $\Delta(x')$ 中的每一对，可以计算他们关于 S 盒的输出异或，一共有 2^m 个输出异或，它们的值分布在 2^n 个可能值之上，那么一个非均匀的输出异或分布将会成为一个成功的差分分析的基础。

例 3.2 我们使用例 3.1 中的 S 盒，设输入异或 $x'=1111$，则

$$\Delta(1011)=\{(0000,1111),(0001,1110),\cdots,(1111,0000)\}$$

对于每一对有序对，可以计算输出异或，如表 3.5 所示，其中，$x\oplus x^*=1111$，$y=\pi_S(x)$，$y^*=\pi_S(x^*)$，$y'=y\oplus y^*$。

表 3.5 固定输入异或为 1111 的输出异或表

x	x^*	y	y^*	y'
0000	1111	0100	0000	0100
0001	1110	0001	0101	0100
0010	1101	1110	1010	0100
0011	1100	1000	0011	1011
0100	1011	1101	0111	1010
0101	1010	0110	1001	1111
0110	1001	0010	1100	1110
0111	1000	1011	1111	0100
1000	0111	1111	1011	0100
1001	0110	1100	0010	1110
1010	0101	1001	0110	1111
1011	0100	0111	1101	1010
1100	0011	0011	1000	1011
1101	0010	1010	1110	0100
1110	0001	0101	0001	0100
1111	0000	0000	0100	0100

通过表 3.5 的最后一列,我们可以看到,输出异或的分布如表 3.6 所示。

表 3.6 $\Delta(1111)$的输出异或分布

0000	0001	0010	0011	0100	0101	0110	0111
0	0	0	0	8	0	0	0
1000	1001	1010	1011	1100	1101	1110	1111
0	0	2	2	0	0	2	2

在 16 种可能的输出异或中,只出现了 5 种,而且 0100 出现的次数显著高于其他值的,呈现出非常不均匀的分布。

可以对所有可能的输入异或做相同的计算和统计。为了描述输入异或与输出异或之间的关系,我们引入扩散率。对长为 m 的比特串 x' 和长为 n 的比特串 y',定义 $N_D(x',y')=|\{(x,x^*)\in\Delta(x'):\pi_S(x)\oplus\pi_S(x')=y'\}|$,$N_D(x',y')$记录了对于给定 S 盒 π_S,在输入异或为 x'时输出异或为 y'的有序输入对(x,x^*)的对数。表 3.7 列出了例 3.1 中 S 盒所有可能的 $N_D(a,b)$值,其中,$a,b\in\{0,1\}^4$(a 和 b 分别是输入异或和输出异或的十六进制表示),可以看到表 3.6 中的分布对应于表 3.7 中 a 为 F 的一行,其中可见$N_D(F,4)=8$。

表 3.7 差分分布表

a	b															
	0	1	2	3	4	5	6	7	8	9	A	B	C	D	E	F
0	16	0	0	0	0	0	0	0	0	0	0	0	0	0	0	0
1	0	0	0	2	0	4	2	0	0	4	0	2	0	0	2	0
2	0	0	0	0	0	0	4	0	0	2	4	2	0	2	0	2
3	0	0	0	2	2	2	2	0	2	0	0	0	2	0	0	4
4	0	0	0	2	0	0	2	4	0	2	0	0	6	0	0	0
5	0	0	4	0	0	4	0	0	0	2	2	0	2	0	0	2
6	0	0	0	2	0	0	2	0	0	0	6	0	2	2	2	0
7	0	0	0	4	2	2	0	0	2	2	0	0	0	0	0	4
8	0	0	0	0	0	0	0	4	0	0	0	4	2	2	2	2
9	0	2	2	0	0	2	0	2	2	2	0	0	0	0	4	0
A	0	6	0	0	2	0	4	0	2	0	0	0	0	2	0	0
B	0	0	2	4	0	0	0	2	6	0	0	0	0	2	0	0
C	0	0	2	0	0	0	0	2	2	0	2	6	2	0	0	0
D	0	2	4	0	0	2	0	0	0	2	0	0	0	2	4	0
E	0	6	2	0	2	0	0	2	0	0	0	0	0	4	0	0
F	0	0	0	0	8	0	0	0	0	0	2	2	0	0	2	2

设 a 表示一个输入异或,b 表示一个输出异或,(a,b)称为一个差分。对于差分分布表中的每一项(a,b),我们定义扩散率

$$R_P(a,b)=\Pr(\text{输出异或}=b|\text{输入异或}=a)=\frac{N_D(a,b)}{2^m}$$

扩散率越高说明该差分特征越显著。

3.4.2 SPN 的差分分析

在 SPN 中，每轮代换的输入异或与其上一轮代换的输出异或相同，与子密钥无关，但输出异或与子密钥是相关的。以例 3.1 中的 SPN 为例，假设第一轮代换中的输入异或为 $u^{1'}=0000111100000000$，如图 3.4 所示（箭头表示输入和输出异或中值为“1”的比特），$u^{1'}=u^1\oplus u^{1*}=x\oplus K^1\oplus x^*\oplus K^1=x\oplus x^*$，即 $u^{1'}=x'$，与 K^1 无关，由于输入异或中值为“1”的比特只出现在第二个 S 盒 S_2^1 中，通过查找差分分布表 3.7，可以找到一个差分 $(u^{1'}_{<2>},v^{1'}_{<2>})=(1111,0100)$，其扩散率为 1/2。我们考查该 S 盒的输出异或，有

$$v^{1'}_{<2>}=v^1_{<2>}\oplus v^{1*}_{<2>}=\pi_S(u^1_{<2>})\oplus\pi_S(u^{1*}_{<2>})=\pi_S(x_{<2>}\oplus K^1_{<2>})\oplus\pi_S(x^*_{<2>}\oplus K^1_{<2>})$$

显然与 $K^1_{<2>}$ 相关。同理，第一轮代换的输出异或经过置换得到 $w^{1'}=0000010000000000$，经过轮密钥加传递到下一轮，有 $u^{2'}=w^{1'}$，而异或值为 1 的比特会输入到 S 盒 S_2^2 中，$u^{2'}_{<2>}=w^{1'}_{<2>}$。那么，我们可以通过这种关系将两轮的差分特征连接成一条长度为 2 的差分链，使得上一轮的输出异或等于下一轮的输入异或，下一轮的差分特征根据上一轮差分特征的输出异或查找差分分布表来进行搜索（以上一轮输出异或来定位差分分布表的行），尽可能搜索扩散率高的差分特征。如第一轮查找到扩散率为 1/2 的差分 $(u^{1'}_{<2>},v^{1'}_{<2>})=(1111,0100)$，那么，该差分的输出异或通过置换会输入到 S_2^2，且 $u^{2'}_{<2>}=w^{1'}_{<2>}=0100$，我们可以通过 $u^{2'}_{<2>}$ 去查 S 盒的差分分布表（见表 3.7），搜索 a 为 4 的行，可以看到当 b 为 C 时值最大（为 6），扩散率最高为 3/8，因此得到差分 $(u^{2'}_{<2>},v^{2'}_{<2>})=(0100,1100)$，这样两轮的差分特征就连成一个长度为 2 的差分特征链（如图 3.5 所示），得到输入 x 和第二轮 S 盒输出的一个差分关系 $(x'_{<2>},v^{2'}_{<2>})=(1111,1100)$。一般来说，在 SPN 的迭代结构中，第 r 轮的输入异或与第 r 轮的子密钥无关，是上一轮（$r-1$ 轮）输出异或经过置换之后的结果，如我们有 $u^{2'}_{<2>}=w^{1'}_{<2>}$，但第 r 轮的输出异或与子密钥是相关的，即 $v^{2'}$ 是与子密钥 K^2 相关的，因为 $v^{2'}_{<2>}=\pi_S(w^1_{<2>}\oplus K^2_{<2>})\oplus\pi_S$

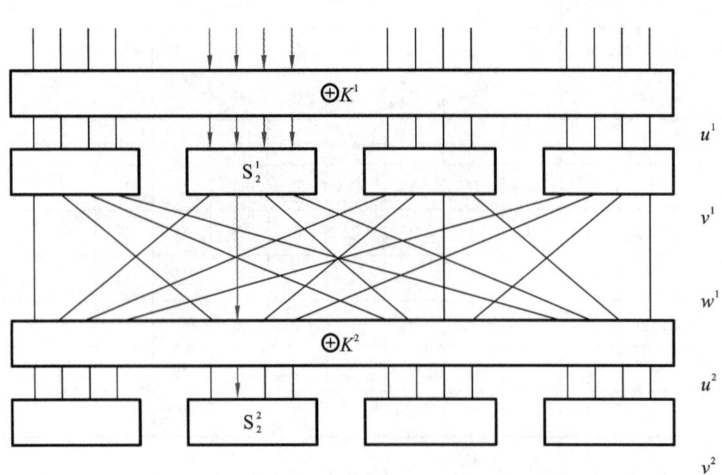

图 3.4 第一轮的差分示意

($w^{1*}_{<2>} \oplus K^2_{<2>}$)。同理,我们可以通过这种关系,在连续的轮中找到多个差分(异或)构成一个差分链,使得下一轮的输入异或是上一轮输出异或通过置换得到的结果。如果假定差分链中每个差分的扩散率独立(这可能不是一个在数学上有效的假设),由此,通过将每个差分的扩散率相乘就可以近似获得整个差分链的扩散率。

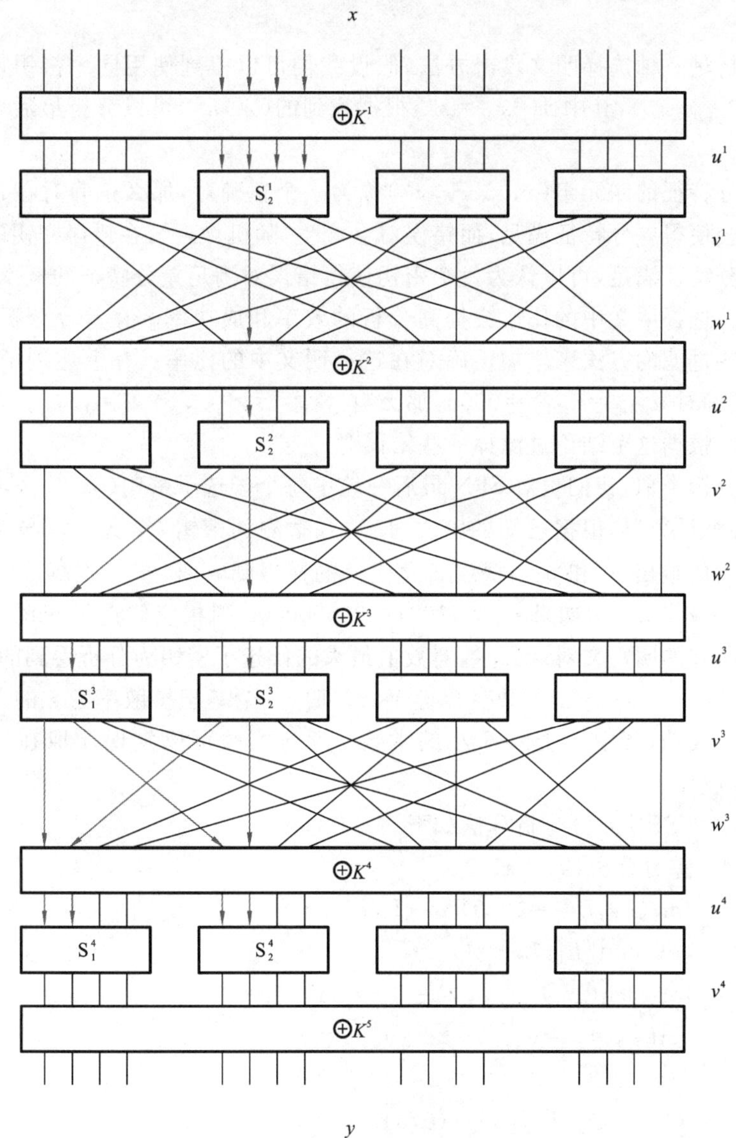

图 3.5　SPN 的差分特征链

在例 3.1 的 SPN 中,我们可以找到一条差分链,如图 3.5 所示。通过查找 S 盒的差分分布表,我们可以得到扩散率为 R_P 的差分特征链。

在 S_2^1 中,差分特征的扩散率为 $R_P(1111,0100)=1/2$。

在 S_2^2、S_1^3 和 S_2^3 中,差分特征的扩散率都是 $R_P(0100,1100)=3/8$。

根据这四个差分特征,我们可以将其链成一条输入差分为 $x'=0000111100000000$,输出差分为 $v^{3'}=1100110000000000$ 的差分链,其扩散率为 $R_P(x'=0000111100000000,v^{3'}$

$=1100110000000000)=\frac{1}{2}\times\left(\frac{3}{8}\right)^3=\frac{27}{1024}$，经过置换可以得到 $u^{4'}=1100110000000000$，得到一个明文 x 和最后一轮输入之间的一个差分特征链（$x'=0000101100000000$，$u^{4'}=1100110000000000$），其扩散率为 $R_P(x'=0000101100000000, u^{4'}=1100110000000000)=\frac{27}{1024}$。

差分分析是一种选择明文攻击方法，假设我们可以得到使用同一密钥加密的多对四元组(x,x^*,y,y^*)，其中 $x\oplus x^*=x'$，根据找到的$(x',u^{4'})$可以分析最后一轮的相关子密钥。

满足差分特征的四元组(x,x^*,y,y^*)称为一个正确对，那么正确对在正确密钥的作用下一定会使得差分特征满足，而错误对会产生“随机噪声”，在错误密钥的作用下也可能使得差分特征满足，可以认为每个密钥使得错误对满足差分特征的概率是均匀的。增加正确对在选择明文中的比率会提高分析的效率和成功率。在差分分析的过程中，常会使用一些过滤的方法来增加正确对在选择明文中的比率。在上述例子中，可以看到，如果是正确对 $u^{4'}_{<3>}=u^{4'}_{<4>}=0000$，那么有 $y_{<3>}=y^*_{<3>}$，$y_{<4>}=y^*_{<4>}$。在分析的过程中我们可以根据这个结论过滤掉一些错误对。

与线性分析类似，我们也对 SPN 最后一轮中每个候选子密钥（$k^5_{<1>}$、$k^5_{<2>}$构成的 8 比特）设置一个计数器，根据已知的密文 y、y^* 和猜测的密钥 $k^5_{<1>}$、$k^5_{<2>}$异或可以得到最后一轮 S 盒的输出 v^4 和 v^{4*}，根据 S 盒代换的逆得到 u^4 和 u^{4*}，根据 u^4 和 u^{4*} 可以求出差分 $u^{4'}=u^4\oplus u^{4*}$。如果 $u^{4'}=1100110000000000$ 则相应候选子密钥的计数器加 1；当尝试完所有的明密文对，则计数器数值最大的候选子密钥为分析得到的正确密钥。

当四元组(x,x^*,y,y^*)的数量接近于 $c\varepsilon^{-1}$时，一个基于扩散率为 ε 的差分链的差分分析一般会成功，其中，c 是一个小的常数。通过实验可以发现，t 取在 50～100 之间，该攻击会成功。

例 3.1 中的 SPN 差分分析算法如下。

算法 3.4 差分分析(T,t,π_S^{-1})。

```
for (L1,L2)=(0,0) to (F,F)
  Count[L1,L2]=0
for each(x,y,x*,y*)∈T/ * |T|=t */
  if (y<3>=y*<3>) and (y<4>=y*<4>)
  {
    { for (L1,L2)=(0,0) to (F,F)
      { v4<1>=L1⊕y<1>
        v4<2>=L2⊕y<2>
        u4<1>=πS^-1(v4<1>)
        u4<2>=πS^-1(v4<2>)
        v4*<1>=L1⊕y*<1>
        v4*<2>=L2⊕y*<2>
        u4*<1>=πS^-1(v4*<1>)
        u4*<2>=πS^-1(v4*<2>)
```

```
                $u^{4'}_{<1>}=u^{4}_{<1>}\oplus u^{4*}_{<1>}$
                $u^{4'}_{<2>}=u^{4}_{<2>}\oplus u^{4*}_{<2>}$
                if ($u^{4'}_{<1>}$=1100) and ($u^{4'}_{<2>}$=1100)
                 then Count[$L_1$,$L_2$]++
              }
            }
          }
      max=-1
      for ($L_1$,$L_2$)=(0,0) to (F,F)
        if Count[$L_1$,$L_2$]>max
        {   max=Count[$L_1$,$L_2$]
            max key=($L_1$,$L_2$)
        }
      output(max key)
```

3.5 Feistel 结构和数据加密标准 DES

1973 年，美国国家标准局(National Bureau of Standards，NBS，现更名为美国国家标准与技术研究所，National Institute of Standards and Technology，NIST)公开征集数据加密算法，1977 年颁布了联邦数据加密标准(Data Encryption Standard，DES)。该算法由 IBM 研制，其前身为 Lucifer 算法。1978 年得到美国工业企业的认可；1979 年得到美国银行协会的认可；1980 年和 1984 年，DES 分别得到美国国家标准协会和国际标准化组织的认可。从 1977 年开始，美国国家安全局(National Security Agency，NSA)约每隔 5 年评审一次算法，该算法预计使用 10～15 年，但实际持续使用了 20 年，其最后一次被评估是在 1999 年，NIST 开始高级加密标准(AES)的征集。

3.5.1 Feistel 结构

数据加密标准(Data Encryption Standard，DES)使用 Feistel 结构，如图 3.6 所示。该结构将输入分为左右两部分，每次变换其中一半的比特，$G(L,R)=(L\oplus f(R,K),R)$，执行两次即可恢复，$G(G(L,R))=G(L\oplus f(R,K),R)=(L\oplus f(R,K)\oplus f(R,K),R)=(L,R)$。Feistel 结构中，加密和解密过程一样，只是子密钥逆序使用，其中的非线性变换 f 不需要可逆，在轮变换中只需要使用到 f 而不需要 f^{-1}。加密过程可表示成：输入 L_0R_0，输出 R_nL_n，$L_i=R_{i-1}$，$R_i=L_{i-1}\oplus f(R_{i-1},K_i)$，其中，$i=1,2,3,\cdots,n$，为了使得解密过程和加密过程一样，在最后一轮迭代处理完之后交换左右部分，因此输出为 R_nL_n。解密过程和加密过程一样，只是子密钥逆序使用，已知输入 R_nL_n，则根据一轮迭代过程可以得到 $L'=L_n=R_{n-1}$，$R'=R_n\oplus f(L_n,K_n)=L_{n-1}\oplus f(R_{n-1},K_n)\oplus f(R_{n-1},K_n)=L_{n-1}$，同理，经过 n 轮迭代可以还原得到 L_0R_0，$R_{i-1}=L_i$，$L_{i-1}=R_i\oplus f(L_i,K_i)$，其中，$i=n,n-1,n-2,\cdots,1$。

3.5.2 DES

DES 的结构如图 3.7 所示。DES 的明文分组长度和密文分组长度均为 64 比特，

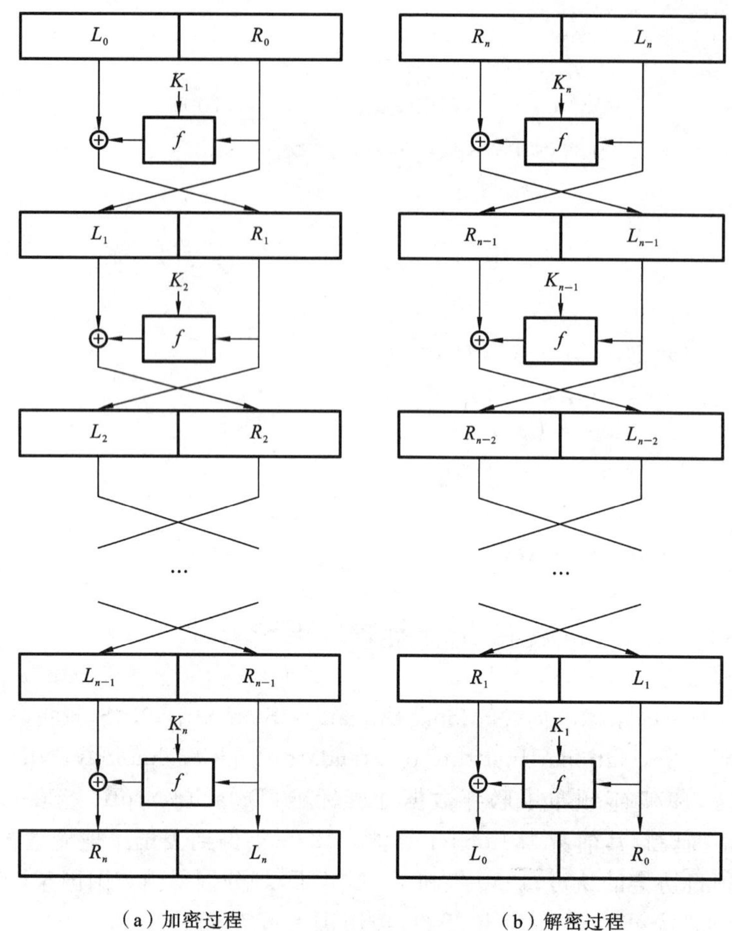

(a) 加密过程　　(b) 解密过程

图 3.6　Feistel 结构的加解密过程

密钥长度为 64 比特,有效的密钥比特为其中的 56 比特。DES 迭代执行轮数为 16 轮。输入明文为 x,经过初始置换、16 轮 Feistel 迭代和逆初始置换,最终输出密文 y,加密过程为 $L_0R_0=\mathrm{IP}(x)$,$L_i=R_{i-1}$,$R_i=L_{i-1}\oplus f(R_{i-1},K_i)$,$i=1,2,\cdots,16$,$y=\mathrm{IP}^{-1}(R_{16}L_{16})$。解密过程同加密过程,子密钥逆序使用。可以证明解密过程的正确性。

1. 初始置换 IP 和逆初始置换 IP^{-1}

初始置换将 64 比特明文打乱并分成左右两半(L_0 和 R_0)。为了保证可以正确解密,在迭代完毕之后执行初始置换的逆置换。初始置换和逆初始置换如表 3.8 和表 3.9 所示。

表 3.8　初始置换

58	50	42	34	26	18	10	2
60	52	44	36	28	20	12	4
62	54	46	38	30	22	14	6
64	56	48	40	32	24	16	8
57	49	41	33	25	17	9	1
59	51	43	35	27	19	11	3
61	53	45	37	29	21	13	5
63	55	47	39	31	23	15	7

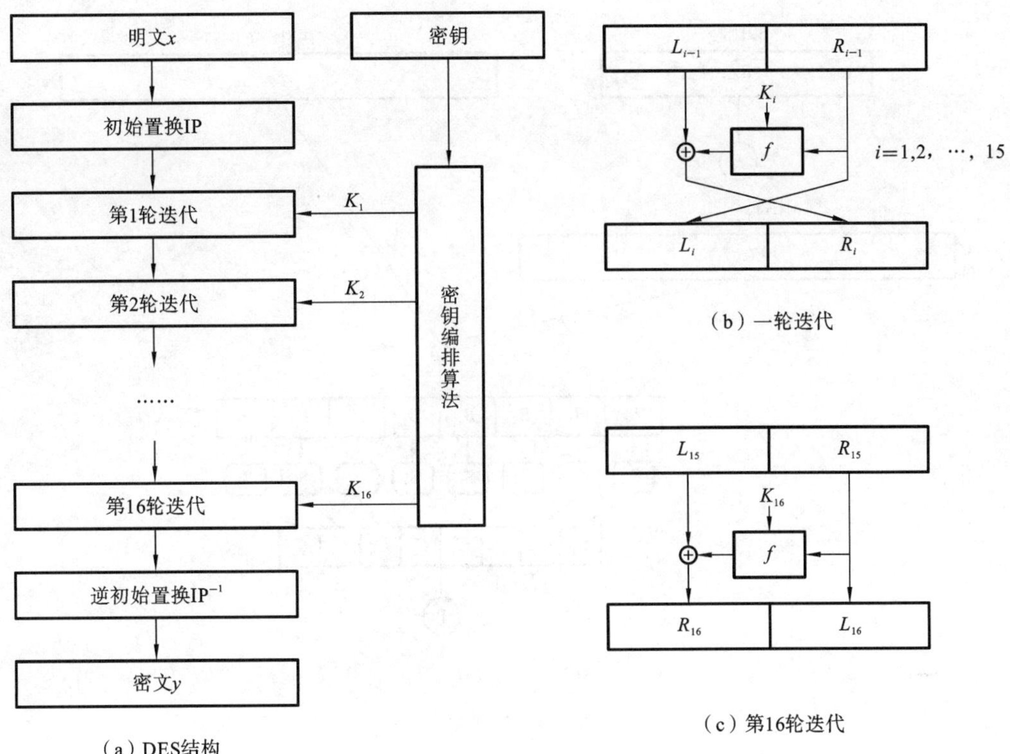

(a) DES结构

(b) 一轮迭代

(c) 第16轮迭代

图 3.7 DES 的结构

表 3.9 逆初始置换

40	8	48	16	56	24	64	32
39	7	47	15	55	23	63	31
38	6	46	14	54	22	62	30
37	5	45	13	53	21	61	29
36	4	44	12	52	20	60	28
35	3	43	11	51	19	59	27
34	2	42	10	50	18	58	26
33	1	41	9	49	17	57	25

2. 轮函数

DES 的轮函数如图 3.8 所示，其共经过四个过程：E 扩展、轮密钥加、非线性代换和置换。32 比特的右部首先经过 E 扩展扩展成 48 比特，然后与当前轮的 48 比特的子密钥异或，以 6 比特为一组输入到 8 个不同的 S 盒，记为 S_i，$1\leqslant i\leqslant 8$，每个 S_i 都是 $\{0,1\}^6\rightarrow\{0,1\}^4$ 的非线性代换(4 张 4 比特到 4 比特的代换表)，每个 S 盒输出 4 比特，得到 32 比特的输出，将 32 比特的输出执行一个置换，得到本轮的输出。

(1) E 扩展。

将 32 比特扩展成 48 比特，每 4 个比特扩展 2 比特，如表 3.10 所示。若扩展前是 $R=r_1r_2r_3r_4\cdots r_{32}$，则扩展之后变成 $E(R)=r_{32}r_1r_2r_3r_4r_5r_4r_5\cdots r_{31}r_{32}r_1$。

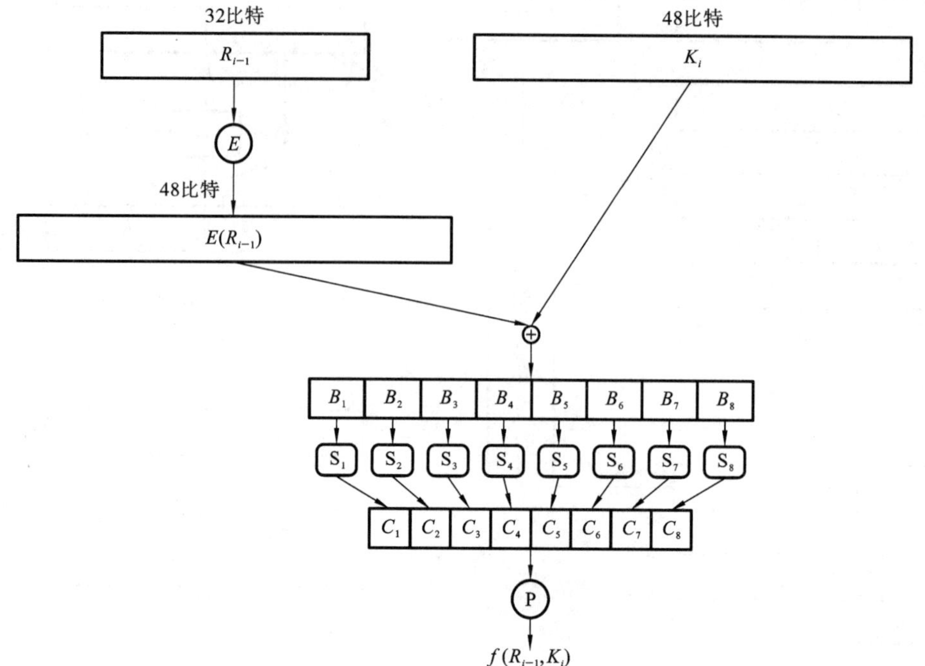

图 3.8 轮函数 f

表 3.10 E 扩展

32	1	2	3	4	5
4	5	6	7	8	9
8	9	10	11	12	13
12	13	14	15	16	17
16	17	18	19	20	21
20	21	22	23	24	25
24	25	26	27	28	29
28	29	30	31	32	1

(2) 轮密钥加。

将经过 E 扩展之后得到的 48 比特与 48 比特的子密钥进行异或，输出 48 比特的比特串 $B=B_1B_2B_3B_4B_5B_6B_7B_8$，其中，$B_i$ 为 6 比特串($1\leqslant i\leqslant 8$)。

(3) S 盒代换。

DES 的非线性代换，即 S 盒代换，都是 6 比特到 4 比特的代换，可表示成一个 4 行 16 列的表，每一行都是一个 4 比特到 4 比特的代换表(置换)，行标从 0 到 3，列标从 0 到 15。在每一轮中，使用 8 个不同的 S 盒 S_i($1\leqslant i\leqslant 8$)，如表 3.11 所示，将 48 比特的输入变换成 32 比特的输出。输入 B_i(6 比特)到 S_i，得到输出 C_i(4 比特)($1\leqslant i\leqslant 8$)。

表 3.11 S 盒代换表

S_1

14	4	13	1	2	15	11	8	3	10	6	12	5	9	0	7
0	15	7	4	14	2	13	1	10	6	12	11	9	5	3	8
4	1	14	8	13	6	2	11	15	12	9	7	3	10	5	0
15	12	8	2	4	9	1	7	5	11	3	14	10	0	6	13

S_2

15	1	8	14	6	11	3	4	9	7	2	13	12	0	5	10
3	13	4	7	15	2	8	14	12	0	1	10	6	9	11	5
0	14	7	11	10	4	13	1	5	8	12	6	9	3	2	15
13	8	10	1	3	15	4	2	11	6	7	12	0	5	14	9

S_3

10	0	9	14	6	3	15	5	1	13	12	7	11	4	2	8
13	7	0	9	3	4	6	10	2	8	5	14	12	11	15	1
13	6	4	9	8	15	3	0	11	1	2	12	5	10	14	7
1	10	13	0	6	9	8	7	4	15	14	3	11	5	2	12

S_4

7	13	14	3	0	6	9	10	1	2	8	5	11	12	4	15
13	8	11	5	6	15	0	3	4	7	2	12	1	10	14	9
10	6	9	0	12	11	7	13	15	1	3	14	5	2	8	4
3	15	0	6	10	1	13	8	9	4	5	11	12	7	2	14

S_5

2	12	4	1	7	10	11	6	8	5	3	15	13	0	14	9
14	11	2	12	4	7	13	1	5	0	15	10	3	9	8	6
4	2	1	11	10	13	7	8	15	9	12	5	6	3	0	14
11	8	12	7	1	14	2	13	6	15	0	9	10	4	5	3

S_6

12	1	10	15	9	2	6	8	0	13	3	4	14	7	5	11
10	15	4	2	7	12	9	5	6	1	13	14	0	11	3	8
9	14	15	5	2	8	12	3	7	0	4	10	1	13	11	6
4	3	2	12	9	5	15	10	11	14	1	7	6	0	8	13

S_7

4	11	2	14	15	0	8	13	3	12	9	7	5	10	6	1
13	0	11	7	4	9	1	10	14	3	5	12	2	15	8	6
1	4	11	13	12	3	7	14	10	15	6	8	0	5	9	2
6	11	13	8	1	4	10	7	9	5	0	15	14	2	3	12

S_8

13	2	8	4	6	15	11	1	10	9	3	14	5	0	12	7
1	15	13	8	10	3	7	4	12	5	6	11	0	14	9	2
7	11	4	1	9	12	14	2	0	6	10	13	15	3	5	8
2	1	14	7	4	10	8	13	15	12	9	0	3	5	6	11

假设 S_i 的输入 $B_i=b_1b_2b_3b_4b_5b_6$，其中，$b_j\in\{0,1\}$，$1\leqslant j\leqslant 6$，取 b_1b_6 表示在 S_i 的行标 r，即使用第 r 张表进行代换，取 $b_2b_3b_4b_5$ 表示在 S_i 的列标 l，即选定代换表的输入，那么 C_i 为 S_i 中第 r 行第 l 列的值。

例如 S_1 的输入为 $B_1=010101$，$b_1b_6=01$，即行标为 1，$b_2b_3b_4b_5=1010$，即列标为 10，那么 C_1 为 S_1 中的第 1 行第 10 列的值 12，二进制为 1100。

(4) 置换。

48 比特的输入经过 S 盒代换之后得到 32 比特，经过表 3.12 中的置换，完成一轮轮函数。

表 3.12　轮函数中的置换表

16	7	20	21
29	12	28	17
1	15	23	26
5	18	31	10
2	8	24	14
32	27	3	9
19	13	30	6
22	11	4	25

3. 密钥编排

在 DES 中，每个子密钥都是原始密钥中的 48 比特密钥，扩展和选取算法如图 3.9

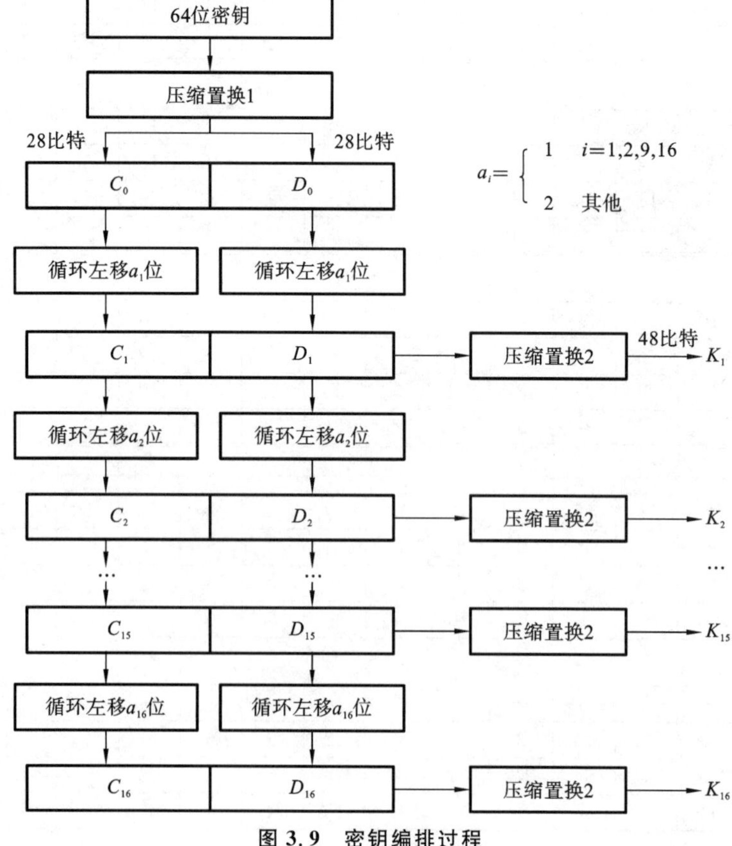

图 3.9　密钥编排过程

所示，其过程是，首先通过压缩置换 1，将 64 比特密钥压缩置换成 56 比特密钥，其高 28 位记为 C_0，低 28 位记为 D_0；左右 28 比特 C_{i-1} 和 D_{i-1} 分别循环左移 a_i 位产生 C_i 和 D_i（其中，$i=1,2,3,\cdots,16$ 且 $a_i=\begin{cases}1 & i=1,2,9,16\\2 & i=\text{其他}\end{cases}$），将 C_i 和 D_i 合并成 56 位的比特串后经过压缩置换 2，得到第 i 轮的 48 比特的子密钥 K_i。压缩置换 1 首先去掉了每个字节的第八位校验位，然后根据表 3.13 进行置换。

表 3.13 压缩置换 1

57	49	41	33	25	17	9
1	58	50	42	34	26	18
10	2	59	51	43	35	27
19	11	3	60	52	44	36
63	55	47	39	31	23	15
7	62	54	46	38	30	22
14	6	61	53	45	37	29
21	13	5	28	20	12	4

在压缩置换 2 中，56 比特中的第 9、18、22、25、35、38、43、54 比特被丢弃，置换见表 3.14。

表 3.14 压缩置换 2

14	17	11	24	1	5	3	28
15	6	21	10	23	19	12	4
26	8	16	7	27	20	13	2
41	52	31	37	47	55	30	40
51	45	33	48	44	49	39	56
34	53	46	42	50	36	29	32

3.5.3 DES 分析

DES 是典型的采用 Feistel 结构的迭代密码算法，加解密过程相同，因而，算法实现占用资源少、效率高。

从 DES 的诞生开始，其安全性就伴随着争议。有人怀疑美国国家安全局设计 S 盒时隐藏了陷门，他们可以轻易解密，但是至今尚未有人能证明 DES 的确存在陷门。

对于密码体制，若存在密钥 k 使得 $E_k(E_k(m))=m$，则称密钥 k 为弱密钥，若存在一对密钥 k 和 k'，使得 $D_{k'}(m)=E_k(m)$，即 $E_{k'}(E_k(m))=m$，加密密钥和解密密钥相同，则称之为对合的，其为半弱密钥，半弱密钥是成对出现的。DES 存在 4 个弱密钥和 12 个半弱密钥，但这对于 2^{56} 的密钥空间来说，可以忽略不计。

与 DES 安全性相关的另一个主要问题是密钥长度太短，只有 56 比特。在 1997 年美国 RSA 数据安全公司提出的"DES 挑战赛"中，美国科罗拉多州的程序员 Verser 通过分布式计算程序，在数万名志愿者的协同工作下，耗时 96 天找到了密钥。1998 年，电子先驱者基金会制造了一台耗资25万美元的专用密钥搜索机——"DES破译者"，其在同年7月成功地在56小时内找到了DES密钥，获得了"DES挑战赛2"的优胜；在1999年1月，其在分布式协同计算下，用22小时15分钟找到了DES密钥，获得了"DES挑战赛3"的优胜，每秒实验超过2450亿个密钥。

除了暴力搜索密钥，针对DES还提出了差分分析和线性分析。对于DES而言，线性分析更为有效，需要使用2^{43}对明密文对。而对于找到的一个16轮差分特征，分析DES需要2^{47}个选择明密文对。但在现实世界里，成功攻击所需要的明密文对数量过于庞大，因此，它们并未对DES的安全性产生实际的影响。

针对DES密钥过短的问题，1992年，密码学家证明DES不是群，多重DES成为可能，比如3重DES。

虽然DES已经成为历史，但是DES的出现，是分组密码发展史甚至是整个密码学历史发展上的里程碑事件，DES算法的设计与分析理论对于推动分组密码理论的发展和应用起到十分重要的作用，其设计思想至今仍对分组密码的设计具有参考价值。

3.6 高级加密标准AES

1997年1月，美国国家标准与技术研究所(NIST)公开征集新的加密标准——高级加密标准(Advanced Encryption Standard，AES)，同年9月，AES候选提名的要求公布：采用对称分组密码，分组长度为128比特，密钥支持128、192和256比特。NIST声明新的算法必须与三重DES一样安全，而且实现效率更高，算法一旦被选定为AES，算法在全球范围内能够免费使用。经过两轮AES会议，1999年8月公布了入围的5个候选草案，依字母顺序分别是MARS、RC6、Rijndael、Serpent和Twofish。第三届AES会议于2000年4月在纽约召开，比利时研究者Daemen和Rijmen提出的Rijndael算法成为首选，2000年10月，NIST宣布Rijndael为获胜者，2001年11月，该算法作为美国联邦信息处理标准(FIPS197，Federal Information Processing Standards)公布，即AES。

NIST对AES进行评估的主要项目是安全性、效率和算法的实现特性。提交算法的安全性是第一位的，候选算法应当抵抗已知的密码分析方法，并没有明显的安全缺陷；在满足安全性要求的条件下，效率是最重要的评估因素，包括算法在不同平台上的计算速度和对存储空间的需求等；算法与实现特性包括算法的灵活性、间接性及其他因素，如在不同类型的环境中能够安全、有效地运行，可以作为序列密码、杂凑算法实现等。

5个最终入围决赛的算法都被认为是安全的。Rijndael算法集安全性、性能、效率、可实现性和灵活性于一体，最终当选。

3.6.1 AES结构

AES所选择的Rijndael算法也是一种具有迭代结构的算法，其具有SPN结构，在每轮中执行严格分层的代换和置换，详见算法3.5。AES与Rijndael算法的区别在于Rijndael算法是具有可变分组长度和可变密钥长度的分组密码，分组长度和密钥长度可以为32比特的任意倍数，最小值为128比特，最大值为256比特。而在AES中，明文分组和密文分组均固定为 128 比特，密钥长度支持 128 比特、192 比特和 256 比特。AES 的执行轮数根据密钥长度不同，分别为 10 轮、12 轮和 14 轮。每轮中执行四个过程：字节代换、行移位、列混合和轮密钥加。最后一轮与常规轮相比，少了列混合，多了一轮轮密钥加。其中，每个过程都是可逆过程。轮变换及其每一步都作用在中间结果上，称为状态 state，可表示成字节矩阵，每列以字节为单位分为 4 行。

我们可以将明文、密钥和密文表示成字节状态矩阵 state，若明文分组记为 $x_0x_1x_2\cdots x_{15}$，其中，x_0 表示第一个字节，x_{15} 是最后一个字节，类似地，密文分组可记为 $y_0y_1y_2\cdots y_{15}$，将状态记为 s_{ij}，$0\leqslant i\leqslant 3$，$0\leqslant j\leqslant 3$，当加密时，输入明文分组，将其转化成状态矩阵，其中，$s_{ij}=x_{i+4j}$，当加密结束时，密文分组以相同的方式从字节状态矩阵中取出，有 $y_i=s_{i \bmod 4, i/4}$。解密过程类似，输入为密文分组，输出提取出明文分组。类似地，密钥记为 $k_0k_1k_2\cdots k_{4N_k-1}$，其中，$N_k$ 为密钥矩阵的列数，等于密钥长度除以 32，则 N_k 可等于 4、6、8。以 4 个字节为一列，密钥转化成密钥字节矩阵的方式同明密文分组的。

明文可表示成一个 4×4 的状态字节矩阵，每个字节使用两位十六进制数表示，如图3.10所示。

x_0	x_4	x_8	x_{12}
x_1	x_5	x_9	x_{13}
x_2	x_6	x_{10}	x_{14}
x_3	x_7	x_{11}	x_{15}

s_{00}	s_{01}	s_{02}	s_{03}
s_{10}	s_{11}	s_{12}	s_{13}
s_{20}	s_{21}	s_{22}	s_{23}
s_{30}	s_{31}	s_{32}	s_{33}

图 3.10　状态字节矩阵

算法 3.5　AES 加密算法。

```
Rijndael(State,CipherKey)
{
    KeyExpansion(CipherKey,ExpandedKey);     //密钥扩展
    AddRoundKey(State,ExpandedKey[0]);
    For (i=1; i<Nr; i++)  Round(State,ExpandedKey[i]);
                                             //执行 Nr-1 轮常规轮变换
    FinalRound(State, ExpandedKey[Nr]);      //最后一轮轮变换
}
Round(State, ExpandedKey[i])
{
    SubBytes (State);                        //字节代换
    ShiftRows(State);                        //行移位
    MixColumns(State);                       //列混合
    AddRoundKey(State,ExpandedKey[i]);       //轮密钥异或
}
FinalRound(State, ExpandedKey[Nr])
```

```
{
    SubBytes (State);
    ShiftRows(State);
    AddRoundKey(State,ExpandedKey[Nr]);
}
```

3.6.2 轮函数

轮函数涉及 4 个过程：字节代换、行移位、列混合和轮密钥加。

1. 字节代换(SubBytes)

字节代换是算法中唯一的非线性变换，以字节为单位进行，在一个字节状态矩阵中，每个字节使用同一个 S 盒代换独立进行，记为 S_{RD}，如图 3.11 所示。S_{RD} 是一个 $\{0,1\}^8 \to \{0,1\}^8$ 的代换，假设 $a_{ij}\,(0\leqslant i\leqslant 3, 0\leqslant j\leqslant 3)$ 是状态字节矩阵中的一个字节，有 $b_{ij}=S_{RD}(a_{ij})$。代换基于有限域 $F_{2^8}=Z_2[x]/x^8+x^4+x^3+x+1$ 上的运算。

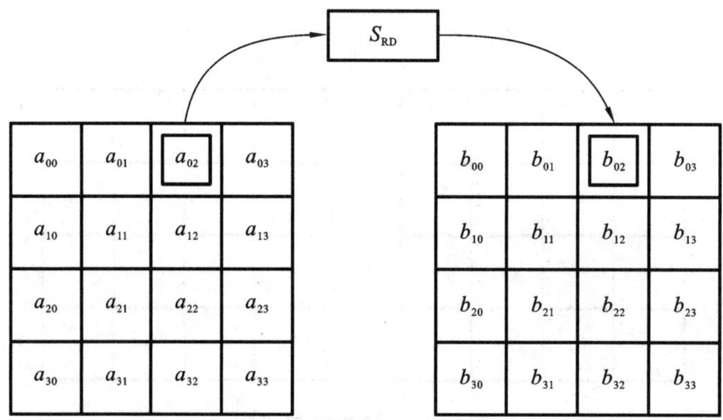

图 3.11 字节代换示意图

我们可以将一个字节 $a=a_7a_6a_5a_4a_3a_2a_1a_0$ 表示成域中的元素 $\sum_{i=0}^{7}a_ix^i$，F_2 上的多项式 $x^8+x^4+x^3+x+1$ 是不可约多项式，因此，除了 00，其他每个字节在 $F_{2^8}=Z_2[x]/x^8+x^4+x^3+x+1$ 上存在乘法逆 a^{-1}，乘法逆可以通过扩展的欧几里得算法来进行计算。将 00 映射到其本身，那么 S_{RD} 定义为关于某个字节乘法逆的仿射运算。仿射运算 $b=f(a)$ 定义为

$$\begin{pmatrix}b_7\\b_6\\b_5\\b_4\\b_3\\b_2\\b_1\\b_0\end{pmatrix}=\begin{pmatrix}1&1&1&1&1&0&0&0\\0&1&1&1&1&1&0&0\\0&0&1&1&1&1&1&0\\0&0&0&1&1&1&1&1\\1&0&0&0&1&1&1&1\\1&1&0&0&0&1&1&1\\1&1&1&0&0&0&1&1\\1&1&1&1&0&0&0&1\end{pmatrix}\times\begin{pmatrix}a_7\\a_6\\a_5\\a_4\\a_3\\a_2\\a_1\\a_0\end{pmatrix}+\begin{pmatrix}0\\1\\1\\0\\0\\0\\1\\1\end{pmatrix}$$

那么对于字节 m，定义 $S_{RD}(m)=f(m^{-1})$。

例 3.3 当 $m=00$ 时，$S_{RD}(00)=f(x^{-1})=f(00)=63$；当 $m=\text{EA}$ 时，其可以表示成 F_{2^8} 中的元素 $x^7+x^6+x^5+x^3+x$，它在 F_{2^8} 中的逆为 $x^7+x^6+x^4+x^2+x+1$，转换成字节为 D7，带入到仿射运算有 $f(\text{D7})=87$。

当字节确定，S 盒代换的值就可以确定，S 盒代换可以表示成一张表，如表 3.15 所示。一个字节使用两位十六进制数 xy 表示，其中，$S_{RD}(xy)$可通过查表来实现。

表 3.15 S 盒代换表 $S_{RD}(xy)$

		y															
		0	1	2	3	4	5	6	7	8	9	A	B	C	D	E	F
x	0	63	7C	77	7B	F2	6B	6F	C5	30	01	67	2B	FE	D7	AB	76
	1	CA	82	C9	7D	FA	59	47	F0	AD	D4	A2	AF	9C	A4	72	C0
	2	B7	FD	93	26	36	3F	F7	CC	34	A5	E5	F1	71	D8	31	15
	3	04	C7	23	C3	18	96	05	9A	07	12	80	E2	EB	27	B2	75
	4	09	83	2C	1A	1B	6E	5A	A0	52	3B	D6	B3	29	E3	2F	84
	5	53	D1	00	ED	20	FC	B1	5B	6A	CB	BE	39	4A	4C	58	CF
	6	D0	EF	AA	FB	43	4D	33	85	45	F9	02	7F	50	3C	9F	A8
	7	51	A3	40	8F	92	9D	38	F5	BC	B6	DA	21	10	FF	F3	D2
	8	CD	0C	13	EC	5F	97	44	17	C4	A7	7E	3D	64	5D	19	73
	9	60	81	4F	DC	22	2A	90	88	46	EE	B8	14	DE	5E	0B	DB
	A	E0	32	3A	0A	49	06	24	5C	C2	D3	AC	62	91	95	E4	79
	B	E7	C8	37	6D	8D	D5	4E	A9	6C	56	F4	EA	65	7A	AE	08
	C	BA	78	25	2E	1C	A6	B4	C6	E8	DD	74	1F	4B	BD	8B	8A
	D	70	3E	B5	66	48	03	F6	0E	61	35	57	B9	86	C1	1D	9E
	E	E1	F8	98	11	69	D9	8E	94	9B	1E	87	E9	CE	55	28	DF
	F	8C	A1	89	0D	BF	E6	42	68	41	99	2D	0F	B0	54	BB	16

S_{RD}是可逆变换，对于字节 b，有 $S_{RD}^{-1}(c)=(f^{-1}(c))^{-1}$，其中，$a=f^{-1}(b)$定义为

$$\begin{pmatrix} a_7 \\ a_6 \\ a_5 \\ a_4 \\ a_3 \\ a_2 \\ a_1 \\ a_0 \end{pmatrix} = \begin{pmatrix} 0 & 1 & 0 & 1 & 0 & 0 & 1 & 0 \\ 0 & 0 & 1 & 0 & 1 & 0 & 0 & 1 \\ 1 & 0 & 0 & 1 & 0 & 1 & 0 & 0 \\ 0 & 1 & 0 & 0 & 1 & 0 & 1 & 0 \\ 0 & 0 & 1 & 0 & 0 & 1 & 0 & 1 \\ 1 & 0 & 0 & 1 & 0 & 0 & 1 & 0 \\ 0 & 1 & 0 & 0 & 1 & 0 & 0 & 1 \\ 1 & 0 & 1 & 0 & 0 & 1 & 0 & 0 \end{pmatrix} \times \begin{pmatrix} b_7 \\ b_6 \\ b_5 \\ b_4 \\ b_3 \\ b_2 \\ b_1 \\ b_0 \end{pmatrix} + \begin{pmatrix} 0 \\ 0 \\ 0 \\ 0 \\ 0 \\ 1 \\ 0 \\ 1 \end{pmatrix}$$

例 3.4 假设状态矩阵如图 3.12 所示，那么经过字节代换(查表 3.15)，可以得到如图 3.13 所示的状态矩阵。

EA	04	65	85
83	45	5D	96
5C	33	98	B0
F0	2D	AD	C5

图 3.12　字节代换前的状态矩阵

87	F2	4D	97
EC	6E	4C	90
4A	C3	46	E7
8C	D8	95	A6

图 3.13　字节代换后的状态矩阵

2. 行移位(ShiftRows)

行移位是以字节为单位在每行以不同的偏移量进行循环左移。第一行不变,第二行、第三行、第四行分别循环左移 1、2、3 个字节,如图 3.14 所示。

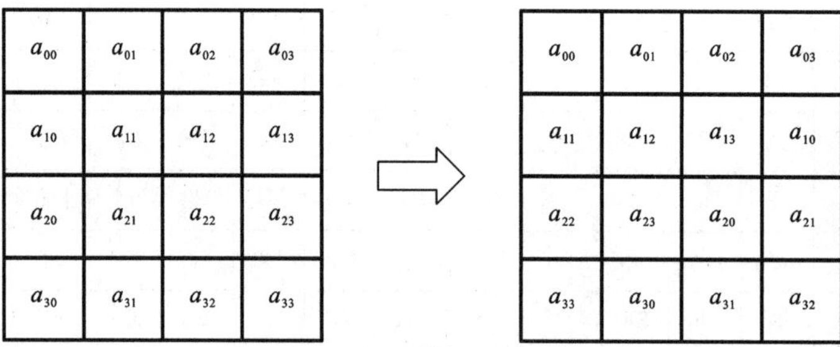

图 3.14　行移位过程

图 3.13 中的状态矩阵经过行移位之后,得到新的状态矩阵,如图 3.15 所示。

87	F2	4D	97
EC	6E	4C	90
4A	C3	46	E7
8C	D8	95	A6

⇨

87	F2	4D	97
6E	4C	90	EC
46	E7	4A	C3
A6	8C	D8	95

图 3.15　行移位示例

3. 列混合

以列为单位进行的线性运算。可以将每一列看作 F_{2^8} 上的多项式,并在 mod (x^4+1)下与一个给定的多项式 $c(x)=03\cdot x^3+01\cdot x^2+01\cdot x+02$ 相乘,每列可以看作多项式 $s(x)=s_{3i}x^3+s_{2i}x^2+s_{1i}x+s_{0i}$,$i=0,1,2,3$,列混合执行 $s'(x)=s(x)\cdot c(x)$ mod

$(x^4+1)=s'_{3i}x^3+s'_{2i}x^2+s'_{1i}x+s'_{0i}$，由于 $c(x)$ 与 x^4+1 互素，所以列混合的过程可逆。

由于 $x^i \bmod (x^4+1)=x^{i \bmod 4}$，列混合可表示成矩阵乘法，可以得到

$$\begin{pmatrix} s'_{0i} \\ s'_{1i} \\ s'_{2i} \\ s'_{3i} \end{pmatrix}=\begin{pmatrix} 02 & 03 & 01 & 01 \\ 01 & 02 & 03 & 01 \\ 01 & 01 & 02 & 03 \\ 03 & 01 & 01 & 02 \end{pmatrix}\times\begin{pmatrix} s_{0i} \\ s_{1i} \\ s_{2i} \\ s_{3i} \end{pmatrix}$$

图 3.16 给出了列混合的示意图。

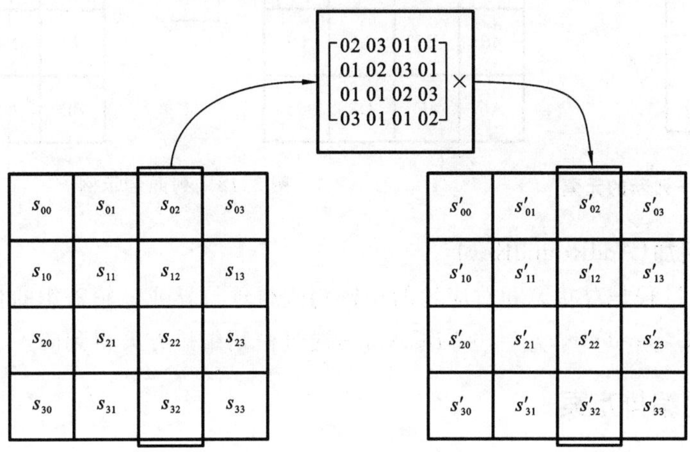

图 3.16 列混合示意图

列混合的逆过程与列混合的过程相似，每一列通过与 $d(x)=c(x)^{-1} \bmod (x^4+1)$ 相乘进行变换，即$(03\cdot x^3+01\cdot x^2+01\cdot x+02)\cdot d(x)\equiv 01 \bmod (x^4+1)$，则 $d(x)=0\mathrm{B}\cdot x^3+0\mathrm{D}x^2+09\cdot x+0\mathrm{E}$，同样可以写成矩阵乘法的形式：

$$\begin{pmatrix} s_{0i} \\ s_{1i} \\ s_{2i} \\ s_{3i} \end{pmatrix}=\begin{pmatrix} 0\mathrm{E} & 0\mathrm{B} & 0\mathrm{D} & 09 \\ 09 & 0\mathrm{E} & 0\mathrm{B} & 0\mathrm{D} \\ 0\mathrm{D} & 09 & 0\mathrm{E} & 0\mathrm{B} \\ 0\mathrm{B} & 0\mathrm{D} & 09 & 0\mathrm{E} \end{pmatrix}\times\begin{pmatrix} s'_{0i} \\ s'_{1i} \\ s'_{2i} \\ s'_{3i} \end{pmatrix}$$

例 3.4 中的状态矩阵(图 3.12)经过字节代换和行移位可得到图 3.15 右边的状态矩阵，我们以第一列为例来进行列混合的计算。

$s'(x)=('\mathrm{A6}'x^3+'46'x^2+'6\mathrm{E}'x+'87')\cdot('03'x^3+'01'x^2+'01'x+'02') \bmod (x^4+1)$

那么，0 次项系数的计算过程为

$$\begin{aligned}
&'\mathrm{A6}'\cdot'01'+'46'\cdot'01'+'6\mathrm{E}'\cdot'03'+'87'\cdot'02' \\
&=(x^7+x^5+x^2+x) \\
&\quad+(x^6+x^2+x)+(x^6+x^5+x^3+x^2+x)(x+1) \\
&\quad+(x^7+x^2+x+1)x \bmod (x^8+x^4+x^3+x+1) \\
&=x^7+x^6+x^5+(x^7+x^5+x^4+x) \\
&\quad+(x^8+x^3+x^2+x) \bmod (x^8+x^4+x^3+x+1) \\
&=x^6+x^2+x+1='47'
\end{aligned}$$

同理,可以计算出 1 次项、2 次项、3 次项系数分别为'37'、'94'和'ED',即得到一列新的元素,如图 3.17 所示。

那么,图 3.15 中经过行移位的状态矩阵,经过列混合之后可以成为新的状态矩阵,如图 3.18 所示。

47
37
94
ED

图 3.17 得到一列新的元素

87	F2	4D	97
6E	4C	90	EC
46	E7	4A	C3
A6	8C	D8	95

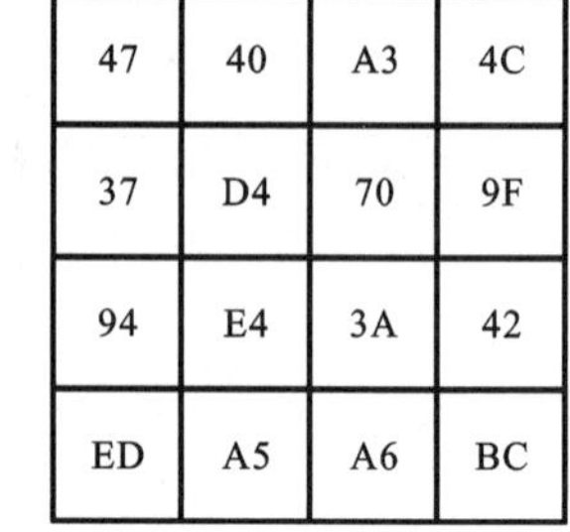

47	40	A3	4C
37	D4	70	9F
94	E4	3A	42
ED	A5	A6	BC

图 3.18 列混合示例

4. 轮密钥加(AddRoundKey)

轮密钥加过程是对状态和对应轮的子密钥进行逐位异或。轮密钥的长度与分组长度相同,记为 ExpandedKey$[i]$,$0\leqslant i\leqslant N_r$,是通过密钥编排方案得到的。

3.6.3 密钥编排方案

密钥编排方案包括密钥扩展和轮密钥的选取。密钥扩展将密钥扩展成 4 行 $N_b(N_r+1)$列的扩展密钥字节矩阵,用 $\boldsymbol{W}[4][N_b(N_r+1)]$ 表示,第 i 轮的轮密钥 ExpandedKey$[i]$是 $\boldsymbol{W}$ 中的 $N_b\cdot i$ 列到 $N_b(i+1)-1$ 列的元素,即

$$\text{ExpandedKey}[i] = \boldsymbol{W}[\cdot][N_b\cdot i]\,\|\,\boldsymbol{W}[\cdot][N_b\cdot i+1]\,\|\cdots\|\,\boldsymbol{W}[\cdot][N_b\cdot(i+1)-1],\quad 0\leqslant i\leqslant N_r$$

其中,N_b 为分组以状态矩阵表示的列数(即分组长度/32,若分组长度为 128 比特,则 $N_b=4$),N_r 为轮数。

密钥扩展函数依赖于 N_k(密钥以状态矩阵表示的列数,即密钥长度/32,若密钥长度为 128 比特,则 $N_k=4$),下文分别给出了 $N_k\leqslant 6$ 和 $N_k>6$ 的密钥扩展算法,其中,$\boldsymbol{W}$ 的前 N_k 列是密钥,后面各列由其之前的列通过递推的方式生成,递推的方式也依赖于列的位置。递推中使用了非线性代换,即字节代换中的 S 盒代换 S_{RD}。轮常数用于消除对称性,由 F_{2^8} 中的递推规则定义。

(1) $N_k\leqslant 6$ 时的密钥扩展算法。

```
RC[1]=x^0=01
RC[2]=x=02
RC[j]=x·RC[j−1]=x^(j−1),j>2
KeyExpansion(byteK[4][Nk],byteW[4][Nb(Nr+1)])
{
    for(j=0;j<Nk;j++)
    for(i=0;i<4;i++)  W[i][j]=K[i][j];
    for(j=Nk;j<Nb(Nr+1);j++)
```

```
    {
        if(j mod Nk==0)
        {
            W[0][j]=W[0][j-Nk]⊕SRD(W[1][j-1])⊕RC[j/Nk];
            for(i=1;i<4;i++)
                W[i][j]=W[i][j-Nk]⊕SRD(W[i+1 mod 4][j-1]);
        }
    }
}
```

(2) $N_k>6$ 时的密钥扩展算法。

```
KeyExpansion(byteK[4][Nk],byteW[4][Nb(Nr+1)])
{
    for(j=0;j<Nk;j++)
    for(i=0;i<4;i++) W[i][j]=K[i][j];
    for(j=Nk;j<Nb(Nr+1);j++)
    {
        if(j mod Nk==0)
        {
            W[0][j]=W[0][j-Nk]⊕SRD(W[1][j-1])⊕RC[j/Nk];
            for(i=1;i<4;i++)
                W[i][j]=W[i][j-Nk]⊕SRD(W[i+1 mod 4][j-1]);
            }
            else if(j mod Nk==4)
            {
                for(i=0;i<4;i++)
                    W[i][j]=W[i][j-Nk]⊕SRD(W[i][j-1]);
            }
        }
    }
```

依序从所扩展出的 $\boldsymbol{W}[4][N_b(N_r+1)]$ 中选择 4 列作为一轮的轮密钥，可以得到 N_r+1 个轮密钥。图 3.19 所示的为 128 比特密钥扩展和轮密钥的选取方式。

3.6.4 AES 解密

AES 轮函数中的每个过程都是可逆的，所以可以直接利用每个过程的逆过程 InvSubBytes、InvShiftRows、InvMixColumns 和 AddRoundKey，并按照加密算法倒序执行即可解密，这种解密算法是直接解密算法，如算法 3.6 所示。

算法 3.6 AES 直接解密算法。

```
InvRijndael(State,CipherKey)
{
```

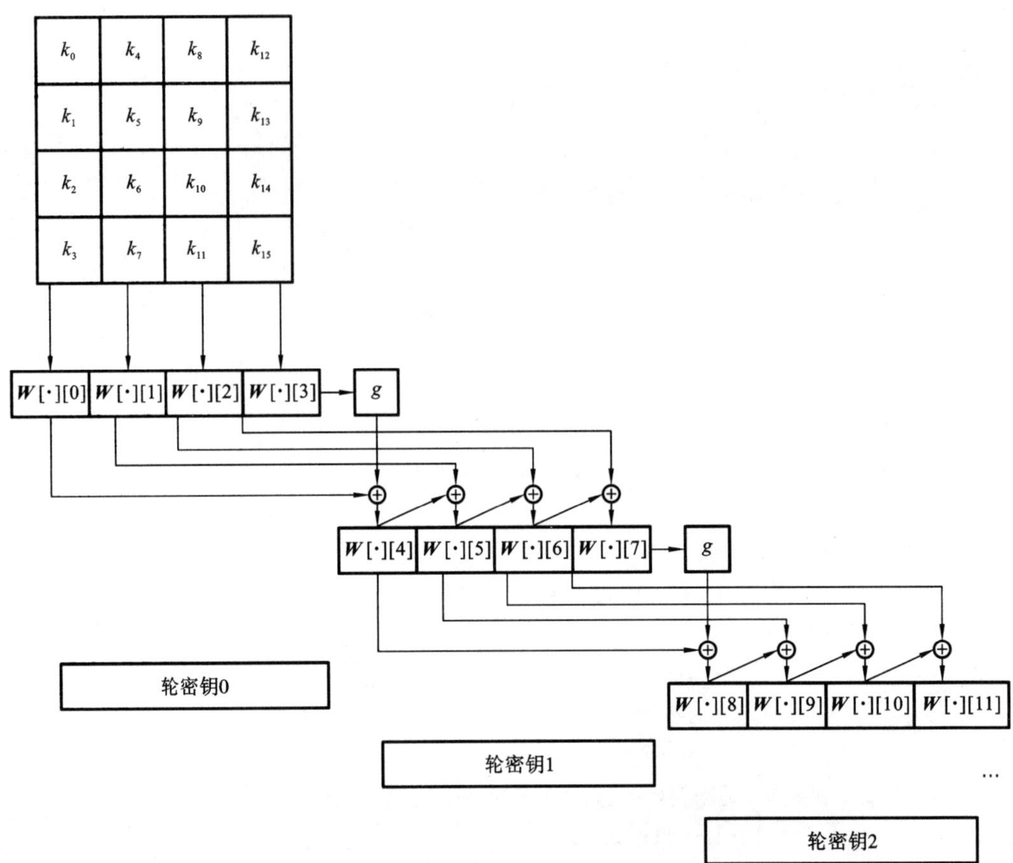

图 3.19　128 比特密钥扩展和轮密钥的选取方式

```
    KeyExpansion(CipherKey,ExpandedKey);        //密钥扩展
    InvFinalRound(State, ExpandedKey[Nr]);      //最后一轮加密轮变换的逆
    For (i=Nr-1; i>0; i--)  InvRound(State,ExpandedKey[i]);
                                                //执行 Nr—1 轮加密轮变换的逆
    AddRoundKey(State,ExpandedKey[0]);
}
InvRound(State, ExpandedKey[i])
{
    AddRoundKey(State,ExpandedKey[i]);          //轮密钥异或
    InvMixColumns(State);                       //列混合的逆
    InvShiftRows(State);                        //行移位的逆
    InvSubBytes (State);                        //字节代换的逆
}
InvFinalRound(State, ExpandedKey[Nr])
{
    AddRoundKey(State,ExpandedKey[Nr]);
    InvShiftRows(State);
    InvSubBytes (State);
}
```

在第 3.2 节中，简单 SPN 示例在末轮轮函数的设计上可以使解密算法和加密算法的结构相同，AES 也有类似的设计。我们可以看到，在 AES 的加密算法中，末轮轮函数 FinalRound 相对于轮函数 Round 来说，在行移位之后省掉了一个列混合，我们可以用类似的方法来构造等价的解密算法，它的结构和加密函数的相同，每个子过程都是加密函数中子过程的逆。

图 3.20 所示的为 2 轮 Rijndael 等价解密算法的示意图，其中使用了两个性质。

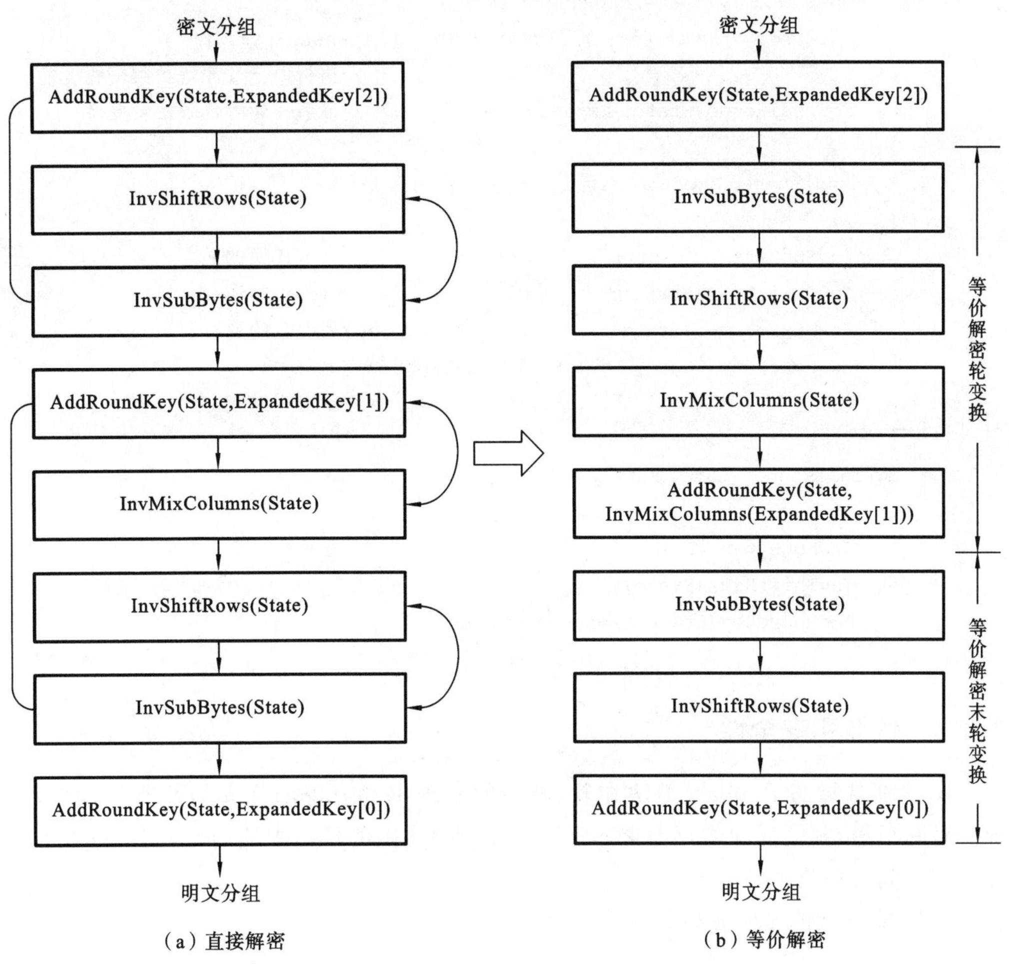

图 3.20　2 轮 Rijndael 等价解密算法实现思想

(1) InvSubBytes 和 InvShiftRows 都是以字节为单位操作的，因此这两个过程可以交换顺序。

(2) 如果对密钥做相应的处理，AddRoundKey 和 InvMixColumns 的位置可以交换。

第(2)个性质同样利用了这样的结论，对于任意线性变换 $A: x \rightarrow y = A(x)$，有 $A(x \oplus k) = A(x) \oplus A(k)$，InvMixColumns 是一个线性变换，所以我们可以交换 InvRound 中的 AddRoundKey 和 InvMixColumns 的位置，在进行轮密钥加之前，首先对轮密钥进行 InvMixColumns。

算法 3.7 为 AES 等价解密算法，对照算法 3.5，可以看到两者结构相同，密钥逆序使用，只是在等价解密算法中，轮变换和末轮变换中每个子过程使用的是加密算法中轮变换和末轮变换中子过程的逆。除了第一个和最后一个轮密钥，即 ExpandedKey[Nr] 和 ExpandedKey[0]，其他的轮密钥都需要做 InvMixColumns 处理。

算法 3.7　AES 等价解密算法。

```
InvRijndael(State,CipherKey)
{
    KeyExpansion(CipherKey,ExpandedKey);      //密钥扩展
    AddRoundKey(State,ExpandedKey[Nr]);
    For (i= Nr-1; i> 0; i--)  EqRound(State,ExpandedKey[i]);
                                              //执行 Nr—1 轮等价解密轮变换
    EqFinalRound(State, ExpandedKey[0]);      //最后一轮等价解密轮变换
}
EqRound(State, ExpandedKey[i])
{
    InvSubBytes (State);                      //字节代换的逆
    InvShiftRows(State);                      //行移位的逆
    InvMixColumns(State);                     //列混合的逆
    AddRoundKey(State, InvMixColumns(ExpandedKey[i]));
                                              //轮密钥异或
}
EqFinalRound(State, ExpandedKey[0])
{
    InvSubBytes (State);
    InvShiftRows(State);
    AddRoundKey(State,ExpandedKey[0);
}
```

3.6.5　性能和安全性

AES 所选择的 Rijndael 算法在软、硬件的实现中都表现出优秀的性能，它的密钥建立时间很短，其极低的内存需求非常适合在存储受限的环境中使用，其运算易于抵抗强力和时间选择攻击。

AES 能够抵抗差分分析和线性分析。

3.7　SM4

SM4 是 2006 年我国国家密码管理局公布的用于 WAPI 的分组密码，是国内第一个商用密码算法。SM4 算法明文分组长度为 128 比特，密钥长度为 128 比特，遵循非平衡的 Feistel 结构(即左右部分长度不一样)，加密算法和解密算法一样，只是密钥逆序使用，加密函数和密钥扩展算法使用相似的 32 轮迭代。

算法结构如图 3.21 所示。

1. SM4 的加密过程

明文分组长度为 128 比特，分为 4 个 32 位字 $X=X_0X_1X_2X_3$，每轮函数的输入长度为 128 比特，表示为 4 个 32 位字 $X_iX_{i+1}X_{i+2}X_{i+3}$，$i=0,1,\cdots,31$，每轮产生一个新的 32 位字

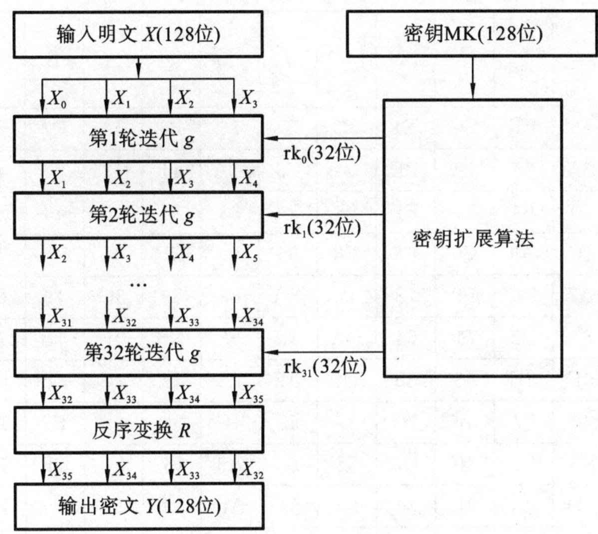

图 3.21 SM4 的结构

X_{i+4}，与上一轮右边三个字 $X_{i+1}X_{i+2}X_{i+3}$ 构成下一轮的输入 $X_{i+1}X_{i+2}X_{i+3}X_{i+4}$，如图 3.22 所示。

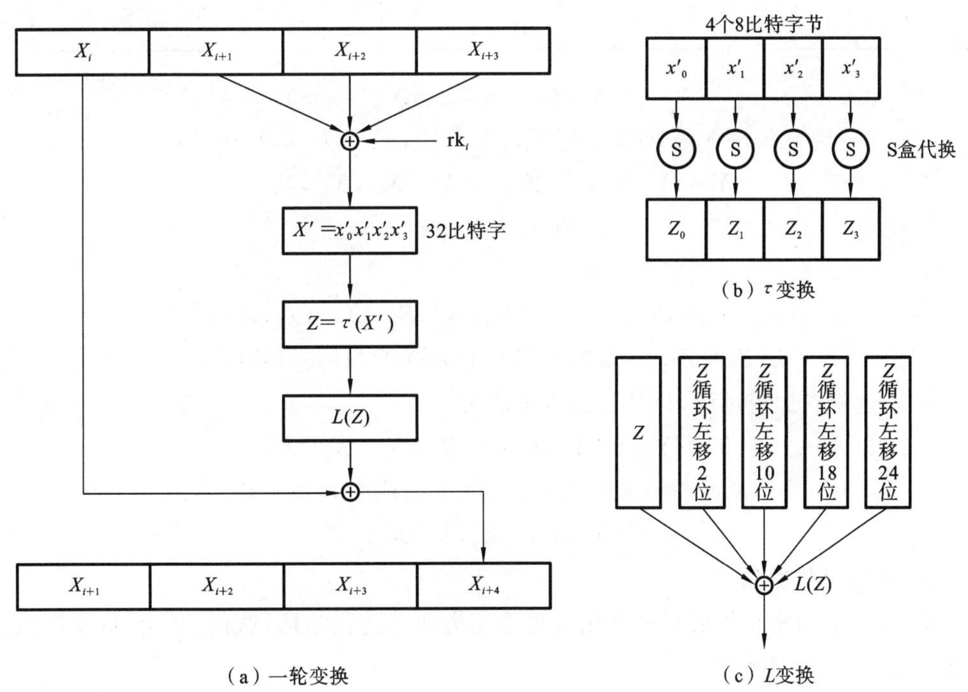

图 3.22 SM4 轮函数

在 SM4 的加密过程中，S 盒(在图 3.22 中记为 S)是一个 $\{0,1\}^8 \rightarrow \{0,1\}^8$ 的非线性代换，且是加密过程中唯一的非线性组件，如表 3.16 所示。假设明文为 X，密文为 Y，$\lll s$ 表示循环左移 s 位，rk_i 为第 i 轮的子密钥($i=0,1,\cdots,31$)，则加密过程为

表 3.16 S 盒代换表

高位＼低位	0	1	2	3	4	5	6	7	8	9	A	B	C	D	E	F
0	D6	90	E9	FE	CC	E1	3D	B7	16	B6	14	C2	28	FB	2C	05
1	2B	67	9A	76	2A	BE	04	C3	AA	44	13	26	49	86	06	99
2	9C	42	50	F4	91	EF	98	7A	33	54	0B	43	ED	CF	AC	62
3	E4	B3	1C	A9	C9	08	E8	95	80	DF	94	FA	75	8F	3F	A6
4	47	07	A7	FC	F3	73	17	BA	83	59	3C	19	E6	85	4F	A8
5	68	6B	81	B2	71	64	DA	8B	F8	EB	0F	4B	70	56	9D	35
6	1E	24	0E	5E	63	58	D1	A2	25	22	7C	3B	01	21	78	87
7	D4	00	46	57	9F	D3	27	52	4C	36	02	E7	A0	C4	C8	9E
8	EA	BF	8A	D2	40	C7	38	B5	A3	F7	F2	CE	F9	61	15	A1
9	E0	AE	5D	A4	9B	34	1A	55	AD	93	32	30	F5	8C	B1	E3
A	1D	F6	E2	2E	82	66	CA	60	C0	29	23	AB	0D	53	4E	6F
B	D5	DB	37	45	DE	FD	8E	2F	03	FF	6A	72	6D	6C	5B	51
C	8D	1B	AF	92	BB	DD	BC	7F	11	D9	5C	41	1F	10	5A	D8
D	0A	C1	31	88	A5	CD	7B	8D	2D	74	D0	12	B8	E5	B4	B0
E	89	69	97	4A	0C	96	77	7E	65	B9	F1	09	C5	6E	C6	84
F	18	F0	7D	EC	3A	DC	4D	20	79	EE	5F	3E	D7	CB	39	48

$$X=(X_0,X_1,X_2,X_3)$$

$$X_{i+4}=X_i\oplus F(X_{i+1}\oplus X_{i+2}\oplus X_{i+3}\oplus \mathrm{rk}_i),i=0,1,\cdots,31$$

$$Y=(Y_0,Y_1,Y_2,Y_3)=(X_{35},X_{34},X_{33},X_{32})$$

$$F(x)=L(\tau(x))$$

其中，

$$\tau(x)=\tau(x_0,x_1,x_2,x_3)=(S(x_0),S(x_1),S(x_2),S(x_3))$$

$$L(Z)=Z\oplus(Z\lll 2)\oplus(Z\lll 10)\oplus(Z\lll 18)\oplus(Z\lll 24)$$

解密过程同加密过程，只是密钥逆序输入。

$$Y=(Y_0,Y_1,Y_2,Y_3)=(X_{35},X_{34},X_{33},X_{32})$$

$$X_i=X_{i+4}\oplus F(X_{i+1}\oplus X_{i+2}\oplus X_{i+3}\oplus \mathrm{rk}_i),i=31,30,\cdots,0$$

$$X=(X_0,X_1,X_2,X_3)$$

2. 密钥编排算法

SM4 算法的密钥扩展算法使用与加密相类似的迭代结构，迭代 32 轮，每轮产生一个新的 32 位字作为轮密钥。

设输入 128 比特密钥表示为 4 个 32 位字 $\mathrm{MK}=(\mathrm{MK}_0,\mathrm{MK}_1,\mathrm{MK}_2,\mathrm{MK}_3)$，密钥扩展和选取算法为

$$\mathrm{MK}=(\mathrm{MK}_0,\mathrm{MK}_1,\mathrm{MK}_2,\mathrm{MK}_3)$$

$$(K_0,K_1,K_2,K_3)=(\mathrm{MK}_0\oplus \mathrm{FK}_0,\mathrm{MK}_1\oplus \mathrm{FK}_1,\mathrm{MK}_2\oplus \mathrm{FK}_2,\mathrm{MK}_3\oplus \mathrm{FK}_3)$$

for $i=0$ to 31 do

$$\mathrm{rk}_i = K_{i+4} = K_i \oplus F'(K_{i+1} \oplus K_{i+2} \oplus K_{i+3} \oplus \mathrm{CK}_i)$$

其中,$\mathrm{FK}_j(0\leqslant j\leqslant 3)$和 $\mathrm{CK}_i(0\leqslant i\leqslant 31)$为常数。

$$F'(k) = L'(\tau(k))$$

$$\tau(k) = \tau(k_0, k_1, k_2, k_3) = (S(k_0), S(k_1), S(k_2), S(k_3))$$

$$L'(k') = k' \oplus (k' \lll 13) \oplus (k' \lll 23)$$

常数 $\mathrm{FK}_j(0\leqslant j\leqslant 3)$ 为 32 位字的,使用 16 进制表示为

FK_0=A3B1BAC6 FK_1=56AA3350 FK_1=677D9197 FK_2=B27022DC

$\mathrm{CK}_i(0\leqslant i\leqslant 31)$ 为 32 位字的,假设 $\mathrm{ck}_{ij}(0\leqslant j\leqslant 3)$为字 CK_i 的第 j 字节,即 $\mathrm{CK}_i=(\mathrm{ck}_{i0},\mathrm{ck}_{i1},\mathrm{ck}_{i2},\mathrm{ck}_{i3})$,那么 $\mathrm{ck}_{ij}=(4i+j)\times 7 \bmod 256$,$\mathrm{CK}_i$ 的 16 进制表示为

00070E15	1C232A31	383F464D	545B6269
70777E85	8C939AA1	A8AFB6BD	C4CBD2D9
E0E7EEF5	FC030A11	181F262D	343B4249
50575E65	6C737A81	888F969D	A4ABB269
C0C7CED5	DCE3EAF1	F8FF060D	141B2229
30373E45	4C535A61	686F767D	848B9299
A0A7AEB5	BCC3CAD1	D8DFE6ED	F4FB0209
10171E25	2C333A41	484F565D	646B7279

3. 安全性分析

SM4 分组密码算法通过了专业机构的密码分析,证实了其安全性。其较强的抗差分攻击能力已达到欧美分组密码标准。目前 SM4 分组密码算法已广泛应用于实际领域中。

3.8 工作模式和短块处理

分组密码算法作用在一个分组之上,为了使密码算法能够为超过一个分组的数据提供机密性或者完整性,必须为密码算法提供使用方法,这就是分组密码的工作模式,密码算法成为数据加密的一个重要组件。密码的工作模式通常由基本密码、一些反馈和一些简单运算组合而成。针对 DES 定义了四种分组密码的工作模式:电子密码本模式(Electronic Code Book,ECB)、密文分组链接模式(Cipher Block Chaining,CBC)、密文反馈模式(Cipher FeedBack,CFB)和输出反馈模式(Output FeedBack,OFB)。在征集 AES 时也征集到新的工作模式,包括计数器模式(Counter Mode,CTR)。此外,同时提供加密和认证的工作模式也成为一个活跃的研究方向,它是由应用需求和成熟的技术双重催生的,同时涌现出一些可证明安全的认证加密方案,其中,被 NIST 发布为标准的有 CCM(Counter mode with CBC-Mac)、GCM(Galois/Counter mode)等,CCM 将在第 5.4 节中详细介绍。

在分组加密模式中,分组密码算法只能将一个明/密文分组转换成一个密/明文分组,那么需要将待处理的消息分割成适合该密码长度的分组,如果待处理的消息长度不是分组长度的整数倍,则最后一块消息长度不足一个分组长度,这就是短块,需要通过

填充或者其他的操作方式来处理最后一块,此操作称为短块处理。

3.8.1 工作模式

1. 电子密码本模式

将明文按照分组长度分块,对每一块使用相同的密钥独立进行加密,设明文 $P=p_1p_2\cdots p_n$,则相应的密文为 $C=c_1c_2\cdots c_n$,其中,$c_i=E_k(p_i)$,$1\leqslant i\leqslant n$。解密时则使用解密算法,以密文 $C=c_1c_2\cdots c_n$ 为输入,每个块使用相同的密钥进行独立解密得到 $P=p_1p_2\cdots p_n$,其中,$p_i=D_k(c_i)$,$1\leqslant i\leqslant n$。加解密过程如图 3.23 所示。

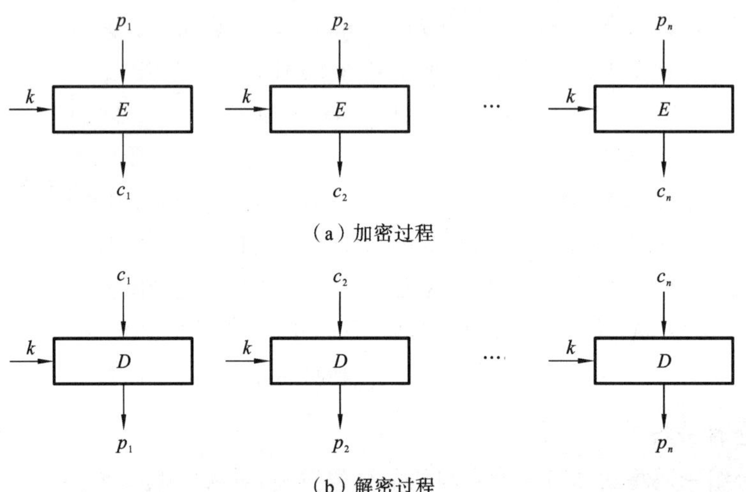

图 3.23 ECB 的加解密过程

ECB 操作简单,可并行处理明文块。缺点是容易暴露明文的数据模式,因为相同的明文会得到相同的密文。

错误传播是指在密文传输错误的情况下会影响其他块的解密。对于 ECB 来说,每块明文的加密是独立的,所以每块密文的传输错误不会影响其他块的解密,不存在错误传播问题。

2. 密文分组链接模式

将明文按照分组长度分块,设明文 $P=p_1p_2\cdots p_n$,则相应的密文为 $C=c_1c_2\cdots c_n$,其中,$c_i=E_k(p_i\oplus c_{i-1})$,$1\leqslant i\leqslant n$。解密过程的输入为密文 $C=c_1c_2\cdots c_n$,根据 $p_i=D_k(c_i)\oplus c_{i-1}$,$1\leqslant i\leqslant n$,恢复明文 $P=p_1p_2\cdots p_n$。加解密过程如图 3.24 所示。

CBC 通过初始向量和密文的链接,可以掩藏明文模式,使得对相同的明文加密后可得到不同的密文;为了保障安全性,初始向量应该是不可预测的随机串。由于一块密文块参与两块明文块的解密,所以密文的传输错误会影响其他明文块的解密,一个密文块的传输错误会影响两块明文块的解密,因此存在错误传播问题。

与 ECB 一样,CBC 的明文长度也应是分组长度的整数倍,否则需要做短块处理。

下面介绍的三种模式都是使用分组密码产生序列密码的密钥流,只需要使用加密算法,并且不需要短块处理。

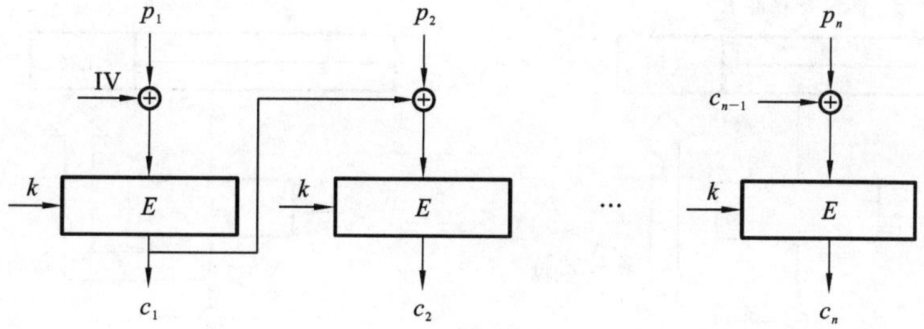

(a) 加密过程

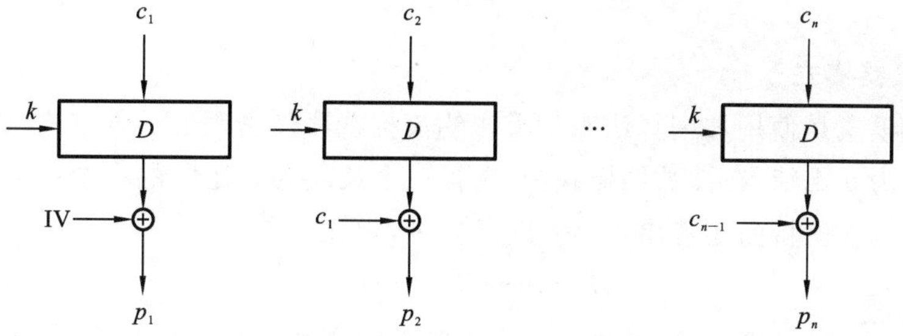

(b) 解密过程

图 3.24 CBC 的加解密过程

3. 密文反馈模式

密文反馈模式是利用分组密码作为密钥流生成器来实现异步序列密码(定义可见第 4.1 节)加密的工作模式。其安全性取决于分组密码的安全性。

CFB 的工作原理如图 3.25 所示。使用一个移位寄存器 R,IV 为 R 的初始状态,同 CBC,IV 为不可预测的随机串,称为种子,分组密码将 R 中的内容作为明文加密,在生成的密文中选取最右边的 s 比特与明文的 s 比特进行逐位异或,生成相应的 s 比特密文,R 左移 s 位,并将 s 位密文反馈进移位寄存器 R 的右边 s 位构成 R 的新的状态,作为下一次加密的明文,如此反复进行。

解密时,R 和 E 按加密方式工作,每次将密文的 s 比特反馈进 R 的最右边,生成相同的密钥流,然后与密文异或即可恢复明文。分组密码只需要使用加密算法,而不需要使用解密算法。

由于密文会反馈进移位寄存器,因此存在错误传播。

4. 输出反馈模式

与密文反馈模式的原理基本相同,但不是将密文反馈进移位寄存器,而是将 R 中的内容通过加密算法加密后得到的输出的最右 s 比特反馈进 R,构成下一个状态。输出反馈模式可以作为同步序列密码(定义可见第 4.1 节)的密钥流生成器。

在 OFB 模式下,不存在错误传播,当前密文块的传输错误只影响与之相关的当前明文块。但存在密钥流周期的问题,一旦寄存器 R 的内容发生碰撞,后续所有的密钥流都会重复出现。OFB 的工作原理如图 3.26 所示。

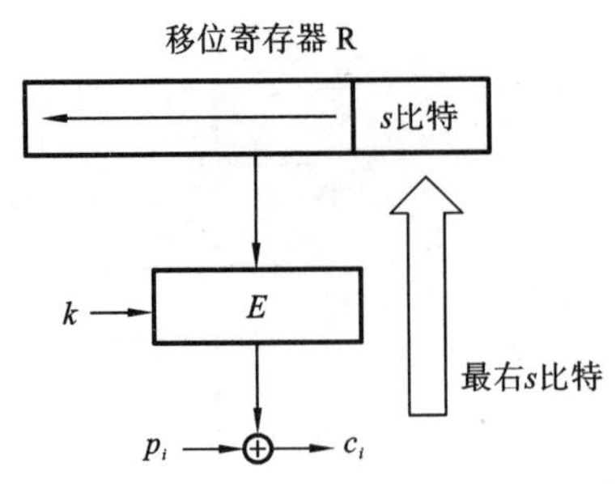

图 3.25 CFB 的工作原理

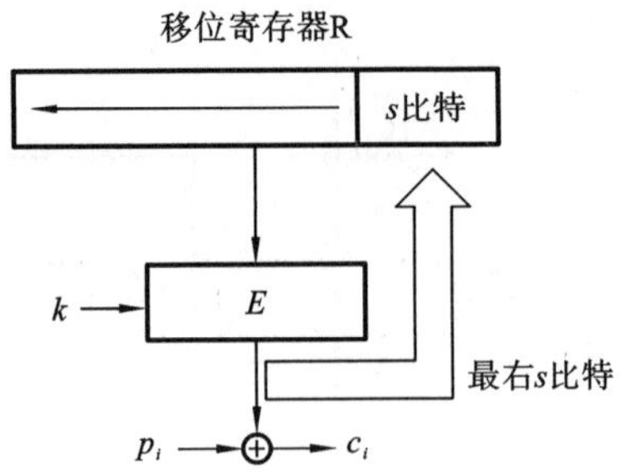

图 3.26 OFB 的工作原理

5. 计数器模式

计数器模式是使用加密算法来生成密钥流构造序列密码的一种方法。假设加密算法分组长度为 b 比特，在计数器模式中，选择一个长度为 b 比特的一个计数器 ctr，构造一系列长度为 b 比特的比特串，记为 $T_1, T_2, \cdots$，定义

$$T_i = \mathrm{ctr} + i - 1 \bmod 2^m$$

对于 $i \geqslant 1$，假设明文为 $P = p_1 p_2 \cdots$，加密得到密文 $C = c_1 c_2 \cdots$，其中，$c_i = p_i \oplus e_k(T_i)$。加解密过程如图 3.27 所示，同 CFB 和 OFB 模式一样，计数器模式只用到加密算法，加密效率高。CTR 模式中密钥流的构造可独立于明文，因此可以并行进行加解密；而且 ctr 给定时，也可以独立得到 T_i 的值，所以，可以随机访问密文块。ctr 的取值为新鲜的随机串，避免生成重复的密钥流。此外，CTR 模式不存在错误传播。

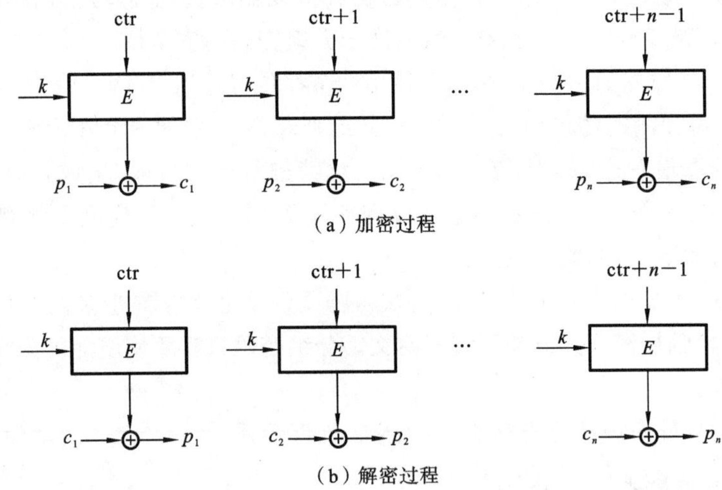

图 3.27 CTR 的工作过程

3.8.2 短块处理

在 ECB 和 CBC 模式之下，由于明文必须是分组的整数倍，那么当明文长度不是分组的整数倍时，最后会剩下不足一个分组的明文块，称之为短块。需要对短块进行处理使之成为一个分组，通常采用填充短块的方法。而 CFB、OFB、CTR 方式则不存在短块处理的问题。

1. 填充

基本思想是直接对最后一个短分组填充一些内容，对最后一个字节加上填充字节的数目。不同的标准对填充的内容有不同的规定。比如如果分组长度为 64 比特 8 个字节，当短分组为 2 字节长时，在 PKCS5＃中，填充内容为填充的字节数，则在短分组中，在明文的两字节之后填充 060606060606。在 ANSIX923 中，除了最后一个字节，其余字节全填充 0，则填充内容为 000000000006。在 ISO10126 中，填充内容为随机数。也可根据自己的需要来进行填充，保证可以正确解密即可。

当采用填充方式时，即使明文长度为分组的整数倍，也需要填充一个整分组。

2. 密文挪用

当明文填充为分组的整数倍时，密文长度会比明文长度长，如果希望明文与密文一样长，可以采取一种称为密文挪用的方式。假设 p_{n-1} 是最后一个完整的分组，p_n 是最后一个明文短分组，分组长度为 b 比特。

在 ECB 模式下，将 p_{n-1} 的密文右挪 $b-|p_n|$ 比特 c' 填充进 p_n 凑成一个分组 $p_n \| c'$，记 p_{n-1} 加密密文中左边 $|p_n|$ 个比特为 c_n，$E_k(p_n \| c')=c_{n-1}$，传输时 c_{n-1} 作为最后一块完整的密文，c_n 作为最后一个短密文分组，$|p_n|=|c_n|$，其中的 c' 可以不传输，可以通过解密 c_{n-1} 得到。明密文长度相同。解密时首先解密 c_{n-1} 还原 $p_n \| c'$，根据短块长度还原 p_n，根据 $D_k(c_n \| c')=p_{n-1}$ 还原出 p_{n-1}。如图 3.28 所示。

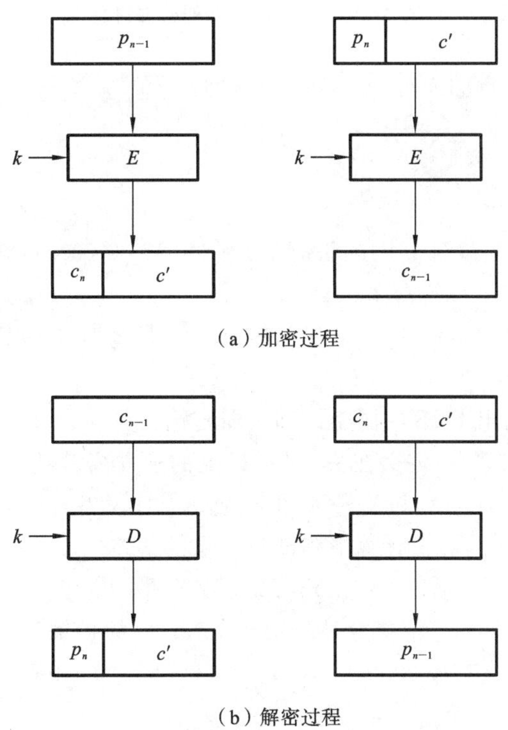

图 3.28 ECB 模式下的密文挪用

CBC 模式下的密文挪用采取类似的方法，加解密过程如图 3.29 所示。

需要注意的是，当使用密文挪用方式的时候，明文长度不能小于一个分组的长度，

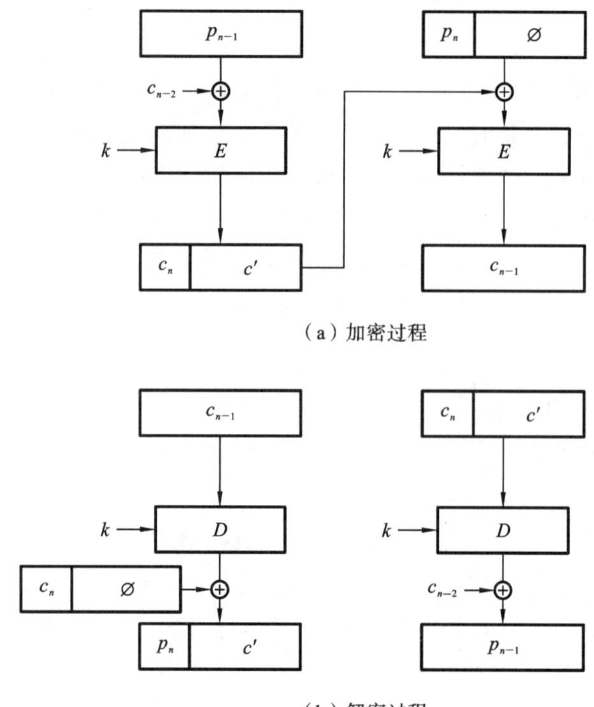

（a）加密过程

（b）解密过程

图 3.29　CBC 模式下的密文挪用

即至少要有 1 个分组，否则无可挪用进行填充的密文。

习题

3.1　使用算法 3.1 和例 3.1 中的密钥分别对 0000000000000000 和 0001000000000000 进行加密，并比较加密之后的密文。

3.2　设 $\overline{X}$ 表示对比特串 X 按比特位取反，那么对于密钥 K 和明文 M，证明 $\mathrm{DES}_{\overline{K}}(\overline{M})=\overline{\mathrm{DES}_K(M)}$。

3.3　试分析并给出 DES 的弱密钥和半弱密钥。

3.4　设 X_1，X_2 和 X_3 是定义在集合 $\{0,1\}$ 上的独立离散随机变量。用 ε_i 表示 X_i 的偏差，$i=1,2,3$。证明 $X_1\oplus X_2$ 与 $X_2\oplus X_3$ 相互独立当且仅当 $\varepsilon_1=0$，$\varepsilon_3=0$ 或 $\varepsilon_2=\pm 1/2$。

3.5　对 8 个 DES 的 S 盒计算下列随机变量的偏差。

$$X_2\oplus Y_1\oplus Y_2\oplus Y_3\oplus Y_4$$

3.6　计算 DES 算法三轮差分特征 $\Delta=\delta_0\delta_1\delta_2\delta_3$ 的扩散率，其中，$\delta_0=(40080000\ 04000000)$，$\delta_1=(04000000\ 00000000)$，$\delta_2=(00000000\ 04000000)$，$\delta_3=(04000000\ 40080000)$。

3.7　试证明 DES 的 S 盒 S_4 具有以下性质。

（1）S_4 的第二行可由第一行通过下列映射获得：

$$(y_1,y_2,y_3,y_4)\rightarrow(y_2,y_1,y_4,y_3)\oplus(0,1,1,0)$$

（2）S_4 的任何一行都可通过一个类似的操作变换成另一行。

3.8　我们说一个 S 盒 $\pi_S:\{0,1\}^m \to \{0,1\}^n$ 是平衡的，如果对所有的 $y\in\{0,1\}^n$，都有 $|\pi_S^{-1}(y)|=2^{n-m}$，试证明下列关于平衡 S 盒的 N_L 函数的事实。

(1) 对所有满足 $0<b\leqslant 2^n-1$ 的整数 b，都有 $N_L(0,b)=2^{m-1}$。

(2) 对所有满足 $0\leqslant a\leqslant 2^m-1$ 的整数 a，下述关系式成立：

$$\sum_{b=0}^{2^n-1} N_L(a,b) = 2^{m+n-1} - 2^{m-1} + i2^n$$

这里的整数 i 满足 $0\leqslant i\leqslant 2^{m-n}$。

3.9　假设将字节按照 AES 的方式变换成域 $F_{2^8}=Z_2[x]/x^8+x^7+x^5+x^4+1$ 中的元素，且字节代换使用该有限域，试求：

(1) 字节 83 的逆；

(2) 字节 83 经过字节代换之后得到的结果。

3.10　对图中 32 位字构成的列计算其列混合之后的结果。

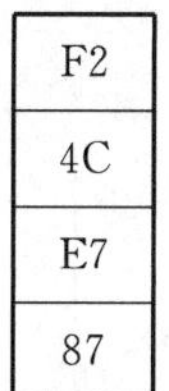

F2
4C
E7
87

题 3.10 图

3.11　简述分组密码各种工作模式的工作原理和特点，并进行比较。

3.12　设明文分组序列 $x_1\cdots x_n$ 产生的密文分组序列为 $y_1\cdots y_n$。假设一个密文分组 y_i 在传输时出现了错误（即某些 1 变成了 0，或者相反），当 OFB 和 CFB 每次将一个分组反馈回移位寄存器时，证明不能正确解密的明文分组数目在应用 ECB 或 OFB 模式时为 1；在应用 CBC 或 CFB 模式时为 2。

3.13　双重 DES：给定 DES 的两个密钥 k_1 和 k_2，计算 $c=\mathrm{DES}_{k_2}(\mathrm{DES}_{k_1}(m))$。该乘积密码使用两个 56 比特的密钥。但双重 DES 容易遭受到中间相遇攻击，这是一种时间-存储折中的已知明文攻击方法，即可以根据获得的明密文对 (x_1,y_1)，分别搜索密钥 k_1 和 k_2，使得 $\mathrm{DES}_{k_1}(x_1)=\mathrm{DES}_{k_2}^{-1}(y_1)$。

更一般地，假设我们取密钥空间为 $\{0,1\}^n$、明文空间为 $\{0,1\}^m$ 的内嵌式密码 S 做乘积密码 S^2，假设获得同一未知密钥 (k_1, k_2) 加密的 l 对明密文对 $(x_1,y_1),\cdots,(x_l,y_l)$。

(1) 试证明对所有的 $i(1\leqslant i\leqslant l)$，满足 $e_{k_1}(x_i)=d_{k_2}(y_i)$ 的密钥数的期望值大约为 2^{2n-lm}。

(2) 假设 $l\geqslant 2n/m$，使用中间相遇攻击来求 (k_1, k_2)。计算两张表，每张表包含 2^n 项，每项包括密钥及在该密钥作用下的 l 个明/密文，存储后，可以通过两张表的线性比较结果来进行攻击。证明该算法需要 $2^{n+1}(ml+n)$ 比特的存储和 $2^{n+1}l$ 次的加密/解密操作。

(3) 如果加密的总数增加到 2^t 倍，证明(2)中的攻击所需的存储要求将减少到 2^t 倍。

3.14　假设有一个完善保密密码体制，满足 $\mathscr{P}=\mathscr{C}=\mathscr{K}$，则 $e_K(x)=e_{K_1}(x)$ 意味着 $K=K_1$。记 $\mathscr{P}=Y=\{y_1,\cdots,y_n\}$。设 x 是一个固定的明文。定义函数 $g:Y\to Y$ 为 $g(y)=e_y(x)$。定义一个有向图 G 具有顶点集 Y，边集包括所有的有向边 $(y_i,g(y_i))$，$1\leqslant i\leqslant n$。

(1) 证明有向图 G 由不相交的有向圈连接而成。

(2) 设 T 为一个适当的时间参数。假设有一个集合 $Z=\{z_1,\cdots,z_m\}\subseteq Y$ 满足对每一个元素 $y_i\in Y$，要么 y_i 包含在一个长度至多为 T 的圈中，要么存在一个元素 $z_j\neq y_i$，满足在 G 中从 y_i 到 z_j 的距离至多为 T。证明存在这样一个集合 Z，满足

$$|Z|\leqslant\frac{2n}{T}$$

因此 $|Z|=O(n/T)$。

(3) 对每一个 $z_j\in Z$，定义 $g^{-T}(z_j)$ 为满足 $g^T(y_i)=z_j$ 的元素 y_i，这里 g^T 是将 g 迭代 T 次后的函数。构造一张表 X 包含所有有序对 $(z_j,g^{-T}(z_j))$，并按它们的第一个坐标排序存储。给定 $y=e_K(x)$，算法伪码描述见算法 3.8。证明该算法在至多 T 步内找到密钥 K（因此，时间-存储折中为 $O(n)$）。

算法 3.8 时间-存储折中(y)

$y_0\leftarrow y$

backup←false

while $g(y)\neq y_0$

do { if 对某 j 有 $y=Z_j$ and not backup
　　then { $y\leftarrow g^{-T}(z_j)$; backup←true }
　　else { $y\leftarrow g(y)$; $K\leftarrow y$ } }

(4) 描述一个伪码算法在时间 $O(nT)$ 内构造所期望的集合 Z，要求不使用规模为 n 的数组。

序列密码

序列密码，也称为流密码(Stream Cipher)，最初主要应用于军事、政治等要害部门，目前世界上绝大多数国家和地区的军事、政府、外交领域的保密通信仍采用序列密码。随着互联网和无线通信的广泛应用，序列密码也应用于商业、个人信息的加密。其自身独特的特点和优势，使其具有广阔的应用前景。

4.1 序列密码概述

分组密码和序列密码都是对称密码，两者在设计理念、算法结构和应用场景等方面有着很大的区别，但同时又有着紧密的联系。两者的重要区别在于“记忆性”，分组密码将明文消息按照密码算法的分组长度分块，每个分组使用相同的密钥来进行加密，即 $y=y_1y_2\cdots=e_K(x_1)e_K(x_2)\cdots$，因此加密函数固定(由密钥决定)，无记忆性；而序列密码则希望能产生一个不可预测的密钥流 $z=z_1z_2\cdots$，使用它来对明文进行加密，$y=y_1y_2\cdots=e_{z_1}(x_1)e_{z_2}(x_2)\cdots$，因此加密函数是随着 z_i 变化的，具有时序性，是有记忆的。对于序列密码来说，关键在于如何生成密钥流，其加密过程不像分组密码，可以使用很简单的方式完成，比如逐比特异或。许多序列密码和同级别的分组密码相比，占用资源更少，处理速度更快，因此序列密码在一些特定的应用场合和环境下能够发挥优势，如其可应用于资源受限环境、对数据格式有特殊要求的环境及信道不好的一些特殊应用环境。

在第 2.3 节中曾经介绍过“一次一密”，并证明了在唯密文攻击并且密钥随机选取的情况下该密码体制的完善保密性。但也提到这很难实践，因为密钥随机，密钥长度至少与明文长度一样长，如何生成、分配、存储和使用如此长的随机串存在困难。因此，借鉴“一次一密”的思想，序列密码使用伪随机串代替真正的随机串，比较短的真随机串(一般称作种子)来生成任意长度的伪随机串，使得伪随机串与真随机串在统计上不可区分，使用“一次一密”的方式进行加密。

密钥流经常使用某种特定的算法，即密钥流发生器(也称密钥流生成器)，以初始密钥(即种子)作为输入来得到，一个序列密码方案的密码强度取决于密钥流发生器的设计。如果密钥流的生成与明文或密文无关，是相互独立的，我们称之为同步序列密码；反之，若密钥流的生成与明文或者密文相关，我们称之为异步序列密码。

密码体制 4.1 同步序列密码。

同步序列密码是一个六元组$(\mathcal{P},\mathcal{C},\mathcal{K},\mathcal{L},\mathcal{E},\mathcal{D})$和一个函数 g，并且满足如下条件：

$\mathcal{P}$代表明文空间，由所有可能的明文组成的有限集；

$\mathcal{C}$代表密文空间，由所有可能的密文组成的有限集；

$\mathcal{K}$代表密钥空间，由所有可能的密钥组成的有限集；

$\mathcal{L}$是一个称为密钥流字母表的有限集；

g 是一个密钥流生成器，g 使用密钥 K 作为输入，产生无限长的密钥流 $z=z_1z_2\cdots$，这里 $z_i\in L, i\geqslant 1$。

对任意 $z_i\in L$，都有一个加密规则 $e_{z_i}\in E$ 和相应的解密规则 $d_{z_i}\in D$。并且对每对 $e_{z_i}:\mathcal{P}\rightarrow\mathcal{C}, d_{z_i}:\mathcal{C}\rightarrow\mathcal{P}$，满足条件：对每个明文 $x\in\mathcal{P}$，均有 $d_{z_i}(e_{z_i}(x))=x$。

上面提到，根据序列密码流的生成方式是否独立于明密文，序列密码分为同步序列密码和异步序列密码；根据序列密码算法的结构，序列密码被分为基于线性反馈移位寄存器(Linear Feedback Shift Register，LFSR)的序列密码、基于非线性反馈反馈移位寄存器(Non-linear Feedback Shift Register，NFSR)的序列密码、基于状态表驱动的序列密码和基于分组密码的序列密码。

4.2 基于线性反馈移位寄存器的序列密码

4.2.1 线性反馈移位寄存器

传统序列密码大多采用基于 GF(2)上的 LFSR 设计，便于硬件实现。

例 4.1 使用线性反馈移位寄存器产生密钥流，给出一个 4 级线性反馈移位寄存器(见图 4.1)及其反馈连接关系，假设每个寄存器取值为 Z_2中的元素，为 0 或者 1。

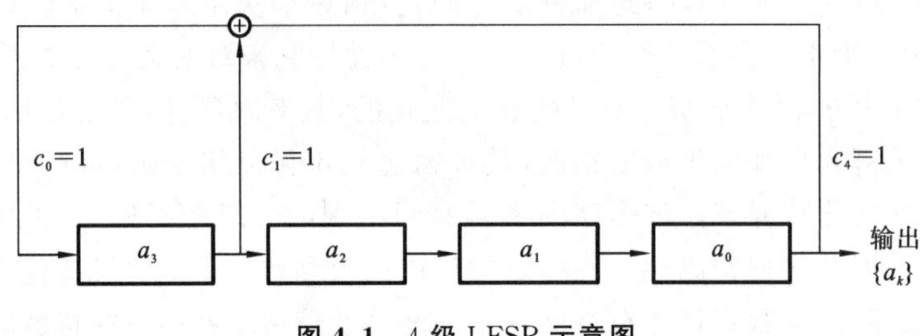

图 4.1 4 级 LFSR 示意图

我们有

$$a_k=a_{k-1}+a_{k-4} \bmod 2$$

假设初态(a_0,a_1,a_2,a_3)为 0001，则输出序列为 000111101011001000 1…。

我们可以看到输出的序列是有周期的，在本例的反馈连接关系中，任意一个非零的初始向量都可以产生具有相同周期的密钥流序列，而且该序列的周期为 15。我们可以看到，4 级线性反馈移位寄存器的最大周期就是 $2^4-1=15$。

4.2.2 线性反馈移位寄存器的序列周期

二元 n 级线性反馈移位寄存器的示意图如图 4.2 所示，初态为$(a_0,a_1,\cdots,a_{n-1})$，在每一个时间单元，其自动完成：

(1) 将最右一级输出(首先输出 a_0)；

(2) 所有寄存器内容右移一级；

(3) 根据线性递推关系式(4.1)产生新的 a_{n-1} 反馈至最左一级。

$$\sum_{i=1}^{n} c_i a_{n-i} \bmod 2, \quad c_i \in F_2(i=1,\cdots,n), \quad c_n = 1 \tag{4.1}$$

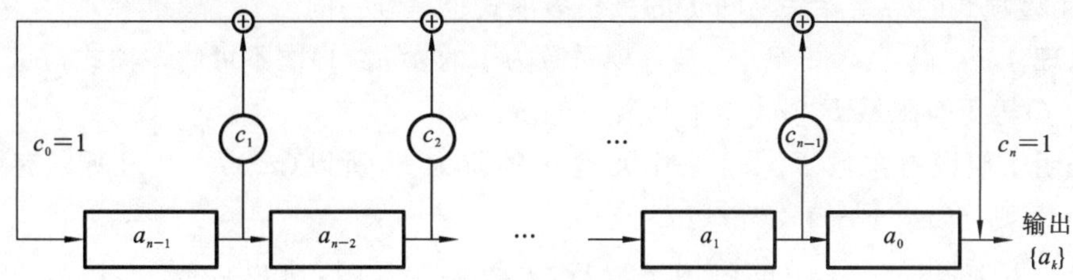

图 4.2 二元 n 级 LFSR 示意图

注意，c_n 必须等于 1，否则线性反馈移位寄存器会退化成 $n-1$ 级(或更低级)线性反馈移位寄存器。如果初始状态为全 0，那么只能输出全 0 的序列，当初始状态非零时，产生的输出序列由初始状态和反馈连接方式所确定，根据不同的反馈连接方式和初始状态，可能产生不同周期的序列。对于使用线性反馈移位寄存器来产生序列密码的密钥流，我们希望产生的序列周期足够长，对于二元 n 级线性反馈移位寄存器来说，可以产生的最大周期为 2^n-1，如果某种反馈连接使得产生的序列达到最大周期 2^n-1，我们称这种序列为 m 序列。下面我们来讨论一下线性反馈移位寄存器所产生序列的周期问题。

定义 4.1 序列 a 称为周期序列是指存在正整数 t，满足对任意 $k\geqslant 0$，$a_{k+t}=a_k$，其中，最小的正整数 t 称为 a 的周期。

对于 q 元 n 级线性反馈移位寄存器，最多有 q^n 种状态，所以，线性移位寄存器产生的序列一定是周期序列。

定义 4.2 设 n 级线性反馈移位寄存器 L 的递推公式为

$$a_n = c_1 a_{n-1} + c_2 a_{n-2} + \cdots + c_n a_0, \quad c_1, c_2, \cdots, c_n \in F_q, c_n \neq 0 \tag{4.2}$$

其变换矩阵 $\boldsymbol{T}$ 定义为

$$\boldsymbol{T} = \begin{pmatrix} 0 & 0 & 0 & \cdots & c_n \\ 1 & 0 & 0 & \cdots & c_{n-1} \\ 0 & 1 & 0 & \cdots & c_{n-2} \\ \cdots & \cdots & \cdots & \cdots & \cdots \\ 0 & 0 & \cdots & 1 & c_1 \end{pmatrix}$$

矩阵 $\boldsymbol{T}$ 的特征多项式 $f(x)=|x\boldsymbol{I}-T|=x^n-c_1x^{n-1}-\cdots-c_{n-1}x-c_n$，其中，$\boldsymbol{I}$ 是 n 阶单位矩阵，由于 n 级线性反馈移位寄存器 L 的递推公式是唯一的，所以 $f(x)$ 也称为 n 级线性移位寄存器 L 的特征多项式。

因为 $c_n\neq 0$，所以 $|\boldsymbol{T}|=f(0)=c_n\neq 0$，$\boldsymbol{T}$ 是可逆矩阵。

定义 4.3 设 $\boldsymbol{T}$ 是 F_q 上 n 级线性反馈移位寄存器 L 的变换矩阵，$\boldsymbol{I}$ 是 $n\times n$ 单位矩阵，使得 $\boldsymbol{T}^k=\boldsymbol{I}$ 的最小正整数 k 称为变换矩阵 $\boldsymbol{T}$ 的周期，记作 $\rho(\boldsymbol{T})$。

由于 F_q 上的 $n\times n$ 矩阵个数有限，所以在序列 $\boldsymbol{T}^i$，$i\geqslant 1$ 中，一定存在 $0<i<j$，$\boldsymbol{T}^i=\boldsymbol{T}^j$，此时 $\boldsymbol{T}^{j-i}=\boldsymbol{I}$，所以矩阵 $\boldsymbol{T}$ 的周期一定是存在的。L 所产生的序列的周期是 $\rho(\boldsymbol{T})$ 的因子。

定义 4.4　设 $f(x)\in F_q[x]$，$f(0)\neq 0$，如果 $f(\boldsymbol{T})=0$，则称 $f(x)$ 是 $\boldsymbol{T}$ 可满足的多项式，所有 $\boldsymbol{T}$ 可满足的多项式中，次数最低的首项系数为 1 的多项式称为 $\boldsymbol{T}$ 的极小多项式，满足 $f(x)\mid x^k-1$ 的最小正整数 k 称为 $f(x)$ 的周期，记作 $\rho(f)$。

若 $\rho(T)=k$，那么 $x^{\rho(T)}-1$ 是 $\boldsymbol{T}$ 可满足的多项式，所以 $\boldsymbol{T}$ 的极小多项式一定是存在的，利用多项式的带余除法易知 $\boldsymbol{T}$ 的极小多项式也是唯一的。

引理 4.1　设 $f(x)\in F_q[x]$ 是首项系数为 1 的 $n(n\geqslant 1)$ 次不可约多项式，$f(0)\neq 0$，那么 $\rho(f)$ 等于有限域 $F_q[x]_{f(x)}$ 中元素 x 的阶。

证明　假设有限域 $F_q[x]_{f(x)}$ 中元素 x 的阶为 d，所以 $(x^d)_{f(x)}=1$，所以有 $(x^d-1)_{f(x)}=0$，则 $f(x)\mid x^d-1$，$\rho(f)\leqslant d$。

另一方面，由于 $f(x)$ 的阶为 $\rho(f)$，$f(x)\mid x^{\rho(f)}-1$，所以 $(x^{\rho(f)}-1)_{f(x)}=0$，有 $(x^{\rho(f)})_{f(x)}=1$，所以有 $d\mid\rho(f)$，综上有 $\rho(f)=d$。

引理 4.2　设 $f(x)\in F_q[x]$ 是首项系数为 1 的 $n(n\geqslant 1)$ 次多项式，$f(0)\neq 0$，$f(x)=g(x)^b$，其中，$g(x)$ 是 $F_q[x]$ 中的不可约多项式，F_q 的特征为 p，即 $\mathrm{Char}(F_q)=p$，t 是使得 $p^t\geqslant b$ 的最小正整数，那么 $\rho(f)=\rho(g)p^t$。

证明　因为 $g(x)\mid x^{\rho(g)}-1$，所以 $g(x)^{p^t}\mid(x^{\rho(g)}-1)^{p^t}$，而 $\mathrm{Char}(F_q)=p$，所以 $(x^{\rho(g)}-1)^{p^t}=x^{\rho(g)p^t}-1$，即 $g(x)^{p^t}\mid x^{\rho(g)p^t}-1$，又 $p^t\geqslant b$，所以有 $g(x)^b\mid x^{\rho(g)p^t}-1$，即 $f(x)\mid x^{\rho(g)p^t}-1$。同时，$f(x)\mid x^{\rho(f)}-1$，所以 $f(x)\mid(x^{\rho(f)}-1,x^{\rho(g)p^t}-1)$，所以 $f(x)\mid x^{(\rho(f),\rho(g)p^t)}-1$，而 $\rho(f)\geqslant(\rho(f),\rho(g)p^t)$，因此，只能有 $\rho(f)=(\rho(f),\rho(g)p^t)$，得到 $\rho(f)\mid\rho(g)p^t$。另一方面，因为 $g(x)\mid f(x)$，所以 $g(x)\mid x^{\rho(f)}-1$，所以 $\rho(g)\mid\rho(f)$，这说明 $\rho(f)$ 是型如 $\rho(g)p^s(0\leqslant s\leqslant t)$ 的整数。

假设 $\rho(f)=\rho(g)p^s$，$s<t$，那么 $p^s<b$，此时 $f(x)\mid x^{\rho(g)p^s}-1$，即 $g(x)^b\mid(x^{\rho(g)}-1)^{p^s}$，得到 $g(x)^{b-p^s}\mid\left(\dfrac{x^{\rho(g)}-1}{g(x)}\right)^{p^s}$，所以 $g(x)\mid\left(\dfrac{x^{\rho(g)}-1}{g(x)}\right)^{p^s}$，又 $g(x)$ 是 $F_q[x]$ 中的不可约多项式，所以 $g(x)\mid\dfrac{x^{\rho(g)}-1}{g(x)}$，故 $g(x)^2\mid x^{\rho(g)}-1$。但是，$(x^{\rho(g)}-1,(x^{\rho(g)}-1)')=1$，所以 $x^{\rho(g)}-1$ 没有重因式，矛盾。因此 $\rho(f)=\rho(g)p^t$。

引理 4.3　设 $f(x)\in F_q[x]$ 是首项系数为 1 的 $n(n\geqslant 1)$ 次多项式，$f(0)\neq 0$，且 $f(x)=\prod\limits_{i=1}^{s}f_i(x)$，其中，$f_i(x)$ 是 $F_q[x]$ 中两两互素的多项式，那么

$$\rho(f)=[\rho(f_1),\rho(f_2),\cdots,\rho(f_s)]$$

其中，$[\rho(f_1),\rho(f_2),\cdots,\rho(f_s)]$ 表示 $\rho(f_1),\rho(f_2),\cdots,\rho(f_s)$ 的最小公倍数。

证明略，读者可自行证明。

定理 4.1　设 $\boldsymbol{T}$ 的极小多项式为 $h(x)\in F_q[x]$，若 $f(x)\in F_q[x]$ 满足 $f(\boldsymbol{T})=0$，那么 $h(x)\mid f(x)$。

证明　令 $f(x)=q(x)h(x)+r(x)$，$\deg r<\deg h$，因为 $h(\boldsymbol{T})=0$，$f(\boldsymbol{T})=0$，那么

$$f(T)=q(\boldsymbol{T})h(\boldsymbol{T})+r(\boldsymbol{T})=0$$

即 $r(\boldsymbol{T})=0$，由于 $h(x)$ 是 $\boldsymbol{T}$ 的极小多项式，但 $\deg r<\deg h$，所以 $r(x)=0$，故 $h(x)\mid f(x)$。

定理 4.2　设 $\boldsymbol{T}$ 是 F_q 上 n 级线性移位寄存器 L 的变换矩阵，$\boldsymbol{T}$ 的特征多项式为 $f(x)$，那么 $f(x)$ 是 $\boldsymbol{T}$ 的极小多项式。

证明　令 $\boldsymbol{s}_0=(0,0,\cdots,0,1)$ 是 F_q 上的一个 n 维向量，那么

$$s_1 = s_0 T = (0,0,\cdots,0,1,*)$$
$$s_2 = s_0 T^2 = (0,0,\cdots,1,*,*)$$
$$\cdots$$
$$s_{n-1} = s_0 T^{n-1} = (1,*,\cdots,*,*,*)$$

$*$代表 F_q 上的某一个元素，那么 $s_0,s_1,\cdots,s_{n-1}$ 在 F_q 上线性无关。

设 $h(x)=\sum_{i=0}^{m} h_i x^i$ 是 T 的极小多项式，$h_m=1$，于是 $h(T)=\sum_{i=0}^{m} h_i T^i=0$，因此

$$s_0 \sum_{i=0}^{m} h_i T^i = \sum_{i=0}^{m} h_i s_0 T^i = \sum_{i=0}^{m} h_i s_i = 0$$

说明 $s_0,s_1,\cdots,s_m$ 在 F_q 上线性相关，所以 $m>n-1$，或者说 $m\geqslant n$。

另一方面，由凯莱-哈密尔顿定理，$f(T)=0$，所以 $\deg h\leqslant \deg f$，即 $m\leqslant n$，所以 $m=n$。

由定理 4.1，$h(x)\mid f(x)$，令 $f(x)=q(x)h(x)$，因为，$\deg f=\deg h$，$h(x)$ 和 $f(x)$ 的首项系数均为 1，所以 $q(x)=1$。因此 $f(x)=h(x)$ 就是 T 的极小多项式。

定理 4.3 设 T 是 F_q 上 n 级线性反馈移位寄存器 L 的变换矩阵，特征多项式为 $f(x)$，那么 $\rho(T)=\rho(f)$。

证明 一方面，根据多项式周期的定义，$f(x)\mid x^{\rho(f)}-1$，由定义 4.2，$f(T)=0$，所以 $T^{\rho(f)}=I$，根据变换矩阵周期的定义，$\rho(T)\leqslant\rho(f)$。另一方面，因为 $f(x)$ 是 T 的极小多项式，所以 $f(x)\mid x^{\rho(T)}-1$，根据多项式周期的定义，$\rho(f)\leqslant\rho(T)$。

综上，$\rho(T)=\rho(f)$。

下面将阐述，如果在某个特定初始值下，线性反馈移位寄存器产生的序列周期小于其变换矩阵的周期 $\rho(T)$，那么可以用一个级数更小的线性反馈移位寄存器来产生该序列。

定理 4.4 给定 F_q 上任意一个非零周期序列 a，可以找到一个能产生序列 a 的线性反馈移位寄存器 L，它的特征多项式 $f(x)$ 满足：对于可产生 a 的任意线性反馈移位寄存器，若其特征多项式为 $g(x)$，都有 $f(x)\mid g(x)$。满足上述条件的 $f(x)$ 是唯一的。

证明 设序列 a 的各项为 $a_0,a_1,\cdots,a_k,\cdots$，$h(x)=\sum_{i=0}^{m} h_i x^i\in F_q[x]$，如果对于任意整数 $k\geqslant 0$，有 $\sum_{i=0}^{m} h_i a_{k+i}=0$，则称 $h(x)$ 为 a 可满足的多项式，记作 $a\in G(h)$，显然 $a\in G(0)$，若 $a\in G(h)$，那么对于任意 $c\in F_q$，$a\in G(ch)$。

定义集合 $A=\{h(x)\mid h(x)\in F_q[x],a\in G(h)\}$，下面证明 A 是环 $F_q[x]$ 的非零理想。

首先，设序列 a 的周期为 t，因为对于任意 $k\geqslant 0$，$a_{k+t}=a_k$，所以 $a\in G(x^t-1)$，故 A 非空。

然后，设 $h(x),g(x)\in A$，且

$$h(x)=\sum_{i=0}^{m} h_i x^i,\quad g(x)=\sum_{i=0}^{n} g_i x^i,\quad m\geqslant n$$

那么，对任意整数 $k\geqslant 0$，$\sum_{i=0}^{m} h_i a_{k+i}=0$，$\sum_{i=0}^{n} g_i a_{k+i}=0$，因此，$\sum_{i=0}^{m} h_i a_{k+i}-\sum_{i=0}^{n} g_i a_{k+i}=\sum_{i=n+1}^{m} h_i a_{k+i}+\sum_{i=0}^{n}(h_i-g_i)a_{k+i}=0$，所以 $h(x)-g(x)\in A$。

又由对任意整数 $k \geqslant 0$，$\sum_{i=0}^{m} h_i a_{k+i} = 0$，可得对任意整数 $k \geqslant 1$，$\sum_{i=0}^{m} h_i a_{k+i} = 0$，所以，对于任意整数 $k \geqslant 0$，$\sum_{i=0}^{m} h_i a_{k+1+i} + 0 a_k = 0$，意味着 $xh(x) \in A$，进而利用数学归纳法可以证明，对于任意整数 $i > 0$，$x^i h(x) \in A$。故对任意 $r(x) = \sum_{i=0}^{s} r_i x^i \in F_q[x]$，$r(x)h(x) \in A$。

综合以上，A 是环 $F_q[x]$的非零理想。而环 $F_q[x]$的非零理想均为主理想环，所以存在 $f(x) \in F_q[x]$使得 $A = <f(x)>$，即 A 中的多项式都是 $f(x)$的倍式。根据 A 的定义，A 不是零环，也不是 $F_q[x]$，所以 $\deg f(x) \geqslant 1$。可以将 $f(x)$乘以其首项系数的逆元，得到一个首项系数为 1 的生成元，所以，以下不妨设 $f(x)$是首 1 的 $n(n \geqslant 1)$次多项式。因为 $f(x) | x^t - 1$，所以 $f(0) \neq 0$，即 $f(x)$的常数项不为 0。于是可以将 $f(x)$看作是一个 n 级线性移位寄存器 L 的线性变换 $\boldsymbol{T}$ 的特征多项式。

根据 A 的定义，可产生 a 的任意线性移位寄存器，若其线性变换的特征多项式为 $g(x)$，都有 $g(x) \in A$，所以 $f(x) | g(x)$。

根据主理想生成元的性质，首项系数为 1 的生成元是唯一的。

定义 4.5 定理 4.4 中描述的首项系数为 1 的特征多项式 $f(x)$为序列 a 的极小多项式。

定理 4.5 非零周期序列 a 的周期等于其极小多项式 $f(x)$的周期。

证明 设 a 的周期为 t，首先，因为 $a \in G(f)$，所以 a 是以 $f(x)$为特征多项式的线性移位寄存器可产生的序列，a 的周期是 $\rho(f)$的因子。另一方面，$a \in G(x^t - 1)$，所以 $f(x) | x^t - 1$，所以 $t \geqslant \rho(f)$。故 $t = \rho(f)$。

推论 4.1 设线性反馈移位寄存器 L 的特征多项式为 $f(x)$，a 是该线性移位寄存器产生的一个非零周期序列，那么 a 的极小多项式是 $f(x)$的一个因式 $d(x)$，且 a 的周期为 $\rho(d)$；反之，对于 $f(x)$的任意一个次数大于 0 的首项系数为 1 的 $n(n \geqslant 1)$次因式 $d(x)$，以 $d(x)$为特征多项式的 n 级线性移位寄存器，其所产生的周期序列也是可由 L 产生的。

证明 推论的前半部分可直接由定理 4.4 和定理 4.5 得到。设 $d(x)$是 $f(x)$的任意一个次数大于 0 的首项系数为 1 的 $n(n \geqslant 1)$次因式，b 是以 $d(x)$为特征多项式的 n 级线性移位寄存器所产生的一个周期序列，那么 b 的极小多项式有 $g(x) | d(x)$，所以也有$g(x) | f(x)$，因此 b 是 $f(x)$可满足的序列，所以 L 能产生 b。

推论 4.2 设 n 级线性反馈移位寄存器的特征多项式 $f(x)$是 F_q 上的本原多项式，那么以非零状态开始的线性反馈移位寄存器序列的周期为 $q^n - 1$。

定义 4.6 周期为 $q^n - 1$ 的 n 级线性反馈移位寄存器序列称为 m 序列。

例 4.2 在例 4.1 的 LFSR 连接中（见图 4.1），可以看到，其变换矩阵 $\boldsymbol{T}$ 为

$$\boldsymbol{T} = \begin{pmatrix} 0 & 0 & 0 & 1 \\ 1 & 0 & 0 & 0 \\ 0 & 1 & 0 & 0 \\ 0 & 0 & 1 & 1 \end{pmatrix}$$

特征多项式为 $f(x) = x^4 + x^3 + 1$，$f(x)$ 为本原多项式，根据推论 4.2，以任意非零

状态开始所产生的序列周期为 $2^4-1=15$，且产生的序列为 m 序列。

$$a_k = \sum_{i=1}^{n} c_i a_{k-i} (k \geqslant n, c_i \in F_q, i = 1,2,\cdots,n, c_n \neq 0) \tag{4.3}$$

适合如式(4.3)所示递推关系的 q 元 n 级线性反馈移位寄存器序列也称作由其变换矩阵的特征多项式 $f(x)$ 所生成的 q 元 n 级线性反馈移位寄存器序列，简称由 $f(x)$ 生成的序列，常用 $G(f)$ 来表示序列的全体，若有两个由该递推关系生成的序列 $a=(a_0,a_1,a_2,\cdots)$ 和 $b=(b_0,b_1,b_2,\cdots)$，则 $a+b=(a_0+b_0,a_1+b_1,a_2+b_2,\cdots)$ 也是 $G(f)$ 中的序列，$G(f)$ 按照上述加法关系可以构成一个交换群，以 $(0,0,\cdots)$ 为单位元。若定义数量乘，即对于 $c\in F_q$，有 $c\cdot(a_0,a_1,a_2,\cdots)=(ca_0,ca_1,ca_3,\cdots)$，我们有 $|G(f)|=q^n$，那么 $G(f)$ 是 F_q 上的 n 维向量空间。若 a 和 b 的极小多项式互素，则 $\rho(a+b)=[\rho(a),\rho(b)]$(证明留作习题)。

Golomb 提出了如下二元周期序列的随机性公设。

(1) 在序列的一个周期 t 内，0 与 1 的个数相差至多为 1。即若 t 为偶数，0 与 1 的个数相等；若 t 为奇数，0 比 1 多 1 个或少 1 个。说明 $\{a_i\}$ 中 0 与 1 出现的概率基本相等。

(2) 在序列的一个周期内，i 游程的个数为游程总数的 $1/2^i$，其中，$i=1,2,\cdots$；而且对于任意长度的游程，0 的游程个数与 1 的游程个数相等。

(3) 异相自相关函数为常数。说明序列通过与其平移后的序列进行比较，不能给出其他任何信息。

据此考虑定义在 Z_2 上的 m 序列。

(1) 分布的平衡特性。

m 序列的周期为 2^n-1，其中 1 的个数比 0 多 1。

在 m 序列产生的过程中，初态一定非零，且在一个周期之内，n 级寄存器中的状态会遍历除了全零之外的所有状态，m 序列为最右一级寄存器的输出，因此 1 的个数比 0 多 1。以例 4.1 中图 4.1 所示的反馈连接方式和初态 0001($a_0a_1a_2a_3$)为例，会经历 0001→0011→0111→⋯→1000 共 15 个非零状态，因此输出的序列有 8 个 1 和 7 个 0。

(2) 游程特性。

在周期序列中，连续 i 个 0 或 1 称为 0 或 1 的 i 游程。比如，例 4.1 中通过图 4.1 所示的反馈连接方式和初态 0001 得到 m 序列 000111101011001，序列中最开始的 000 为一个 0 的 3 游程，紧接其后的 1111 为一个 1 的 4 游程，其中共有 2 个 0 的 1 游程和 2 个 1 的 1 游程，1 个 0 的 2 游程和 1 个 1 的 2 游程，1 个 0 的 3 游程，1 个 1 的 4 游程。

在 n 级线性反馈移位寄存器产生的 m 序列中，1 的最大游程为 n(但无 $n-1$ 游程)，有且仅有一个，0 最大游程为 $n-1$，有且仅有一个。

当 $n>2$ 时，设 i 为不超过 $n-2$ 的正整数，则任何 1 或者 0 的 i 游程个数均为 2^{n-i-2}，所以在一个周期内，1 的游程总数为 $1+\sum_{i=1}^{n-2} 2^{n-i-2}=2^{n-2}$，同理 0 的游程总数也是 2^{n-2}，则总游程个数为 2^{n-1}，那么，除了 n 游程和 $n-1$ 游程，任意 i 游程的数量为 2^{n-i-1}，为总游程数的 $1/2^i$。

(3) 自相关函数的性质。

假设 $a=a_0a_1a_2\cdots$ 为定义在 Z_2 上的周期序列，且周期为 t，定义 $c_a(\tau)=$

$\sum_{i=0}^{t-1}\eta(a_i)\eta(a_{i+\tau}),\tau\in Z$ 为序列 a 移位为 τ 的自相关函数，其中，η 为 Z_2 上的加法群到 $\{+1,-1\}$ 的乘法群的同构，$\eta(0)=1,\eta(1)=-1$。若 $\tau\equiv 0 \bmod t$，称 $c_a(\tau)$ 为同相自相关函数，否则称为异相自相关函数。

对于 m 序列，周期为 2^{n-1}，若同相，则 $c_a(\tau)=\sum_{i=0}^{2^n-2}\eta(a_i)\eta(a_{i+\tau})=2^n-1$；若异相，根据上面的结论，我们知道 a 移位 τ 位依然是由该反馈连接得到的序列 b，而且 $a+b$ 同样也是该反馈连接得到的序列，因此也是 m 序列，所以，我们有 $c_a(\tau)=\sum_{i=0}^{2^n-2}\eta(a_i)\eta(a_{i+\tau})$ $=\sum_{i=0}^{2^n-2}\eta(a_i+a_{i+\tau})=2^{n-1}(-1)+2^{n-1}-1=-1$，其为常数。

综上，我们可以看到，m 序列满足随机性公设，因此其是最重要的 LFSR 序列。

定义 4.7 设 $a=(a_0,a_1,a_2,\cdots)$ 是个 q 元周期序列，定义作用在序列 a 上的左移变换 $L(a)=(a_1,a_2,a_3,\cdots)$，并定义

$$L^0(a)=a,L^t(a)=(\underbrace{L(L\cdots(L}_{t}(a))\cdots))$$

定义 4.8 设 a 和 b 都是 q 元周期序列，若存在非负整数 t 使 $b=L^t(a)$，则称 a 和 b 平移等价。平移等价的序列有相同的周期。

根据定义 4.7，在例 4.2 中，不同非零初态在图 4.1 的反馈连接作用下所产生的序列之间存在着平移等价关系，如初始状态为 0001，会产生周期为 15 的序列 $a=$ 0001111010110010001…，初始状态为 0111，同样会产生周期为 15 的序列 $b=$ 0111101011001000111…，可以看出 b 是 a 左移 2 位所得到的序列，即从序列 a 的第三个元素开始的序列，$b=L^2(a)$。对于本例，其特征多项式为本原多项式，从非零初态所生成的序列构成 1 个平移等价类序列，因此在一个周期之内，会历经除了 0000 之外的所有 15 个状态，初态不同则序列从不同的地方开始，每个序列具有相同的周期 15。初始状态全 0 只能产生全 0 的周期为 1 的序列。

定理 4.6 设 n 次不可约多项式 $f(x)\in F_q[x]$，且 $f(0)=1$，F_q 的特征为 p，e 为正整数，t 是使得 $p^t\geqslant e$ 的最小正整数，那么只有 1、$\rho(f)$、$p^i\rho(f)(i=1,2,\cdots,t-1)$、$p^t\rho(f)$ 可作为 $G(f^e)$ 中序列的周期，而 $G(f^e)$ 以这些数作为周期的序列个数分别是 1、q^n-1、$q^{np^i}-q^{np^{i-1}}(i=1,2,\cdots,t-1)$、$q^{ne}-q^{np^{t-1}}$，且以这些数作为周期的平移等价类的个数是 1、$(q^n-1)/\rho(f)$、$(q^{np^i}-q^{np^{i-1}})/p^i\rho(f)(i=1,2,\cdots,t-1)$、$(q^{ne}-q^{np^{t-1}})/p^t\rho(f)$。

证明 根据推论 4.1，有 $G(f^0)\subset G(f^1)\subset G(f^2)\subset\cdots\subset G(f^e)$，且 $G(f^e)$ 序列的周期应该是 $\rho(f^e)=p^t\rho(f)$ 的因子，因此周期只有 1、$\rho(f)$、$p^i\rho(f)(i=1,2,\cdots,t-1)$、$p^t\rho(f)$。

下面来证明以它们为周期的周期序列个数。

首先，有 $G(f^0)=\{0\}$，因此有 $|G(f^0)|=1$，序列 0 的周期为 1；其次，同样根据定理 4.4、定理 4.5 和推论 4.1，对 $i=1,2,\cdots,e$，以 f^i 为极小多项式的序列为 $G(f^i)\backslash G(f^{i-1})$，同时有

$$\rho(f^{p^{i-1}+1})=\rho(f^{p^{i-1}+2})=\cdots=\rho(f^{p^i})=p^i\rho(f)(i=1,2,\cdots,t-1)$$
$$\rho(f^{p^{t-1}+1})=\rho(f^{p^{t-1}+2})=\cdots=\rho(f^e)=p^t\rho(f)$$

以 $\rho(f)$ 为周期的序列只有 $G(f)\backslash G(f^0)$，而 $|G(f)\backslash G(f^0)|=q^n-1$。

以 $f^{p^{i-1}+1},f^{p^{i-1}+2},\cdots,f^{p^i}$ 为极小多项式的序列都是以 $p^i\rho(f)(i=1,2,\cdots,t-1)$ 为周期的序列，由于 $f(x)$ 为 n 次不可约多项式，则序列个数为

$$|(G(f^{p^{i-1}+1})\backslash G(f^{p^{i-1}}))\cup(G(f^{p^{i-1}+2})\backslash G(f^{p^{i-1}+1}))\cup\cdots\cup(G(f^{p^i})\backslash G(f^{p^i-1}))|$$
$$=|G(f^{p^i})\backslash G(f^{p^{i-1}})|=q^{np^i}-q^{np^{i-1}}$$

同样地，以 $p^t\rho(f)$ 为周期的序列是以 $f^{p^{t-1}+1},f^{p^{t-1}+2},\cdots,f^e$ 为极小多项式的序列，则序列个数为

$$|(G(f^{p^{t-1}+1})\backslash G(f^{p^{t-1}}))\cup(G(f^{p^{t-1}+2})\backslash G(f^{p^{i-1}+1}))\cup\cdots\cup(G(f^e)\backslash G(f^{e-1}))|$$
$$=|G(f^e)\backslash G(f^{p^{t-1}})|=q^{ne}-q^{np^{t-1}}$$

最后，一个平移等价类中的序列周期是一样的，那么周期为 1 的序列只有 1 个，所以周期为 1 的平移等价类有 1/1=1 个；同理，周期为 $\rho(f)$ 的序列个数为 q^n-1，则存在周期为 $\rho(f)$ 的平移等价类有 $(q^n-1)/\rho(f)$ 个；同样地，以 $p^i\rho(f)(i=1,2,\cdots,t-1)$ 为周期的平移等价类的个数是 $(q^{np^i}-q^{np^{i-1}})/p^i\rho(f)(i=1,2,\cdots,t-1)$，以 $p^t\rho(f)$ 为周期的平移等价类的个数是 $(q^{ne}-q^{np^{t-1}})/p^t\rho(f)$。

例 4.3 设定义在 Z_2 上的 4 级 LFSR 的递推公式为为 $a_k=a_{k-2}+a_{k-4}$，试给出变换矩阵并分析线性反馈移位寄存器的序列周期。

可以画出该 LFSR 的连接示意图，如图 4.3 所示。

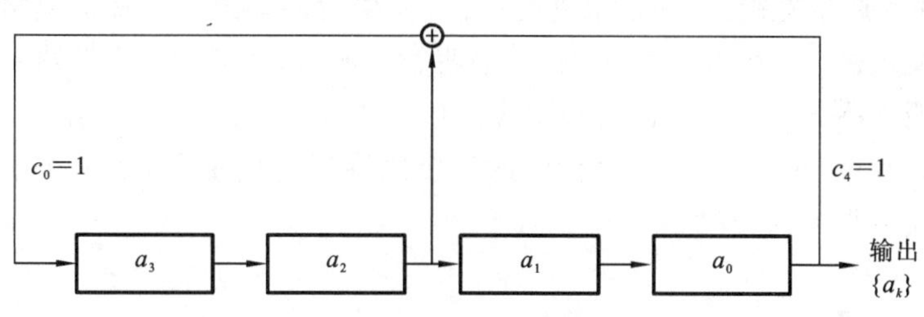

图 4.3 连接示意图

根据连接示意图得到 $c_0=c_2=c_4=1,c_1=c_3=0$，则其变换矩阵为

$$\begin{pmatrix}0&0&0&1\\1&0&0&0\\0&1&0&1\\0&0&1&0\end{pmatrix}$$

特征多项式为 $f(x)=x^4+x^2+1=g(x)^2=(x^2+x+1)^2$，根据引理 4.2，$f(x)$ 的周期为 6，直观来看，由初始状态 0001 可以得到周期为 6 的序列 0001010001…，在一个周期之内历经状态 0001→0010→0101→1010→0100→1000 回到状态 0001；从初始状态 0011 出发可以得到另一个周期为 6 的序列 0011110011…，历经状态 0011→0111→1111→1110→1100→1001；从状态 0110 出发可以得到一个周期为 3 的序列 011011011…，历经状态 0110→1101→1011；初始状态为 0 可以得到一个周期为 1 的全 0 序列。

根据定理 4.6，$\rho(g(x)=x^2+x+1)=3$，由于定义在 Z_2 上，因此特征 $p=2$，所以，该 LFSR 可以产生周期为 1、3 和 6 的序列，其中周期为 1 的序列有 1 个，周期为 3 的序列有 $2^2-1=3$ 个，周期为 6 的序列有 $2^{2\times2}-2^{2\times2^0}=12$ 个，综上，该 LFSR 可以产生 12/6=2 个周期为 6 的平移等价类序列、3/3=1 个周期为 3 的平移等价类序列和 1

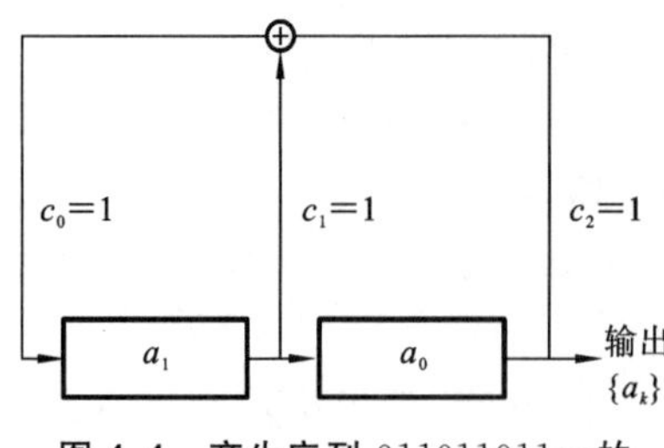

图 4.4　产生序列 011011011…**的 2 级** LFSR

个周期为 1 的平移等价类序列。

在例 4.3 中，2 个周期为 6 的平移等价类序列的极小多项式是 $f(x)$，而 1 个周期为 3 的平移等价类序列的极小多项式是 $g(x)$。

根据定理 4.4，我们可以看到，周期为 3 的序列 011011011…，其特征多项式为 $g(x)=x^2+x+1$，其也可由一个 2 级线性反馈移位寄存器产生，如图 4.4 所示。

4.2.3　LFSR 序列密码分析

若使用 LFSR 作为密钥流生成器，密文由明文通过逐比特异或产生，即 $y_i=x_i\oplus z_i$，而 z_i 通过 n 级线性反馈移位寄存器及递推公式

$$z_{n+i}=\sum_{j=1}^{n}c_j z_{i+n-j} \bmod 2$$

生成，其中，$i\geqslant 0, c_j\in\{0,1\}, 1\leqslant j\leqslant n$。

对于这种序列密码，分析的关键在于是否能够恢复密钥流的生成方式，即 LFSR 的连接方式，获取抽头序列 $\{c_1,c_2,\cdots,c_n\}$。

LFSR 线性产生密钥流，同希尔密码一样，如果我们知道 LFSR 的级数，即 n，容易受到已知明文攻击。我们只需要至少 $2n$ 个明密文比特，就可以计算出抽头序列。

若已知明文串 $x=x_0x_1\cdots x_{2n-1}$ 和相应的密文串 $y=y_0y_1\cdots y_{2n-1}$，则可以通过 $x\oplus y$ 得到密钥流 $z=z_0z_1\cdots z_{2n-1}$，由于密钥流的每个比特都是通过其前面 n 个比特通过相同的线性递推关系得到的，我们有

$$(z_n \quad z_{n+1} \quad \cdots \quad z_{2n-1})=(c_n \quad c_{n-1} \quad \cdots \quad c_1)\begin{pmatrix} z_0 & z_1 & \cdots & z_{n-1} \\ z_1 & z_2 & \cdots & z_n \\ \vdots & \vdots & \cdots & \vdots \\ z_{n-1} & z_n & \cdots & z_{2n-2} \end{pmatrix}$$

若右边的系数矩阵可逆，则有

$$(c_n \quad c_{n-1} \quad \cdots \quad c_1)=(z_n \quad z_{n+1} \quad \cdots \quad z_{2n-1})\begin{pmatrix} z_0 & z_1 & \cdots & z_{n-1} \\ z_1 & z_2 & \cdots & z_n \\ \vdots & \vdots & \cdots & \vdots \\ z_{n-1} & z_n & \cdots & z_{2n-2} \end{pmatrix}^{-1}$$

以上运算均在 F_2 上进行。若序列的极小多项式为该 LFSR 的特征多项式，则上面的系数矩阵一定可逆。

例 4.4　假设 Eve 得到密文串 110101100001111 及其相应的明文串 101100101001010。我们可以通过异或计算出密钥流为 011001000111101。假定 Eve 知道密钥流是使用 4 级 LFSR 产生的，那么可以通过前面 8 个比特得到

$$(0 \quad 1 \quad 0 \quad 0)=(c_4 \quad c_3 \quad c_2 \quad c_1)\begin{pmatrix} 0 & 1 & 1 & 0 \\ 1 & 1 & 0 & 0 \\ 1 & 0 & 0 & 1 \\ 0 & 0 & 1 & 0 \end{pmatrix}$$

通过初等行变换很容易得到

$$\begin{pmatrix} 0 & 1 & 1 & 0 \\ 1 & 1 & 0 & 0 \\ 1 & 0 & 0 & 1 \\ 0 & 0 & 1 & 0 \end{pmatrix}^{-1} = \begin{pmatrix} 1 & 1 & 0 & 0 \\ 1 & 0 & 0 & 1 \\ 0 & 0 & 0 & 1 \\ 1 & 1 & 1 & 1 \end{pmatrix}$$

可以求出抽头序列为

$$(c_4 \quad c_3 \quad c_2 \quad c_1) = (0 \quad 1 \quad 0 \quad 0)\begin{pmatrix} 1 & 1 & 0 & 0 \\ 1 & 0 & 0 & 1 \\ 0 & 0 & 0 & 1 \\ 1 & 1 & 1 & 1 \end{pmatrix} = (1 \quad 0 \quad 0 \quad 1)$$

则得到密钥流的递推公式为

$$z_{i+4} = (z_{i+3} + z_i) \bmod 2, \quad i \geqslant 0$$

此即为例 4.1 所示的反馈连接方式。

4.2.4 基于线性反馈移位寄存器的设计

随着相关攻击出现变种，代数分析等现代密码分析快速发展，由于线性反馈移位寄存器产生的 m 序列的线性复杂度有限(序列的线性复杂度定义为序列极小多项式的次数)，其不适合单独作为密钥流生成器。设计者结合 LFSR 和非线性变换，设计出了易于硬件实现的密码模型：前馈模型和钟控模型。根据产生序列源的 LFSR 的个数，前馈模型可分为仅采用一个 LFSR 的非线性滤波模型和采用多个 LFSR 的非线性组合模型。

1. 非线性滤波模型

非线性滤波模型的逻辑框架如图 4.5 所示。代表算法有日本所采用的 Toyocrypt 算法等。

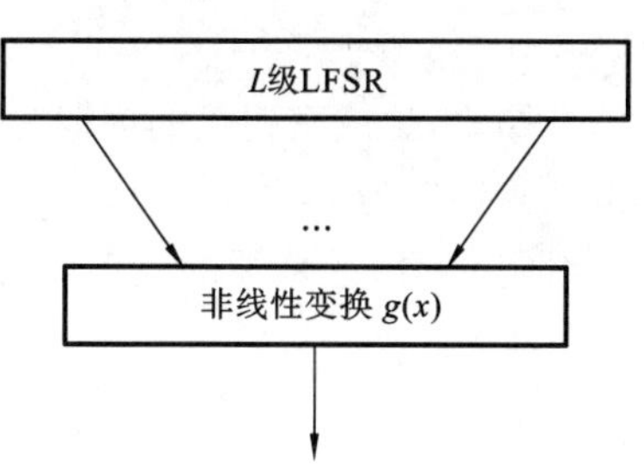

图 4.5 非线性滤波模型

其中，非线性变换 $g(x)$ 为 n 元布尔函数，假设 L 级 LFSR 在 i 时刻的状态为 $\boldsymbol{a}^i = (a_0^i, a_1^i, \cdots, a_{L-1}^i)$，$g(x)$ 的输入为其 $j_1, j_2, \cdots, j_n$ 级寄存器在 i 时刻的状态构成的向量 $\boldsymbol{x} = (a_{j_1}^i, a_{j_2}^i, \cdots, a_{j_n}^i)$，输出密钥流 z 中的 z_i，其中，i 为正整数，$z_i \in Z_2$，$j_k \in Z$ 且 $0 \leqslant j_k \leqslant L-1 (1 \leqslant k \leqslant n)$。

假设 L 级 LFSR 输出 m 序列，非线性布尔函数 $g(x)$ 的代数次数为 d，对于非线性滤波已有如下结论。

(1) 密钥流的最大线性复杂度为 $L_d = \sum_{i=1}^{d} C_L^i$，其中，$C_L^i$ 表示从 L 个元素的集合中选取其中 i 个元素的组合数。

(2) 若 L 为素数，在代数次数为 d 的布尔函数中随机选取 $g(x)$，生成序列的线性复杂度是最大线性复杂度 L_d 的概率为 $p_d \approx \mathrm{e}^{-\frac{L_d}{2^L L}} > \mathrm{e}^{-\frac{1}{L}}$。

则当 L 足够大时，大多数布尔函数都能使得线性复杂度达到最大值，但是对于一个具体选定的 $g(x)$，要证明其线性复杂度是否达到最大值是很困难的。

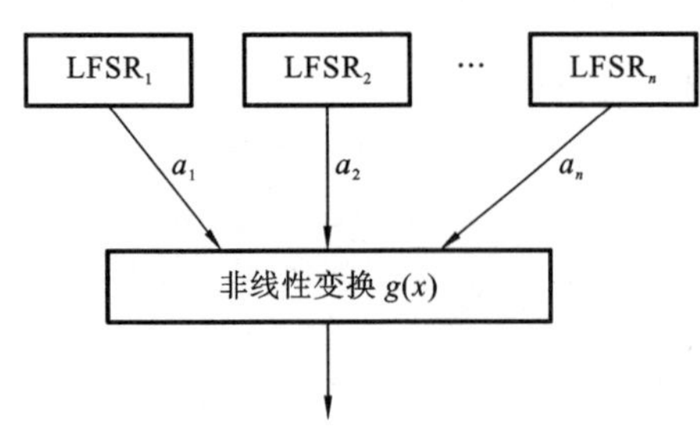

图 4.6 非线性组合模型

2. 非线性组合模型

非线性组合模型是基于多个 LFSR 的前馈模型，由多个 LFSR 输出驱动序列，其逻辑框图如图 4.6 所示。

同非线性滤波模型，非线性变换 $g(x)$ 为 n 元布尔函数，每个 LFSR_j 输出二元序列 a_j，其中，时刻 i 输出比特为 $a_{j,i}$，$1\leqslant j\leqslant n$，则每个时刻 i 输入 x 从 n 个序列 a_j 中各取 1 个比特组成向量 $\boldsymbol{x}=(a_{1,i},a_{2,i},\cdots,a_{n,i})$ 作为 $g(x)$ 的输入，产生密钥流 z 中的 z_i，其中，i 为正整数，$z_i\in Z_2$。

一般 a_j 为 m 序列，即其对应的极小多项式为本原多项式，假设 LFSR_j 的级数为 L_j，且两两不同，则每个 a_j 的极小多项式 $f_j(x)$ 的次数为 L_j，则由非线性变换 $g(x)$ 生成的序列的线性复杂度为 $g(L_1,L_2,\cdots,L_n)$，其中，加法和乘法为整数环上的加法和乘法。

Geffe 发生器为 1973 年由 Geffe 所提出的一类序列发生器，其为非线性组合生成器，使用 3 个 LFSR 产生驱动序列，设 $a=(a_i)_{i=0}^{\infty}$，$b=(b_i)_{i=0}^{\infty}$ 和 $c=(c_i)_{i=0}^{\infty}$ 为三个级数为 L_1，L_2 和 L_3 的 LFSR 所生成的 m 序列，且 L_1，L_2 和 L_3 两两互素，则非线性变换 $g(x)$ 可定义为

$$g(x_1,x_2,x_3)=x_1x_2\oplus(x_2\oplus 1)x_3=\begin{cases}x_1 & x_2=1\\ x_3 & x_2=0\end{cases}$$

则生成器所生成的序列 $z=(z_i)_{i=0}^{\infty}$，其中，

$$z_i=g(a_i,b_i,c_i)=\begin{cases}a_i & b_i=1\\ c_i & b_i=0\end{cases}$$

有结论，生成密钥流的周期为 $(2^{L_1}-1)(2^{L_2}-1)(2^{L_3}-1)$，根据线性复杂度的结论，其线性复杂度为 $g(L_1,L_2,L_3)=L_1L_2+(L_2+1)L_3$。

给定 Geffe 生成器的实例，3 个序列的极小多项式为

$$f_1(x)=x^{20}+x^{17}+1$$
$$f_2(x)=x^{39}+x^{35}+1$$
$$f_3(x)=x^{17}+x^{14}+1$$

则有 $L_1=20$，$L_2=39$，$L_3=17$，此时生成的密钥流周期为 $(2^{20}-1)(2^{39}-1)(2^{17}-1)$，线性复杂度为 $20\times 39+40\times 17=1460$，我们可以看到，序列周期和线性复杂度都得到提高。

3. 钟控模型

对于前馈模型，无论是基于单 LFSR 的非线性滤波模型还是基于多 LFSR 的非线性组合模型，其 LFSR 的状态变化和输出是由统一时钟来进行控制的；而钟控模型则是通过利用由密钥决定的未知序列(通常由 LFSR 来生成)来决定受控 LFSR 的状态转换和输出的，从而为 LFSR 引入非线性因素。用于蜂窝式移动电话系统加密的 A5 序列密码算法即为该模型的实例。

我们可以通过周期和线性复杂度已有结论的两个钟控模型生成器来说明其基本设计思想。

(1) 停走生成器。

停走生成器由两个 LFSR 组成，如图 4.7 所示。其中，$LFSR_1$ 用于控制，而 $LFSR_2$ 则是受控 LFSR，$LFSR_2$ 的状态转换受输出的控制。当 $LFSR_1$ 在当前时钟下输出 1，则 $LFSR_2$ 进行状态转换后输出；而当 $LFSR_1$ 在当前时钟下输出 0，则 $LFSR_2$ 不进行状态转换并输出，即重复上一状态的输出。

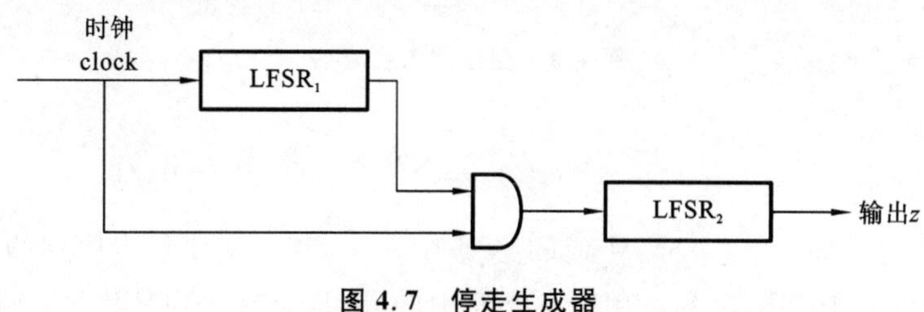

图 4.7 停走生成器

若 $LFSR_1$ 和 $LFSR_2$ 所生成的序列为 $a=(a_i)_{i=0}^{\infty}$ 和 $b=(b_i)_{i=0}^{\infty}$，我们可以形式化描述停走生成器所生成的序列 $z=(z_i)_{i=0}^{\infty}$，其中，

$$z_i = b_{G(i)}, \quad G(t) = \sum_{j=0}^{t} a_j, \quad G(0) = 0, t \geqslant 0$$

我们称 z 为 b 受 a 控制的停走序列。

对于停走生成器，有如下结论。

① 若序列 a 和 b 的周期为 T_1 和 T_2，且 $T_2>1$，z 为 b 受 a 控制的停走序列，令 $w=G(T_1-1)=\sum_{i=0}^{T_1-1} a_i$，则 z 的周期为 $T_1 \cdot T_2$，当且仅当 $\gcd(w, T_2)=1$。

② 若序列 b 以 n 次不可约多项式 $f(x)$ 为极小多项式，序列 a 的周期为 T，则 b 受 a 控制的停走序列 z 的线性复杂度 $\leqslant T_n$。

③ 设 a 和 b 分别为 l 级和 n 级 m 序列，若 $l|n$，则 b 受 a 控制的停走序列 z 的线性复杂度为 $n \cdot (2^l-1)$。

当控制序列和受控序列都为 m 序列时，不难构造最大线性复杂度的停走序列。

但停走模型存在着安全问题，可以利用停走序列的比特，恢复控制序列，进而求得受控序列。这是由于，当连续两个时刻的停走序列比特不同时，则可以以概率为 1 确定当前控制序列的比特为 1；而当连续两个时刻的停走序列比特相同时，有较大的概率确定当前控制序列比特为 0。通过这种统计特征的不均衡可以进行猜测，具体概率有兴趣的读者可以计算。

(2) 交错停走生成器。

交错停走生成器使用 3 个 LFSR，结构如图 4.8 所示，其中，$LFSR_1$ 控制着 $LFSR_2$ 和 $LFSR_3$ 的状态转换和输出，$LFSR_2$ 和 $LFSR_3$ 各输出一个序列，最终交错停走生成器的输出序列为这两个序列的异或值。$LFSR_1$ 控制 $LFSR_2$ 和 $LFSR_3$ 的规则如下：当 $LFSR_1$ 在当前时钟下输出 1，则 $LFSR_2$ 进行状态转换后输出，而 $LFSR_3$ 则不进行状态转换，重复输出它前一时钟的输出比特；而当 $LFSR_1$ 在当前时钟下输出 0，则 $LFSR_2$ 不进行状态转换，重复输出它前一时钟的输出比特，而 $LFSR_3$ 则进行状态转换并输出。

若 $LFSR_1$、$LFSR_2$ 和 $LFSR_3$ 生成的序列为 $a=(a_i)_{i=0}^{\infty}$，$b=(b_i)_{i=0}^{\infty}$ 和 $c=(c_i)_{i=0}^{\infty}$，我们可以形式化描述停走生成器所生成的序列 $z=(z_i)_{i=0}^{\infty}$，其中，

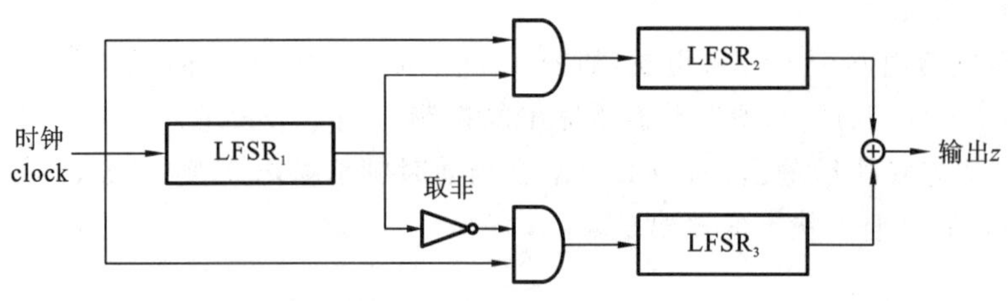

图 4.8 交错停走生成器

$$z_i = b_{G(i)} \oplus c_{t-G(i)}, \quad G(t) = \sum_{j=0}^{t} a_j, \quad G(0) = 0, t \geqslant 0$$

当 LFSR_1、LFSR_2 和 LFSR_3 生成的序列为 m 序列时，交错停走序列的密码性质并不容易证明，但若 LFSR_1 序列可用定义 4.9 中的 de Bruijn 序列来代替，则可以得到关于周期和高线性复杂度的结论。

定义 4.9 由 n 级移位寄存器产生的周期为 2^n 的序列称为最大周期 n 级移位寄存器序列，简称为 n 级 de Bruijn 序列。

我们知道 n 级 LFSR 的最大周期为 2^n-1，所以这里的移位寄存器为非线性反馈移位寄存器。在 n 级 m 序列中在其最长 0 游程处添加 1 个 0 即可构成一条 n 级 de Bruijn 序列。

那么，若 LFSR_1 的输出序列是周期为 2^{L_1} 的 de Bruijn 序列，LFSR_2 和 LFSR_3 序列分别是级数为 L_2 和 L_3 的 m 序列，且 $\gcd(L_2, L_3)=1$，可以得到关于交错停走序列 z 的一些结论。

① 序列 z 的周期为 $2^{L_1}(2^{L_2}-1)(2^{L_3}-1)$。

② 序列 z 的线性复杂度 $L(z)$ 满足：$(L_2+L_3)2^{L_1-1} < L(z) \leqslant (L_2+L_3)2^{L_1}$。

③ 序列 z 各种模式的分布几乎是均匀的。

交错停走序列连续 2 个比特之间不具有相关性，可以克服在停走生成器模式中，通过停走序列连续比特之间的关系猜测控制序列的安全缺陷。

4.3 基于非线性移位寄存器的序列密码

相关攻击和代数攻击等方法的出现，使 A5/1、Toyocrypt、E_0、Geffe 等一些典型算法被破译，基于 LFSR 的序列密码算法面临严重的安全威胁。这促使 NFSR 作为新的驱动组件被应用于序列密码算法的设计中，其中以 eStream 中胜出的算法为代表。NFSR 往往具有较低的硬件实现代价，许多轻量级序列密码设计都是基于 NFSR 的，此外，NFSR 还被应用于一些分组密码和 Hash 函数的设计中。

Trivium 是 eStream 中胜选的三个面向硬件设计的序列密码算法之一。它的设计目的是在计算能力有限的硬件上高效实现安全加密，同时兼顾软件实现效率。该算法的实现基于三个 NFSR(A、B、C)的组合。如图 4.9 所示。其中，A、B、C 分别为 93 级、84 级和 111 级二元 NFSR，三个 NFSR 以一种类似环的形式排列，可以看作由一个总长度为 93+84+111=288 比特的环形寄存器构成，其状态共同组成 Trivium 的 288 位内部状态$(s_1, s_2, \cdots, s_{288})$，其中，$s_1 \sim s_{93}$ 为 A 的状态，$s_{94} \sim s_{177}$ 为 B 的状态，$s_{178} \sim s_{288}$ 为 C

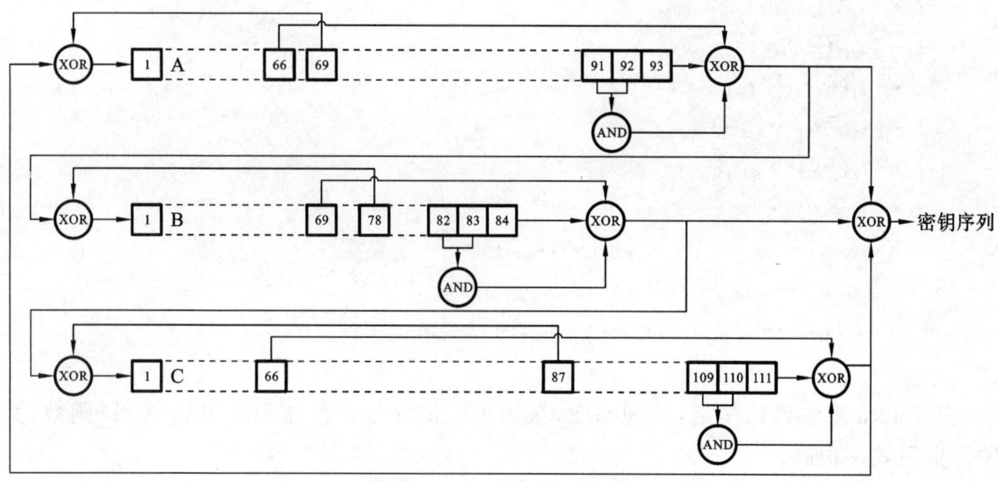

图 4.9　Trivium 结构示意图

的状态。

Trivium 算法分为初始化和密钥流生成两个过程。在初始化过程中，密钥和初始化向量被写入 A 和 B 两个 NFSR，其余的位以固定模式填充(除了 C 的最后 3 比特填充 1，其余的都填充 0)；然后，寄存器状态被更新 $4\times288=1152$ 次，因此内部状态的每个比特都以复杂的非线性方式依赖于密钥和初始化向量的每个比特，在初始化阶段不输出任何密钥流。而在密钥流输出阶段，每个时刻由 3 个 NFSR 的各 2 个比特异或，异或结果再次异或得到该时刻的输出比特。

1. 初始化

$(s_1, s_2, \cdots, s_{93}) \leftarrow (k_1, k_2, \cdots, k_{80}, 0, \cdots, 0)$;

$(s_{94}, s_{95}, \cdots, s_{177}) \leftarrow (iv_1, iv_2, \cdots, iv_{80}, 0, \cdots, 0)$;

$(s_{178}, s_{179}, \cdots, s_{288}) \leftarrow (0, 0, \cdots, 0, 1, 1, 1)$;

for $i=1$ to 1152

{

　　$t_1 \leftarrow s_{66} \oplus s_{91} \cdot s_{92} \oplus s_{93} \oplus s_{171}$;

　　$t_2 \leftarrow s_{162} \oplus s_{175} \cdot s_{176} \oplus s_{177} \oplus s_{264}$;

　　$t_3 \leftarrow s_{243} \oplus s_{286} \cdot s_{287} \oplus s_{288} \oplus s_{69}$;

　　$(s_1, s_2, \cdots, s_{93}) \leftarrow (t_3, s_1, s_2, \cdots, s_{92})$;

　　$(s_{94}, s_{95}, \cdots, s_{177}) \leftarrow (t_1, s_{94}, s_{95}, \cdots, s_{176})$;

　　$(s_{178}, s_{179}, \cdots, s_{288}) \leftarrow (t_2, s_{178}, s_{179}, \cdots, s_{287})$;

}

2. 密钥流生成

for $i=0$ to $N-1$

{

　　$t_1 \leftarrow s_{66} \oplus s_{93}$;

$t_2 \leftarrow s_{162} \oplus s_{177}$;

$t_3 \leftarrow s_{243} \oplus s_{288}$;

$z_i \leftarrow t_1 \oplus t_2 \oplus t_3$;

$t_1 \leftarrow t_1 \oplus s_{91} \cdot s_{92} \oplus s_{171}$;

$t_2 \leftarrow t_2 \oplus s_{175} \cdot s_{176} \oplus s_{264}$;

$t_3 \leftarrow t_3 \oplus s_{286} \cdot s_{287} \oplus s_{69}$;

$(s_1, s_2, \cdots, s_{93}) \leftarrow (t_3, s_1, s_2, \cdots, s_{92})$;

$(s_{94}, s_{95}, \cdots, s_{177}) \leftarrow (t_1, s_{94}, s_{95}, \cdots, s_{176})$;

$(s_{178}, s_{179}, \cdots, s_{288}) \leftarrow (t_2, s_{178}, s_{179}, \cdots, s_{287})$;

}

Trivium 算法设计简洁，实现高效，采用了反馈移位寄存器和简单的 AND 函数，其硬件实现效率很高。

此外，在算法中逻辑 AND 函数的输入是两个特定的寄存器位。AND 操作与乘法模 2 运算等价。如果两个未知数相乘，并且攻击者想恢复的寄存器的内容也是未知的，则产生的等式就不再是线性的。因为它们包含了两个未知数的乘积。因此，对 Trivium 的安全性而言，包含 AND 操作的前馈路径对于安全而言非常重要，因为它能抵抗发现密码线性特征的攻击，而 LFSR 无法抵抗此攻击。Trivium 结构上采用的非线性交叉反馈机制能抵抗完全性分析、差分分析、线性分析、代数分析等。

研究结果表明，Trivium 算法不能抵抗差分功耗分析、相关功耗分析和差错故障攻击等旁道攻击方法，除了基于 ASIC 实现的 Trivium 型密码算法，基于微控制器实现的 Trivium 型算法不能抵抗代数旁道攻击，因此有必要在算法设计和实现时考虑抵抗旁道攻击的组件。

4.4 基于表驱动的序列密码

自从提出 RC4 算法，基于表驱动的构造成为序列密码研究的一个重要研究方向。eStream 中胜出的面向软件的 HC-128 也是表驱动型的序列密码。与其他类型的序列密码算法相比，基于表驱动的序列密码具有如下三个特征。

(1) 驱动表规模大：状态规模很大，为攻击者恢复内部状态已至密钥带来巨大困难。

(2) 初始化过程复杂：输出密钥流的伪随机性高度依赖初始化后驱动表的伪随机性，由于表规模大，因此，为了保证密钥和初始向量的充分混乱和扩散，初始化过程都设计得比较复杂。

(3) 软件实现效率高：在生成密钥流时，由于表驱动型序列密码的更新函数相对简洁，软件运行效率都很高。

由于驱动表规模大，所以表驱动序列密码能够抵抗大多数密码分析方法。目前对表驱动序列密码的安全性分析比较缺乏，较有效的分析方法仅有区分攻击等。

4.4.1 RC4

RC4(Rivest Cipher 4)是一种单表驱动型序列密码算法，由罗纳德·李维斯特于

1987年开发出来。目前RC4已经成为一些常用的协议和标准的一部分,如1997年的WEP和2003/2004年无线卡的WPA,1995年的SSL,以及后来1999年的TLS。其结构简单、运行速度快,软件和硬件实现容易。

RC4以字节为单位操作,它以一个256字节的驱动表S为基础,对表进行非线性变换,产生密钥流。驱动表S表示为$S[0],S[1],\cdots,S[255]$,共256个字节。

RC4算法主要包括两个部分。

(1) 密钥调度算法(Key Scheduling Algorithm,KSA):根据用户输入的密钥key生成表S,实质上是对S表进行随机化处理。

(2) 伪随机密钥流生成算法(Pseudo-random Generation Algorithm,PRGA):生成用于加密明文数据的密钥流。

1. 密钥调度算法

RC4中,取$n=8$,使用$2^8=256$个字节构成S表,存储空间为258字节(256字节的S表,字节指针i、j共2个字节)。把S表和i、j的具体取值看作RC4的一个状态。

KSA具体流程如下所示。第一个for循环将0～255填入S表;第二个for循环根据密钥key打乱S表。密钥key的长度为1～256字节,每个字节表示成key$[i]$($1\leqslant i\leqslant 256$)的形式,长度key-length为其字节数,通常为16字节。

```
initialization:
for i←0～255
    s[i]←i
j←0
scrambling:
for i←0～255
    j←(j+s[i]+key[i mod key—length]) mod 256
    s[i]↔s[j]
```

2. 伪随机密钥流生成算法

PRGA根据S表生成与明文长度相同的密钥流,使用密钥流加密明文。该算法在S表进行初始随机排序的基础上,从S表中随机选取一个字节元素作为密钥流字节,同时修改S表中字节的排序(交换两个字节),便于下一次密钥流的选取。算法结构如图4.10所示。

PRGA具体流程如下。主要包括字节指针的初始化以及循环生成密钥流。

```
initialization:
i ← 0
j ← 0
loop:
i ← i +1 mod 256
j ← j +s[i] mod 256
s[i] ↔ s[j]
output ← s[(s[i] +s[j]) mod 256]
```

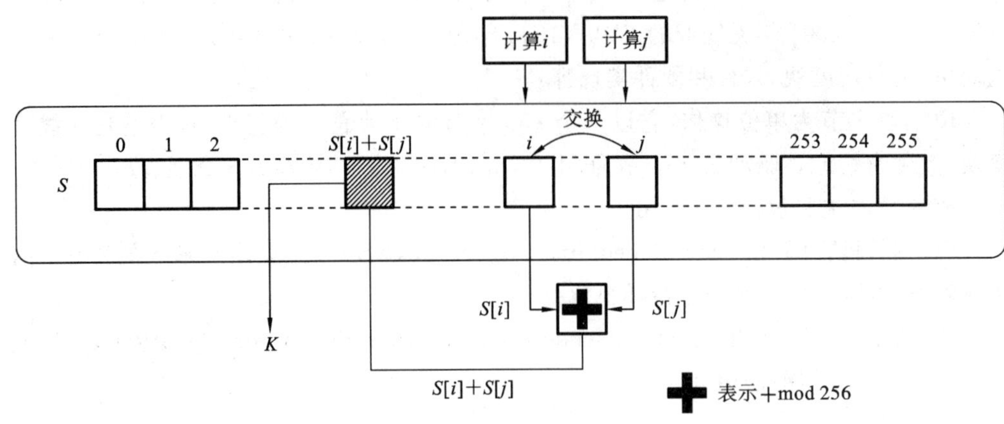

图 4.10 PRGA 算法示意图

RC4 运行速度快,加密速度快。它大约是分组密码算法 DES 的 5 倍,并且比高级加密算法 AES 也快很多。

在安全性方面,RC4 有限状态自动机的每一个状态产生一个密钥字节,由于 S 表有 256 个字节元素,可能的排列有 256!,约为 2 的 1600 次幂,因此可以抵抗穷举攻击。在如今技术支持的前提下,当密钥长度为 128 比特时,用暴力法搜索密钥已经不太可行,所以可以预见 RC4 的密钥范围仍然可以在今后相当长的时间里抵御暴力搜索密钥的攻击。实际上,如今也没有找到对于 128bit 密钥长度的 RC4 加密算法的有效攻击方法。不过,由于 WEP 协议的漏洞(24 比特的初始向量太短),导致在使用 RC4 时可能产生重复序列而遭到攻击;另外,RC4 产生的前几个密钥流字节是有偏的,如第 2 个字节为 00 的概率为 2/256,是随机概率 1/256 的两倍,容易导致第二个字节的明文未加密而以明文出现,因此在使用时输出的前 1024 比特应当被丢弃。

4.4.2 HC-128

HC 系列算法由 Hongjun Wu(中国旅居新加坡学者)提出,其是一种面向软件实现的多表驱动型序列密码算法。HC-256 算法支持 256 比特密钥和 256 比特 IV,使用两张表 P 和 Q,每一张都包括 1024 个 32 比特元素。而 HC-128 算法是 HC-256 的简化版本,支持 128 比特密钥和 128 比特 IV。HC-128 同样使用两张表 P 和 Q,每一张都包括 512 个 32 比特元素。HC-128 在 eStream 的征集中最终获选。

HC-128 算法以字(32 比特)为单位进行处理,其也包括两个过程:初始化过程和密钥流生成过程。初始化过程使用密钥和初始向量更新驱动表 P 和 Q;而密钥流生成过程则在生成随机化驱动表的基础上,每次输出一个密钥流字,同时更新驱动表中的一个元素,直至产生所需要长度的密钥流。

1. 符号说明和函数定义

在算法的描述中,定义了一些符号,首先说明算法中所使用的符号的意义。符号定义如表 4.1 所示。

表 4.1 符号说明

符号	说明
+	mod 2^{32} 加，$x+y$ 表示 $x+y \bmod 2^{32}$，其中，$0\leqslant x<2^{32}$，$0\leqslant y<2^{32}$
−	mod 512 减，$x-y$ 表示 $x-y \bmod 512$
$\oplus$	逐位异或 XOR
‖	串联
>>	右移操作，$x>>n$ 表示 x 右移 n 位
<<	左移操作，$x<<n$ 表示 x 左移 n 位
>>>	右循环移位操作，$x>>>n$ 等于$(x>>n)\oplus(x<<(32-n))$，其中，$0\leqslant n<32$，$0\leqslant x<2^{32}$
<<<	左循环移位操作，$x<<<n$ 等于$(x<<n)\oplus(x>>(32-n))$，其中 $0\leqslant n<32$，$0\leqslant x<2^{32}$
P	含有 512 个 32-bit 元素的驱动表，表中元素标记为 $P[i]$，$0\leqslant i\leqslant 511$
Q	含有 512 个 32-bit 元素的驱动表，表中元素标记为 $Q[i]$，$0\leqslant i\leqslant 511$
K	HC-128 的 128-bit 密钥
IV	HC-128 的 128-bit 初始向量
s	HC-128 生成的密钥流序列，在第 i 步生成的 32-bit 输出被标记为 s_i $s=s_0 \parallel s_1 \parallel s_2 \parallel \cdots \parallel s_i \parallel s_{i+1} \parallel \cdots$

HC-128 在初始化和密钥流生成的两个过程中，需要使用 6 个函数 $f_1(x)$、$f_2(x)$、$g_1(x)$、$g_2(x)$、$h_1(x)$和 $h_2(x)$，用于驱动表的更新和密钥流的生成。6 个函数的定义如下。

$$f_1(x)=(x>>>7)\oplus(x>>>18)\oplus(x>>3)$$
$$f_2(x)=(x>>>17)\oplus(x>>>19)\oplus(x>>10)$$
$$g_1(x,\ y,\ z)=((x>>>10)\oplus(z>>>23))+(y>>>8)$$
$$g_2(x,\ y,\ z)=((x<<<10)\oplus(z<<<23))+(y<<<8)$$
$$h_1(x)=Q[x_0]+Q[256+x_2]$$
$$h_2(x)=P[x_0]+P[256+x_2]$$

其中，x、y 和 z 均为 32 比特字，$x=x_3 \parallel x_2 \parallel x_1 \parallel x_0$，$x_0$、$x_1$、$x_2$ 和 x_3 为 4 个字节，x_0 和 x_3 分别标记 x 中的最低字节和最高字节。

2. 初始化过程

初始化过程通过密钥 K 和初始向量 IV 扩展出字数组 W，用于更新驱动表 P 和 Q。

(1) 扩展字数字 W。

将 K 和 IV 表示成 4 个字节的串联，$K=K_0 \parallel K_1 \parallel K_2 \parallel K_3$，$\mathrm{IV}=\mathrm{IV}_0 \parallel \mathrm{IV}_1 \parallel \mathrm{IV}_2 \parallel \mathrm{IV}_3$，$W$ 中每个字表示成 $W_i(0\leqslant i\leqslant 1279)$，扩展过程如下。

令 $K_i=K_{i-4}(4\leqslant i\leqslant 7)$，$\mathrm{IV}_i=\mathrm{IV}_{i-4}(4\leqslant i\leqslant 7)$。

$$W_i=K_i \quad 0\leqslant i\leqslant 7$$
$$W_i=\mathrm{IV}_{i-8} \quad 8\leqslant i\leqslant 15$$
$$W_i=f_2(W_{i-2})+W_{i-7}+f_1(W_{i-15})+W_{i-16}+i \quad 16\leqslant i\leqslant 1279$$

(2) 用 W 更新驱动表 P 和 Q。

$$P[i]=W_{i+256} \quad 0\leqslant i\leqslant 511$$
$$Q[i]=W_{i+768} \quad 0\leqslant i\leqslant 511$$

(3) 运行 1024 步,更新驱动表 P 和 Q。

```
for i=0 to 511
    P[i]=(P[i]+g1(P[i-3], P[i-10], P[i-511]))⊕h1(P[i-12])
for i=0 to 511
    Q[i]=(Q[i]+g2(Q[i-3], Q[i-10], Q[i-511]))⊕h2(Q[i-12])
```

3. 密钥流生成过程

密钥流生成的每一步,都会更新驱动表中的一个元素,同时输出一个 32 比特字,其过程如下。

```
i=0;
//不断重复下列操作,直到生成足够的密钥流
{
j=i mod 512
    if (i mod 1024)<512
    {
        P[j]=P[j]+g1(P[j-3], P[j-10], P[j-511]);
        si=h1(P[j-12])⊕P[j]
    }
    else
    {
        Q[j]=Q[j]+g2(Q[j-3], Q[j-10], Q[j-511]);
        si=h2(Q[j-12])⊕Q[j];
    } end if
    i=i+1;
} end-repeat
```

HC 系列序列密码运行速度快,安全性高,只有区分攻击和旁道攻击的少量结果出现,至今未见有效的分析成果。

4.5 基于分组密码的序列密码

在分组密码一章曾介绍过操作模式,可以利用成熟安全的分组密码作为密码组件来设计和构造序列密码,其中,CFB、OFB 和 CTR 都使用分组密码算法作为密钥流生成器来进行序列密码加密,如 LEX 算法基于 AES,输出加密过程中的一些内部状态作为密钥流,可以看作 OFB 的演变。此外,还可以利用分组密码的设计思想来设计和构造序列密码。在 eStream 计划的候选算法中,有一类序列密码即采用了分组密码中成熟的结构和设计思想。例如 Mir-1 算法利用 Feistel 结构进行设计;Phelix 算法采用分组密码中迭代轮函数的结构,且设计只使用了模 2^{32} 加、异或和循环左移三种运算;最终胜出的其中一种算法 Salas 采用了迭代轮函数的结构,还利用了 AES 中行移位和列混合的思想。

Salsa20 是由 Daniel J. Bernstein 提出的基于迭代轮函数设计的序列密码算法。根据不同的安全性要求,Salsa20 算法可采用 256 比特或 128 比特的密钥长度。

Salas20 算法的结构如图 4.11 所示，算法的输入和输出均为 512 比特，表示成 4×4 的 32 位字矩阵的状态，其中每个字是小端存储的无符号整数，轮函数作用在状态上，以字为操作单位，初始状态 S 经过 20 轮轮函数，得到的结果 S^{20} 与 S 按字进行模 2^{32} 加，得到的 16 个字作为密钥流输出，因此执行一次 Salas20 算法可以产生 16 个字长的密钥流。初始状态由密钥、初始向量（2 个字）、常量（4 个字常量）和分组标号（Block Counter，2 个字表示）构成，分组标号可用于产生新的密钥流，加密新的明文消息，因此，通过有限长度的密钥和 2 个字长的随机初始向量最多可以扩展出 2^{70} 个字节长的密钥流，这也是可加密的最长明文长度。轮函数为交替执行的列变换（ColumnRound）和行变换（RowRound），一个列变换加一个行变换构成一个 DoubleRound，列变换和行变换都是通过调用 QuarterRound 函数来完成变换的，QuarterRound 函数是一个输入为 4 个字输出为 4 个字的函数。

下面我们来详细描述算法过程，其中使用到的运算包括：模 2^{32} 加（+），循环左移（<<<），模 2 加（⊕）。

1. 算法的总体描述

（1）通过输入密钥 K 和初始向量来构造初始状态 S，将其表示成 4×4 的字矩阵 $\boldsymbol{S}$：

$$\boldsymbol{S}=\begin{pmatrix} c_0 & k_0 & k_1 & k_2 \\ k_3 & c_1 & v_0 & v_1 \\ i_0 & i_1 & c_2 & k_4 \\ k_5 & k_6 & k_7 & c_3 \end{pmatrix}$$

其中，$k_0 \sim k_7$ 为 256 比特密钥 K，K 可表示成 $k_7k_6k_5k_4k_3k_2k_1k_0$ 的 8 个字的形式，若密钥为 128 比特，则 $k_7k_6k_5k_4$ 重复 $k_3k_2k_1k_0$ 的值；v_0 和 v_1 为初始向量；$c_0 \sim c_3$ 为常量；i_0 和 i_1 为 32 比特的分组标号，即 $i=i_1 \| i_0$ 构成要加密的明文块（分组）号。

常量值为：c_0=0x61707865，c_1=3320646e，c_2=79622d32，c_3=6b206574。

（2）执行一次算法的过程如下。

$$\text{Salsa20}_K(v,i)=\text{S}+\text{DoubleRound}^{10}(\text{S})$$

经过 20 轮轮函数，可以得到 512 比特的密钥流，其中 DoubleRound^{10} 表示迭代执行 DoubleRound 函数 10 轮，K 和 v 表示输入的密钥和初始向量，i 为加密的明文块号。

（3）通过修改 i_0 和 i_1 更新状态 S，重复过程（2）直至产生足够长的密钥流。

2. 相关函数定义

（1）QuarterRound 函数。

QuarterRound 函数是轮函数中需要使用到的基本函数，输入为 4 个字构成的向量，输出为 4 个字构成的向量。若输入为 $\boldsymbol{x}=\{x_0, x_1, x_2, x_3\}$，输出为 $\boldsymbol{y}=\{y_0, y_1, y_2, y_3\}$，则 QuarterRound 函数的定义为

$$\begin{cases} y_1=x_1 \oplus ((x_0+x_3)<<<7) \\ y_2=x_2 \oplus ((y_1+x_0)<<<9) \\ y_3=x_3 \oplus ((y_2+y_1)<<<13) \\ y_0=x_0 \oplus ((y_3+y_2)<<<18) \end{cases}$$

（2）ColumnRound 函数。

一轮列变换执行 ColumnRound 函数，以字矩阵状态作为输入，以列为单位来操作，

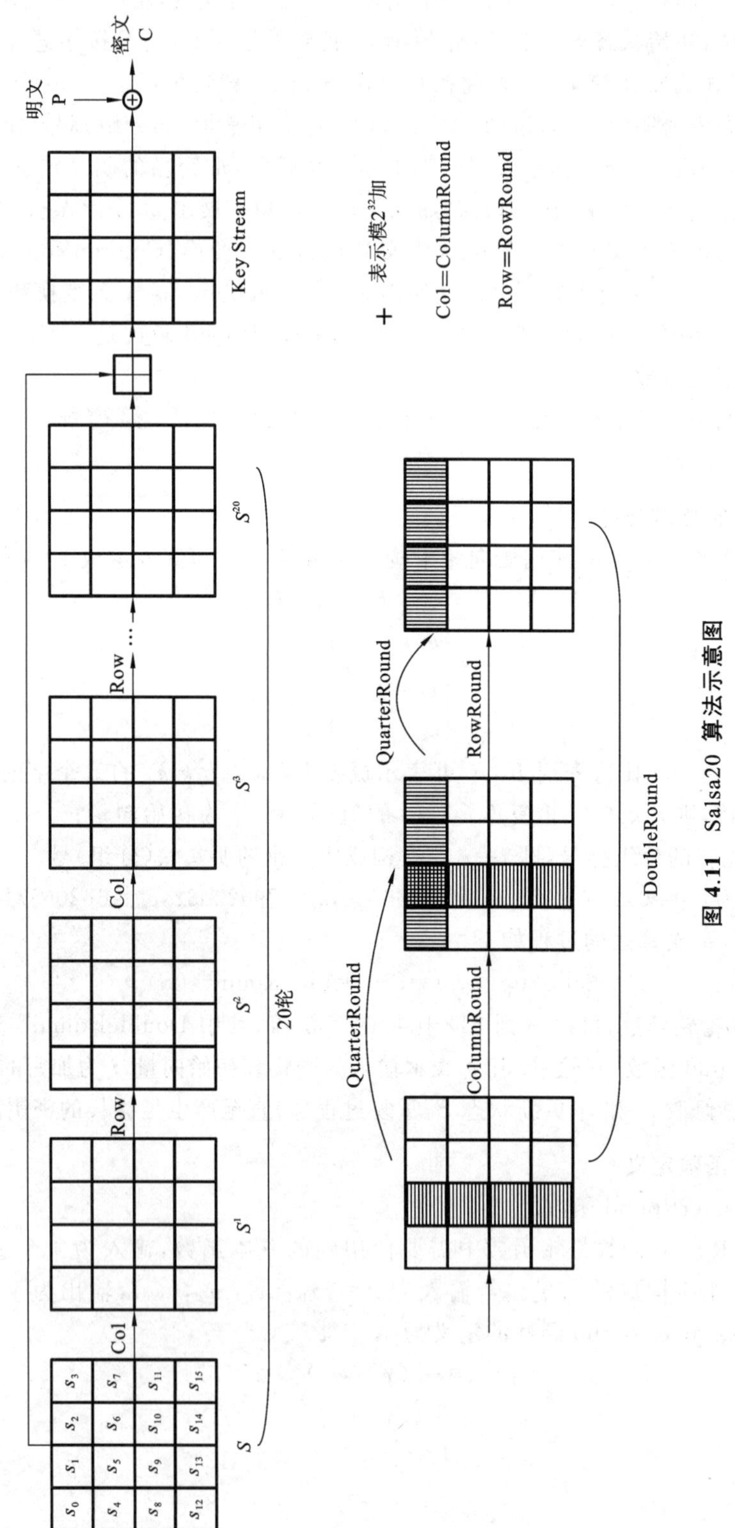

图 4.11 Salsa20 算法示意图

对每列元素执行 QuarterRound 函数。假设当前状态为 S,经过一轮列变换得到状态 S',如图 4.12 所示。

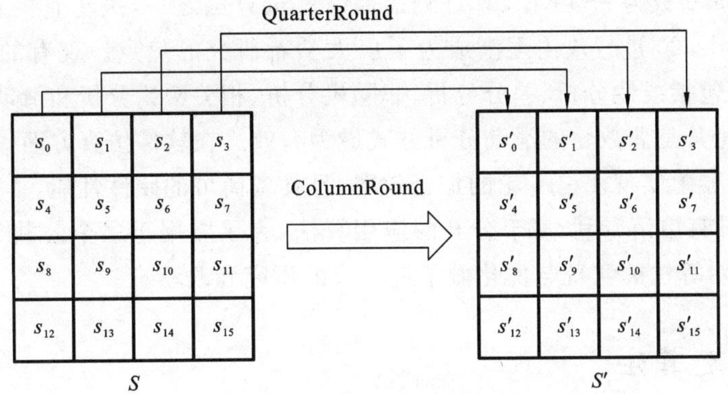

图 4.12 一轮列变换示意

ColumnRound 函数执行的操作如下。

$$(s'_0, s'_4, s'_8, s'_{12}) = \text{QuarterRound}(s_0, s_4, s_8, s_{12})$$
$$(s'_5, s'_9, s'_{13}, s'_1) = \text{QuarterRound}(s_5, s_9, s_{13}, s_1)$$
$$(s'_{10}, s'_{14}, s'_2, s'_6) = \text{QuarterRound}(s_{10}, s_{14}, s_2, s_6)$$
$$(s'_{15}, s'_3, s'_7, s'_{11}) = \text{QuarterRound}(s_{15}, s_3, s_7, s_{11})$$

(3) RowRound 函数。

一轮行变换执行 RowRound 函数,以字矩阵状态作为输入,以行为单位来操作,对每行元素执行 QuarterRound 函数。假设当前状态为 S,经过一轮行变换得到状态 S',如图 4.13 所示。

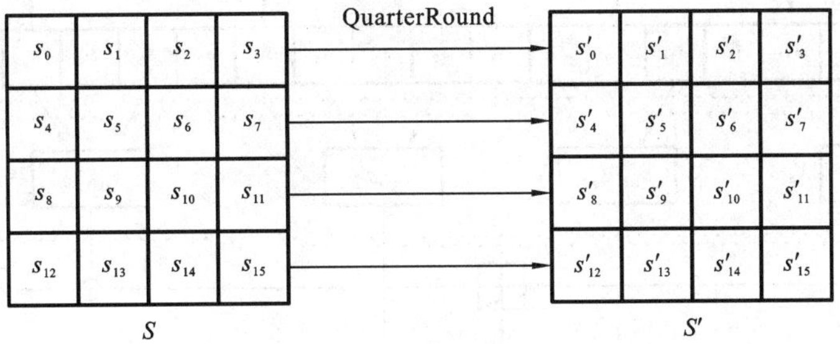

图 4.13 一轮行变换示意

RowRound 函数执行的操作如下。

$$(s'_0, s'_1, s'_2, s'_3) = \text{QuarterRound}(s_0, s_1, s_2, s_3)$$
$$(s'_5, s'_6, s'_7, s'_4) = \text{QuarterRound}(s_5, s_6, s_7, s_4)$$
$$(s'_{10}, s'_{11}, s'_8, s'_9) = \text{QuarterRound}(s_{10}, s_{11}, s_8, s_9)$$
$$(s'_{15}, s'_{12}, s'_{13}, s'_{14}) = \text{QuarterRound}(s_{15}, s_{12}, s_{13}, s_{14})$$

(4) DoubleRound 函数。

DoubleRound 函数的输入、输出分别为字矩阵表示的状态,包括连续的一次列变换和一次行变换,即连续执行一次 ColumnRound 函数和 RowRound 函数,相当于进行了两轮变换,整个 Salsa20 算法需要执行 10 轮 DoubleRound。假设输入状态为 S,其执行

过程为

$$\text{DoubleRound}(S)=\text{RowRound}(\text{ColumnRound}(S))$$

随着 Salsa20 成为 eSTREAM 计划的最终胜选算法之一，关于它的各项密码学性质及如何对 Salsa20 进行攻击逐渐成为了广大学者研究的热点。现有的对 Salsa20 算法的攻击方法包括线性分析、差分分析、非随机分析、相关密钥分析和滑动分析等，其中以滑动分析，尤其是偶数轮的滑动分析方式最为有效。在软件仿真方面，算法可以在目前的 x86 处理器上实现 4～14 轮的加密效率，且具备尚可的硬件性能。

Salsa20 没有申请专利，属于公开的应用算法，为了应用于多个公共领域的共同架构，Bernstein 对算法的实现与优化做了进一步的研究和改动。

4.6 祖冲之算法

祖冲之序列密码算法是我国自主研制的密码算法，包括祖冲之算法、加密算法 128-EEA3 和完整性算法 128-EIA3，2012 年被中国国家密码管理局发布为国家密码行业标准(GM/T 0001-2012)，2016 年被发布为国家标准(GB/T 33133-2016)。而且它还是我国第一个成为国际标准的密码算法，2011 年我国推荐 128-EEA3 和 128-EIA3 算法作为 3GPP LTE 的 4G 移动通信加密标准的候选算法并获得通过。

祖冲之算法的结构如图 4.14 所示，其分为三层：上层是 16 级线性反馈移位寄存

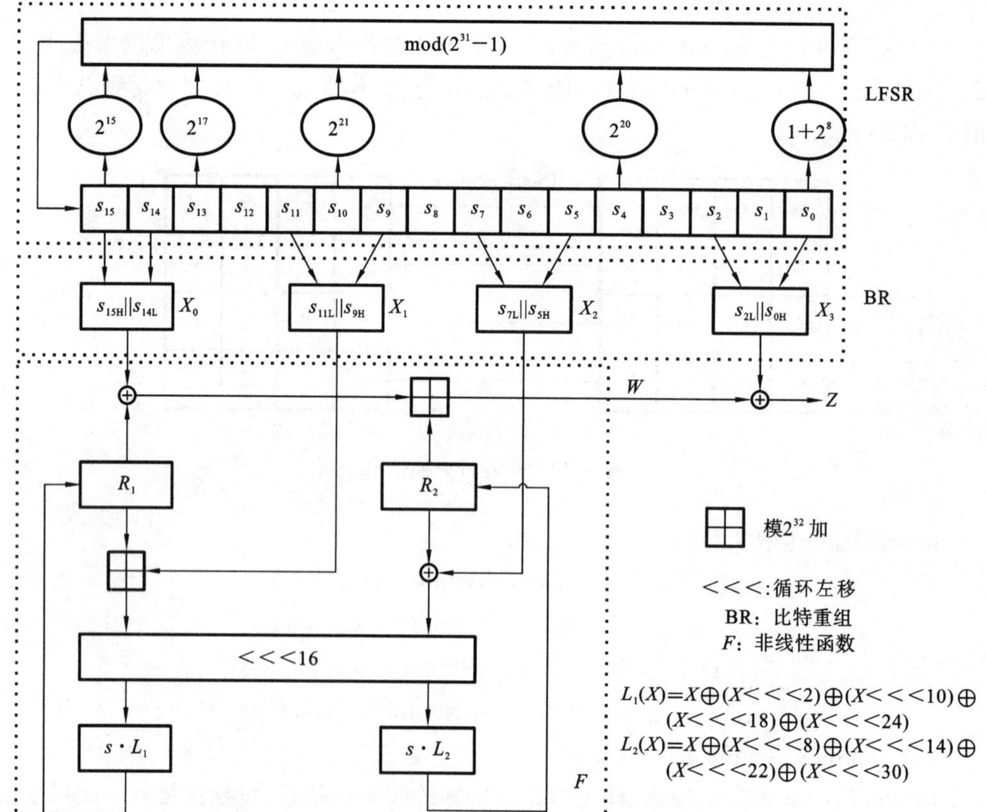

图 4.14 祖冲之算法的结构

器;中层是比特重组(Bit Reconstruction,BR);下层是非线性函数 F。下面分别描述各层的工作过程及祖冲之算法的流程,在算法的伪码描述中,+表示算术加法运算,mod 表示整数取余运算,⊕表示按比特逐位异或运算,⊞表示模 2^{32} 加,‖表示字符串的连接,$*_H$表示取字的高 16 比特,$*_L$表示取字的低 16 比特,$<<<k$ 表示 32 比特字循环左移 k 位,$>>k$ 表示 32 比特字右移 k 位,$\boldsymbol{a}\to\boldsymbol{b}$ 表示向量 $\boldsymbol{a}$ 按分量逐分量赋值给向量 $\boldsymbol{b}$。

1. 线性反馈移位寄存器

算法中使用一个定义在素域 F_q($q=2^{31}-1$,为素数)的 16 级 LFSR,其中包括 16 个 31 比特寄存器单元变量 s_i($0\leqslant i\leqslant 15$),LFSR 包括两种运行模式:初始化模式和工作模式。

(1) 初始化模式。

在初始化模式下,LFSR 接收一个 31 比特字 u 作为输入,过程如下。

LFSRWithInitialisationMode(u)

{

$v=2^{15}s_{15}+2^{17}s_{13}+2^{21}s_{10}+2^{20}s_4+(1+2^8)s_0 \bmod (2^{31}-1)$;

$s_{16}=v+u \bmod (2^{31}-1)$;

if $s_{16}=0$ then $s_{16}=2^{31}-1$;

$(s_1,s_2,\cdots,s_{16})\to(s_0,s_1,\cdots,s_{15})$;

}

(2) 工作模式。

在工作模式下,LFSR 不接受任何输入。

LFSRWithWorkMode()

{

$s_{16}=2^{15}s_{15}+2^{17}s_{13}+2^{21}s_{10}+2^{20}s_4+(1+2^8)s_0 \bmod (2^{31}-1)$;

if $s_{16}=0$ then $s_{16}=2^{31}-1$;

$(s_1,s_2,\cdots,s_{16})\to(s_0,s_1,\cdots,s_{15})$;

}

2. 比特重组

比特重组从 LFSR 的寄存器单元中抽取出 128 比特组成 4 个 32 位字。

BitReconstruction()

{

$X_0=s_{15H}\parallel s_{14L}$;

$X_1=s_{11L}\parallel s_{9H}$;

$X_2=s_{7L}\parallel s_{5H}$;

$X_3=s_{2L}\parallel s_{0H}$;

}

3. 非线性函数 F

F 包含 2 个 32 比特记忆单元变量 R_1 和 R_2,输入 3 个 32 位字 X_0、X_1 和 X_2,输出一个 32 位字 W。

$F(X_0,X_1,X_2)$

{

$W=(X_0 \oplus R_1) \boxplus R_2$;

$W_1=R_1 \boxplus X_1$;

$W_2=R_2 \oplus X_2$;

$R_1=S(L_1(W_{1L} \| W_{2H}))$;

$R_2=S(L_2(W_{2L} \| W_{1H}))$;

}

$S=(S_0, S_1, S_2, S_3)$为 32 比特的 S 盒代换，其中，$S_0=S_2$，$S_1=S_3$，包含两个 8 比特的代换 S_0 和 S_1，如表 4.2 和表 4.3 所示。其中，代换 $S_i(i=0,1)$的输入为 8 比特，输出为 8 比特。输入输出在表中均表示为两个 16 进制数，使用行列的序号表示输入，而表中的元素代表代换之后的 8 比特输出（两个 16 进制数表示），比如在表 4.2 中，输入 00010010，表示成 16 进制数为 0x12，1 行 2 列元素为 0xF9，即 S_0(00010010=0x12)=0xF9=11111001。L_1 和 L_2 位 32 比特的线性变换定义为

$$L_1(X)=X \oplus (X<<<2) \oplus (X<<<10) \oplus (X<<<18) \oplus (X<<<24)$$

$$L_2(X)=X \oplus (X<<<8) \oplus (X<<<14) \oplus (X<<<22) \oplus (X<<<30)$$

表 4.2 S_0 代换

	0	1	2	3	4	5	6	7	8	9	A	B	C	D	E	F
0	3E	72	5B	47	CA	E0	00	33	04	D1	54	98	09	B9	6D	CB
1	7B	1B	F9	32	AF	9D	6A	A5	B8	2D	FC	1D	08	53	03	90
2	4D	4E	84	99	E4	CE	D9	91	DD	B6	85	48	8B	29	6E	AC
3	CD	C1	F8	1E	73	43	69	C6	B5	BD	FD	39	63	20	D4	38
4	76	7D	B2	A7	CF	ED	57	C5	F3	2C	BB	14	21	06	55	9B
5	E3	EF	5E	31	4F	7F	5A	A4	0D	82	51	49	5F	BA	58	1C
6	4A	16	D5	17	A8	92	24	1F	8C	FF	D8	AE	2E	01	D3	AD
7	3B	4B	DA	46	EB	C9	DE	9A	8F	87	D7	3A	80	6F	2F	C8
8	B1	B4	37	F7	0A	22	13	28	7C	CC	3C	89	C7	C3	96	56
9	07	BF	7E	F0	0B	2B	97	52	35	41	79	61	A6	4C	10	FE
A	BC	26	95	88	8A	B0	A3	FB	C0	18	94	F2	E1	E5	E9	5D
B	D0	DC	11	66	64	5C	EC	59	42	75	12	F5	74	9C	AA	23
C	0E	86	AB	BE	2A	02	E7	67	E6	44	A2	6C	C2	93	9F	F1
D	F6	FA	36	D2	50	68	9E	62	71	15	3D	D6	40	C4	E2	0F
E	8E	83	77	6B	25	05	3F	0C	30	EA	70	B7	A1	E8	A9	65
F	8D	27	1A	DB	81	B3	A0	F4	45	7A	19	DF	EE	78	34	60

表 4.3 S_1 代换

	0	1	2	3	4	5	6	7	8	9	A	B	C	D	E	F
0	55	C2	63	71	3B	C8	47	86	9F	3C	DA	5B	29	AA	FD	77
1	8C	C5	94	0C	A6	1A	13	00	E3	A8	16	72	40	F9	F8	42
2	44	26	68	96	81	D9	45	3E	10	76	C6	A7	8B	39	43	E1
3	3A	B5	56	2A	C0	6D	B3	05	22	66	BF	DC	0B	FA	62	48
4	DD	20	11	06	36	C9	C1	CF	F6	27	52	BB	69	F5	D4	87
5	7F	84	4C	D2	9C	57	A4	BC	4F	9A	DF	FE	D6	8D	7A	EB
6	2B	53	D8	5C	A1	14	17	FB	23	D5	7D	30	67	73	08	09
7	EE	B7	70	3F	61	B2	19	8E	4E	E5	4B	93	8F	5D	DB	A9
8	AD	F1	AE	2E	CB	0D	FC	F4	2D	46	6E	1D	97	E8	D1	E9
9	4D	37	A5	75	5E	83	9E	AB	82	9D	B9	1C	E0	CD	49	89
A	01	B6	BD	58	24	A2	5F	38	78	99	15	90	50	B8	95	E4
B	D0	91	C7	CE	ED	0F	B4	6F	A0	CC	F0	02	4A	79	C3	DE
C	A3	EF	EA	51	E6	6B	18	EC	1B	2C	80	F7	74	E7	FF	21
D	5A	6A	54	1E	41	31	92	35	C4	33	07	0A	BA	7E	0E	34
E	88	B1	98	7C	F3	3D	60	6C	7B	CA	D3	1F	32	65	04	28
F	64	BE	85	9B	2F	59	8A	D7	B0	25	AC	AF	12	03	E2	F2

4. 密钥装入

祖冲之算法在初始执行过程中需要使用一个 128 比特的初始密钥 k 和 1 个 128 比特的初始向量 iv,密钥装入过程将 k 和 iv 扩展为 16 个 31 比特字作为 LFSR 寄存器单元 $s_i(0 \leqslant i \leqslant 15)$的初始状态。将 k 和 iv 表示成 16 个字节的串联形式,$k = k_0 \parallel k_1 \parallel \cdots \parallel k_{15}$,$\mathrm{iv} = \mathrm{iv}_0 \parallel \mathrm{iv}_1 \parallel \cdots \parallel \mathrm{iv}_{15}$。$D$ 为 240 比特的常量,可表示成 16 个 15 比特的子串,$D = d_0 \parallel d_1 \parallel \cdots \parallel d_{15}$,其中,

$$d_0 = 100010011010111$$
$$d_1 = 010011010111100$$
$$d_2 = 110001001101011$$
$$d_3 = 001001101011110$$
$$d_4 = 101011110001001$$
$$d_5 = 011010111100010$$
$$d_6 = 111000100110101$$
$$d_7 = 000100110101111$$
$$d_8 = 100110101111000$$
$$d_9 = 010111100010011$$
$$d_{10} = 110101111000100$$
$$d_{11} = 001101011110001$$
$$d_{12} = 101111000100110$$
$$d_{13} = 011110001001101$$
$$d_{14} = 111100010011010$$
$$d_{15} = 100011110101100$$

密钥装入的过程，即是对16个LFSR的寄存器单元变量赋初值作为LFSR的初态，有 $s_i = k_i \| d_i \| iv_i (0 \leqslant i \leqslant 15)$。

5. 算法运行

在介绍了祖冲之算法的基本结构和密钥装入之后，我们来给出算法的运行过程。

(1) 初始化阶段。

```
输入 k 和 iv;
for i=0 to 15 do
    s_i = k_i || d_i || iv_i;
R_1 = 00…0;
R_2 = 00…0;
for i=0 to 31 do
{
    BitReconstruction();
    W=F(X_0, X_1, X_2);
    LFSRWithInitialisationMode(W>>1);
}
```

(2) 工作阶段。

首先执行下述过程，并将 F 输出的 W 丢弃。

```
BitReconstruction();
W=F(X_0, X_1, X_2);
LFSRWithWorkMode();
```

然后通过不断执行下列过程输出密钥，每执行一次，输出一个32比特的密钥字 Z。

```
BitReconstruction();
Z=F(X_0, X_1, X_2)⊕X_3;
LFSRWithWorkMode();
```

以上简要介绍了系列算法中祖冲之算法的基本结构和过程，通过算法可以输出密钥流来作为序列密码加密的密钥以及用于消息认证码(Message Authentication Code, MAC)的计算。加密算法和完整性算法就不赘述了，可参看相关参考文献。

习题

4.1 考虑 Z_2 上的4级线性递归序列 $Z_{i+4} = (Z_i + Z_{i+1} + Z_{i+2}) \bmod 2$，对于初始向量1101，求其生成序列的周期。

4.2 假设使用4级线性反馈移位寄存器作为序列密码的密钥流生成器，已知密文串0010011111010100和前8位的明文串10111101，试求其后8位明文。

4.3 考虑 Z_2 上的4级线性递归序列 $Z_{i+4} = (Z_i + Z_{i+1} + Z_{i+2} + Z_{i+3}) \bmod 2$，求其变换矩阵和特征多项式，分析其生成序列的周期。

4.4 设周期序列 a 和 b 的极小多项式分别为 $f(x)$ 和 $g(x)$，若 $\gcd(f(x), g(x)) = 1$，证明 $\rho(a+b) = [\rho(a), \rho(b)]$。

4.5 给定 Z_2 上的多项式 $f(x)=(x^2+x+1)(x^4+x+1)$，试分析 $G(f)$ 中的平移等价类，给出其平移等价类的个数及其周期。

4.6 设一个同步流密码的密钥流通过定义在 Z_2 上的 5 级 LFSR 生成，现截获到密文串“100110100011010”及其对应的明文串“101000111000101”，试给出该 LFSR 递推公式和特征多项式，并分析其所产生序列的周期。

4.7 设 a 为 LFSR 序列，证明 $a,L(a),\cdots,L^{n-1}(a)$ 线性无关当且仅当 a 的极小多项式次数 $\geqslant n$。

4.8 设 $f(x)\in Z_2[x]$，次数大于 0，证明：以 $f(x)$ 为特征多项式的非零序列，极小多项式都为 $f(x)$ 当且仅当 $f(x)$ 是不可约多项式。

4.9 试分析同步序列密码和异步序列密码的优缺点。

4.10 假设移位寄存器的反馈函数为布尔函数 $f=1\oplus x_0\oplus x_1x_2\oplus x_2\oplus x_4$，求 $G(f)$ 及其状态图，并判断能否生成 4 级 de Bruijn 序列。

5

Hash 函数

在被动攻击之下，即消息仅仅只遭受到窃听攻击的情况下，使用分组密码可以保障消息的机密性，但在主动攻击之下，也即敌手可能会对消息进行删除、篡改、增加、重放或伪造的情况下，需要考虑消息的完整性。密码学上的 Hash 函数用于保障数据完整性。

5.1 Hash 函数和数据完整性

数据完整性在第 1.1.1 节中已给出定义，完整性校验即检查消息在公开信道中是否被未授权的用户篡改。Hash 函数可以用来进行完整性校验。Hash 函数将任意长的消息 M 映射为定长的值 y，记为 $y=H(M)$。值 y 称作消息摘要，或者“数字指纹”。Hash 函数有时又称为摘要函数、散列函数或者杂凑函数。一旦数据改变，摘要值也会改变，而且 Hash 函数具有雪崩性，即摘要值与消息的每一比特都高度相关，消息一旦被修改 1 比特或者多比特，摘要值会发生显著变化。在数据传输或存储过程中，摘要值与数据绑定，一旦发现摘要值与所绑定的数据不匹配，即可检测数据的完整性。

Hash 函数分为带密钥的和不带密钥的，带密钥的 Hash 函数可作为消息认证码(Message Authentication Code，MAC)，不带密钥的常直接称为 Hash 函数。对于 MAC，消息摘要可以和消息一起在不安全的信道中传输，不仅可以验证消息是否被篡改，还可以进行数据源认证。假设 Alice 和 Bob 共享了秘密的密钥 k，并确定了 h_k，给定消息 m，Alice 和 Bob 都可以计算 $y=h_k(m)$。Alice 可将 (m,y) 通过不安全的信道传输给 Bob。Bob 接收到 Alice 传过来的 (m,y)，可以根据共享的 k 验证 $y=h(m)$ 是否成立，若成立则确信消息没有被篡改，而且还能验证消息来源于 Alice。如果是不带密钥的 Hash 函数，则消息摘要不能公开，其必须被安全地存储或者传输，而且不能进行数据源鉴别。

Hash 函数可以用于口令保护、检查软件的完整性、数字签名、构造消息认证码 HMAC 及伪随机数发生器。

对于 Hash 函数来说，要求其满足：

(1) 输入任意长，输出固定长度；

(2) 计算有效，给定消息 m，能快速计算出 $H(m)$；

(3) 具备安全性，包括单向性和碰撞稳固性。

5.2 Hash 函数的安全性

Hash 函数的主要目的是寻找消息的“短指纹”，用于认证完整性。假定不带密钥的 Hash 函数定义为 $h: X \to Y$，则 Hash 函数的安全性主要包括以下几个方面。

(1) 单向性：给定消息摘要 y，找到消息 $x \in X$ 使得 $y = h(x)$ 困难。

(2) 第二原像稳固：给定 $x \in X$ 及其摘要 $y = h(x)$，找到 $x' \in X$ 使得 $x' \neq x$ 且 $y = h(x')$ 成立困难。

(3) 碰撞稳固：找到消息 $x, x' \in X$ 使得 $x' \neq x$ 且 $h(x) = h(x')$ 成立困难。

5.2.1 生日攻击

生日攻击（生日悖论）是寻找碰撞的一般性方法。生日攻击的一般描述是，对任意函数 $f: X \to Y$，其中 Y 为包含 n 个元素的集合，考虑下面的问题：对于一个概率界限 ε $(0 < \varepsilon < 1)$，找一个整数 k，使得对于 k 个两两互异的值 $x_1, x_2, \cdots, x_k \in X$，$k$ 个函数值 $f(x_1), f(x_2), \cdots, f(x_k)$，对于某些 $i \neq j$，有 $p(f(x_i) = f(x_j)) \geqslant \varepsilon$，即在 k 个函数值中，以不低于 ε 的概率发生碰撞。

这里主要考虑的是随机函数，也就是能将 X 中均匀分布的输入映射到 Y 中均匀分布的输出。一般为了保证有碰撞，需要 $|X| \geqslant |Y|$。

我们可以想象往 n 个箱子（Y 的 n 个取值）中随机投入 k 个球（k 个随机的 x 值），没有发生碰撞即没有一个箱子中被投入两球。我们计算没有发生碰撞的概率，假设 Pr_i 为投了 i 个球未发生碰撞的概率，那么有

$$\mathrm{Pr}_1 = 1$$

$$\mathrm{Pr}_2 = \mathrm{Pr}_1 \times \frac{n-1}{n} = 1 - \frac{1}{n}$$

$$\mathrm{Pr}_3 = \mathrm{Pr}_2 \times \frac{n-2}{n} = \left(1 - \frac{1}{n}\right)\left(1 - \frac{2}{n}\right)$$

$$\cdots$$

$$\mathrm{Pr}_k = \mathrm{Pr}_{k-1} \times \frac{n-(k-1)}{n} = \left(1 - \frac{1}{n}\right)\left(1 - \frac{2}{n}\right)\cdots\left(1 - \frac{k-1}{n}\right)$$

取 $1 - x \approx \mathrm{e}^{-x}$，那么无碰撞的概率大约为

$$\mathrm{Pr}_k = \left(1 - \frac{1}{n}\right)\left(1 - \frac{2}{n}\right)\cdots\left(1 - \frac{k-1}{n}\right) \approx \prod_{i}^{k-1} \mathrm{e}^{-\frac{i}{n}} = \mathrm{e}^{-\frac{(k-1)k}{2n}}$$

若希望至少发生一次碰撞的概率下限为 ε，则有

$$1 - \mathrm{e}^{-\frac{(k-1)k}{2n}} \geqslant \varepsilon$$

舍去 k 的一次项，有

$$k \geqslant \sqrt{2n \ln \frac{1}{1-\varepsilon}}$$

取 $\varepsilon = \frac{1}{2}$，得到 $k \geqslant 1.1774\sqrt{n}$，取 $n = 365$，$k \approx 22.49$，也就是说，任取 23 个人，其中有两个人生日相同的概率不低于 1/2，这个数字比一般人所想象的低，所以称为生日攻击或者生日悖论。

根据上面的结论，对于任意输出空间为 n 的随机函数，只需计算大约$\sqrt{n}$个函数值，就能以不可忽略的概率发现一个碰撞。所以 Hash 函数的输出空间大小必须有一个下界。如果 Hash 函数输出 m 比特(输出空间为 2^m)，那么只需要计算 $2^{m/2}$ 个函数值。目前至少需要 160 比特，抗生日攻击的强度为 2^{80}。SHA-1 输出 160 比特的摘要值，而对于 MD5 是 128 比特。

5.2.2 随机预言机

随机预言机模型(Random Oracle Machine，ROM)由 Bellare 和 Rogaway 提出。它是一种强大的虚拟函数，它是确定的和有效的，而且它的输出服从均匀分布。随机预言机模型通常被用于公钥密码方案的安全性证明。它可以作为描述 Hash 函数的一种理想化的模型。如果 Hash 函数设计得好，其可以看作一个随机函数，对于给定的 x，根据函数 h 计算 $h(x)$是得到 $h(x)$的唯一有效的方法。即使在已知很多其他消息的 Hash 值 $h(x_1)$，$h(x_2)$，…的情况下，这个结论依然是正确的。

在本书参考文献[2]中给出了一个不能保持这种性质的例子。假定 Hash 函数 h：$Z_n \times Z_n \to Z_n$ 是一个线性函数：

$$h(x,y)=(ax+by) \bmod n$$

其中，$a,b \in Z_n$且 $n \geqslant 2$。假定我们有

$$h(x_1,y_1)=z_1$$

$$h(x_2,y_2)=z_2$$

则令 $r,s \in Z_n$，对于任意两点的线性组合

$$(x,y)=r(x_1,y_1)+s(x_2,y_2),$$

$$\begin{aligned} h(rx_1+sx_2 \bmod n, ry_1+sy_2 \bmod n) &= a(rx_1+sx_2)+b(ry_1+sy_2) \bmod n \\ &= r(ax_1+by_1)+s(ax_2+by_2) \bmod n \\ &= rz_1+sz_2 \bmod n \end{aligned}$$

可以看到，只需要知道 $h(x_1,y_1)$和 $h(x_2,y_2)$的值，对于其他任意由两点线性组合得到的点，其 Hash 值都可以计算出来，甚至不用知道参数 a 和 b。

虽然在现实中随机预言机并不存在，但我们可通过随机预言机来描述 Hash 函数，并分析关于 Hash 函数安全性的三个问题的困难性及其之间的相对困难性。

对于任意的 x，获取 $h(x)$的唯一方式是询问随机预言机，即使在已知某些消息的 h 值之后。确定性和有效性表现在对于相同消息的询问，ROM 会给出相同的结果。对于输出随机分布，表现在定理 5.1。

定理 5.1 假定 $h \in F^{X,Y}$是随机选择的，$|X|=M$，$|Y|=N$，令 $X_0 \subseteq X$，假定当且仅当 $x \in X_0$时，$h(x)$的值通过随机预言机被确定，那么对所有的 $x \in X \backslash X_0$ 和 $y \in Y$，都有 $\Pr(h(x)=y)=\frac{1}{N}$。

5.2.3 Hash 函数安全性的三个问题

我们在随机预言机模型下来考虑关于 Hash 函数安全性的三个问题的困难程度。使用随机预言机来描述这三个问题的算法可见算法 5.1、算法 5.2 和算法 5.3。算法可用在任意的 Hash 函数上，因为这些算法不需要知道关于 Hash 函数的任何细节。

所有的算法都是 Las Vegas 随机算法，它们不一定会返回结果，但是如果返回一个结果，那么这个结果一定是正确的。

我们用(ε,Q) 表示一个具有平均情况成功率 $\varepsilon(0\leqslant\varepsilon\leqslant1)$的 Las Vegas 算法，其中向随机预言机询问(即求 h 的值)的次数最多为 Q 次。平均情况成功率是指对规定范围内的每个问题实例，一个随机算法平均能返回一个正确结果的概率至少为 ε。如果对于每个问题实例，一个随机算法能返回一个正确结果的概率至少为为 ε，那么该算法具有最差情况成功率 ε。

算法 5.1 为寻找原像的算法，输入为 Hash 函数 h、像 y 和最多询问次数 Q。

算法 5.1 Find-Preimage(h,y,Q)。

选择任意的 $X_0\subseteq X, |X_0|=Q$

for each $x\in X_0$

  if $h(x)=y$

    then return(x)

return(failure)

定理 5.2 对于任意的 $X_0\subseteq X$，且$|X_0|=Q$，算法 5.1 的平均情况成功率为 $\varepsilon=1-(1-1/N)^Q$。

证明 给定 $y\in Y$，令 $X_0=\{x_1,x_2,\cdots,x_Q\}$，令 E_i 表示事件"$h(x_i)=y$"，则根据定理 5.1 有 $\Pr(E_i)=\dfrac{1}{N}$，其中，$1\leqslant i\leqslant Q$。

若对于给定的 y 算法成功，则至少有一个 E_i 成立，且 E_i 相互独立，成功的概率为

$$\Pr(E_1\vee E_2\vee\cdots\vee E_Q)=1-\Pr(\overline{E_1}\wedge\overline{E_2}\wedge\cdots\wedge\overline{E_Q})=1-\left(1-\frac{1}{N}\right)^Q。$$

对于每个给定的 y，算法成功的概率是相同的，因此算法 5.1 的平均情况成功率为 $\varepsilon=1-(1-1/N)^Q$，结论得证。

当 $Q\ll N$ 时，$\varepsilon\approx\dfrac{Q}{N}$。也就是说，要获得 ε 的成功率，需要 $Q=N\varepsilon$ 次计算。

算法 5.2 为寻找第二原像的算法，与算法 5.1 类似，但是输入是原像 x，寻找第二原像，算法中需要调用 h 来计算像 y。

算法 5.2 Find-SecondPreimage(h,x,Q)。

$y=h(x)$

选择 $X_0\subseteq X\backslash\{x\}, |X_0|=Q-1$

for each $x'\in X_0$

  if $h(x')=y$

    then return(x')

return(failure)

定理 5.3 对于任意的 $X_0\subseteq X\backslash\{x\}$，且$|X_0|=Q-1$，算法 5.2 的成功率为 $\varepsilon=1-(1-1/M)^{Q-1}$。

与定理 5.2 的证明类似。可知寻找第二原像的计算复杂度与寻找原像的相当，是同等数量级的。

算法 5.3 是关于碰撞问题的算法，因此只需要给定 h 和最大询问次数。

算法 5.3 Find-Collision(h,Q)。

选择 $X_0 \subseteq X$，$|X_0|=Q$
for each $x \in X_0$
　$y_x = h(x)$
if 对于某一 $x' \neq x$，$y_x{}' = y_x$
　　then return(x,x')
　　else return(failure)

定理 5.4　对于任意的 $X_0 \subseteq X$，且 $|X_0|=Q$，算法 5.3 的成功率为 $\varepsilon = 1 - \left(\frac{N-1}{N}\right)\left(\frac{N-2}{N}\right)\cdots\left(\frac{N-Q+1}{N}\right)$。

对于碰撞稳固性，可以使用生日攻击来分析，通过第 5.2.1 节中生日攻击对随机函数的攻击成功概率的分析，可以得到定理 5.4 中的结论。

根据第 5.2.1 节中的结论，当成功率为 ε 时，有

$$Q \geqslant \sqrt{2N\ln\frac{1}{1-\varepsilon}}$$

即为了获得 ε 的成功率，Q 的数量级是 $O(\sqrt{N})$，从计算复杂性的角度来说，寻找碰撞比寻找原像和寻找第二原像更容易。

5.2.4　安全性准则的比较

我们来考虑关于 Hash 函数安全性的三个问题中的归约问题。通过问题之间的归约也可以说明解决碰撞问题比解决原像和第二原像问题更容易。

算法 5.4 可以将碰撞问题归约到第二原像问题。

算法 5.4　Collision-To-SecondPreimage(h)。
external　Oracle-SecondPreimage
均匀地随机选择 $x \in X$
if　Oracle-SecondPreimage$(h,x)=x'$
　then　return(x,x')
　else　return(failure)

假定 Oracle-SecondPreimage 是一个能解决 Hash 函数 h 第二原像问题的(ε,Q) Las Vegas 算法，那么当它能够成功返回一个 x'时，必有 $x' \neq x$，那么算法 5.4 一定可以返回 h 的一对碰撞的原像(x,x')，以概率为 1 寻找碰撞成功，因此归约算法 5.4 是一个(ε,Q)的算法。在归约过程中，并没有对 Hash 函数做任何假设，那么第二原像问题是比碰撞问题更困难的问题。由于碰撞问题可以归约到第二原像问题，因此如果 Hash 算法是碰撞稳固的，那么它一定是第二原像稳固的；否则，根据归约关系，只要能找到第二原像，就可以找到碰撞，那么其就不可能是碰撞稳固的了。

如果碰撞问题能够归约到原像问题，那么也有同样的结论，即 Hash 函数如果是碰撞稳固的，那么一定是原像稳固的。算法 5.5 给出了可以将碰撞问题归约到原像问题的一些特殊情况。首先假设 Hash 函数 $h: X \to Y$ 的定义域和值域都是有限集合，且$|X| \geqslant 2|Y|$，假设 Oracle-Preimage 是一个关于原像问题的$(1,Q)$算法，那么对于任意的 $y \in Y$ 总可以找到一个 $x \in X$ 使得算法成功返回（因此，h 是满射）。

算法 5.5　Collision-To-Preimage(h)。

```
External Oracle-Preimage
均匀地随机选择 x∈X
y=h(x)
if (Oracle-Preimage(h,y)=x')且 x≠x'
   then  return(x,x')
   else  return(failure)
```

定理 5.5 假定 $h:X\to Y$ 是一个 Hash 函数，$|X|$ 和 $|Y|$ 有限且 $|X|\geqslant 2|Y|$，假定 Oracle-Preimage 对固定的 Hash 函数 h 是关于原像问题的一个 $(1,Q)$ 算法，则 Collision-To-Preimage 是对固定的 Hash 函数 h 关于碰撞问题的一个 $(1/2,Q+1)$ 算法。

证明 算法 5.5 或者返回一个正确结果，或者失败，因此是一个 Las Vagas 类的概率算法。

对任意 $x,x'\in X$，如果 $h(x)=h(x')$，我们定义关系 $x\sim x'$。容易证明 $x\sim x'$ 是自反的、对称的和可传递的，所以 $x\sim x'$ 是等价关系。定义集合

$$[x]=(x'\in X:x\sim x')$$

每个等价类 $[x]$ 是由 Y 中某个元素的原像组成的，因此等价类的个数与 Y 中元素的个数相等，用 C 表示等价类的集合，则有 $|C|=|Y|$。

每个明文都是均匀随机选取的，对于任意的某一个 $x\in X$，算法 5.5 的成功率为 $\frac{|[x]|-1}{|[x]|}$，则算法的平均成功率为

$$\begin{aligned}\Pr(\text{成功}) &= \frac{1}{|X|}\sum_{x\in X}\frac{|[x]|-1}{|[x]|} = \frac{1}{|X|}\sum_{c\in C}\sum_{x\in c}\frac{|[x]|-1}{|[x]|}\\ &= \frac{1}{|X|}\sum_{y\in Y}(|[x]|-1) = \frac{|X|-|Y|}{|X|} \geqslant \frac{1}{2}\end{aligned}$$

其中的不等式利用了 $|X|\geqslant 2|Y|$ 的假设。

则我们通过调用 Oracle-Preimage 构造了一个 $(1/2,Q+1)$ 的寻找碰撞的算法，定理 5.5 得到证明。

通过三个问题的归约关系，我们也可以得到碰撞问题相对于原像问题和第二原像问题是更容易的问题。对于 Hash 函数的构造和设计，主要关注碰撞问题，只要能够保证碰撞稳固，可以认为原像问题和第二原像问题是困难的。

5.3 Hash 函数的迭代结构

Hash 函数的构造也可参考分组密码的设计理论来设计，遵循混乱和扩散的原则，使用迭代的思想。不同的是，Hash 函数更强调运算的高效，因此很多都采用逻辑函数来构造。Merkle 于 1989 年提出了 Hash 函数的通用结构。

5.3.1 Hash 函数的通用结构

Merkle 提出的 Hash 函数的通用结构（Merkle-Damgard 结构）如图 5.1 所示，这是一种迭代结构。常用的 Hash 算法，包括 MD5、SHA-1 和我国的商密标准 SM3 都使用这种结构。

通用结构的基本思想是，设计一个压缩函数 f，输入为 b 比特的消息分组和 n 比特

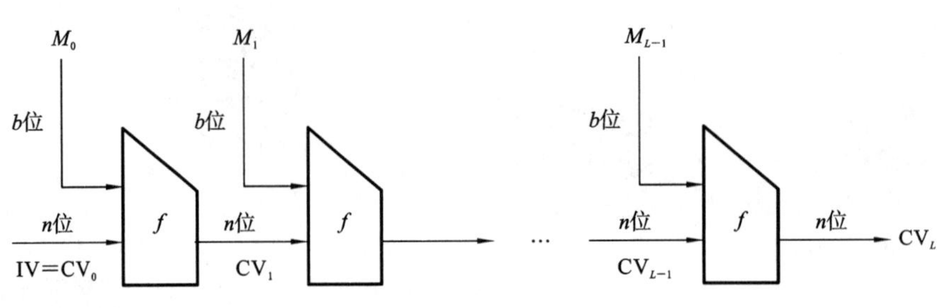

IV=初值
CV=链接值
M_i=第i个消息分组
f=压缩函数
L=输入分组数
n=摘要值长度
b=输入分组的长度

图 5.1　Hash 函数的通用结构

的链接值,输出为 n 比特的链接值;将消息按照 b 比特的分组长度分成 L 块,若第 L 块(图 5.1 中的 M_{L-1})不足 b 位,则填充至 b 位,为了减少碰撞及增加攻击难度,一般将消息长度作为填充的数据放在最后一块中;每一轮迭代(f 压缩函数)将消息块 M_i 和上一轮迭代的输出 CV_i 作为输入,输出 CV_{i+1},其中,CV_0 为初始向量 IV,$0\leqslant i\leqslant L-1$,最后一轮的输出链接值 CV_L 为消息的摘要。

Hash 函数构建在压缩函数 f 的基础之上,在有些研究者提出的方案中可以证明,如果 f 函数是碰撞稳固的,那么 Hash 函数就是碰撞稳固的。

5.3.2　MD5

Ron Rivest 于 1990 年提出 MD4,于 1992 年提出 MD5(RFC1321)。

MD5 把消息以 512 比特为单位进行分块,最后输出 128 比特的摘要。MD5 的结构如图 5.2 所示。首先将消息填充成 512 比特的整数倍,然后每轮以 512 比特的分组 Y_q($0\leqslant q\leqslant L-1$)和 128 比特的链接值 CV_q($0\leqslant q\leqslant L-1$,$CV_0$=IV)作为压缩函数 H_{MD5} 的输入,执行 L 轮后得到的 CV_L 为最终的摘要值输出。

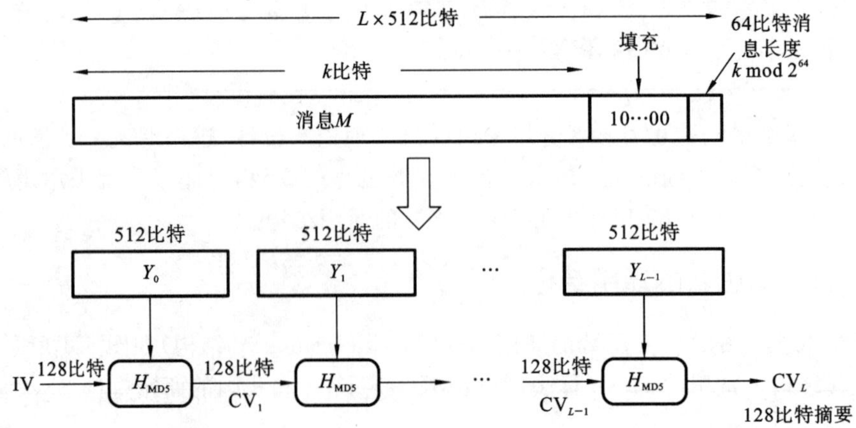

图 5.2　MD5 的结构

在 MD5 中使用到的函数和算法描述中，$\wedge$、$\vee$、$\neg$、$\oplus$和＋分别表示 32 比特与运算、32 比特或运算、32 比特非运算、32 比特异或运算和 mod 2^{32} 的算术加运算，$\|$ 表示字符串的连接，$<<k$ 表示循环左移 k 位。

1. 填充

假设消息 M 的长度为 k 比特，在 MD5 中，填充算法是在消息后先填充一个 1，后面串联上 i 个 0($i\geqslant 0$)，使得($k+1+i$) mod 512＝448，如果 k mod 512＝448，也需要填充；在最后一块 512 比特的分组中，剩下的 64 比特填充消息的长度为 k(按照低字节在前，存于低地址的小端存储方式)，如果$|k|$超过 64 比特，则填充 k mod 2^{64}，最后得到填充之后的消息 Y，可以按照 512 比特分成 L 块。

2. 压缩函数 H_{MD5}

MD5 输出 128 比特的摘要，使用 4 个 32 位寄存器，采用小端存储方式，初始化为

$$A=01\ 23\ 45\ 67(0x67452301)$$

$$B=89\ AB\ CD\ EF(0xEFCDAB89)$$

$$C=FE\ DC\ BA\ 98(0x98BADCFE)$$

$$D=76\ 54\ 32\ 10(0x10325476)$$

一轮压缩函数的结构如图 5.3 所示。它由四个逻辑函数 F、G、H、I 组成，每个函数执行 16 步，一共执行 64 步。输入 512 比特的 Y_q 和上一轮输出的链接值 CV_q(其中 0

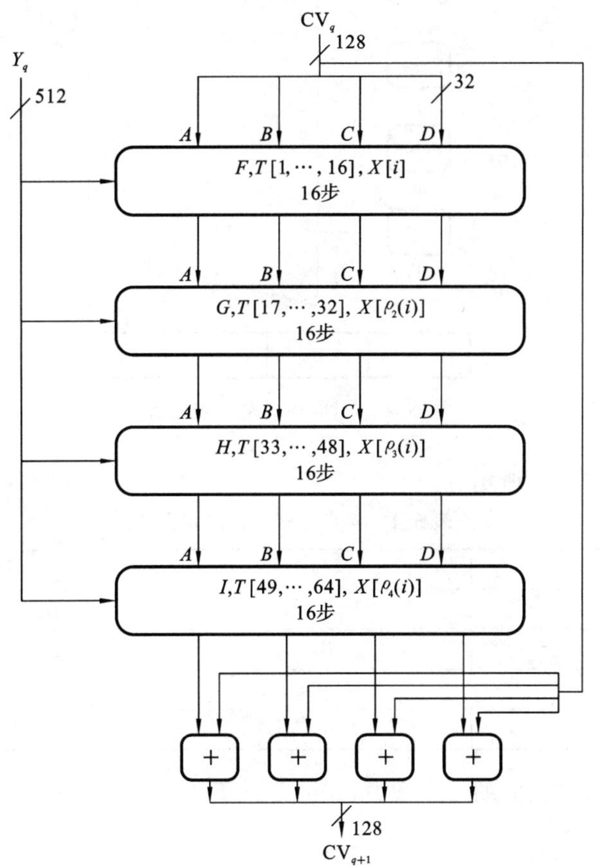

图 5.3 一轮压缩函数

$\leqslant q \leqslant L-1$)，$Y_q$ 分为 16 个 32 位字，每步的输入为其中的一个 32 位字，执行完 64 步之后，将寄存器的值 A、B、C、D 和本轮输入寄存器的值进行 mod 2^{32} 的算术加，得到本轮 128 比特的输出。

其中每一步执行相似的过程，如图 5.4 所示。B、C、D 循环右移至 C、D、A 中，然后根据 A、B、C、D 和当前输入的消息产生新的 32 位字放入到 B 中，计算过程见式(5.1)，其中，f_i 根据步数 $i(1\leqslant i\leqslant 64)$确定为 F、G、H、I 四个函数中的一个，$T[i]$ 为第 i 步使用的常数，$X[k](0\leqslant k\leqslant 15)$为当前轮输入的第 k 个 32 位字，执行的操作为

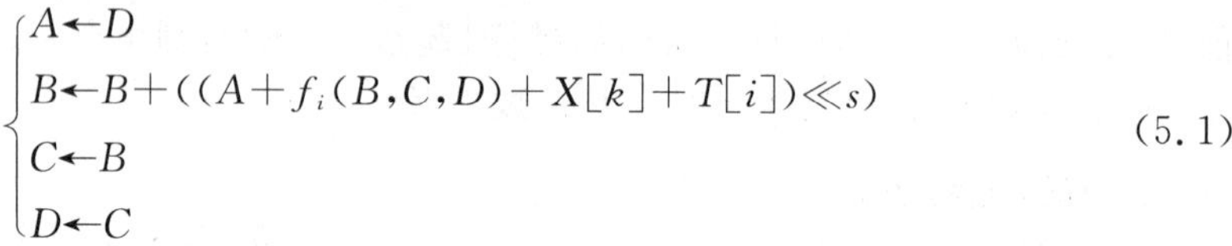

$$\begin{cases} A \leftarrow D \\ B \leftarrow B+((A+f_i(B,C,D)+X[k]+T[i]) \lll s) \\ C \leftarrow B \\ D \leftarrow C \end{cases} \tag{5.1}$$

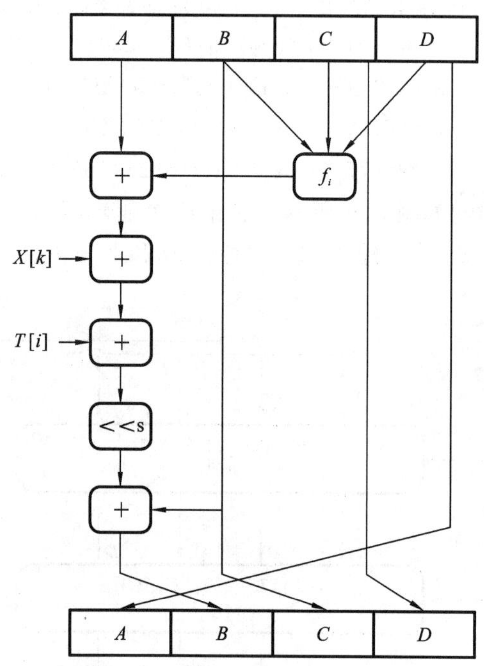

图 5.4 MD5 中的每一步运算

f_i 的定义如表 5.1 所示。

表 5.1 各步逻辑函数的定义 1

步数	函数名称	函数定义
$1\leqslant i\leqslant 16$	$F(B,C,D)$	$(B\wedge C)\vee(\neg B\wedge D)$
$17\leqslant i\leqslant 32$	$G(B,C,D)$	$(B\wedge D)\vee(C\wedge\neg D)$
$33\leqslant i\leqslant 48$	$H(B,C,D)$	$B\oplus C\oplus D$
$49\leqslant i\leqslant 64$	$I(B,C,D)$	$C\oplus(B\vee\neg D)$

$T[i]$为每步所使用的的一个常数，其定义为 $T[i]=[\sin(i)\times 2^{32}]$，其中，$1\leqslant i\leqslant 64$，[]为取整运算。

在每个逻辑函数执行的 16 步中，每一步使用输入 16 个 32 位字中的一个，F 函数中顺序使用 $X[0]$，$X[1]$，…，$X[15]$，G、H、I 函数中顺序使用 $X[\rho_2(k)]$、$X[\rho_3(k)]$、

$X[\rho_4(k)]$，其中，

$$\rho_2(k)=(1+5k) \bmod 16$$
$$\rho_3(k)=(5+3k) \bmod 16$$
$$\rho_4(k)=7k \bmod 16$$
$$(k=0,1,\cdots,15)$$

同样，循环移位的比特数随逻辑函数的不同而不同，在每个逻辑函数执行的16步中，以4步为一组重复移位相同的比特数，移位位数分别为 $s_1=[7,12,17,22]$、$s_2=[5,9,14,20]$、$s_3=[4,11,16,23]$和 $s_4=[6,10,15,21]$。举例来说，第1步到第4步分别循环移位7、12、17和22比特，第5步到第8步同样分别循环移位7、12、17和22比特；第17步到第20步则分别循环移位5、9、14和20位，21到24步分别循环移位5、9、14和20位，依此类推。

根据生日攻击，MD5的摘要长度被认为不安全；此外，2005年，王小云、来学嘉等提出采用模差分和异或差分相结合的差分分析思想对MD5进行了攻击，并能以 2^{37} 的复杂度寻找碰撞，比通用的生日攻击使用的时间少，在此之前，MD5是一种广泛使用的Hash算法，此后被认为不再安全。

5.3.3 安全散列函数SHA-1

SHA-1由NIST设计并公布为联邦信息处理标准。SHA-1输入长度小于 2^{64} 的数据，输出160比特的摘要值。与MD5一样，对输入以512比特进行分组作为压缩函数的输入。其迭代结构也遵循Hash函数的通用结构。

在SHA-1中使用到的算法和过程描述中，$\wedge$、$\vee$、$\neg$、$\oplus$、$+$、$\|$ 和 $<<k$ 的定义同第5.3.2节中在MD5中的定义。

1. 填充

与MD5一样，对消息需要进行填充，填充方式同MD5，见第5.3.2节。SHA-1要求消息长度小于 2^{64}，因此最后64位直接填充消息的长度即可。与MD5不一样的是，SHA-1采用大端存储方式（高位字节存于低地址），而MD5采用小端存储方式。

2. 初始化缓冲区

SHA-1输出160比特的摘要，其中间结果和最终结果保存于5个32位的字寄存器中，A、B、C、D 的初值与MD5中的相同，但采用大端方式存储。5个寄存器初始化为

$$A=67\ 45\ 23\ 01(0x67452301)$$
$$B=EF\ CD\ AB\ 89(0xEFCDAB89)$$
$$C=98\ BA\ DC\ FE(0x98BADCFE)$$
$$D=10\ 32\ 54\ 76(0x10325476)$$
$$E=C3\ D2\ E1\ F0(0xC3D2E1F0)$$

3. 压缩函数

SHA-1一轮压缩函数的结构如图5.5所示。它输入512比特的分组 Y_q 和上一轮输出的链接值 $CV_q(0\leqslant q\leqslant L-1)$，每轮由四个逻辑函数组成，每个逻辑函数执行20步，一共执行80步，执行完80步之后，将寄存器的值和本轮输入时的寄存器的值进行mod 2^{32} 的算术加，得到本轮160比特的输出。

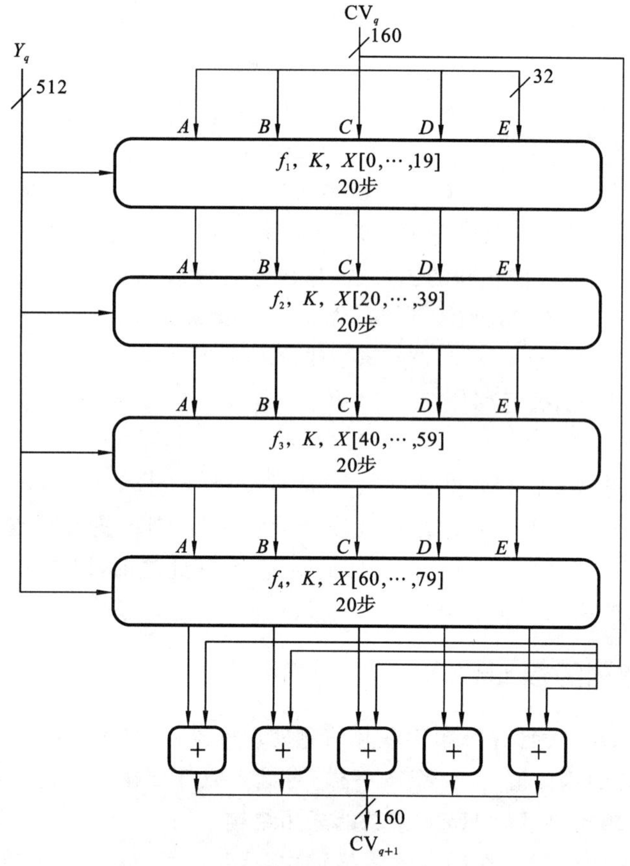

图 5.5 SHA-1 一轮压缩函数

同 MD5 一样，每轮中的每一步执行相同的过程，如图 5.6 所示。执行操作如式(5.2)所示。

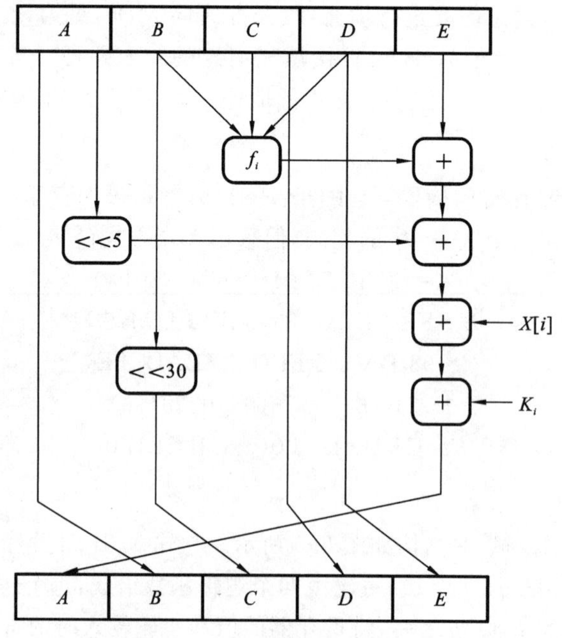

图 5.6 SHA-1 中的一步操作

$$
\begin{aligned}
&A \leftarrow E + f_i(B,C,D) + (A \lll 5) + X[i] + K_i \quad (0 \leqslant i \leqslant 79)\\
&B \leftarrow A\\
&C \leftarrow B \lll 30\\
&D \leftarrow C\\
&E \leftarrow D
\end{aligned}
\tag{5.2}
$$

f_i 的定义如表 5.2 所示。

表 5.2 各步逻辑函数的定义 2

步数	函数名称	函数定义
$0 \leqslant i \leqslant 19$	$f_1(B,C,D)$	$(B \wedge C) \vee (\neg B \wedge D)$
$20 \leqslant i \leqslant 39$	$f_2(B,C,D)$	$B \oplus C \oplus D$
$40 \leqslant i \leqslant 59$	$f_3(B,C,D)$	$(B \wedge C) \vee (B \wedge D) \vee (C \wedge D)$
$60 \leqslant i \leqslant 79$	$f_4(B,C,D)$	$B \oplus C \oplus D$

对于每一步中所使用的 32 位字 $X[i]$($0 \leqslant i \leqslant 79$),在前 16 步中,$X[0,\cdots,15]$是原始输入的 Y_q 所分成的 16 个 32 位字,后续步骤中所使用的字 $X[i]$($16 \leqslant i \leqslant 79$)则是根据前面的 4 个 32 位字异或然后循环左移一位所产生的,产生方式如式(5.3)所示。

$$
X[i] = \begin{cases} Y_q[i] & 0 \leqslant i \leqslant 15 \\ (X[i-16] \oplus X[i-14] \oplus X[i-8] \oplus X[i-3]) \lll 1 & i \geqslant 16 \end{cases}
\tag{5.3}
$$

加法常量 K_i 的定义如表 5.3 所示。

表 5.3 加法常量的定义

步数	加法常量 K_i(16 进制)	定义(取整)
$0 \leqslant i \leqslant 19$	5A827999	$[2^{30} \times \sqrt{2}]$
$20 \leqslant i \leqslant 39$	6ED9EBA1	$[2^{30} \times \sqrt{3}]$
$40 \leqslant i \leqslant 59$	8F1BBCDC	$[2^{30} \times \sqrt{5}]$
$60 \leqslant i \leqslant 79$	CA62C1D6	$[2^{30} \times \sqrt{10}]$

4. SHA-1 的安全性

SHA-1 的描述和实现简单,其速度比 MD5 慢,但安全性高于 MD5。在 2005 年的欧密会上,王小云、来学嘉等给出了 58 轮 SHA-1 的碰撞,并且将对整个 SHA-1 进行碰撞攻击的复杂度降为 2^{69},随后宣布可以将 SHA-1 碰撞搜索复杂度降为 2^{63}。

5.4 消息认证码

消息认证码(MAC)是满足某些特性的带密钥的 Hash 函数。由于在 MAC 的生成过程中需要密钥,因此 MAC 可以在不安全的信道中传输,其所需要的安全性质与 Hash 函数的不同。对于 MAC 来说,其最主要的威胁在于伪造,即在不知道密钥的情况之下,可以根据已知的消息及其 MAC,构造出新消息的有效 MAC。密钥的存在使得构造生日攻击所需要的明文-散列对困难。与 Hash 函数相比,MAC 除了可以进行数据完整性校验外，还可以进行数据源认证。

通常可以使用不带密钥的 Hash 函数来构造 MAC，但直接使用可能会存在安全问题。通过下面的例子可以理解 MAC 构造的不可伪造性。关于 MAC 的安全性的定义可以参见第 8 章。

假定我们可以通过一个不带密钥的 Hash 函数 h（使用通用结构，压缩函数定义为 compress：$\{0,1\}^{n+b}\rightarrow\{0,1\}^n$）来构造 MAC，构造方法为将密钥 k（长度为 n 比特，且该值需要保密）作为 h 输入中的初始向量 IV，即对于输入消息 x，定义 $\mathrm{Mac}_k(x)=h_{\mathrm{IV}=k}(x)$，那么我们可以构造出消息 $x'=x\parallel \mathrm{pad}(x)\parallel w$ 的 MAC，其中，w 为任意比特串。

若 x' 填充后得到 y，$|y|=rb$，其中，r 为正整数，令 z_i 为执行了 i 次压缩函数后得到的链接值（i 为正整数，且 $1\leqslant i\leqslant r$），若 $\mathrm{Mac}_k(x)$ 经过了 r' 次压缩函数，则有 $z_{r'}=\mathrm{Mac}_k(x)$，可以计算：

$$z_{r'+1}\leftarrow \mathrm{compress}(z_{r'}\parallel y_{r'+1})$$
$$z_{r'+2}\leftarrow \mathrm{compress}(z_{r'+1}\parallel y_{r'+2})$$
$$\cdots$$
$$z_r\leftarrow \mathrm{compress}(z_{r-1}\parallel y_r)$$

最终得到 $\mathrm{Mac}_k(x')=z_r$，可以看出，在计算过程中不需要知道密钥 k。

在实践中，对于已有的 Hash 函数，要求 IV 是固定的（如 MD5 和 SHA-1），而密码学函数库可能不允许输入外部的 IV 值，假设我们将密钥 k（长度为 b 比特）作为输入消息的前缀，即对于输入消息 x，定义 $\mathrm{Mac}_k(x)=h(k\parallel x)$，那么我们同样可以通过类似的方法构造出消息 $x'=x\parallel \mathrm{pad}(k\parallel x)\parallel w$ 的 MAC，其中，w 为任意比特串。由于 $\mathrm{pad}(k\parallel x)$ 也不需要知道密钥 k 的任何内容，因此其也不是一个安全的 MAC。

MAC 可以通过 Hash 函数来构造嵌套 MAC（Nested MAC，NMAC），也可以通过分组密码来实现。

1. HMAC

HMAC 是通过 Hash 函数构造 MAC 的一种方法，2002 年 3 月，其被提议作为 FIPS 标准的嵌套 MAC 算法，其原理如图 5.7 所示。

我们基于 SHA-1 来描述 HMAC，使用 512 比特的密钥 k，x 是需要认证的消息，输出 160 比特的摘要值，ipad 和 opad 是定义的十六进制的 512 比特常数，其中，

$$\mathrm{ipad}=3636\cdots36\quad \mathrm{opad}=5\mathrm{C}5\mathrm{C}\cdots5\mathrm{C}$$
$$\mathrm{HMAC}_k(x)=\mathrm{SHA}-1((k\oplus \mathrm{opad})\parallel \mathrm{SHA}-1((k\oplus \mathrm{ipad})\parallel x))$$

HMAC 广泛应用于实践中，很高效且容易实现，同时嵌套结构可以进行安全性证明，当 Hash 函数是碰撞稳固的，结构可保证安全，那么可替换其中的 Hash 函数，只要 Hash 函数是碰撞稳固的，那么就可以保证该方式构造的 MAC 能防止伪造。

2. CBC-MAC

对称分组密码的 CBC 方式也是构造 MAC 的常用方法，为了防止伪造，初始向量固定，以最后一次加密的密文作为 MAC。

假设分组密码 e_k 的分组大小是 b 比特，即明密文空间为 $\{0,1\}^b$，消息 x 长为 bn 比特，记为 $x=x_1x_2\cdots x_n$，其中每个 $x_i(1\leqslant i\leqslant n)$ 为长度为 b 比特的二进制串，CBC-MAC

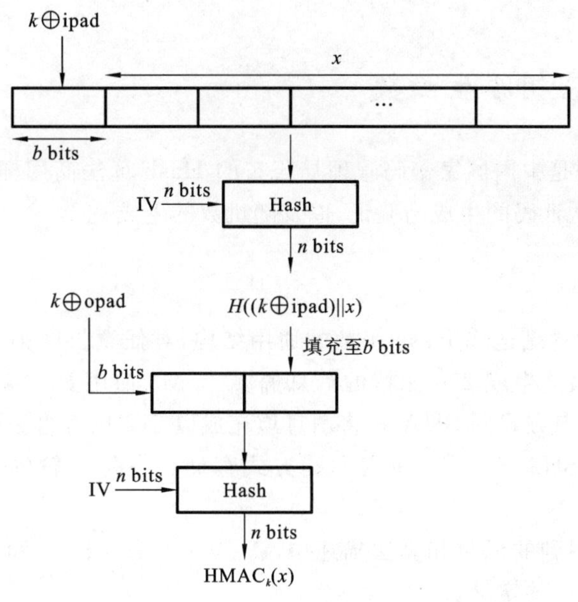

图 5.7 HMAC 示意图

的过程见算法 5.6，其中，IV 为长度为 b 比特的初始向量。

算法 5.6 CBC－MAC(x,k)。

令 $x=x_1\parallel x_2\parallel\cdots\parallel x_n$

IV＝00…0

$y_0=\mathrm{IV}$

for $i=1$ to n

　　$y_i=e_k(y_{i-1}\oplus x_i)$

return(y_n)

基本加密算法 e_k 本身是具有随机特性的混乱函数，当明文消息为固定长度时，可证明 CBC-MAC 是安全的。

我们可以看到，在 CBC-MAC 的使用中，与 CBC 加密方式相比较，它们有两点区别：其一，CBC-MAC 的初始向量是固定值 00…0，而 CBC 加密模式的初始向量是不可预测的随机向量，这是由于二者需要保障的安全性不同；其二，CBC-MAC 只需要返回最后一次加密的密文作为 MAC，中间结果 $y_i(1\leqslant i\leqslant n-1)$ 不需要保存和传输，而对于 CBC，所有的中间结果都需要保存和传输。这是由 CBC-MAC 的不可伪造性所决定的，从效率和安全性方面来考虑，中间结果都没有必要传输。

在第 3.8 节分组密码的工作模式中，曾经提到过 CCM 模式。CCM 模式结合 CBC-MAC 和 CTR 加密，能够提供认证加密服务。假设明文 $x=x_1x_2\cdots x_n$，选择计数器 ctr，通过公式 $T_i=(\mathrm{ctr}+i)\bmod 2^b$ 构造一系列计数器 $T_i(0\leqslant i\leqslant n)$，其中，$b$ 为分组长度，n 为分组个数，通过 CTR 模式加密明文 x：

$$y_i=x_i\oplus e_k(T_i),\quad 1\leqslant i\leqslant n$$

计算 $y'=T_0\oplus\mathrm{CBC-MAC}_k(x)$，最终生成密文 $y=y_1\parallel y_2\parallel\cdots\parallel y_n\parallel y'$。

解密和验证需要共享计数器 ctr 和密钥 k，密文不参与验证，首先解密明文，然后通过明文来进行验证。

5.5 SM3 和密钥派生函数

SM3 杂凑算法是中国国家密码管理局公布的 Hash 算法商用标准，能够用于数字签名和验证、消息认证码的生成与验证，以及随机数的生成。

5.5.1 SM3

SM3 杂凑算法遵循迭代 Hash 函数的通用结构，对任意长度小于 2^{64} 的消息，通过填充和迭代压缩，最终生成 256 比特的消息摘要。SM3 使用 8 个字寄存器，每一个字由 32 比特组成，填充方式同 SHA-1，将消息填充成以 512 比特为一个分组的串联字符串，存储方式也和 SHA-1 一样，使用大端方式存储。在每一轮的压缩中执行 64 步操作。

在 SM3 中使用到的函数和算法描述中，$\wedge$、$\vee$、$\neg$、$\oplus$、$+$、$\|$ 和 $<<k$ 的定义同第 5.3.2节中在 MD5 中的定义。

1. 常数和函数

（1）初始值 IV＝7380166f 4914b2b9 172442d7 da8a0600 a96f30bc 163138aa e38dee4d b0fb0e4e，将其赋给 8 个字寄存器。

（2）按如下方式定义布尔函数 FF_j 和 GG_j，随 j 的变化取不同的布尔表达式（即为每轮中执行的函数，每一轮执行 64 步，每一步的函数随步数不同而不同）：

$$FF_j(X,Y,Z)=\begin{cases} X\oplus Y\oplus Z & 0\leqslant j\leqslant 15 \\ (X\wedge Y)\vee(X\wedge Z)\vee(Y\wedge Z) & 16\leqslant j\leqslant 63 \end{cases}$$

$$GG_j(X,Y,Z)=\begin{cases} X\oplus Y\oplus Z & 0\leqslant j\leqslant 15 \\ (X\wedge Y)\vee(\neg X\wedge Z) & 16\leqslant j\leqslant 63 \end{cases}$$

每个函数以 X、Y、Z 三个字作为输入，并产生一个字的输出。

（3）置换函数定义为

$$P_0(X)=X\oplus(X<<9)\oplus(X<<17)$$

$$P_1(X)=X\oplus(X<<15)\oplus(X<<23)$$

其中，X 为字。

（4）常数 T_j 定义为

$$T_j=\begin{cases} \text{79cc4519} & 0\leqslant j\leqslant 15 \\ \text{7a879d8a} & 16\leqslant j\leqslant 63 \end{cases}$$

2. 算法描述

（1）填充。

填充方式和 MD5、SHA-1 的相同。假设消息 m 的长度为 l，添加比特“1”和 k 个“0”在 m 之后，k 是满足 $l+1+k\equiv 448 \bmod 512$ 的最小的非负整数，然后再添加长度为 l 的二进制表示（64 位比特串），构成填充后的消息 m'，其比特长度为 512 的倍数。

算法 5.7 SM3-Pad(m) /* $|m|\leqslant 2^{64}$ */

$k \leftarrow (447-|m|) \bmod 512$

$l \leftarrow |m|$的二进制表示，其中$|l|=64$

$m' \leftarrow m \parallel 1 \parallel 0^k \parallel l$

(2) 迭代压缩。

将填充后的消息m'按 512 比特进行分组：$m'=B^{(0)}\ B^{(1)}\cdots B^{(n-1)}$，其中，$n=(l+k+65)/512$，执行$n$轮压缩，压缩函数为 CF，输入本轮分组$B$和上一轮压缩函数输出的链接值 V，最终生成的$V^{(n)}$作为摘要值。

for　$i=0$ to $n-1$

　$V^{(i+1)}=\mathrm{CF}(V^{(i)},\ B^{(i)})$

endfor

$V^{(0)}$为 256 比特初始值 IV。

由于每轮函数执行 64 步，而每一步需要两个 32 位字，总共需要 128 个字，每步的两个字记为W_j和$W'_j(0\leqslant j\leqslant 63)$，$W'_j$由$W_j$生成，因此对于第$i(0\leqslant i\leqslant n-1)$轮来说，输入$B^{(i)}$为 512 比特的，包含 16 个字，作为最初的 16 个W_j，因此每轮都需要进行消息扩展以生成所需要的 128 个字。消息扩展算法如下。

$B^{(i)}=W_0 \parallel W_1 \parallel \cdots \parallel W_{15}$

for $j=16$ to 67

　$W_j \leftarrow P_1(W_{j-16} \oplus W_{j-9} \oplus (W_{j-3} <<< 15)) \oplus (W_{j-13} <<< 7) \oplus W_{j-6}$

endfor

for $j=0$ to 63

　$W'_j \leftarrow W_j \oplus W_{j+4}$

endfor

第i轮压缩函数输入本轮分组$B^{(i)}$和上一轮的链接值$V^{(i)}$，生成本轮的链接值$V^{(i+1)}$，其中，$0\leqslant i\leqslant n-1$。压缩函数 CF 执行的操作如下。

$ABCDEFGH \leftarrow V^{(i)}$

for $j=0$ to 63

　$\mathrm{SS}_1 \leftarrow ((A<<<12)+E+(T_j<<<j))<<<7$

　$\mathrm{SS}_2 \leftarrow \mathrm{SS}_1 \oplus (A<<<12)$

　$\mathrm{TT}_1 \leftarrow \mathrm{FF}_j(A,B,C)+D+\mathrm{SS}_2+W'_j$

　$\mathrm{TT}_2 \leftarrow \mathrm{GG}_j(E,F,G)+H+\mathrm{SS}_1+W_j$

　$D \leftarrow C$

　$C \leftarrow B \ll 9$

　$B \leftarrow A$

　$A \leftarrow \mathrm{TT}_1$

　$H \leftarrow G$

　$G \leftarrow F \ll 19$

　$F \leftarrow E$

　$E \leftarrow P_0(\mathrm{TT}_2)$

endfor

$V^{(i+1)} \leftarrow ABCDEFGH \oplus V^{(i)}$

5.5.2　密钥派生函数

密钥派生函数(Key Derivation Function,KDF)使用 Hash 函数生成所需要的密钥,在我国国家密码管理局发布的部分商用密码标准中用于数据的加密(序列密码的密钥流生成),比如 SM2 中的公钥加密算法。也可用于分组密码和 MAC 密钥的生成,比如 SM9 的公钥加密算法中,当数据加密选择分组加密方式时,使用 KDF 生成分组加密密钥和 MAC 密钥。密钥派生函数需要调用密码杂凑函数,推荐使用 SM3。

假设密码杂凑函数为 $H_v()$,输出长度为 v 的杂凑值。

密钥派生函数为 KDF(Z,klen)。

输入:比特串 Z,整数 klen(表示生成密钥的比特长度,要求该值小于 $(2^{32}-1)v$)。

输出:长度为 klen 的密钥 K。

具体操作如下。

初始化 32 比特的计数器 ct=0x00000001;

for $i=1$ to $\lceil \text{klen}/v \rceil$

$H_{a_i}=H_v(Z \parallel \text{ct})$;

$ct{+}{+}$

endfor

if $v|\text{klen}$ $H_{a!_{\lceil \text{klen}/v \rceil}} \leftarrow H_{a_{\lceil \text{klen}/v \rceil}}$

　　else $H_{a!_{\lceil \text{klen}/v \rceil}} \leftarrow H_{a_{\lceil \text{klen}/v \rceil}}$ 最左边的(klen−($v\times\lceil \text{klen}/v \rceil$))比特

endif

$K \leftarrow H_{a_1} \parallel H_{a_2} \parallel \cdots \parallel H_{a_{\lceil \text{klen}/v \rceil-1}} \parallel H_{a!_{\lceil \text{klen}/v \rceil}}$

5.6　海绵结构和 SHA-3

Keccak 算法使用海绵结构(Sponge Structure),海绵结构是一种基于固定长度置换(轮函数)和填充规则,具有可变长度输入和可变长度输出的结构,不同于以前 SHA 标准所采用的通用迭代结构,其安全性依赖于其固定长度置换的安全性。海绵结构可以用于 Hash 函数和 MAC 的构造(长输入,短输出),也可以用于序列密码(短密钥生成长的密钥流)。它能提供四种固定长度的杂凑函数和两种可扩展输出函数,分别是 SHA3-224、SHA3-256、SHA3-384、SHA3-512 和 SHAKE128、SHAKE256。

5.6.1　海绵结构

海绵结构是一种迭代结构,每轮对固定长度的比特串(称为状态,宽度为 b 比特)执行一个 b 比特到 b 比特的变换,可以允许任意长度的输入和输出,分为吸收(Absorbing)和挤出(Squeezing)两个阶段,如图 5.8 所示。

海绵结构可以表示成 $Z=\text{SPONGE}[f,\text{pad},r](M,l)$,其中,$Z$ 是最终的输出比特串,f 为轮函数,pad 为填充函数,r 是比特率,l 为最终输出的长度。f 操作在状态上,每个状态由两部分组成,长度为 b 比特,其中,r 比特称为比特率,c 比特称为容量,容量与输入消息无关,海绵结构可以抵抗复杂度不超过 $2^{c/2}$ 的攻击(原像和第二原像攻击)。

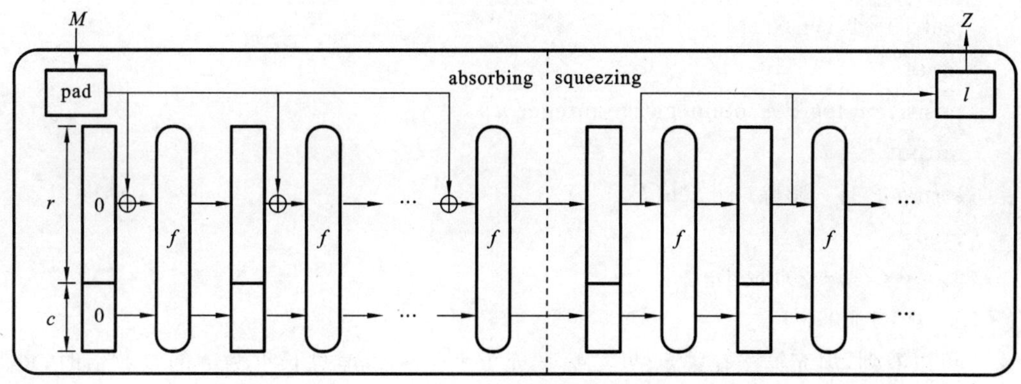

图 5.8 海绵结构

填充函数 pad 将消息 M 填充成长度为 r 整数倍的串 P，如果 M 长度为 r 的整数倍也需要填充。其过程分为吸收阶段和挤出阶段，吸收阶段将消息 M 通过轮函数吸收进入状态中，每轮将 r 比特的消息与状态中 r 比特异或后与状态中的 c 比特组成一个状态作为轮函数 f 的输入，在挤出阶段，根据需要的比特数输出，每次输出也从 f 函数的输出状态中的 r 比特中选取，若长度不够，则继续对状态执行 f 函数，直至产生所需要长度的比特串。

海绵结构的算法描述为

SPONGE[f,pad,r](M,l)

input

string M，nonnegative integer l

output

string Z，len(Z)$=l$

steps：

1. $P \leftarrow M \parallel \text{pad}(r, \text{len}(M))$
2. $n \leftarrow \text{len}(P)/r$
3. $c \leftarrow b-r$
4. $P_0, \cdots, P_{n-1}$ 为 n 个长度为 r 的比特串($P=P_0 \parallel \cdots \parallel P_{n-1}$)
5. $S \leftarrow 0^b$
6. for $0 \leqslant t \leqslant n-1$ $S \leftarrow f(S \oplus (P_i \parallel 0^c)$
7. Z 初始化为空串
8. $Z \leftarrow Z \parallel \text{Trunc}_r(S)$
9. if $l \leqslant |Z|$，return $\text{Trunc}_l(Z)$ else continue
10. $S \leftarrow f(S)$，goto step 8

其中，$\text{Trunc}_r(S)$表示从串 S 中截取其前 r 个比特的函数。

5.6.2 Keccak 算法

Keccak 算法使用海绵结构，其算法过程遵循海绵结构的，首先将消息 M 填充，经过多轮迭代将消息吸收进状态。下面分别描述 Keccak 算法中的每个过程。

1. 填充算法

Keccak 的填充算法如下。

pad 10 * 1(r,n)

input

positive integer x;nonnegative integer n

output

string P 且 r 整除(n+len(P))

steps

1. $t \leftarrow (-n-2) \bmod r$

2. $P=1 \| 0^t \| 1$

可以看到,填充算法在消息 M 之后填充 $P=10*1$,消息长度为 r 的整数倍时,也需要填充,即至少要填充两个比特 11,填充 0 的个数取决于消息的长度,消息长度为 n 比特,使得填充之后得到的串 $M \| P$ 的长度为 r 的整数倍,即算法中的 n+len(P)。

要求海绵结构的填充算法是单射的,保证不同的串不会填充成相同的串,否则会发生碰撞;此外海绵结构还要求填充算法是海绵相容(Sponge-compliant)的,该性质要求若两个串 M 和 M' 不同,那么填充算法不能使得一个串填充之后通过附加若干个 0 和另一个串通过填充算法得到的串相同,即

$$\forall k \geqslant 0, \forall M, M' \in (Z_2)^*: M \neq M' \Rightarrow M \| \text{pad}[r] \neq M' \| \text{pad}[r] \| 0^{kr}$$

我们可以看到,keccak 算法的填充算法满足这两个条件。

2. 迭代过程

在 Keccak 算法中,状态长度 $b=5\times5\times2^i$,i 为整数,取值为 0~6,即 b 的取值在{25,50,100,200,400,800,1600}之内,我们记 $w=b/25$,$d=\log_2(b/25)$。每个状态表示成一个 5×5 的字长为 w 的字矩阵,假设每个状态 S 可表示成 $S[0] \| S[1] \| \cdots S[b-2] \| S[b-1]$,可用一个 $5\times5\times w$ 的 0-1 矩阵 $\boldsymbol{A}$ 来表示状态 S,用 $\boldsymbol{A}[i,j,k]$来表示第 $S[(5j+i)\times w+k]$比特,其中,$0\leqslant i\leqslant4$,$0\leqslant j\leqslant4$,$0\leqslant k\leqslant w-1$,$i$、$j$、$k$ 分别对应行、列和纵深方向。Rnd($\boldsymbol{A}$,i_r)表示轮函数,其中,$\boldsymbol{A}$ 为状态矩阵,i_r为轮数。迭代的轮数取决于 b,为 $12+2d$。

一般的 Keccak 算法中的迭代过程可以定义为 Keccak$-p[b,n_r](S)$

Keccak$-p[b,n_r](S)$

input:string S of length b,number of round n_r

output:string S' of length b

steps:

1. 将 S 转换成矩阵 $\boldsymbol{A}$

2. for $12+2d-n_r \leqslant i_r \leqslant 12+2d-1$

$A \leftarrow \text{Rnd}(\boldsymbol{A}, i_r)$

3. 将 A 转换成长度为 b 的比特串 S'

4. return S'

记法 Keccak$-f[b]$是 Keccak$-p[b,n_r](S)$函数族中当 $n_r=12+2d$ 时的定义,也就是说 Keccak$-f[b]$=Keccak$-p[b,12+2d](S)$。

3. 轮函数

每一轮的轮函数 Rnd($\boldsymbol{A}$,i_r)都包括五个过程 θ、ρ、π、χ 和 ι,轮函数可表示成Rnd($\boldsymbol{A}$,

$i_r)=\iota(\chi(\pi(\rho(\theta(\boldsymbol{A})))),i_r)$，其中，$\boldsymbol{A}$ 为状态矩阵，i_r 为轮数。

(1) 过程 θ，状态中的比特与其相邻两列中的元素异或。

$\theta(A)$

input：state array $\boldsymbol{A}$

output：state array $\boldsymbol{A}'$

steps：

1. 对所有 (i,k)　$0\leqslant i\leqslant 4, 0\leqslant k\leqslant w-1$

$C[i,k]=\boldsymbol{A}[i,0,k]\oplus\boldsymbol{A}[i,1,k]\oplus\boldsymbol{A}[i,2,k]\oplus\boldsymbol{A}[i,3,k]\oplus\boldsymbol{A}[i,4,k]$

2. 对所有 (i,k)　$0\leqslant i\leqslant 4, 0\leqslant k\leqslant w-1$

$D[i,k]=C[(i-1) \bmod 5,k]\oplus C[(i+1) \bmod 5,(k-1) \bmod w]$

3. 对所有 (i,j,k) $0\leqslant i\leqslant 4, 0\leqslant j\leqslant 4, 0\leqslant k\leqslant w-1$

$\boldsymbol{A}'[i,j,k]=\boldsymbol{A}[i,j,k]\oplus D[i,k]$

(2) 过程 ρ：除了 $\boldsymbol{A}[0,0]$，其余 24 个字独立地在深度方向以比特为单位循环左移，循环左移的位数为前 24 个三角数 1,3,6,…

$\rho(\boldsymbol{A})$

input：state array $\boldsymbol{A}$

output：state array $\boldsymbol{A}'$

steps：

1. 对所有 $0\leqslant k\leqslant w-1$

$\boldsymbol{A}'[0,0,k]=\boldsymbol{A}[0,0,k]$

2. $(i,j)\leftarrow(1,0)$

3. for $0\leqslant t\leqslant 23$

对所有 $0\leqslant k\leqslant w-1$　$\boldsymbol{A}'[i,j,k]=\boldsymbol{A}[i,j,(k-(t+1)(t+2)/2) \bmod w]$

$(i,j)\leftarrow(j,(2i+3j) \bmod 5)$

endfor

4. Return $\boldsymbol{A}'$

根据算法，我们可以计算出 5×5 矩阵中每个字循环左移的位数，如表 5.4 所示。

表 5.4　每个字循环左移位数与对应坐标的关系表

	$j=0$	$j=1$	$j=2$	$j=3$	$j=4$
$i=0$	0	36	3	105	210
$i=1$	1	300	10	45	66
$i=2$	190	6	171	15	253
$i=3$	28	55	153	21	120
$i=4$	91	276	231	136	78

(3) 过程 π：变换 25 个字的位置。

$\pi(\boldsymbol{A})$

input：state array $\boldsymbol{A}$

output：state array $\boldsymbol{A}'$

steps：

1. 对所有 $0\leqslant i\leqslant 4, 0\leqslant j\leqslant 4, 0\leqslant k\leqslant w-1$

$\boldsymbol{A}'[i,j,k]=\boldsymbol{A}[(i+3j) \bmod 5, i, k]$

2. Return $\boldsymbol{A}'$

(4) 过程 χ:状态中的元素与其同一行上元素进行逻辑运算,这是轮函数中唯一的非线性变换。

$\chi(\boldsymbol{A})$

input:state array $\boldsymbol{A}$

output:state array $\boldsymbol{A}'$

steps:

1. 对所有 $0\leqslant i\leqslant 4, 0\leqslant j\leqslant 4, 0\leqslant k\leqslant w-1$

$\boldsymbol{A}'[i,j,k]=\boldsymbol{A}[i,j,k]\oplus(\neg\boldsymbol{A}[(i+1) \bmod 5, j, k]\wedge\boldsymbol{A}[(i+2) \bmod 5, j, k])$

2. Return $\boldsymbol{A}'$

(5) 过程 ι:对字 $A[0,0]$异或一个轮常数,消除对称性。

rc(t)

input:integer t

output:bit rc(t)

steps:

1. if $t \bmod 255=0$ return 1

2. $R\leftarrow 10000000$

3. for $1\leqslant i\leqslant t \bmod 255$

$R\leftarrow 0 \| R$

$R[0]\leftarrow R[0]\oplus R[8]$

$R[4]\leftarrow R[4]\oplus R[8]$

$R[5]\leftarrow R[5]\oplus R[8]$

$R[6]\leftarrow R[6]\oplus R[8]$

$R\leftarrow \mathrm{Trunc}_8[R]$

endfor

4. return $R[0]$

$\iota(\boldsymbol{A}, i_r)$

input:state array $\boldsymbol{A}$,round index i_r

output:state array $\boldsymbol{A}'$

steps:

1. for $0\leqslant i\leqslant 4, 0\leqslant j\leqslant 4, 1\leqslant k\leqslant w-1$

$\boldsymbol{A}'[i,j,k]\leftarrow\boldsymbol{A}[i,j,k]$

2. $\mathrm{RC}\leftarrow 0^w$

3. for $0\leqslant t\leqslant d$ $\mathrm{RC}[2^t-1]\leftarrow \mathrm{rc}(t+7i_r)$

4. for $1\leqslant k\leqslant w-1$

$\boldsymbol{A}'[0,0,k]\leftarrow\boldsymbol{A}'[0,0,k]\oplus\mathrm{RC}[k]$

5. return $\boldsymbol{A}'$

5.6.3 SHA-3

在 SHA-3 中，我们限定 $b=1600$，执行轮数为 24，可以记在 SHA-3 中使用的 Keccak 函数为 Keccak[c]，则有

$$\text{Keccak}[c]=\text{SPONGE}[\text{Keccak}-f[1600],\text{pad10}*1,1600-c]$$

给定输入串 M 和输出长度 l 可得

$$\text{Keccak}[c](M,l)=\text{SPONGE}[\text{Keccak}-f[1600],\text{pad10}*1,1600-c](M,l)$$

那么在 SHA3 中所定义的六个函数分别可以记为

$$\text{SHA3}-224(M)=\text{Keccak}[448](M\|01,224)$$
$$\text{SHA3}-256(M)=\text{Keccak}[512](M\|01,256)$$
$$\text{SHA3}-384(M)=\text{Keccak}[768](M\|01,384)$$
$$\text{SHA3}-512(M)=\text{Keccak}[1024](M\|01,512)$$
$$\text{SHAKE128}(M,\text{l})=\text{Keccak}[256](M\|1111,l)$$
$$\text{SHAKE256}(M,\text{l})=\text{Keccak}[512](M\|1111,l)$$

5.7 彩虹表

彩虹表是一种时间-空间存储折中的方法，以时间换空间，主要用于破解使用 Hash 函数保护的口令。

假设口令在系统内使用 MD5 摘要后保存，对 Hash 算法直接进行攻击的一种方法是暴力破解，即直接穷举口令空间；另一种方法是构造口令-Hash 值对应表，如表 5.5 所示。第一种方法的时间复杂度是海量的，而第二种方法则需要海量的存储。假设口令仅仅是由小写字母和数字组合成的 8 位口令，所需要计算和存储的项也有数万亿(36^8)，这需要巨大的计算量和存储空间。

表 5.5 口令-Hash 值对应表

口令	Hash 值(MD5)
aaaaaa	0b4e7a0e5fe84ad35fb5f95b9ceeac79
aaaaab	9dcf6acc37500e699f572645df6e87fc
aaaaac	52a0a42bc3e1675eccb123b56ea5e3c8
aaaaad	a4ab5cfba10454aa99ac0a1225781f38
aaaaae	88efdc8cfffb478b1b04001e34c77e23
aaaaaf	8f04cb9f8ba2c805a7bebec93f1d273c
…	…

彩虹表是在哈希链的基础上进行的改进。

哈希链的基本思想是设计一个归约函数 R，其定义域和值域正好与需要破解的 Hash 函数 H 相反，该函数是一个 Hash 值空间到口令空间的随机均匀分布的函数，以随机口令作为起点，重复交替使用 H 和 R 进行运算，得到一条固定长度(比如 n)的链，如图 5.9 所示，其中，$p_{i,1}$ 为随机口令，假设链数为 l，则 $1\leqslant i\leqslant l$。

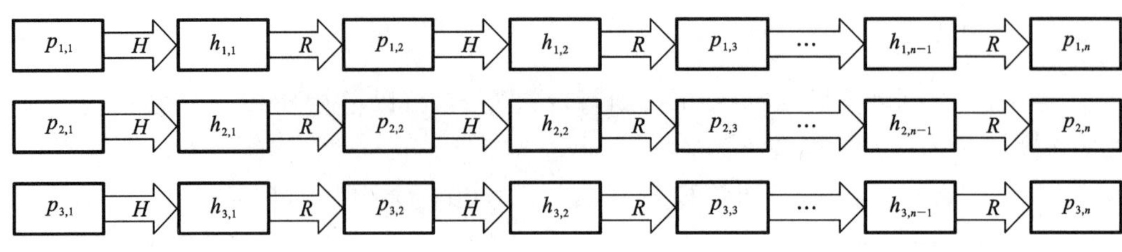

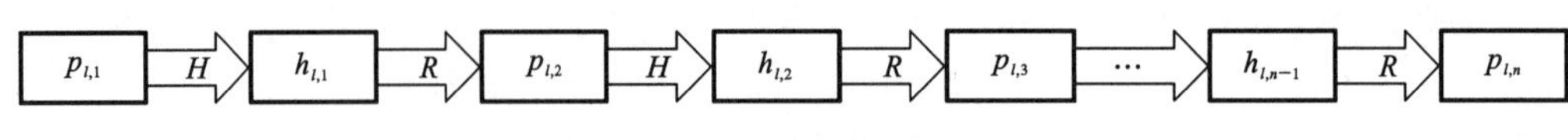

图 5.9 哈希链示例

保存链首和链尾($p_{i,1}$,$p_{i,n}$),其中,$1\leqslant i\leqslant l$。若要查 Hash 值为 h_0 的口令,基本过程如下。

(1) 首先计算 $R(h_0)$,与保存的链尾进行比较。

(2) 若找到某个链尾 $p_{i,n}$ 使得 $p_{i,n}=R(h_0)$,那么很有可能在 $n-1$ 位置上的口令就是所求,因此从这条链的链首 $p_{i,1}$ 开始反复交替执行 H 和 R 函数,直至找到对应的 Hash 值 h_0,其前面 H 运算的口令即为所求。

(3) 若 $R(h_0)$ 和所有的链尾都不相同,那么就对 h_0 执行 R 操作之后执行一次 H、R 操作,继续与保存的链尾进行比较,如果能够找到某个链尾与运算结果相同,那么所求的口令可能是在 $n-2$ 位置上的口令,那么就执行(2)中从链首开始的运算,直至找到对应 Hash 值 h_0,其前面 H 运算的口令即为所求。

(4) 若 $R(H(R(h_0)))$ 和所有的链尾都不相同,继续执行相同的过程,对 h_0 执行 R 操作之后执行两次 H、R 操作,继续与链尾进行比较,相同的思想反复执行,直至找到某个链尾匹配(至多执行一次 R 加上 $n-2$ 次 H、R),从链首开始寻找可能的口令,或者计算一次 R 加上 $n-2$ 次 H、R 之后未匹配任何链尾而失败。

从上面的过程我们可以看到,只要在任何一条链上出现 h_0,那么一定可以寻找到口令使得口令的 Hash 值为 h_0,而且最坏的情况下,执行一次 R 之后再执行 $n-2$ 次 H、R 之后该过程可以终止,无论成功还是失败。

哈希链的方法可以减少存储代价,只需要保存 $2l$ 对口令,但链上可以搜索到 $(n-1)l$ 对口令-Hash 值对。但当构造的链中出现碰撞时(即不同链出现相同的 Hash 值时),由于 R 函数和 H 函数是固定的,就会出现子链重复的问题,由于该方法只存储链首和链尾,只要碰撞位置不一样,通过链尾无法检测到重复子链,那么会减少一条链上所包含的有效口令数,导致口令的覆盖率降低;此外,虽然 Hash 函数的设计考虑了碰撞问题,但是 R 函数不一定能有效地防止碰撞,不同的 Hash 值可能会通过 R 函数归约到相同的口令,这会导致误报而使得即使找到某个匹配的链尾,链首搜索也会失败。

为了解决碰撞导致的子链重复的问题,在生成链的过程中使用不同的归约函数(如 k 个,$1<k\leqslant n-1$),如图 5.10 所示,若不同的归约函数得到的口令使用不同的颜色来表示,那么整条链就像彩虹一样多彩,因此称其为彩虹表。

不同链出现碰撞时,若碰撞出现在不同的位置上,即后续的归约函数不同,那么由于归约函数不同,很大概率不会出现重复子链;若在相同的位置出现碰撞,那么也可以

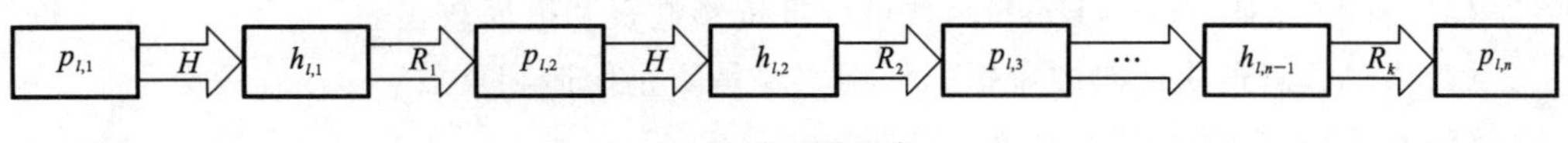

图 5.10 彩虹表

通过检测链尾是否相同去掉重复子链，提高链的有效性。

在彩虹表中查找摘要值 h_0 对应的口令时，与哈希链类似，也是从链尾开始寻找：

(1) 首先计算 $R_k(h_0)$，与保存的链尾进行比较。

(2) 若找到某个链尾 $p_{i,n}$ 使得 $p_{i,n}=R_k(h_0)$，那么从这条链的链首 $p_{i,1}$ 开始反复交替执行 H 和 R_i 函数，直至找到对应的 Hash 值 h_0，其前面 H 运算的口令即为所求。

(3) 若 $R_k(h_0)$ 和所有的链尾都不相同，那么就对 h_0 顺序执行 R_{k-1}，H，R_k 操作，继续和保存的链尾进行比较，如果能够找到某个链尾与运算结果相同，那么就执行(2)中从链首开始的运算，直至找到对应 Hash 值 h_0，其前面 H 运算的口令即为所求。

(4) 若与所有的链尾都不匹配，继续执行相同的过程，对 h_0 反复执行 R_i，H，R_{i+1} 操作，直至找到某个链尾匹配，或者未匹配任何链尾而失败。

在彩虹表中，当哈希值出现在链中，那么一定可以成功找到口令，即从 $R_i(h_0)$ 出发 ($1\leqslant i\leqslant k$)，经过多轮 H 函数和 R 函数计算得到的口令一定与某条链的链尾相同；而且无论成功或者失败，最多只需要 $n-1$ 次 R 运算和 $n-2$ 次 H 运算就可以返回结果。对于彩虹表的设计和构造来说，n 和 l 的选择也关系到彩虹表的效率，n 值较大则搜索较慢，但所需要的链数 l 可能稍小，那么存储空间会减少；反之，n 值较小，搜索速度快，需要的存储空间会增加；此外，R 函数设计的好坏也关系到彩虹表的效率和参数的选择。

常用的彩虹表软件有 Cain、RainbowCrack 和 Ophcrack 等，可以破解各类主流 Hash 函数，包括 LM、NTLM、MD5、SHA1、MYSQLSHA1、HALFLMCHALL、NT-LMCHALL、ORACLE-SYSTEM、MD5-HALF。个人生成彩虹表极为费时，复杂口令查找也比较耗时，已有彩虹表工具或软件针对不同 Hash 函数、不同字符集、不同口令长度、不同精确度生成相应的彩虹表，从几百 M 到几 T，大小不等，有免费的和商用的，有的可直接下载使用。

彩虹表是破解口令的有效工具，它的实现不是针对特有 Hash 函数的某些特性的，所以其对所有 Hash 函数都有效。但彩虹表不是万能的，主流彩虹表主要支持 10 字符以下的口令，此外，彩虹表对于加盐(salt)方式是无效的，无论是静态盐值还是动态盐值。彩虹表中的 H 函数是确定的函数形式，加了盐的 Hash 函数相当于不是一个固有确定的 Hash 函数形式了，同一个口令对于不同的盐值对应多个不同的 Hash 值，导致穷举范围扩大。

习题

5.1 判断下列说法的对错。

(1) 密码学上安全的 Hash 函数一般比分组加密函数的处理效率要高。

(2) 因为 Hash 函数的碰撞概率极小,所以,Hash 函数在使用的过程中一般不需要考虑 Hash 值相同的情况。

(3) 采用“盐码”技术,Hash 函数可以抵抗彩虹表和撞库攻击。

(4) MAC 消息认证码中密钥的作用主要是防止伪造和重放。

(5) SHA3 的设计目标中包含数据加密。

5.2 假设 p 为素数,a 为整数且满足 $\gcd(a, p)=1$,定义 $h(x)\equiv a^x \bmod p$,说明 $h(x)$ 不是一个好的 Hash 函数。

5.3 设 n 为两个不同的大素数的乘积,定义 $h(x)\equiv x^2 \bmod n$,说明 $h(x)$ 是原像稳固的,但不是碰撞稳固的。

5.4 假设有两个 Hash 函数 h_1 和 h_2,定义 $h(x)\equiv h_1(x)\parallel h_2(x)$,证明:若 h_1 和 h_2 中至少有一个是碰撞稳固的,那么 h 是碰撞稳固的。

5.5 设 p 为大素数,且 $q=(p-1)/2$ 也是素数,设 α 和 β 是 Z_p 的两个本原元,β 基于 α 的离散对数 $\mathrm{ind}_\alpha\beta$ 保密,且假定计算 $\mathrm{ind}_\alpha\beta$ 是困难的(计算上不可行),定义函数 h:$Z\times Z\rightarrow Z_p^*$,$h(x_1,x_2)=\alpha^{x_1}\beta^{x_2} \bmod p$,证明:$h$ 是碰撞稳固的 Hash 函数。

5.6 假定 $h:\mathcal{X}\rightarrow\mathcal{Y}$ 是一个 (N,M)-Hash 函数,对任意的 $y\in\mathcal{Y}$,令

$$h^{-1}(y)=\{x:h(x)=y\}$$

记 $s_y=|h^{-1}(y)|$,定义

$$S=|\{\{x_1,x_2\}:h(x_1)=h(x_2)\}|$$

注意,S 表示 $\mathcal{X}$ 中在 h 下碰撞的无序对的个数。

(1) 证明

$$\sum_{y\in\mathcal{Y}} s_y = N$$

这样 s_y 的平均值就是 $\bar{s}=\frac{N}{M}$。

(2) 证明

$$S=\sum_{y\in\mathcal{Y}}\binom{s_y}{2}=\frac{1}{2}\sum_{y\in\mathcal{Y}}s_y^2-\frac{N}{2}$$

(3) 证明

$$\sum_{y\in\mathcal{Y}}(s_y-\bar{s})^2=2S+N-\frac{N^2}{M}$$

(4) 利用(3)中证明的结果,证明

$$S\geqslant\frac{1}{2}\left(\frac{N^2}{M}-N\right)$$

进一步证明,等式成立当且仅当对任意的 $y\in\mathcal{Y}$,都有 $s_y=\frac{N}{M}$。

5.7 假定 f: $\{0,1\}^m\rightarrow\{0,1\}^m$ 是一个原像稳固的双射。定义 h: $\{0,1\}^{2m}\rightarrow$

$\{0,1\}^m$ 如下：给定 $x \in \{0,1\}^{2m}$，记

$$x = x' \parallel x''$$

其中，x', $x'' \in \{0,1\}^m$，然后定义

$$h(x) = f(x' \oplus x'')$$

证明：h 不是第二原像稳固的。

5.8 假定 $h: \mathcal{X} \to \mathcal{Y}$ 是一个 Hash 函数，其中 $|\mathcal{X}|$ 和 $|\mathcal{Y}|$ 是有限值且 $|\mathcal{X}| \geqslant 2|\mathcal{Y}|$。假定 h 是平衡的，也就是说，对所有 $y \in \mathcal{Y}$，都有

$$|h^{-1}(y)| = \frac{|\mathcal{X}|}{|\mathcal{Y}|}$$

假定对给定的 Hash 函数 h，Oracle-Preimage 是一个针对原像的 (ε, Q) 算法。证明：对给定的 Hash 函数 h，Collision-To-Preimage 是一个针对碰撞的 $(\varepsilon/2, Q+1)$ 算法。

5.9 使用 CFB 模式产生一个消息认证码，给定消息序列 $x_1, \cdots, x_n$，假设定义初始序列为 x_1，在 CFB 模式下用密钥 k 加密 $x_2, \cdots, x_n$，得到密文序列 $y_1, \cdots, y_{n-1}$，定义 $\mathrm{Mac}_k(x) = e_k(y_{n-1})$。证明：该 MAC 等同于算法 5.6 中的 CBC-MAC。

5.10 思考随机预言机的概念和作用，以及随机预言机是否存在。

6

公钥密码体制

前面几章介绍的密码原语都属于对称技术，包括对称的分组密码、序列密码、Hash函数和MAC，能够提供机密性和完整性，但在实践和应用中存在着一些问题和局限性。现代密码学中还有一类密码体制，称为非对称密码体制，或者公钥密码体制，基于一些数学难题构建单向陷门函数，能够实现加密和密钥交换，而且可以实现数字签名，提供不可否认服务。

6.1 公钥密码体制和单向陷门函数

在经典密码学模型中，Alice 和 Bob 之间的秘密通信会共享密钥 K，加密规则和解密规则可以通过 K 得到，一旦 K 泄露，系统将不安全，这种密码体制称为对称密码体制。对称密码体制存在着三个问题：密钥交换的问题、密钥分配的问题和不可抵赖的问题。

在对称密码体制中，共享秘密消息的双方需要相同的密钥来进行加密和解密，双方共享的密钥也需要秘密传输，如何保证在公开信道上进行密钥传输是一个问题；此外，对于对称密码体制，任意交换秘密消息的双方都需要共享一个密钥，所以对于一个拥有 n 个用户的用户群，需要$\frac{n(n-1)}{2}$个密钥，当 n 很大时，需要的密钥量很大，如何产生和分配密钥也是需要考虑的问题；由于双方共享的密钥是相同的，所以存在伪造和抵赖的问题。

由此，我们希望可以找到一种密码体制，对于给定的加密 e_k，除了消息接受者之外，求 d_k 在计算上不可行。那么 e_k 可以公开，这样就不需要共享密钥。因此，用户具有一对用于加解密的密钥(pk，sk)，其中一个公开，一个保密。公开的密钥 pk 称为公钥，保密的密钥 sk 称为私钥，通过公开的公钥无法推出保密的私钥，具有这种特点的密码体制称为公开密钥密码体制。一对密钥对应着一对相应的算法，那么可以使用私钥进行签名而使用公钥来验证，从而可以实现数字签名，这拓展了公钥密码体制的应用。本章主要讨论公钥加密体制，数字签名将在第 7 章进行介绍。

公钥密码体制的思想最早由 Diffie 和 Hellman 在 1976 发表的"密码学的新方向"中提出，并提出 D-H 密钥交换协议。1977 年，Rivest、Shamir 和 Adleman 提出了第一个成熟的公钥密码体制——RSA 密码算法。公钥密码算法的安全性依赖于一些数学难题的计算困难性，其中，RSA 密码体制的安全性基于大整数分解的困难性，ElGamal 密码体制(及其变种，包括 D-H 密钥交换、椭圆曲线密码)的安全性基于离散对数问题。

公钥密码体制可以看做一个单向函数(One-way Function)，单向函数是指一个计算容易但是求逆困难的函数，现在还没有一个函数被证明是单向的。由于密码体制用于传输秘密消息，在加密之后需要解密来恢复消息，所以经常使用单向陷门函数(Trapdoor One-way Function)来构造密码体制，单向陷门函数是指存在单向函数，该函数在获得特定知识(陷门)后很容易求逆。

在 RSA 中，假定已知 $n=p\times q$ (p、q 为不同的大素数，保密)，b 为正整数，单向函数为 $f:Z_n\rightarrow Z_n f(x)=x^b \bmod n$。但若知道大数 n 的因式分解(陷门)，即 p、q 的值，那么 $\varphi(n)=(p-1)(q-1)$，若$(b,\varphi(n))=1$ 则可以求得 a 使得 $ab\equiv 1 \bmod \varphi(n)$，可得到该函数的逆函数 $f^{-1}:Z_n\rightarrow Z_n f^{-1}(x)=x^a \bmod n$。

6.2 RSA

6.2.1 数学基础

Eular 定理：设$(a,n)=1$，则有 $a^{\varphi(n)}\equiv 1 \bmod n$。

特别地，当 n 为素数时，对任意 a 有 $a^n\equiv a \bmod n$，称为 Fermat 小定理。

定理 6.1 给定正整数 n，对于任意整数 $a\in[0..n)$ 和整数 $k>0$，均有 $a^{1+k\varphi(n)}\equiv a \bmod n$，当且仅当 n 有分解式 $n=\prod_{i=1}^{r}p_i$，其中，p_i为不同的素数。

证明 (1) 充分性。

① 若 $n|a$，则有 $a^{1+k\varphi(n)}\equiv 0\equiv a \bmod n$，结论成立。

② 若 a 非 0，因为 $n=\prod_{i=1}^{r}p_i$，所以 $\varphi(n)=\prod_{i=1}^{r}\varphi(p_i)$，$\forall p_j, 1\leqslant j\leqslant r$。

(a) 若 $p_j|a$，则 $a^{1+k\varphi(n)}\equiv 0\equiv a \bmod p_j$；

(b) 若 $a\neq 0 \bmod p_j$，则有$(a,p_j)=1$，根据欧拉定理有 $a^{\varphi(p_j)}\equiv 1 \bmod p_j$，因为 $\varphi(p_j)|\varphi(n)$，则 $a^{1+k\varphi(n)}\equiv a^{1+kl\varphi(p_j)}\equiv a \bmod p_j$。

综合(a)(b)有 $a^{1+k\varphi(n)}\equiv a \bmod p_j$，那么对于所有的不同的素数 p_j有

$$\begin{cases} a^{1+k\varphi(n)}\equiv a \bmod p_1 \\ \cdots \\ a^{1+k\varphi(n)}\equiv a \bmod p_r \end{cases}$$

对于任意不同的 $1\leqslant i,j\leqslant r$，$(p_i,p_j)=1$，$n=\prod_{i=1}^{r}p_i$，所以 $a^{1+\varphi(n)}\equiv a \bmod n$。综合①②，充分性得证。

(2) 必要性。

假设 $n=\prod_{i=1}^{r}p_i^{\alpha_i}$，$\alpha_i\geqslant 1$，$a$ 为任意$[0,\cdots,n-1]$ 中的整数，令 $a=p_j$，$1\leqslant j\leqslant r$，$a^{1+k\varphi(n)}\equiv a \bmod n$ 成立，所以有 $p_j^{1+k\varphi(n)}\equiv p_j \bmod \prod_{i=1}^{r}p_i^{\alpha_i}$，$(p_j^{1+k\varphi(n)},\prod_{i=1}^{r}p_i^{\alpha_i})=$

$(\prod_{i=1}^{r} p_i^{\alpha_i}, p_j) = p_j$ 而 $(1+k\varphi(n)) \geqslant 2$，所以 $\alpha_j = 1$。由 p_j 的任意性，则 $\forall j, 1 \leqslant j \leqslant r$ 有 $\alpha_j = 1$，必要性得证。

综合(1)(2)，结论成立。

6.2.2 RSA 密码体制

RSA 密码体制定义在 Z_n 上，其中，n 为两个不同大素数的乘积。

密码体制 6.1 RSA 密码体制。

设 $n=pq$，其中，p、q 为大素数，$P=C=Z_n$，定义 $K=\{(n,p,q,e,d):ed=1 \bmod \varphi(n)\}$，对于 $k=(n,p,q,e,d)$，定义

$$e_k(x) = x^e \bmod n$$
$$d_k(y) = y^d \bmod n$$

$x, y \in Z_n$，(n,e) 为公钥，(n,d) 为私钥。

由定理 6.1，容易证明 $d_k(e_k(x)) \equiv x^{ed} \equiv x \bmod n$，加解密算法的一致性得到保证。

注：在实现的过程中，$\varphi(n)$ 也需要保密，否则有

$$\begin{cases} n = pq \\ \varphi(n) = (p-1)(q-1) \end{cases} \Rightarrow p^2 - (n - \varphi(n) + 1)p + n = 0$$

p、q 即为该方程的两个解。

我们可以看到，RSA 构建了一个 $Z_n \to Z_n$ 的置换。我们可以举例来说明 RSA 的加解密过程。

例 6.1 设 $p=47, q=83$，则 $n=3901$，$\varphi(n)=(p-1)(q-1)=3772$，假设 $e=3$，则 $d=e^{-1} \bmod \varphi(n)=2515$，公开(3901,3)为公钥，而保密(3901,2515)为私钥。

假设要加密的消息为 $m=2000$，则根据加密规则有

$$c = m^e \bmod n = 2000^3 \bmod 3901 = 844$$

根据解密规则，我们可以计算 $c^d \bmod n = 844^{2515} \bmod 3901 = 2000$ 来还原明文消息，由此也可以验证 RSA 算法加解密的正确性。

6.2.3 RSA 的实现

在 RSA 的实现中，需要考虑参数的选择、加解密的效率和安全性。

1. 参数的选择

为了实现 RSA，需要生成两个大素数，以及选择加解密指数。在生成参数时，也需要根据 RSA 可能遭受的攻击来判断参数选择是否安全，比如为了防止 Pollard $p-1$ 对模 n 进行因式分解，要求 $p-1$ 不能只有较小的素因子等。我们在第 6.2.6 节会介绍对 RSA 的一些攻击。

(1) 大素数的生成。

在 RSA 的实现中，需要生成两个大素数 p 和 q，如何判断某个大数是素数可参看第 6.2.4 节素性检测。

为了确保安全，p 和 q 要足够大，才能保证 $n=pq$ 足够大。基于目前大数因式分解的现状，建议 n 选择 1024 位或者 2048 位，那么 p 和 q 需要选择 512 位或 1024 位。在

选择 p 和 q 时，一般要求$\frac{p\pm1}{2}$、$\frac{q\pm1}{2}$也是大素数，且 p、q 的差，即$|p-q|$要比较大。

(2) 加解密指数的生成。

选择完大素数 p 和 q 后，需要选择加解密指数 e 和 d，要满足$(e,\varphi(n))=1$ 且 $ed\equiv 1 \bmod \varphi(n)$。为了提高性能，一般选择比较小的加密指数(在知道 p、q 的情况下可以使用中国剩余定理加速解密过程)，且加密指数的二进制表示中尽量减少 1 的个数，建议使用 $e=65537$。一旦 e 选定，可以通过扩展的欧几里得算法来求解密指数 d。

2. 快速实现

在 RSA 中，加解密运算都为大整数的模幂运算，如何降低模乘的次数，是提高 RSA 效率的关键。

(1) 模重复平方。

模重复平方可以将 $a^b \bmod n$ 的模乘次数从 b 降为 $\log_2 b$ 的规模。设 $l=\log_2 b$，可以将 b 表示成二进制的形式 $b=\sum_{i=0}^{l} b_i 2^i$，其中，$b_i\in\{0,1\}$，$0\leqslant i\leqslant l$，$b_l=1$。模重复平方可以从 b 的高位开始计算，也可以从 b 的低位开始计算。假设我们从高位开始计算。

$$\begin{aligned}b&=b_l\cdot 2^l+b_{l-1}\cdot 2^{l-1}+b_{l-2}\cdot 2^{l-2}+\cdots+b_1\cdot 2+b_0\\&=2(2(\cdots(2(b_l+b_{l-1})+b_{l-2})+\cdots)+b_1)+b_0\end{aligned}$$

则

$$a^b=a^{\sum_{i=0}^{l} b_i 2^i}=((\cdots(((1\times a^{b_l})^2\times a^{b_{l-1}})^2\times a^{b_{l-2}})^2\times\cdots)^2\times a^{b_1})^2\times a^{b_0}$$

我们给出模重复平方的算法 6.1。

算法 6.1 模重复平方(a,b,n)。

```
z=1
for i=l downto 0
{ z=z² mod n
    if(bᵢ==1)
      then z=z×a mod n
}
return(z)
```

在算法 6.1 中，我们可以看到，除了模平方，所需的模乘次数等于指数 b 的二进制表示中为 1 的数目。一般来说，如果知道 p 和 q，就可以通过中国剩余定理加速解密，但是该定理不能用于加密。为了加快加密速度，一般选择比较小的加密指数(PKCS 标准建议使用 $e=65537=2^{16}+1$，它是一个素数)，也可以使模乘数量减少。

(2) 蒙哥马利(Montgomery)算法。

蒙哥马利算法在计算大数的模乘运算时省去了模运算。

假设 N 为正整数，$R>N$，且$(N,R)=1$，$a,b\in Z_N$。

首先定义 $A=\mathrm{Mont}(a)=aR \bmod N$，我们称 A 为 a 的 Montgomery 整数，那么有 $a=\mathrm{MontInv}(A)=AR^{-1} \bmod N$。同样地，有 $B=\mathrm{Mont}(b)=bR \bmod N$。

假设 A、B 分别为 a、b 的 Montgomery 整数，我们定义 Montgomery 为

$$\mathrm{MontMul}(A,B)=ABR^{-1} \bmod N$$

有 MontMul$(A,B)=aRbRR^{-1} \bmod N=abR \bmod N=$Mont$(ab)$，即 MontMul$(A,B)$得到的结果为整数 $ab \bmod N$ 的 Montgomery 整数，那么我们可以将 Z_N 上的模乘转化成蒙哥马利整数的乘，且 MontInv$(A)=$MontMul$(A,1)=AR^{-1} \bmod N$，见算法 6.2。

算法 6.2 用蒙哥马利乘计算 $ab \bmod N$。

```
A=Mont(a)
B=Mont(b)
C=MontMul(A,B)
c=MontMul(C,1)
return(c)
```

根据 MontMul 的定义，我们有

$$\text{MontMul}(A,\text{MontMul}(A,A))=\text{Mont}(a^3 \bmod N)$$

那么当我们计算 a^b时，不需要对每次模平方和模乘都进行蒙哥马利数的转化，只需要在计算初始将 a 转化成蒙哥马利数 A，然后计算完所有的蒙哥马利乘之后再还原即可。

我们同样可以使用模重复平方来计算 $a^b \bmod N$，见算法 6.3(使用低位计算的模重复平方)。

算法 6.3 使用模重复平方来计算 $a^b \bmod N$。

```
Prod=Mont(1);
A=Mont(a);
while (e! =0)
{ if (e≡1 mod 2)
      then Prod=MontMul(Prod,A);
    A=MontMult(A,A)
    e=e>>1;
}
return MontInv(Prod);
```

下面我们来考虑 MontMul$(A,B)=ABR^{-1} \bmod N$ 的计算。令 $T=AB$，则 $0\leqslant T<NR$，MontMul$(A,B)=TR^{-1} \bmod N$。令 $IN=-N^{-1} \bmod R$，计算 $S=T\cdot IN \bmod R$，$0\leqslant S<R$，有 $T\equiv T+S\cdot N \bmod N$，则 $TR^{-1}\equiv(T+S\cdot N)R^{-1} \bmod N$，而 $T+S\cdot N\equiv 0 \bmod R$，且 $0\leqslant T+S\cdot N<2NR$，即 $R|(T+S\cdot N)$，那么 $0\leqslant(T+SN)/R<2N$，计算 MontMul$(A,B)=TR^{-1} \bmod N$，就只需要计算$(T+SN)/R$，若$(T+SN)/R<N$，则 $TR^{-1} \bmod N=(T+SN)/R$，否则 $TR^{-1} \bmod N=(T+SN)/R-N$。假设 N 为 RSA 的模数，长度为 n 比特，令 $R=2^n$，由于 $N=pq$ 为奇数，所以 $R>N$，且$(N,R)=1$，那么$(T+SN)/R$ 可以通过将 $T+SN$ 右移 n 位得到。那么若计算 $TR^{-1} \bmod N$，只需要计算 $S=T\cdot IN$ 和 $S\cdot N$ 两次乘法，除法通过右移 n 位完成，省掉了模运算中的除法运算。

假设 $T=AB$ 已经计算出来，根据机器字的长度我们选择 $M=2^d(d=32$ 或 $64)$，假设 RSA 的模数 N 长度为 n 比特(比如 1024 比特)，$n=kd$，$R=M^k=2^{kd}=2^n$，$IN=-N^{-1} \bmod M$。T 为 $2n$ 位整数，记为 $T=(t_{2k-1},t_{2k-2},\cdots,t_1,t_0)$，其中，$t_i$ 均为 d 位整数，其中，$0\leqslant i\leqslant 2k-1$，我们给出算法 6.4 来计算 $TR^{-1} \bmod N$。

算法 6.4 计算 $TR^{-1} \bmod N$。

```
for i=0 to k-1
{ T'=T+N·(t_i·IN mod M)
    T=T'>>d
}
if T>N
    then T=T-N
return(T)
```

在算法 6.4 中，我们可以看到在 for 循环的每一次执行中，$T' \equiv T \bmod N$，而且对于任意的 $0 \leqslant i < k$，$T' \equiv t_i + N \cdot t_i \cdot IN \equiv t_i - t_i \equiv 0 \bmod M$，表明 T'的末 d 位全为 0，因此 $T' >> d$ 意味着 $T' \equiv T2^{-d} \bmod N$，将 T' 作为新的 T 进入下一轮循环，如此执行 k 次，则最终的 $T' \equiv T2^{-kd} \equiv TR^{-1} \bmod N$。在执行第 k 次循环时($i=k-1$)，语句 $T'=T+N \cdot (t_i \cdot IN \bmod M)$中的 T 为$(k+1)d$ 位(对原始 $2kd$ 位的 T 执行了 $k-1$ 次的右移 d 位)，有 $0 \leqslant T < N \cdot 2^d$，$0 \leqslant N \cdot (t_{k-1} \cdot IN \bmod M) < N \cdot 2^d$，所以 $0 \leqslant T' = T + N \cdot (t_i \cdot IN \bmod M) < 2N2^d$，那么经过 $T' >> d$ 位之后的结果位于$[0,2N)$ 中，因此最多一次减法即可得到 $TR^{-1} \bmod N$。我们可以看到在 $\mathrm{MontMul}(A,B) = ABR^{-1} \bmod N$ 的计算中，只需要计算一次大数乘 $T=AB$，其使用右移代替除法和取模，加快了速度。

(3) 中国剩余定理加速解密。

如果在解密过程中，已知 p 和 q，那么我们可以利用中国剩余定理来加速解密过程，效率可提高 3/4。假设解密过程为 $m=c^d \bmod n$，那么我们可以得到同余方程组

$$\begin{cases} m_1 = (c \bmod p)^{d \bmod p-1} \bmod p \\ m_2 = (c \bmod q)^{d \bmod q-1} \bmod q \end{cases}$$

得到

$$m = (m_1 q q^{-1} + m_2 p p^{-1}) \bmod n$$

其中，$qq^{-1} \equiv 1 \bmod p$，$pp^{-1} \equiv 1 \bmod q$。

通过中国剩余定理，指数从 n 的规模降至 p、q 的规模，且可以进行预处理，保存 p^{-1}和 q^{-1}，可以极大地提高解密速度。

6.2.4 素性检测

在 RSA 参数生成过程中，首先需要产生两个大素数，一般的做法是首先生成大的随机整数，然后进行素性检测，判断其是否为素数。这建立在素数的分布和素数个数定理的基础上，可以保证素数足够多，且能生成“大概率是素数”的大随机数，使得 RSA 可行。

1. 素数的分布和素数个数定理

素数是无穷的，根据素数个数定理，N 以内小于等于 N 的素数的个数约为$N/\ln N$，如果 RSA 算法使用 1024 比特的模数 n，则 p 和 q 的长度约为 512 比特，有超过 10^{151}个素数，随机选择 512 比特以内的数，其为素数的概率为 $1/\ln 2^{512} \approx 1/355$，去除掉偶数，概率可提高到 2/355。

2. 伪素数

素性检测一般利用关于素数成立的定理的否定说法来进行判定，常用的定理包括

Fermat 小定理和欧拉判别准则。实际应用中的有效算法多为概率算法，在算法中使用了一些随机的因子，存在着将合数错误判定为素数的可能，但可以通过多次检测来降低误判概率。

Fermat 小定理：若 p 为素数，则有 $a^p \equiv a \bmod p$。

若 $p-1=2^s t$，t 为奇整数，$(a,p)=1$，则有

$$a^{p-1}=(a^{2^{s-1}t}+1)(a^{2^{s-2}t}+1)\cdots(2^t+1)(2^t-1)$$

那么如下同余式至少有一个成立：

$$a^t \equiv 1 \bmod p, a^t \equiv -1 \bmod p, a^{2t} \equiv -1 \bmod p, \cdots, a^{2^{s-1}t} \equiv -1 \bmod p$$

欧拉判别准则：设 p 为奇素数，a 为整数，那么 $a^{\frac{p-1}{2}} \equiv \left(\frac{a}{p}\right) \bmod p$。

伪素数：设 n 为奇合数，如果有整数 b，$(b,n)=1$，使得 $b^{n-1} \equiv 1 \bmod n$ 成立，称 n 为对于基 b 的伪素数。

Eular 伪素数：设 n 为奇合数，如果有整数 b，$(b,n)=1$，使得 $b^{\frac{n-1}{2}} \equiv \left(\frac{b}{n}\right) \bmod n$，称 n 为对于基 b 的 Eular 伪素数。

强伪素数：设 n 为奇合数，$n-1=2^s t$，t 为奇整数，$(b,n)=1$，如果满足 $b^t \equiv 1 \bmod n$，或者存在整数 r，$0 \leqslant r < s$，使得 $b^{2^r t} \equiv -1 \bmod n$，称 n 为对于基 b 的强伪素数。

3. 素性检测算法

素性检测算法多使用随机多项式时间的 Monte Carlo 算法，Monte Carlo 算法是一类随机算法，与第 5 章中的 Las Vegas 算法不同，一个 Las Vegas 算法不一定会给出回答，但是一旦给出回答，结果总是正确的。Monte Carlo 算法总是可以给出一个回答，但回答可能不正确。一个判定问题(Decision Problem)是指只回答“是”或“否”的问题。一个判定问题偏“是”的 Monte Carlo 算法，是指算法对该判定问题回答“是”总是正确的，回答“否”则有一定的错误率，那么当我们说偏是的 Monte Carlo 算法具有错误概率 ε，是指对应该回答“是”的实例，至多以 ε 的概率给出不正确的回答“否”。Solovay-Strassen 算法和 Miller-Rabin 算法都是对合数问题偏是的 Monte Carlo 算法，即当算法返回“是合数”(即不是素数)时总是正确的，当素性检测返回“是素数”时，存在错误概率，Solovay-Strassen 算法具有 1/2 的错误概率，是指当 n 为合数时，算法最多有 1/2 的概率会回答“是素数”，而 Miller-Rabin 算法比 Solovay-Strassen 算法的运算速度快，其是最常使用的素性检测算法，错误概率至多为 1/4。

最后我们也给出 AKS 素性检测算法，这是一个确定性的素性检测算法。

(1) Solovay-Strassen 算法。

Solovay-Strassen 算法不会将素数错判为合数，但是会将合数(Eular 伪素数)错判为素数，错误概率为 1/2。可以通过多次检测降低错判的概率。

算法 6.5 Solovay-Strassen(n)。

随机选择整数 a，满足 $0 \leqslant a \leqslant n-1$

$x=\left(\frac{a}{n}\right)$

if $x=0$

  then return(“n is composite”);

$y=a^{\frac{n-1}{2}} \bmod n$
if $x \equiv y \bmod n$
 then return("n is prime")
 else return("n is composite")

通过算法我们可以看到,如果 n 是素数,那么通过欧拉判别准则,一定有 $a^{\frac{n-1}{2}} \equiv \left(\frac{a}{n}\right) \bmod n$,因此一定会返回素数的回答;但反过来,存在 Eular 伪素数,即 n 为奇合数,对于整数 b,$(b,n)=1$,有 $b^{\frac{n-1}{2}} \equiv \left(\frac{b}{n}\right) \bmod n$,能通过算法的检测,当算法回答"素数"时可能结果本应为合数。因此,此算法是对合数问题偏是的 Monte Carlo 算法。

(2) Miller-Rabin 算法。

Miller-Rabin 算法是对合数问题偏是的 Monte Carlo 算法,也称为强伪素数检测。

算法 6.6 Miller-Rabin(n)。

$n-1=2^s t$,其中,t 为奇数
随机选择整数 a,满足 $0 \leqslant a \leqslant n-1$
$b=a^t \bmod n$
if $b \equiv 1 \bmod n$ then return("n is prime")
for $i=0$ to $s-1$
{ if $b \equiv -1 \bmod n$ then return("n is prime")
 else $b=b^2 \bmod n$
}
return("n is composite")

可以证明 Miller-Rabin 算法具有至多 1/4 的错误概率,实际运行中,其比 Solovay-Strassen 算法好。

(3) 确定性的 AKS 算法。

2002 年,印度科技学院 Agrawal、Kayal 和 Saxena 发表文章,给出了一个关于素数判定的确定性方法,并证明算法可在多项式时间内完成素性判断。

理论基础:整数 n 是素数,当且仅当存在与 n 互素的数 a,满足多项式 $(x+a)^n \equiv (x^n+a) \bmod n$。

AKS 对该理论复杂度上的改进:整数 n 是素数,当且仅当存在与 n 互素的数 a 及多项式 f 和 g,满足 $(x+a)^n-(x^n+a)=nf+(x^r-1)g$,记为 $(x+a)^n \equiv (x^n+a)(\bmod n, x^r-1)$。

算法 6.7 确定性的 AKS 算法。

输入:整数 $n \geqslant 1$

1. if($n=a^b$ for $a \in N$ and $b>1$)输出合数
2. 寻找最小的 r 使得 $o_r(n)>\log^2 n$
3. 对于一些 $a \leqslant r$, if $1<(a,n)<n$ 输出合数
4. if $n \leqslant r$ 输出素数
5. for $a=1$ to $\lfloor \sqrt{\varphi(r)} \lg n \rfloor$ do
 if $((x+a)^n \neq x^n+a(\bmod x^r-1, n))$ 输出合数

6. 输出素数

目前算法的时间复杂度为 $O(\lg^6 n)$，效率低于概率算法。

6.2.5 大整数的因式分解

整数分解问题隐含了 RSA 的破译问题。

试除法是最简单和最直接的方法，即用直到 $\sqrt{n}$ 的每个素数去除 n，在 $n<10^{20}$ 时基本可行，如果 n 有比较小的因子则比较有效。实际中广泛使用的算法有二次筛法、椭圆曲线算法和数域筛法。直到 20 世纪 90 年代中期，二次筛法是最常使用的；椭圆曲线算法适合素因子长度不同的合数；数域筛法则适用于更大的数，目前分解的世界纪录是 RSA-768。

6.2.5.1 Pollard $p-1$ 算法

Pollard $p-1$ 算法由 Pollard 在 1974 年提出，输入为待分解的奇数 n 和一个预先给定的"界"B，适用于 n 的某个素因子 p，使得 $p-1$ 只有较小的素因子，可以构造一个合适的 B。

算法 6.8 Pollard $p-1$ Factoring(n,B)。

```
a=2
for j=2 to B
    do a=a^j mod n
d=gcd(a-1,n)
if 1<d<n
    then return(d)
    else return('failure')
```

若 n 的一个素因子 p 使得 $p-1$ 只有小的素因子，那么假设对于每一个素数幂 $q|p-1$，都有 $q\leqslant B$，那么就有 $p-1|B!$，当 for 循环结束后有

$$a\equiv 2^{B!} \bmod n$$

则有

$$a\equiv 2^{B!} \bmod p$$

而 $2^{B!}\equiv 2^{p-1}\equiv 1 \bmod p$，则有 $a\equiv 1 \bmod p$，因此有 $p|a-1$，而 $p|n$，则 $d=\gcd(a-1,n)$ 为 n 的一个非平凡因子，则可成功分解 n。

例 6.2 假设 $n=23826318247$，选取 $B=270$，应用算法 5.1 可以得到 $d=156749$，其中，$a=7573641434$，可以得到 n 的分解为

$$23826318247=156749\times 152003$$

分解得以成功是因为 $156748=2^2\times 149\times 263$，仅有小的素因子，因此我们可以通过选取 $B\geqslant 263$，一定有 $156748|B!$，通过前面分析的结论，我们可以成功分解 n。

因此，为了抵抗 Pollard $p-1$ 分解算法，在选择 p、q 时，应使得 $\frac{p-1}{2}$，$\frac{q-1}{2}$ 也是大素数。

6.2.5.2 Pollard ρ 算法

假设 p 为 n 的素因子，若存在两个整数 $x,x'\in Z_n$，使得 $x\neq x'$ 且 $x\equiv x' \bmod p$，那

么我们可以通过求 $\gcd(x-x',n)$ 得到 n 的一个非平凡因子，从而达到分解 n 的目的。

我们可以通过随机选择一个 Z_n 的子集 $X\subseteq Z_n$，然后对所有不同的 $x,x'\in X$，计算 $\gcd(x-x',n)$，若可以得到 n 的一个非平凡因子，则可以分解 n。当在 X 的集合中，至少存在着一个对于 mod p 的碰撞，那么非平凡因子就一定可以找到。那么使用第 5.2.1 节中生日攻击的结论，若 $|X|\approx 1.17\sqrt{p}$ 时，则有至少 1/2 的概率可以找到一个碰撞，但由于不知道 p 的值，所以我们只能求 $\gcd(x-x',n)$，那么需要 $C_{|X|}^2$（$p/2$ 的规模）次 gcd 的计算。

为了减少 gcd 的计算，Pollard ρ 算法通过构造随机映射来寻找碰撞。假设 f 为一个整系数的多项式，例如 $f(x)=x^2+a$，其中，a 为一个小的常数，那么 $x\to f(x) \bmod p$ 可以看作一个随机映射。假设 $x_1\in Z_n$，我们通过 $x_{i+1}=f(x_i) \bmod n$ 来生成 Z_n上的序列$\{x_i|i\geqslant 1\}$，从而构成一个定义在 Z_n 上的随机子集 X。若有不同的 $x_i,x_j\in X$ 且 $x_i\equiv x_j \bmod p$，那么有

$$f(x_i)\equiv f(x_j) \bmod p$$

而 $x_{i+1}=f(x_i) \bmod n$，$x_{j+1}=f(x_j) \bmod n$，因为 $p|n$，所以有

$$x_{i+1} \bmod p=(f(x_i) \bmod n) \bmod p=f(x_i) \bmod p$$

同样地，有 $x_{j+1} \bmod p=f(x_j) \bmod p$，则有 $x_{i+1}\equiv x_{j+1} \bmod p$ 成立。

可见，$x_i \bmod p$ 到 $x_{j-1} \bmod p$ 之间的值会循环重复出现，重复周期为 $j-i$。

因此 $x_i \bmod p(i\geqslant 1)$产生的序列是有周期的。若从 $x_t \bmod p$ 开始出现周期，对于 $t\geqslant 1$，$c\geqslant 1$，序列 $x_1,x_2,\cdots,x_{t+c-1}$ 中的元素 mod p 都不相同，周期为 c，则当 $i\geqslant t$ 时，有 $x_{c+i}\equiv x_i \bmod p$，如果将序列值 $x_i \bmod p$ 作为顶点构造图，从 $x_i \bmod p$ 到 $x_{i+1} \bmod p$ 构造一条边（其中 $i\geqslant 1$），由 $x_i \bmod p(i\geqslant 1)$产生的序列会形成一个 ρ，这也是最初命名该算法为 ρ 方法的原因。序列从 $x_t \bmod p$ 开始会形成一个长度为 c 的圈。

例 6.3 假设 $n=47053=211\times 223$，$f(x)=x^2+2$，$x_1=1$，我们可以得到 $x_i(i\geqslant 1)$ 的序列：

3	11	123	15131	34318	35589	4269	14852	44495	2999
6880	46137	39157	1593	43842	5916	38679	14908	17147	32467

序列模 223 之后得到

3	11	123	190	199	132	32	134	118	100
190	199	132	32	134	118	100	190	199	132

我们可以看到 $x_4\equiv x_{11} \bmod 223$，则 $\gcd(15131-6880,47053)=223$。那么序列$\{x_i \bmod p\}(i\geqslant 1)$可以形成一个尾部长度为 4、圈长为 7 的 ρ。

算法 6.9 寻找 $x_i\equiv x_{2i} \bmod p$，其中，$i\geqslant 1$。由于 $f(x) \bmod p$ 产生的序列具有周期为 c，当 $i\geqslant t$ 时，有 $x_{c+i}\equiv x_i \bmod p$，那么必存在 $t\leqslant r<t+c$，且 $r\equiv 0 \bmod c$，这是因为连续 c 个整数中一定存在某个整数是 c 的倍数，因此，在 $t,t+1,\cdots,t+c-1$ 中，必存在 r 是 c 的倍数，由于周期为 c，则有 $x_{2r}\equiv x_r \bmod p$，则算法可以结束。

算法 6.10 Pollard ρ 分解算法。

输入 n 和 x_1

$x=x_1$

$x'=f(x) \bmod n$

$p=\gcd(x-x',n)$

while $p=1$

$$\text{do}\begin{cases}x=f(x)\bmod n\\x'=f(x')\bmod n\\x'=f(x')\bmod n\\p=\gcd(x-x',n)\end{cases}$$

if $p=n$

then return('failure')

else return(p)

我们可以看到，Pollard ρ 分解算法是一个拉斯维加斯(Las Vegas)算法。当算法6.10没有找到 n 的非平凡因子时，算法输出失败，若算法有输出 p，则它一定是正确的 n 的因子。算法失败是由于没有找到 n 的非平凡因子，即 $x\equiv x' \bmod n$，那么可以重新选择一个初值或者选择一个不同的函数。

令 $f(x)=x^2+2$，$x_1=1$，运行算法6.10，当 $n=47053$ 时，我们知道第一次碰撞发生在 $x_4=x_{11} \bmod 223$，周期为7，因此当 $r=7$ 时，$x_7=35589$，$x_{14}=39157$，算法求出 $\gcd(x_7-x_{14},n)=223$。当 $n=23826318247$ 时，在 $r=130$ 处有 $x_{130}=19524164952$ 和 $x_{260}=20389732930$，可以得到因子156749。

6.2.5.3 费马分解法

许多分解因子的算法理论依据是假定可以找到 a、b 满足 $a^2-b^2=n$，若 $\gcd(a\pm b, n)$ 是 n 的非平凡因子，那么可找到 n 的两个非平凡因子。进一步推广，假定可找到 a、b 满足 $a^2\equiv b^2 \bmod n$，若 $\gcd(a\pm b,n)$ 是 n 的非平凡因子，那么可找到 n 的两个非平凡因子。

例如我们有 $9^2\equiv 4^2 \bmod 65$，$\gcd(9\pm 4,65)=(13,5)$，则有 $65=5\times 13$。

目前的分解方法都使用了筛法和高斯消去法，其分解思路和步骤如下：首先找到一组因子基；根据某种筛法找出平滑数；根据高斯消去法找到关于模 n 的待分解整数的平方同余式；利用平方同余式求解最大公因数。

其中，因子基是 b 个最小素数的集合(适当选取 b)。假定 m 和 n 为正整数，如果 n 的任一素因子都小于等于 m，我们称 n 是 m 平滑的。

1. Dixon 的随机平方算法

例 6.4 假定 $n=15770708441$，因子基 $B=\{2,3,5,7,11,13\}$，考虑如下三个同余方程：

$$8340934156^2\equiv 3\times 7 \bmod n$$

$$12044942944^2\equiv 2\times 3\times 13 \bmod n$$

$$2773700011^2\equiv 2\times 7\times 13 \bmod n$$

上面三个式子的乘积为

$$(8340934156\times 12044942944\times 2773700011)^2\equiv(2\times 3\times 7\times 13)^2 \bmod n \quad (6.1)$$

可以得到

$$9503435785^2\equiv 546^2 \bmod n$$

利用欧几里得算法，有

$$\gcd(9503435785\pm 546,15770708441)=(135979,115979)$$

$$n=15770708441=135979\times115979$$

假定 $B=\{p_1,p_2,\cdots,p_b\}$ 为因子基，设 c 为稍大于 b 的整数，且假定已经得到 c 个同余方程 $z_j^2\equiv p_1^{\alpha_{1j}}\times p_2^{\alpha_{2j}}\times\cdots\times p_b^{\alpha_{bj}} \bmod n, 1\leqslant j\leqslant c$，对于每个 j，考虑向量

$$\boldsymbol{a}_j=(\alpha_{1j} \bmod 2,\cdots,\alpha_{bj} \bmod 2)\in(Z_2)^b$$

如果我们可以找到 $\boldsymbol{a}_j$ 的子集使得其模 2 的和为向量(0,…,0)，那么对应的 z_j 的乘积将会与因子基中因子的偶数次方乘积关于 n 同余，即可得到形如 $a^2\equiv b^2 \bmod n$ 的同余式，然后可以根据欧几里得算法算出 $\gcd(a\pm b,n)$，若是 n 的非平凡因子，则可得到 n 的分解。因子基的大小可以控制向量大小和所需向量的个数。

在例 6.4 中，我们可以得到

$$a_1=(0,1,0,1,0,0)$$
$$a_2=(1,1,0,0,0,1)$$
$$a_3=(1,0,0,1,0,1)$$

有 $\boldsymbol{a}_1+\boldsymbol{a}_2+\boldsymbol{a}_3=(0,0,0,0,0,0) \bmod 2$，可以得到式(6.1)的同余方程，成功分解 n。

如何寻找整数 z 使得 $z^2 \bmod n$ 对于因子基中最大的素数平滑，这就是一个筛选的问题。一种方法是随机选择，这也是随机平方算法得名的原因；还可以选择形如 $j+\lceil\sqrt{kn}\rceil$, $j=0,1,2,\cdots,k=1,2,\cdots$ 的整数，这样的数在平方模 n 后会比较小，容易分解，并容易有比较小的素因子；此外，还可以选择形如$\lceil\sqrt{kn}\rceil$,$\lfloor\sqrt{kn}\rfloor$,$k=1,2,\cdots$ 的数，当 $z=\lfloor\sqrt{kn}\rfloor$时，$-z^2 \bmod n$ 很大概率对于因子基平滑，我们可以将 -1 加进因子基来对 $z^2 \bmod n$ 进行分解。

例 6.5 若 $n=1829$，因子基 $B=\{-1,2,3,5,7,11,13\}$，选择形如$\lceil\sqrt{kn}\rceil$,$\lfloor\sqrt{kn}\rfloor$, $k=1,2,3,4$ 的数，得到平滑数 $z=42,43,61,74,85,86$，得到如下同余式：

$$z_1^2\equiv42^2\equiv-65\equiv(-1)\times5\times13 \bmod n$$
$$z_2^2\equiv43^2\equiv20\equiv2^2\times5 \bmod n$$
$$z_3^2\equiv61^2\equiv63\equiv3^2\times7 \bmod n$$
$$z_4^2\equiv74^2\equiv-11\equiv(-1)\times11 \bmod n$$
$$z_5^2\equiv85^2\equiv-91\equiv(-1)\times7\times13 \bmod n$$
$$z_6^2\equiv86^2\equiv80\equiv2^4\times5 \bmod n$$

得到

$$\boldsymbol{a}_1=(1,0,0,1,0,0,1)$$
$$\boldsymbol{a}_2=(0,0,0,1,0,0,0)$$
$$\boldsymbol{a}_3=(0,0,0,0,1,0,0)$$
$$\boldsymbol{a}_4=(1,0,0,0,0,1,0)$$
$$\boldsymbol{a}_5=(1,0,0,0,1,0,1)$$
$$\boldsymbol{a}_6=(0,0,0,1,0,0,0)$$

可以看到，$\boldsymbol{a}_2+\boldsymbol{a}_6=(0,0,0,0,0,0,0)$，但会得到 $40^2\equiv40^2 \bmod n$，无法得到 n 的非平凡因子。通过相关关系 $\boldsymbol{a}_1+\boldsymbol{a}_2+\boldsymbol{a}_3+\boldsymbol{a}_5=(0,0,0,0,0,0,0)$可以得到

$$1459^2\equiv901^2 \bmod n$$

$\gcd(1459\pm901,1829)=(59,31)$，可以得到 n 的分解为 $n=1829=59\times31$。

2. 二次筛法

用二次筛法寻找整数 x 及与其相关的函数 $Q(x)$，使得 $Q(x)=x^2 \bmod n$ 对因子基平滑，用二次筛法选取接近$\sqrt{n}$的 x 能加速这种寻找过程。

选择 $Q(x)=(x+\lceil\sqrt{n}\rceil)^2-n$，其中，$x$ 选择小的整数，可以保证 $Q(x)$ 比较小，容易构造出对因子基平滑的数。

筛选平滑数的方法有多种，最自然的方法就是试除法，此外还有椭圆曲线方法(elliptic curve method，ECM)。在实际中，常常使用称为筛法(Sieving)的过程。

如果有多项式 $f(x)=x^2-n$，那么对于素数 p，有

$$f(x+kp)=(x+kp)^2-n=x^2+2kpx+(kp)^2-n$$

其中，$k\geqslant 0$ 且为整数，则有

$$f(x+kp)\equiv f(x) \bmod p$$

可以通过求二次同余方程 $f(x)\equiv 0 \bmod p$ 的解来确定被 p 整除的 $f(x)$。对于每个因子基中的素数 p，当 $p>2$ 时，$f(x)\equiv x^2-n\equiv 0 \bmod p$ 有两个根 α 和 β，那么 $f(\alpha+kp)$ 和 $f(\beta+kp)$ 有因子 p。这个过程类似于 Eratosthenes 筛法，$f(x)$ 是一个关于 x 的二次多项式，二次筛法因此得名。

比如 $n=15347$，$Q(x)=(x+\lceil\sqrt{n}\rceil)^2-n$，我们来看看如何进行整数分解。由于 n 比较小，只需要前 4 个素数就足够了。

(1) 选择因子基 $B=\{2,17,23,29\}$，去掉了 3、5、7、11、13、19，因为对于去掉的素数 p，$\left(\frac{n}{p}\right)=-1$，即 n 不是关于 $\bmod p$ 的二次剩余。

(2) 选取 100 个 $Q(x)$，$x=0,1,2,\cdots,99$，有

$$\begin{aligned}T_1&=\{Q(0),Q(1),Q(2),Q(3),Q(4),Q(5),\cdots,Q(99)\}\\&=\{29,278,529,782,1037,1294,\cdots,34382\}\end{aligned}$$

(3) 筛选。

① 对因子基 B 中的第一个素数 2 求解 $(x+\lceil\sqrt{n}\rceil)^2-n\equiv 0 \bmod 2$，则有 $(x+124)^2-15347\equiv 0 \bmod 2$，得到解 $x\equiv 1 \bmod 2$，那么从 $x=1$ 开始，逐次加 2 得到的 x 使得 $2|Q(x)$，逐项除 2，得到 $T_2=\{29,139,529,391,1037,647,\cdots,17191\}$。

② 类似地，我们可以对因子基 B 中其余的素数 p 分别求解同余方程 $(x+124)^2-15347\equiv 0 \bmod p$，分别得到两个解 $x\equiv 3,4 \bmod 17$，$x\equiv 2,3 \bmod 23$ 和 $x\equiv 0,13 \bmod 29$，对于每个 $x\equiv\alpha \bmod p$，从起始位置为 α 的 $Q(\alpha)$ 开始，以 p 为步长选取 $Q(\alpha+kp)$ 来除 p，最终得到 $T_n=\{1,139,1,1,61,647,\cdots,17191\}$。

通过(3)中的方法可以筛选出所有关于因子基平滑的数，即在 T_n 中对应位置为 1 的数。我们可以列表，如表 6.1 所示。

表 6.1 平滑数

x	$x+\lceil\sqrt{n}\rceil$	$Q(x)$	$Q(x)$的因子基分解	指数向量 mod 2
0	124	29	$2^0\times17^0\times23^0\times29^1$	(0,0,0,1)
2	126	529	$2^0\times17^0\times23^2\times29^0$	(0,0,0,0)
3	127	782	$2^1\times17^1\times23^1\times29^0$	(1,1,1,0)
71	195	22678	$2^1\times17^1\times23^1\times29^1$	(1,1,1,1)

我们有

$$126^2 \equiv 23^2 \bmod 15347$$

或者

$$124^2 \cdot 127^2 \cdot 195^2 \equiv (2 \cdot 17 \cdot 23 \cdot 29)^2 \bmod 15347$$

即

$$1460^2 \equiv 7331^2 \bmod 15347$$

我们可以得到左右部分都是平方数的同余式，根据 $\gcd(126 \pm 23, 15347) = (149, 103)$ 或 $\gcd(7331 \pm 1460, 15347) = (149, 103)$，可得到结果 $15347 = 149 \times 103$。

6.2.6 RSA 的安全性

除了直接进行因式分解之外，RSA 还存在着其他可能的攻击。

1. 计算 $\varphi(n)$

在第 6.2.2 节 RSA 密码体制的描述中，曾经说明 $\varphi(n)$ 需要保密，否则可以根据

$$\begin{cases} n = pq \\ \varphi(n) = (p-1)(q-1) \end{cases} \Rightarrow p^2 - (n - \varphi(n) + 1)p + n = 0$$

计算出 p 和 q，从而分解 n，也就是说，计算 $\varphi(n)$ 并不比分解 n 容易。

那么在 RSA 的实现中，$\varphi(n)$ 也应该保密。

2. 解密指数

当解密指数 d 已知时，我们可以通过随机算法来间接分解 n。

算法 6.11 RSA-Factor(n,e,d)。

$ed \equiv 1 \bmod \varphi(n)$

记 $ed-1=2^s r$，r 为奇数

随机选择 w 使得 $1 \leqslant w \leqslant n-1$

if $1 < \gcd(w,n) < n$ then return$(\gcd(w,n))$

$v = w^r \bmod n$

if $v \equiv 1 \bmod n$ then return(failure)

while $v \neq 1 \bmod n$

$$\text{do} \begin{cases} v_0 = v \\ v = v^2 \bmod n \end{cases}$$

if $v_0 \equiv -1 \bmod n$ then return(failure)

else return$(\gcd(v_0+1, n))$

对于算法 6.11，当随机选择的 w 为 p 或者 q 的倍数时，可以直接分解 n；若 w 与 n 互素，那么通过连续计算 v^2 可以得到 $w^{2r}, w^{4r}, \cdots$，直至遇到某个 t 使得 $w^{2^t r} \equiv 1 \pmod n$，由于 $ed-1=2^s r \equiv 0 \pmod{\varphi(n)}$，所以 $w^{2^s r} \equiv 1 \pmod n$，因此，算法中的 while 循环至多运行 s 次就会终止。

算法以至少 1/2 的概率分解 n。那么，当解密指数泄露时，n、d 都需要重新选择。

3. 共模攻击

一种可能的 RSA 实现是给群组中每个人相同的 n 值，但加解密指数 e 和 d 不同。

(1) 问题1:群组内人员在不分解 n 的情况下,也可以解密其他人的消息。

假设A和B分别拥有密钥对(e_1,d_1)和(e_2,d_2)。当 e_2 与 e_1d_1-1 互素时,A可以求得等价的 d'_2 来解密发给B的消息。

$$\begin{cases}e_1d_1\equiv 1 \bmod \varphi(n)\\ e_2d_2\equiv 1 \bmod \varphi(n)\end{cases}$$

$$e_2d'_2\equiv 1 \bmod (e_1d_1-1) \Rightarrow e_2d'_2\equiv 1 \bmod \varphi(n)$$

(2) 问题2:群组外人员截获到发送给群组中不同人的同一消息,当群组内不同人的加密指数互素时,则明文可以不用任何一个解密密钥就可以恢复。

假设明文消息为 m,两个加密密钥为 e_1,e_2,两个密文消息为 c_1,c_2,有

$$c_1=m^{e_1} \bmod n \quad c_2=m^{e_2} \bmod n$$

若 e_1,e_2 互素,则存在 s、t 使得 $se_1+te_2=1$,假设 r 为负数,可以计算 $c_1^{-1} \bmod n$,那么有$(c_1^{-1})^{-r}c_2^s\equiv m^{re_1+se_2}\equiv m \bmod n$。

所以一群用户不应共享模 n。

4. 小加密指数攻击

一般来说,如果知道 p、q,则可以使用中国剩余定理来加速RSA的解密,但在加密过程中,由于 p、q 保密,因此不能使用中国剩余定理,为了加快RSA加密速度,在加密过程中使用小的加密指数 e 值(比如 $e=3$),这样RSA签名验证和加密速度会很快,但是会带来容易求解明文的问题。

当 $e=3$,那么当消息 $m<n^{1/e}$时,可以直接通过对密文开 e 次方来直接求解。

如果能够获得发送给不同用户的同一消息,那么也能通过中国剩余定理求解消息。比如 $e=3$,$m<n_1n_2n_3$,当模数两两互素时,可以建立同余方程组。

$$c_1=m^3 \bmod n_1$$

$$c_2=m^3 \bmod n_2$$

$$c_3=m^3 \bmod n_3$$

因此,应避免使用小的加密指数,PKCS推荐使用 $e=2^{16}+1=65537$;此外,在加密短消息之前应该进行填充,PKCS1#中定义了关于RSA的填充方式,其中,PKCS1#v2中定义的最优非对称加密填充(Optimal Asymmetric Encryption Padding,OAEP)是有效且可证明安全的方案。

5. 小解密指数的 Wiener 攻击

当选择使用一个较小的 d 值时,RSA解密会很快,但Wiener给出了小解密指数的攻击方法。在RSA的参数中,假设满足 $n=pq$,$\varphi(n)=(p-1)(q-1)$,$ed\equiv 1 \bmod \varphi(n)$,$3d<n^{1/4}$且 $q<p<2q$,就可以成功计算出解密指数 d。

根据解密指数 e 和解密指数 d 之间的关系,有

$$ed-t\varphi(n)=1$$

$$0<n-\varphi(n)=p+q-1<3q<3\sqrt{n}$$

$$\left|\frac{e}{n}-\frac{t}{d}\right|=\left|\frac{ed-tn}{nd}\right|=\left|\frac{1+t\varphi(n)-tn}{nd}\right|<\frac{3t}{d\sqrt{n}}$$

$$t<d,3t<3d<n^{1/4}$$

$$\left|\frac{e}{n}-\frac{t}{d}\right|<\frac{1}{dn^{1/4}}<\frac{1}{3d^2}$$

定理 6.2　假定 $\gcd(a,b)=\gcd(c,d)=1$ 且 $\left|\frac{a}{b}-\frac{c}{d}\right|<\frac{1}{2d^2}$，那么 $\frac{c}{d}$ 是 $\frac{a}{b}$ 连分数展开的一个渐进分数。

根据连分数定理，$\frac{t}{d}$ 是 $\frac{e}{n}$ 连分数展开的某个渐进分数，e 和 n 是公开的，通过计算 $\frac{e}{n}$ 的连分数，可以求出 d 和 t，进而可以计算出 $\varphi(n)$，前面我们已经知道，当知道 $\varphi(n)$ 时，可以分解 n。

连分数举例：计算 34/99 的连分数展开。

$$34=0\times 99+34,\quad 99=2\times 34+31,\quad 34=1\times 31+3,\quad 31=10\times 3+1,\quad 3=3\times 1$$

$$[0,2,1,10,3],\quad \frac{34}{99}=0+\cfrac{1}{2+\cfrac{1}{1+\cfrac{1}{10+\cfrac{1}{3}}}}$$

$$[0]=0,\quad [0,2]=1/2,\quad [0,2,1]=1/3,\quad [0,2,1,10]=11/32,\quad [0,2,1,10,1]=34/99$$

应避免使用小的解密指数，若知道 p,q，可利用中国剩余定理加速解密。

例 6.5　假定 $n=180261091$，$e=17442007$，可以得到 $\frac{e}{n}$ 的连分数展开为 $[0,10,2,1,71,16,4,20,5,12]$，可以验证 $0,\frac{1}{10},\frac{2}{21}$ 不能产生 n 的分解。当取 $\frac{3}{31}$ 时，有 $d=31$，$t=3$，可以得到 $\varphi(n)=\frac{31\times 17442007-1}{3}=180234072$，那么我们可以求方程 $x^2-27020x+180261091=0$ 的根，得到 $x=15013,12007$，即成功分解了 n。

根据 Wiener 算法，对于上述给定的 $n=180261091$，小于 $\frac{n^{1/4}}{3}\approx 38.62$ 的 d 都可以成功得到。

为了避免遭到 Wiener 攻击，不能选择过小的解密指数；而且在知道 n 的分解的情况下，我们可以通过中国剩余定理来加速解密过程，可以对 RSA 的解密过程加速。

6.3　Rabin 密码体制

下面我们来介绍 Rabin 密码体制，它也是基于大整数分解的困难性问题的。

密码体制 6.2　Rabin 密码体制。

设 $n=pq$，其中，p 和 q 是不同的素数，且 $p,q\equiv 3(\bmod 4)$。设 $P=C=Z_n^*$，且定义 $K=\{(n,p,q)\}$，对 $k=(n,p,q)$，定义

$$e_k(x)=x^2 \bmod n$$

和

$$d_k(y)=\sqrt{y} \bmod n$$

其中，n 为公钥，(p,q) 为私钥。

对于 Rabin 密码方案，计算关于模 n 的平方根与模 n 的分解是等价的，即在已知 n 的分解的情况下，计算关于模 n 的平方根是容易的，而不知道 n 的分解时，计算模 n 的平方根是困难的，因此，计算模 n 的平方根问题和大整数的分解问题是等价的，两个问

题可以相互归约(详见第 8 章第 8.3.2.2 节)。因此,其安全性等价于大整数因式分解的困难性。而对于 RSA,大整数因式分解的困难性并不意味着 RSA 问题的困难性,RSA 问题不超过大整数分解的困难性,有可能存在潜在的更简单的解决方案。因此,Rabin 基于一个更弱的假设,但在实践中,RSA 的应用更加广泛。

不同于 RSA,Rabin 密码体制的加密函数不是一个 $Z_n \to Z_n$ 的一一映射,也不是一个单射,我们可以看到,当已知 n 的分解时,y 模 n 的平方根有 4 个,并不唯一,当解密时,可以根据附加信息或者特殊的要求选择其中“正确”的一个。另一方面,由于 $p,q\equiv 3(\bmod 4)$,那么任何模 n 的二次剩余都恰好有一个平方根也是二次剩余,所以 Rabin 密码体制是一个 $QR_n \to QR_n$ 的一一映射,其中,QR_n 表示模 n 的二次剩余。下面进行简要说明。

已知 n 的分解 $n=pq$,根据中国剩余定理,Z_n 上的任意元素 a 都可以唯一表示成 $Z_p\times Z_q$ 上的对 $(a_p, a_q)=(a \bmod p, a \bmod q)$,若 a 为模 n 的二次剩余,则必有 $a\equiv b^2 \bmod n$,则有 $a_p\equiv a\equiv b^2 \bmod p$,$a_q\equiv a\equiv b^2 \bmod q$,因此 a_p, a_q 分别为模 p 和模 q 的二次剩余;反之,若 a_p, a_q 分别为模 p 和模 q 的二次剩余,则 $a_p\equiv b_1^2 \bmod p$,$a_q\equiv b_2^2 \bmod q$,$(a_p,a_q)=(b_1^2 \bmod p, b_2^2 \bmod q)=(b_1 \bmod p, b_2 \bmod q)^2$ 也是模 n 的二次剩余。因此,a_p, a_q 为模 p 和模 q 的二次剩余是 a 为模 n 的二次剩余的充要条件。

根据 $y\equiv x^2 \bmod n$ 可以得到同余方程组

$$\begin{cases} y\equiv x^2 \bmod p \\ y\equiv x^2 \bmod q \end{cases}$$

已知 p、q 均为奇素数,那么 y 模 p 和模 q 的平方根各有 2 个,记为 $\pm x_p$ 和 $\pm x_q$,根据中国剩余定理,一共可以得到 4 个关于模 n 的根 (x_p,x_q),$(-x_p,x_q)$,$(x_p,-x_q)$,$(-x_p,-x_q)$。由于 $p,q\equiv 3(\bmod 4)$,根据欧拉判别准则,$\left(\frac{-1}{p}\right)=-1$,$\left(\frac{-1}{q}\right)=-1$,因此 -1 不是关于模 p 和模 q 的二次剩余,那么 $\pm x_p$ 中只有一个为模 p 的二次剩余,同样的道理,$\pm x_q$ 中也只有一个为模 q 的二次剩余,因此,4 对根 (x_p,x_q),$(-x_p,x_q)$,$(x_p,-x_q)$,$(-x_p,-x_q)$ 中,有且仅有 1 对中的两个分量均为二次剩余,比如假设 x_p 和 x_q 分别为模 p 和模 q 的二次剩余,$-x_p$ 和 $-x_q$ 则不是模 p 和模 q 的二次剩余,那么 $(-x_p,x_q)$,$(x_p,-x_q)$,$(-x_p,-x_q)$ 中的两个分量不全为模 p 和模 q 的二次剩余,因此它们都不是模 n 的二次剩余,其余情况可得到同样的结果。因此,4 个根中有且仅有 1 个是模 n 的二次剩余。这就说明了上面给出的结论,Rabin 密码体制是一个 $QR_n \to QR_n$ 的置换。

例 6.6 已知 $n=1457=31\times 47$,假设需要解密密文 $y=2$,那么根据加密函数可以得到 $x^2\equiv 2 \bmod 1457$。

已知 $p,q\equiv 3(\bmod 4)$,当已知 n 的分解时,可以很容易求出模 p 和模 q 的平方根。若 $p\equiv 3(\bmod 4)$,同余方程 $y\equiv x^2 \bmod p$ 的根为 $\pm y^{\frac{p+1}{4}} \bmod p$,根据欧拉准则,有 $y^{\frac{p-1}{2}}\equiv 1 \bmod p$,则 $(\pm y^{\frac{p+1}{4}})^2\equiv y^{\frac{p+1}{2}}\equiv y\cdot y^{\frac{p-1}{2}}\equiv y \bmod p$。

根据上述结论,可以求出 2 模 31 的平方根为 $\pm 2^{\frac{31+1}{4}}\equiv \pm 8 \bmod 31$,2 模 47 的平方根为 $\pm 2^{\frac{47+1}{4}}\equiv \pm 7 \bmod 47$,根据中国剩余定理可得到 4 个可能的明文 $x=54,101,1403,1356$,可以验证解密的正确性。

6.4 基于离散对数问题的密码体制

在公钥密码体制中，除了基于大整数分解的密码体制外，还有一类基于离散对数问题的密码体制。下面先给出离散对数问题的描述。

实例：乘法群$(G,\cdot)$，一个n阶元素$\alpha\in G$和元素$\beta\in\langle\alpha\rangle$。

问题：找到唯一的整数i，$0\leqslant i\leqslant n-1$，满足$\alpha^i=\beta$。

我们将整数i记为$\mathrm{ind}_\alpha(\beta)$，称为$\beta$的离散对数。

常取G为有限域Z_p(p为素数)的乘法群，α一般取Z_p^*的本原元，或取Z_p^*的一个素数阶q的子群，子群中的α为一个q阶元素，若Z_p^*的本原元为r，则可通过$r^{\frac{p-1}{q}}$来得到α。

在适当的群内，指数函数是单向函数，求解离散对数(可能)是困难的。也就是说，当给定α和i时，计算β是容易的，但是给定α和β时，求i是困难的。

6.4.1 D-H 密钥交换

Diffie-Hellman 密钥交换算法由 Whitefield Diffie 和 Martin Hellman 于 1976 年在“密码学的新方向”中提出，这是第一个公开密钥算法，开创了密码学领域的新时代。它允许两个用户在一个不安全的信道上安全地交换一个秘密信息，以用于后续的通信过程，它是一个密钥交换算法(或密钥协商协议)，如图 6.1 所示，它并不直接加密数据，算法的安全性依赖于计算离散对数的困难性。

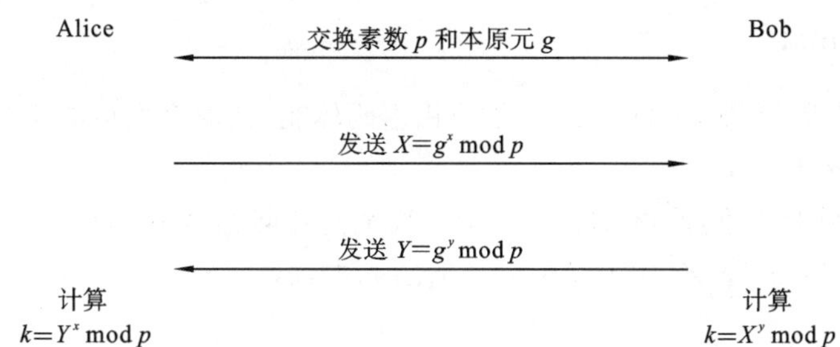

图 6.1 D-H 密钥交换示意图

在图 6.1 所示的示意图中可以看到，Alice 和 Bob 共享了秘密$g^{xy}\bmod p$。离散对数的困难性可以保证即使公开g^x和g^y，也无法得到g^{xy}。

例 6.7 选择素数$p=3203$及其本原元$\alpha=2$，假定 Alice 和 Bob 选择 D-H 交换密钥，Alice 选择$x=13$，计算得到$X=2^{13}\bmod 3203=1786$，并将X传送给 Bob，同时 Bob 选择$y=23$，并计算得到$Y=2^{23}\bmod 3203=3154$，Bob 将Y传送给 Alice。

对于 Alice，计算$Y^{13}\bmod 3203=3154^{13}\bmod 3203=2030$，而 Bob 则计算$X^{23}\bmod 3203=1786^{23}\bmod 3203=2030$，可以看到双方共享了 2030。

有关计算离散对数困难性的问题就是所谓的 Diffie-Hellman(D-H)问题。有两类问题：判定 D-H(Decisional Diffie-Hellman，DDH)问题和计算 D-H(Computational Diffie-Hellman，CDH)问题。选定循环群G及其一个生成元$g\in G$，给定两个元素$h_1=g^x$和$h_2=g^y$，定义$DG_g(h_1,h_2)=g^{\log_g h_1\log_g h_2}=g^{xy}$，则$DG_g(h_1,h_2)=g^{xy}=h_1^y=h_2^x$。

CDH 问题定义为当随机选定 h_1 和 h_2 时计算出 $DG_g(h_1,h_2)$。如果离散对数问题对于某些 G 是易解的，那么 CDH 问题易解，因为对于给定的 h_1 和 h_2，可以计算 $x=\log_g h_1$，然后可以计算 $DG_g(h_1,h_2)=h_2^x$。而 DDH 问题则是，对于群中随机选择的元素 h_1 和 h_2，能否区分一个随机群元素和 $DG_g(h_1,h_2)$，即给定随机选择的 h_1、h_2 和 h'，能否确定 $h'=DG_g(h_1,h_2)$ 还是 h' 是从 G 中随机选取的。

在被动攻击之下，由于 DDH 问题和 CDH 问题的困难性，双方可以安全地共享密钥；但在主动攻击之下，直接的 D-H 密钥交换协议容易遭受中间人攻击，如图 6.2 所示。中间人可以通过截断 A 和 B 的通信，发起两个 D-H 密钥交换协议，分别和 A、B 共享 $g^{xy'} \bmod p$ 和 $g^{x'y} \bmod p$，相当于对 A 冒充了 B，对 B 冒充了 A。

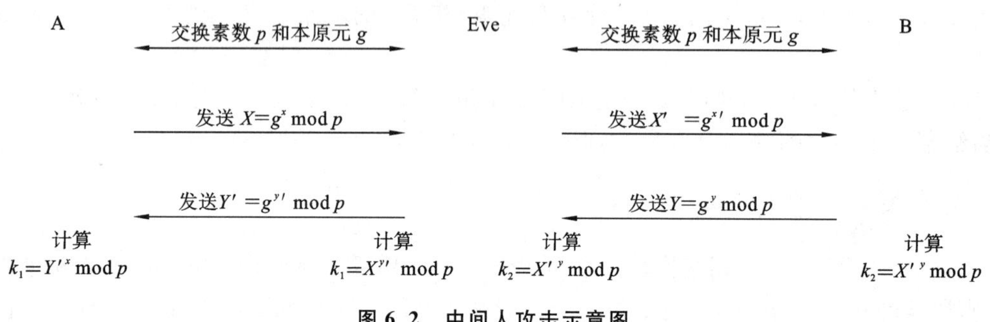

图 6.2 中间人攻击示意图

因此，在 D-H 密钥交换协议实施的过程中，需要进行身份认证，比如在 SSL 协议中使用证书来进行认证。更多关于 D-H 密钥协商的讨论参看第 9.2.3 节。

6.4.2 ElGamal

ElGamal 密码体制是可证明安全的公钥密码体制，其安全性证明见第 8.3.2.3 节。

密码体制 6.3 ElGamal。

设 p 是一个大素数，使得 $(Z_p^*,\cdot)$ 上的离散对数问题是困难的，$\alpha \in Z_p^*$ 是一个本原元，令 $P=Z_p^*$，$C=Z_p^* \times Z_p^*$，定义 $K=\{(p,\alpha,a,\beta):\beta=\alpha^a \bmod p\}$，$p,\alpha,\beta$ 是公钥，a 是私钥。

对 $k=(p,\alpha,a,\beta)$，以及一个（秘密）随机数 $r \in Z_{p-1}$，定义 $e_k(x,r)=(y_1,y_2)$，其中 $y_1=\alpha^r \bmod p$，$y_2=x\beta^r \bmod p$，对 $y_1,y_2 \in Z_p^*$，定义 $d_k(y_1,y_2)=y_2(y_1^a)^{-1} \bmod p$。

可以看到，$y_2(y_1^a)^{-1} \equiv x\beta^r(\alpha^{ra})^{-1} \equiv x\alpha^{ar}\alpha(\alpha^{ra})^{-1} \equiv x \bmod p$，因此可以恢复明文 x，加解密算法的正确性可以得到证明。

注意，r 在加密的时候随机选取，加密后不需要在信道上传输，可以立即销毁。加密具有不确定性，密文既依赖于密钥 k，又依赖于加密方随机选择的随机数 r。

例 6.8 选择素数 $p=3203$ 及其本原元 $\alpha=2$，令私钥 $a=355$，可以计算出公钥 $\beta=\alpha^a \bmod 3203=2^{355} \bmod 3203=2436$。

假设 Alice 希望传送消息 $x=1234$ 给 Bob，首先选择随机数 $r=20$，然后计算 $y_1=\alpha^r \bmod 3203=1195$，$y_2=x\beta^r \bmod 3203=1234\times 2436^{20} \bmod 3203=1905$，得到密文 (y_1,y_2) 并发送给 Bob。

Bob 得到密文后，根据解密函数计算 $y_2(y_1^a)^{-1}=1905\times(1195^{355})^{-1} \bmod 3203=1905\times 1629^{-1} \bmod 3203=1234$，即可恢复明文。

6.5 离散对数问题的算法

本节将介绍常用的离散对数方法。

6.5.1 Shanks 算法

α 为群$(G,\cdot)$中的一个 n 阶元素，希望可以求元素 $\beta\in\langle\alpha\rangle$的离散对数 $\mathrm{ind}_\alpha\beta$。

Shanks 算法是非平凡的时间-存储折中算法，也称为大步小步法，规模可降至$\sqrt{n}$。

算法 6.12 Shanks(G,n,α,β)。

1. $m=\lceil\sqrt{n}\rceil$
2. for $j=0$ to $m-1$
   do 计算 α^{mj}
3. 对 m 个有序对(j,α^{mj})，按照 α^{mj} 排序，得到 L_1
4. for $i=0$ to $m-1$
   do 计算 $\beta\alpha^{-i}$
5. 对 m 个有序对$(i,\beta\alpha^{-i})$，按照 $\beta\alpha^{-i}$ 排序，得到 L_2
6. 找到具有相同 y 值的对$(j,y)\in L_1$和$(i,y)\in L_2$
7. $\mathrm{ind}_\alpha\beta=mj+i \bmod n$

根据第 6 步，有 $\alpha^{mj}=\beta\alpha^{-i}$，则有 $\beta=\alpha^{mj+i}$。

对于任意的 $\beta\in\langle\alpha\rangle$，有 $0\leqslant\mathrm{ind}_\alpha\beta\leqslant n-1\leqslant m^2-1=m(m-1)+m-1$，其一定可以表示成 $mj+i$ 的形式，否则第 6 步不成功。

例 6.9 给定乘法群 $G=(Z_{887}^*,\cdot)$，5 为群 G 的生成元，求 ind_5^{678}。这里 887 为素数，5 为生成元，所以 5 的阶为 886，如果代入 Shanks 算法，则 $n=886,\alpha=5,\beta=678,m=\lceil\sqrt{n}\rceil=\lceil\sqrt{886}\rceil=30$，则 $\alpha^{30} \bmod 887=335$，$\alpha^{-1} \bmod 887=355$，对于 $0\leqslant j\leqslant 29$，计算有序对$(j,335^j \bmod 887)$得到列表

(0,1) (1,335)(2,463)(3,767)(4,602) (5,321)
(6,208) (7,494)(8,508)(9,763)(10,149)(11,243)
(12,688)(13,747)(14,111)(15,818)(16,834)(17,872)
(18,297)(19,151)(20,26)(21,727)(22,507)(23,428)
(24,573)(25,363)(26,86)(27,426)(28,790)(29,324)

根据元组中第二个元素的数值排序得到 L_1。

(0,678)(1,313)(2,240)(3,48)(4,187)(5,747)
(6,859)(7,704)(8,673)(9,312)(10,772)(11,864)
(12,705)(13,141)(14,383)(15,254)(16,583)(17,294)
(18,591)(19,473)(20,272)(21,764)(22,685)(23,137)
(24,737)(25,857)(26,881)(27,531)(28,461)(29,447)

同样，根据元组中第二个元素的数值排序 L_2。

通过比较 L_1 和 L_2，有(13,747)在 L_1 中且(5,747)在 L_2 中，所以可以得到 $\mathrm{ind}_5^{678}=30\times13+5=395$。

6.5.2 Pollard ρ 离散对数算法

同因式分解的 Pollard ρ 算法思想一样，通过构造随机函数进行迭代，得到序列 x_1，x_2，…，如果在序列中可以找到 $x_i=x_j$，$i<j$，就可能计算出 $\text{ind}_\alpha\beta$。同样，为了加速寻找碰撞，同因式分解算法一样，寻找 $x_i=x_{2i}$。

同 6.5.1 节，离散对数问题的定义为：α 为群$(G,\cdot)$中的一个 n 阶元素，希望可以求元素 $\beta\in<\alpha>$ 的离散对数 $\text{ind}_\alpha\beta$。$<\alpha>$是 n 阶循环群，则 $\text{ind}_\alpha\beta\in Z_n$。

设 $S_1\cup S_2\cup S_3$ 是群 G 的一个划分，它们包含的元素个数大致相等。定义函数 f：$<\alpha>\times Z_n\times Z_n\rightarrow<\alpha>\times Z_n\times Z_n$ 为

$$f(x,a,b)=\begin{cases}(\beta x,a,b+1) & x\in S_1\\(x^2,2a,2b) & x\in S_2\\(\alpha x,a+1,b) & x\in S_3\end{cases}$$

要求构造的三元组(x,a,b)满足 $x=\alpha^a\beta^b$，选择初始的三元组满足条件，比如(1,0,0)，那么当(x,a,b)满足条件时，则 $f(x,a,b)$也满足条件。因此，我们可以定义

$$(x_i,a_i,b_i)=\begin{cases}(1,0,0) & i=0\\f(x_{i-1},a_{i-1},b_{i-1}) & i\geqslant 1\end{cases}$$

比较三元组(x_{2i},a_{2i},b_{2i})和(x_i,a_i,b_i)，直到有 $x_{2i}=x_i$，$i\geqslant 1$，我们有

$$\alpha^{a_{2i}}\beta^{b_{2i}}=\alpha^{a_i}\beta^{b_i}$$

若记 $c=\text{ind}_\alpha^\beta$，则有

$$\alpha^{a_{2i}+cb_{2i}}=\alpha^{a_i+cb_i}$$

有

$$a_{2i}+cb_{2i}\equiv a_i+cb_i \bmod n$$

若$(b_{2i}-b_i,n)=1$，则可以得到

$$c=\text{ind}_\alpha^\beta=(a_i-a_{2i})(b_{2i}-b_i)^{-1} \bmod n$$

例 6.10 给定乘法群 $G=(Z_{887}^*,\cdot)$，81 为群 G 的阶为 443 的元素，求 ind_{81}^{667}。

假定定义 G 的划分为

$$S_1=\{x\in Z_{887}:x\equiv 1 \bmod 3\}$$
$$S_2=\{x\in Z_{887}:x\equiv 2 \bmod 3\}$$
$$S_3=\{x\in Z_{887}:x\equiv 0 \bmod 3\}$$

需要注意的是，不能将元素 1 划分到集合 S_2 中。对于 $i=1,2,\cdots$，得到三元组(x_{2i},a_{2i},b_{2i})和(x_i,a_i,b_i)如下：

i	(x_i,a_i,b_i)	(x_{2i},a_{2i},b_{2i})
1	(667,0,1)	(502,0,2)
2	(502,0,2)	(642,1,3)
3	(435,0,3)	(86,2,4)
4	(642,1,3)	(351,5,8)
5	(556,2,3)	(435,12,16)
6	(86,2,4)	(556,14,16)
7	(300,4,8)	(300,28,34)

我们可以看到，第一个碰撞发生在 $i=7$ 时，即 $x_7=x_{14}=300$，那么可以求得

$$\text{ind}_{81}^{667}=(4-28)(34-8)^{-1} \bmod 443=-24\times 426 \bmod 443=408$$

算法 6.13 给出离散对数的 Pollard ρ 算法。在算法中，$\alpha\in G$，其阶为 n，且 $\beta\in\langle\alpha\rangle$。

算法 6.13 Pollard ρ 离散对数算法(G,n,α,β)。

```
function f(x,a,b)
  if x∈S1
    then f←(βx,a,(b+1) mod n)
    else if x∈S2
        then f←(x²,2a mod n,2b mod n)
        else f←(αx,(a+1) mod n,b)
  return f
main()
  划分 G=S1∪S2∪S3
  (x,a,b)←f(1,0,0)
  (x′,a′,b′)←f(x,a,b)
  while x≠x′
        ⎧(x,a,b)←f(x,a,b)
    do  ⎨(x′,a′,b′)←f(x′,a′,b′)
        ⎩(x′,a′,b′)←f(x′,a′,b′)
  if gcd(b′−b,n)≠1
    then retrun('failure')
    else return (a−a′)(b′−b)⁻¹ mod n
```

算法在 $\gcd(b'-b,n)>1$ 时失败。当 $\gcd(b'-b,n)=d>1$ 时，同余方程 $c(b'-b)\equiv a-a' \bmod n$ 在 $d\mid a-a'$ 时有 d 个根，假如 d 值不大的话，可以求出该同余方程的解并检验哪个解是正确的。

可以看出，Pollard ρ 算法的计算复杂度为 $O(\sqrt{n})$。

6.5.3 Pohlig-Hellman 算法

α 为群$(G,\cdot)$中的一个 n 阶元素，希望可以求元素 $\beta\in\langle\alpha\rangle$ 的离散对数 $\text{ind}_\alpha\beta$。假定 $n=\prod_{i=1}^{k}p_i^{c_i}$，其中，$p_i$是不同的素数，$a=\text{ind}_\alpha\beta$ 由模 n（唯一）确定，如果对于每个 $1\leqslant i\leqslant k$，能够计算出 $a \bmod p_i^{c_i}$，那么可以利用中国剩余定理求出 $a \bmod n$。

对于任意的 p_i，$\gamma=\alpha^{\frac{n}{p_i}}\in\langle\alpha\rangle$ 是一个 p_i阶元素，假设由该 p_i阶元素生成的子群的离散对数是可解的，则有

(1) $\beta^{\frac{n}{p_i}}=(\alpha^a)^{\frac{n}{p_i}}=(\alpha^{\frac{n}{p_i}})^a=\gamma^{a \bmod p_i}$，因此我们可以求出 $a_0=a \bmod p_i$，若 $c_i=1$，则可以求出 $a \bmod p_i^{c_i}$；

(2) 若 $2\leqslant c_i$，令 $a=a_0+a'_1p_i$，$\beta_0=\beta$，$\beta_1=\beta_0\alpha^{-a_0}$，则有 $\beta_1^{\frac{n}{p_i^2}}=(\alpha^{a-a_0})^{\frac{n}{p_i^2}}=(\alpha^{\frac{n}{p_i}})^{a'_1}=\gamma^{a'_1 \bmod p_i}$，可以求出 $a_1=a'_1 \bmod p_i$；

(3) 同理，对于 $1\leqslant j\leqslant c_i-1$，令 $a=\sum_{k=0}^{j-1}a_kp_i^k+a'_jp_i^j$，$\beta_j=\beta_{j-1}\alpha^{-a_{j-1}p_i^{j-1}}=\alpha^{a'_jp_i^j}$，则

$\beta_j^{p_i^{\frac{n}{j+1}}} = (\alpha^{a'_j p_i^j})^{\frac{n}{p_i^{j+1}}} = (\alpha^{\frac{n}{p_i}})^{a'_j} = \gamma^{a'_j \bmod p_i}$，可以求出 $a_j = a'_j \bmod p_i$，最终可以得到 $a \bmod p_i^{c_i} = \sum_{k=0}^{c_i-1} a_k p_i^k$，其中，$0 \leqslant a_k \leqslant p-1$。

算法 6.14 α 为群 G 中的一个 n 阶元素，求 $\text{ind}_\alpha \beta \bmod q^c$。

Pohlig-Hellman$(G, n, \alpha, \beta, q, c)$

$j=0$

$\beta_j=\beta$

while $j \leqslant c-1$

do $\begin{cases} \delta=\beta_j^{n/q^{j+1}} \\ \text{找到满足 } \delta=(\alpha^{n/q})^i \text{ 的 } i \\ a_j=i \\ \beta_{j+1}=\beta_j \alpha^{-a_j q^j} \\ j=j+1 \end{cases}$

return$(a_0, a_1, \cdots, a_{c-1})$

下面通过举例来说明算法的实现过程。

例 6.11 设 $p=41$，$\alpha=7 \in Z_p^*$ 为本原元，则 $n=41-1=40=2^3 \times 5$，假设 $\beta=13$，求 ind_7^{13}。

首先选择 $q=2$ 和 $c=3$，则 $a=\text{ind}_7^{13} \bmod q^3 = a_0 + a_1 \times q + a_2 \times q^2$，且 $a_i \in Z_q$，$\gamma=\alpha^{\frac{n}{2}}=7^{20} \bmod 41=40$ 为一个 2 阶元素，根据算法 6.12，有

$\beta_0=\beta=13$，$\beta_0^{n/q} \bmod 41=13^{20} \bmod 41=40$，求得 $a_0=1$；

$\beta_1=\beta_0\alpha^{-a_0}=13 \times 7^{-1} \bmod 41=37$，$\beta_1^{n/q^2} \bmod 41=37^{10} \bmod 41=1$，可知 $a_1=0$；

$\beta_2=\beta_1\alpha^{-a_1 q}=37$，$\beta_2^{n/q^3} \bmod 41=37^5 \bmod 41=1$，可知 $a_2=0$；

综上有 $a \equiv 1 \bmod 2^3$。

然后选择 $q=5$，$c=1$，有 $\gamma=\alpha^{\frac{n}{5}}=7^8 \bmod 41=37$ 为 5 阶元素，则根据算法 6.12 有

$$\beta^{n/q} \bmod 41=13^8 \bmod 41=10$$

求得 $a_0=4$，所以有 $a \equiv 4 \bmod 5$。

使用中国剩余定理求解

$$\begin{cases} a \equiv 1 \bmod 8 \\ a \equiv 4 \bmod 5 \end{cases}$$

得到 $a=\text{ind}_7^{13}=9$，可以检验解的正确性。

在算法 6.12 中，q 阶子群中的求离散对数问题可以使用第 6.5.1 节或第 6.5.2 节中的算法求解，复杂度为 $O(\sqrt{q})$，因此总的算法复杂度为 $O(c\sqrt{q})$。Pohlig-Hellman 适用于 n 可以分解的情况，且对于其每个素因子 p_i，p_i 阶子群的离散对数都必须是可解的。

6.5.4 Index-Calculus 算法

前面介绍的三种方法都是用于求解离散对数的一般方法。

指数演算法用于计算 Z_p^* 中的离散对数，且 α 为 Z_p^* 的本原元，对于任意元素 $\beta \in$

Z_p^* 求解 $\mathrm{ind}_\alpha^\beta$。

指数演算法借鉴因式分解中因子基的思想。假设因子基 $B=\{p_1,p_2,\cdots,p_B\}$ 包括 B 个“小”素数。其思想是首先计算因子基中 B 个素数的离散对数；然后根据这 B 个素数的离散对数来计算所要求的离散对数。

(1) 计算因子基中 B 个素数的离散对数。

构造 C 个($C\geqslant B$)模 p 的同余方程，它们具有的形式为

$$\alpha^{x_j}\equiv p_1^{a_{1j}}p_2^{a_{2j}}\cdots p_B^{a_{Bj}} \bmod p$$

其中，$1\leqslant j\leqslant C$，它们等价于

$$x_j\equiv a_{1j}\mathrm{ind}_\alpha^{p_1}+a_{2j}\mathrm{ind}_\alpha^{p_2}+\cdots+a_{Bj}\mathrm{ind}_\alpha^{p_B} \bmod (p-1)$$

这是关于 B 个未知量 $\mathrm{ind}_\alpha^{p_i}$ ($1\leqslant i\leqslant B$)的 C 个同余方程组，如果存在唯一解就可以得到 B 个素数的离散对数。C 个同余方程可以通过随机选取 x 计算 $\alpha^x \bmod p$ 是否对于因子基平滑。

(2) 求解给定元素 β 的离散对数。

利用 Las Vegas 型的随机算法，选择随机数 s($1\leqslant s\leqslant p-2$)，计算

$$\gamma=\beta\alpha^s \bmod p$$

若 γ 对因子基平滑，则可分解得到

$$\gamma=\beta\alpha^s\equiv p_1^{c_1}p_2^{c_2}\cdots p_B^{c_B} \bmod p$$

等价于

$$\mathrm{ind}_\alpha^\beta+s\equiv c_1\mathrm{ind}_\alpha^{p_1}+c_2\mathrm{ind}_\alpha^{p_2}+\cdots+c_B\mathrm{ind}_\alpha^{p_B} \bmod (p-1)$$

则可以解出 $\mathrm{ind}_\alpha^\beta$。

例 6.12 $p=887$ 为素数，5 为 Z_p^* 的生成元，假定因子基为 $B=\{2,3,5,7\}$，我们已知 $\mathrm{ind}_5^5=1$，因此，需要确定因子基中另外 3 个素数的离散对数。

假设我们选取

$$5^{58} \bmod 887=54=2\times 3^3$$
$$5^{86} \bmod 887=14=2\times 7$$
$$5^{152} \bmod 887=42=2\times 3\times 7$$

假设 $x=\mathrm{ind}_5^2$，$y=\mathrm{ind}_5^3$，$z=\mathrm{ind}_5^7$，则可以得到关于 x、y、z 的同余方程组为

$$\begin{cases}x+3y\equiv 58 \bmod 886\\ x+z\equiv 86 \bmod 886\\ x+y+z\equiv 152 \bmod 886\end{cases}$$

解得 $x=746$，$y=66$，$z=226$。

假设我们要求 ind_5^{678}，随机选择 $s=504$，有

$$678\times 5^{504} \bmod 887=420=2^2\times 3\times 5\times 7$$

于是有 $\mathrm{ind}_5^{678}=(2\times 746+66+1+226-504) \bmod 886=395$，可以验证其正确性。

6.6 椭圆曲线密码

6.6.1 椭圆曲线

定义 6.1 设 $a,b\in R$ 是满足 $4a^3+27b^2\neq 0$ 的实常数。方程 $y^2=x^3+ax+b$ 的所

有解$(x,y)\in R\times R$连同一个无穷远点O组成的集合E称为一个非奇异椭圆曲线。图6.3所示的为实数域上的椭圆曲线示例。

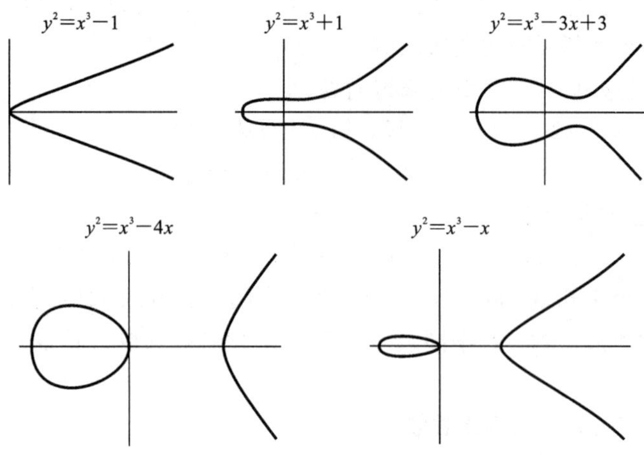

图 6.3　实数域上的椭圆曲线示例

定义在代数闭域上的椭圆曲线。

1. 代数闭域

$\overline{K}$是域K的代数闭域，假设$K=F_q$，其中，q是素数的幂，则$\overline{K}=\bigcup_{m\geqslant 1}F_{q^m}$。

2. Weierstrass 方程

代数闭域$\overline{K}$上的射影平面$P^2(\overline{K})$，是指$\overline{K}^3\backslash\{(0,0,0)\}$在等价关系～(当且仅当存在$\lambda\in K$使得$(x',y',z')=(\lambda x,\lambda y,\lambda z)$有$(x,y,z)\sim(x',y',z')$)下所得到的等价类集合，$P^2(\overline{K})$中的元素称为射影点。

射影平面上的Weierstrass方程为

$$Y^2Z+a_1XYZ+a_3YZ^2=X^3+a_2X^2Z+a_4XZ^2+a_6Z^3$$

其中，$a_1,a_2,a_3,a_4,a_6\in\overline{K}$，对于任意满足$F(X,Y,Z)=Y^2Z+a_1XYZ+a_3YZ^2-X^3-a_2X^2Z-a_4XZ^2-a_6Z^3=0$的点$P=(X:Y:Z)\in P^2(\overline{K})$，若$\frac{\partial F}{\partial X},\frac{\partial F}{\partial Y},\frac{\partial F}{\partial Z}$在点$P$至少有一个非0，称曲线平滑(非奇异)；若$\left.\frac{\partial F}{\partial X}\right|_P=0,\left.\frac{\partial F}{\partial Y}\right|_P=0,\left.\frac{\partial F}{\partial Z}\right|_P=0$，则曲线非平滑(奇异)。

定义在射影平面$P^2(\overline{K})$上的平滑Weierstrass方程的所有解的集合称为椭圆曲线E。在椭圆曲线E上，只有一个无穷远点$(0,1,0)$。

令$x=\frac{X}{Z},y=\frac{Y}{Z}$，可以得到仿射Weierstrass方程：

$$y^2+a_1xy+a_3y=x^3+a_2x^2+a_4x+a_6$$

定义与E相关的变量：

$$b_2=a_1^2+4a_2$$
$$b_4=2a_4+a_1a_3$$
$$b_6=a_3^2+4a_6$$
$$b_8=a_1^2a_6+4a_2a_6-a_1a_3a_4+a_2a_3^2-a_4^2$$

$$c_4=b_2^2-24b_4$$

$$c_6=b_2^3+36b_2b_4-216b_6$$

$$\Delta=-b_2^2b_8-8b_4^3-27b_6^2+9b_2b_4b_6$$

$$j=\frac{c_4^3}{\Delta},\quad \text{if}\quad \Delta\neq 0$$

考虑不改变 Weierstrass 方程形式的可逆仿射变化 μ：$\begin{pmatrix}x\\y\end{pmatrix}\leftarrow\begin{pmatrix}a & b\\c & d\end{pmatrix}\begin{pmatrix}x\\y\end{pmatrix}+\begin{pmatrix}r\\t\end{pmatrix}$，则要求$\begin{pmatrix}a & b\\c & d\end{pmatrix}$可逆，且

(1) $a^3=d^2$，$a\neq 0$，令 $a=u^2$ 则 $d=u^3$；

(2) 无 y^3 项，则 $b=0$。

所以为了保证 Weierstrass 方程形式不变，仿射变换 μ 具有形式

$$\begin{cases} x\leftarrow u^2x+r \\ y\leftarrow u^3y+u^2sx+t \end{cases}$$

其中，$u\in\overline{K}^*$，$r,s,t\in\overline{K}$，我们将这种仿射变换称作可允许变换。

定义 6.2　称 Weierstrass 方程决定的曲线

$$E: y^2+a_1xy+a_3y=x^3+a_2x^2+a_4x+a_6$$

$$E': y^2+a'_1xy+a'_3y=x^3+a'_2x^2+a'_4x+a'_6$$

是同构的，如果 E' 可由 E 通过可允许变换获得。

定理 6.3　当且仅当 $\Delta\neq 0$ 时，Weierstrass 方程确定的曲线是仿射椭圆曲线，即其是非奇异的。

定理 6.4　如果两个椭圆曲线 E 和 E'同构，则有 $j(E)=j(E')$。

如果 $a_1,a_2,a_3,a_4,a_6\in K$，记为 E/K，称 E 定义在 K 上。

定义域 K 上的椭圆曲线为 $E(K)$：

$$E(K)=\{(x,y)\in K: y^2+a_1xy+a_3y=x^3+a_2x^2+a_4x+a_6\}\cup\{O\}$$

定理 6.3 对于 E/K 也成立。

假定 $E: y^2+a_1xy+a_3y=x^3+a_2x^2+a_4x+a_6$ 是一个非奇异椭圆曲线，在 E 上定义点的加法运算（点加运算）如下：对于所有 E 上的点 P、Q，O 是单位元，且

(1) $O+P=P+O=P$；

(2) $-O=O$；

(3) 如果 $P=(x_1,y_1)\neq O$，则 $-P=(x_1,-y_1-a_1x_1-a_3)$；

(4) 如果 $Q=-P$，则 $P+Q=O$；

(5) 如果 $P,Q\neq O$，$Q\neq -P$，那么设 R 为$\overline{PQ}$($P\neq Q$)或过点 P 的切线($P=Q$)与曲线 E 的第三个交点，则定义 $P+Q=-R$。

图 6.4 描述了椭圆曲线中的点的关系。

定理 6.5　$(E,+)$是单位元为 O 的阿贝尔群。如果 E 定义在域 K 上，那么 $E(K)$ 是 E 的子群。

我们可以给出点加运算的运算规则，图 6.5 所示的为 $P+Q$ 的定义。假设 $P=(x_1,y_1)$，$Q=(x_2,y_2)$，$P+Q=(x_3,y_3)$，λ 为$\overline{PQ}$($P\neq Q$)或过点 P 的切线($P=Q$)的斜率，则有

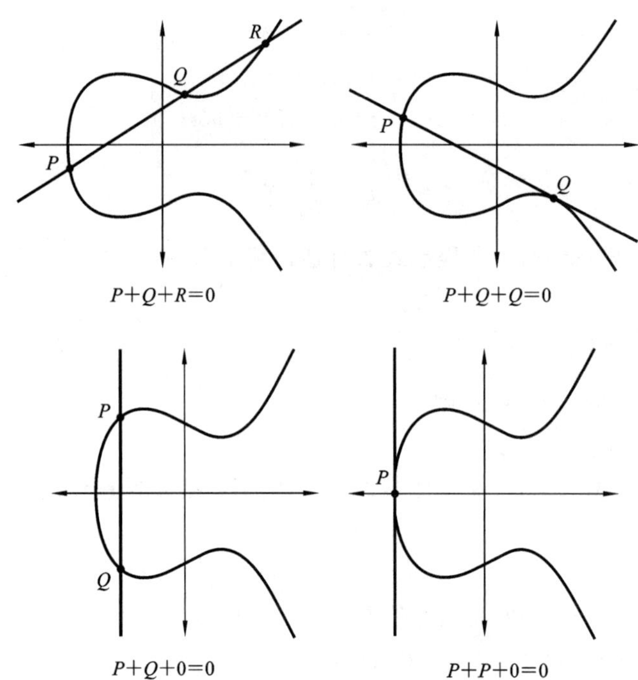

图 6.4 点加运算

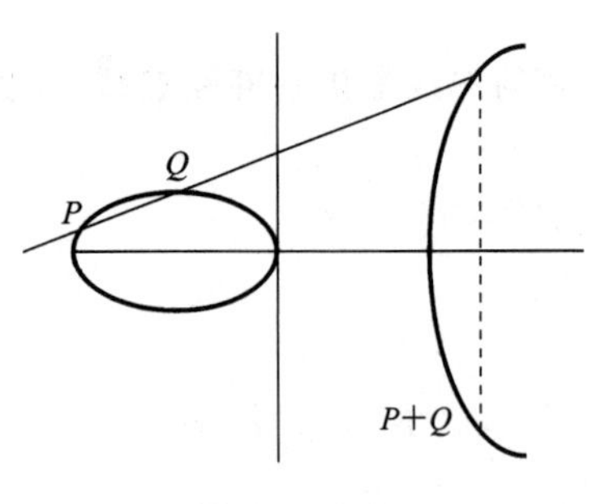

图 6.5 $P+Q$

$$\lambda=\begin{cases}\dfrac{y_2-y_1}{x_2-x_1}, & P\neq Q\\ \dfrac{3x_1^2+2a_2x_1+a_4-a_1y_1}{2y_1+a_1x_1+a_3}, & P=Q\end{cases}$$

$$\beta=y_1-\lambda x_1$$

直线方程为 $y=\lambda x+\beta$,有

$$x_3=\lambda^2+a_1\lambda-a_2-x_1-x_2$$
$$y_3=-(\lambda+a_1)x_3-\beta-a_3$$

我们可以通过可允许变换获得形式比较简单的同构类的代表元,可以得到正规型及其参数。以下均讨论定义在域 K 上的椭圆曲线 E。

(1) 如果 K 的特征 $\mathrm{char}(K)\neq2$。

作变换$\begin{cases}x\leftarrow x\\ y\leftarrow y-\dfrac{a_1x+a_3}{2}\end{cases}$,可将方程转化为 $y^2=x^3+a'_2x^2+a'_4x+a'_6$。

(2) 如果 K 的特征 $\mathrm{char}(K)\neq2$、3。

则在由(1)得到的方程的基础上继续作变换$\begin{cases}x\leftarrow\dfrac{x-3b_2}{36}\\ y\leftarrow\dfrac{y}{216}\end{cases}$,可得到同构的方程 $y^2=x^3+ax+b,a,b\in K$。

(3) 如果 K 的特征 $\mathrm{char}(K)=3$。

由(1),不妨设 E 的方程为 $y^2=x^3+a_2x^2+a_4x+a_6$,则

① 若 $a_2=0$，则 $\Delta=-a_4^3$，$c_4=0$，故若 $\Delta\neq0$，则 $j=0$；

② 若 $a_2\neq0$，作变换 $\begin{cases} x\leftarrow x+\dfrac{a_4}{a_2} \\ y\leftarrow y \end{cases}$，则得到方程 $y^2=x^3+a'_2x^2+a'_6$，显然 $\Delta=-a'^3_2a'_6$，$c'_4=a'^2_2$，故若 $\Delta\neq0$，则 $j\neq0$。

(4) 如果 K 的特征 $\mathrm{char}(K)=2$。

① 若 $a_1=0$，作变换 $\begin{cases} x\leftarrow x+a_2 \\ y\leftarrow y \end{cases}$，得到方程 $y^2+a'_3y=x^3+a'_4x+a'_6$，则 $\Delta=-a'^4_3$，$c'_4=0$，故若 $\Delta\neq0$，则 $j=0$。

② 若 $a_1\neq0$，作变换 $\begin{cases} x\leftarrow a_1^2x+\dfrac{a_3}{a_1} \\ y\leftarrow a_1^3y+\dfrac{a_1^2a_4+a_3^2}{a_1^3} \end{cases}$，得到方程 $y^2+xy=x^3+a'_2x^2+a'_6$，则 $\Delta=-a'_6$，$c'_4=1$，故若 $\Delta\neq0$，则 $j=1/a'_6$。

我们可以得到不同特征的域上的 Weierstrass 方程的正规型及其参数，如表 6.2 所示。

表 6.2 正规型及其参数

$\mathrm{char}(K)$	正规型	Δ	j
$\neq2$、3	$y^2=x^3+ax+b$	$1728\,\dfrac{4a^3}{4a^3+27b^2}$	$-16(4a^3+27b^2)$
3	$y^2=x^3+a_2x^2+a_6$	$-a_2^3a_6$	$-a_2^3/a_6\neq0$
3	$y^2=x^3+a_4x+a_6$	$-a_4^3$	0
2	$y^2+xy=x^3+a_2x^2+a_6$	a_6	$1/a_6$
2	$y^2+a_3y=x^3+a_4x+a_6$	a_3^4	0

实数域的特征为 0，可以看到，定义 6.1 中给出的实数域上的椭圆曲线方程为 $y^2=x^3+ax+b$，$a,b\in R$，且 $j\neq0$，即 $4a^3+27b^2\neq0$。

6.6.2 有限域上的椭圆曲线

实数域上的椭圆曲线是连续的，不适合用于加密运算，椭圆曲线密码常选择 F_p $(p>3)$ 或 F_{2^m} 上的椭圆曲线。我们给出 $F_p(p>3)$ 上的椭圆曲线定义。

定义 6.3 $p>3$ 是素数，Z_p 上的同余方程 $E: y^2\equiv x^3+ax+b(\bmod p)$ 的所有解 $(x,y)\in Z_p\times Z_p$，连同一个特殊的无穷远点 O，共同构成 Z_p 上的椭圆曲线。其中，$a,b\in Z_p$ 且 $4a^3+27b^2\neq0(\bmod p)$。

E 上的加法运算定义如下（所有的运算都在 Z_p 中）。假设 $P=(x_1,y_1)$，$Q=(x_2,y_2)$，$P+Q=(x_3,y_3)$，则有

$$\lambda=\begin{cases}(y_2-y_1)(x_2-x_1)^{-1}, & P\neq Q\\ (3x_1^2+a)(2y_1)^{-1}, & P=Q\end{cases}$$

$$x_3=\lambda^2-x_1-x_2$$

$$y_3=\lambda(x_1-x_3)-y_1$$

$(E,+)$仍然是一个阿贝尔群。

对于有限域上的椭圆曲线 $E: y^2 \equiv x^3+ax+b \pmod p$，首先要确定 E 上的点。其思想是首先计算 $z=x^3+ax+b \pmod p$，判断 z 是否是 mod p 的二次剩余，可以利用 Eular 准则来测试，若是，则求其在有限域内的平方根。在实现中，常选取 $p\equiv 3 \pmod 4$ 的素数 p，那么若 z 是 mod p 的二次剩余，则其平方根为 $\pm z^{(p+1)/4} \bmod p$。

有限域 F_q 上的椭圆曲线 $E(F_q)$ 上点的个数称为椭圆曲线的阶，记为 $\# E(F_q)$。

例 6.13 F_{23} 上的椭圆曲线 $E: y^2=x^3+2x+5$ 上的点如表 6.3 所示。

表 6.3 椭圆曲线上的点

x	x^3+2x+5 mod 23	是否二次剩余	y	x	x^3+2x+5 mod 23	是否二次剩余	y
0	5	否		12	9	是	3,20
1	8	是	10,13	13	20	否	
2	17	否		14	17	否	
3	15	否		15	6	是	11,12
4	8	是	10,13	16	16	是	4,19
5	2	是	5,18	17	7	否	
6	3	是	7,16	18	8	是	10,13
7	17	否		19	2	是	5,18
8	4	是	2,21	20	18	是	8,15
9	16	是	4,19	21	16	是	4,19
10	13	是	6,17	22	2	是	5,18
11	1	是	1,22				

加上无穷远点，E 一共有 33 个点，即 E 的阶为 33。

我们来考查点 $P=(5,5)$，计算 $2P$。根据公式计算

$$\lambda=(3\times 5^2+2)(2\times 5)^{-1} \bmod 23=10$$
$$x_3=(10^2-2\times 5) \bmod 23=21$$
$$y_3=(10(5-21)-5) \bmod 23=19$$

所以 $2P=(21,19)$，同样根据公式，我们来计算 $3P=2P+P$，有

$$\lambda=(19-5)(21-5)^{-1} \bmod 23=21$$
$$x_3=(21^2-21-5) \bmod 23=1$$
$$y_3=(21(21-1)-19) \bmod 23=10$$

得到 $3P=(1,10)$，依次计算，我们可以得到

$P=(5,5)$　$2P=(21,19)$　$3P=(1,10)$　$4P=(20,8)$　$5P=(10,17)$
$6P=(11,22)$　$7P=(8,21)$　$8P=(18,10)$　$9P=(6,7)$　$10P=(16,19)$
$11P=(4,13)$　$12P=(9,4)$　$13P=(22,5)$　$14P=(19,18)$　$15P=(15,12)$
$16P=(12,20)$　$17P=(12,3)$　$18P=(15,11)$　$19P=(19,5)$　$20P=(22,18)$
$21P=(9,19)$　$22P=(4,10)$　$23P=(16,4)$　$24P=(6,16)$　$25P=(18,13)$
$26P=(8,2)$　$27P=(11,1)$　$28P=(10,6)$　$29P=(20,15)$　$30P=(1,13)$
$31P=(21,4)$　$32P=(5,18)$

由此可知点 $P=(5,5)$是 E 的生成元，其阶为 33。

6.6.3 椭圆曲线离散对数问题

有限域 F_q 上的椭圆曲线 $E(F_q)$上点的个数称为椭圆曲线的阶，记为 $\#E(F_q)$。给定有限域 F_q 上的椭圆曲线 $E(F_q)$上一点 P，$P+P$ 称为点 P 的倍点运算；椭圆曲线上一个点的多次加称为该点的多倍点运算，设 k 为正整数，P 是椭圆曲线上一点，称点 P 的 k 次加为点 P 的 k 倍点运算，记为 $Q=[k]P=\underbrace{P+P+\cdots+P}_{k个}$，$[k]P=[k-1]P+P$，$k$ 倍点可递归求得，也可使用模重复平方来进行计算。

ECDLP：椭圆曲线离散对数问题。

假设 F_q 的特征为 p，已知椭圆曲线 $E(F_q)$、阶为 n 的点 $P\in E(F_q)$ 及点 $Q\in <P>$，椭圆曲线的离散对数问题是指确定整数 $k\in[0..n-1]$ 使得 $Q=[k]P$。

对于一般的椭圆曲线，第 6.5 节中介绍的前面三种离散对数求解算法都是指数时间的，Index Calculus 是概率亚指数算法，由于无法选取合适的因子基，因此 Index Calculus 算法也不能用来求解一般椭圆曲线上的离散对数问题。

但是，对于一些特殊的椭圆曲线，如超奇异椭圆曲线、阶为 p 的椭圆曲线等，其上的离散对数问题有高效的算法。

6.6.4 椭圆曲线密码

1985 年，N. Koblitz 和 V. Miller 各自独立地提出将椭圆曲线应用于公钥密码系统。

(1) 有限域上的椭圆曲线在点加运算下构成有限交换群，其阶与基域的规模相近。

(2) 椭圆曲线多倍点运算构成单向函数。

(3) 椭圆曲线离散对数问题的求解难度大于大整数分解及有限域上的离散对数问题的。

(4) 在相同安全强度要求下，椭圆曲线密码所需要的密钥规模要小很多。

1. 安全参数的选择

椭圆曲线密码体制的系统参数为(q,a,b,G,n,h)，其中包含：

(1) 特征为素数 p 的有限域 F_q；

(2) 椭圆曲线参数 a 和 b，椭圆曲线 E 方程为 $y^2=x^3+ax+b(p>3)$或 $y^2+xy=x^3+ax^2+b(p=2)$；

(3) 作为基点的椭圆曲线上的点 G，其阶为 n；

(4) 余因子 $h=\#E/n$。

为了抵抗各种 ECDLP 求解算法，也为了方便实现，对上述参数须作特殊的限制：

(1) $q=p$ 或 $q=2^m$，其中 m 为素数；

(2) 椭圆曲线非超奇异(Non-supersingular)；

(3) n 不整除 $q^k-1(0\leqslant k\leqslant c)$，实际中 c 常取值 20；

(4) 椭圆曲线非异常(Non-anomalous)，即 $\#E\neq q$。

满足上述条件的系统参数称为一般参数。

用一般参数求解 ECDLP 的最好算法是并行的 Pollard ρ 算法，表 6.4 所示的为

RSA 和 ECC 安全强度的比较(MIPS 年是指一台每秒执行 100 万条指令的计算机一年的计算量)。

表 6.4 RSA 和 ECC 安全强度的比较

RSA 模数	ECC 基域	MIPS 年
1024 比特	163 比特	10^{12}
2048 比特	211 比特	10^{20}

目前,利用网络资源,国际上已经解决了 Certicom 所给出的基域为 109 比特的 ECDLP 挑战,这是已有的最好结果,所使用的资源如表 6.5 所示,其中,2K-108 表示特征为 2、基域为 108 比特的 Koblitz 曲线,p-109 表示基域为 109 比特的素域,2-109 表示特征为 2 且基域长度为 109 比特的域。

表 6.5 资源使用

基域	算法	解决的日期	计算机数量	花费的时间
2K-108	并行 Pollard ρ	2000 年 4 月	9500	4 月
p-109	并行 Pollard ρ	2002 年 11 月	10000	549 天
2-109	并行 Pollard ρ	2004 年 4 月	2600	17 月

2. D-H 密钥交换协议

基于椭圆曲线的 D-H 密钥交换协议的介绍如下。

(1) 用户 A 和 B 选择并公开一组系统参数(q,F_q,E,P,n),其中,$q\in\{p,2^m\}$,p 为大素数,E 为 F_q 上的安全椭圆曲线,阶为大素数 n 的点 $P\in E(F_q)$。

(2) 用户 A(B)选择随机数 $r_A(r_B)\in Z_n$,计算 $Q_A=r_AP(Q_B=r_BP)$,并将其发送给对方。

(3) 用户 A 和 B 使用自己选择的随机数和从对方接受的点,可以计算得到 $S=(r_Ar_B)P=r_AQ_B=r_BQ_A$,则 S 是 A 和 B 共享的信息。

如果存在窃听者 Eve,则可以知道点 P、Q_A 和 Q_B,那么他需要根据 P、$Q_A=r_AP$ 和 $Q_B=r_BP$ 计算出 $S=(r_Ar_B)P$,这是椭圆曲线 CDH 问题。

3. ElGamal 加密体制

公开的椭圆曲线系统参数选择为(q,F_q,E,P,n),其中,$q\in\{p,2^m\}$,p 为大素数,E 为 F_q 上的安全椭圆曲线,阶为大素数 n 的点 $P\in E(F_q)$。用户 A 的公私钥对为(d_A,Q_A),其中,$d_A\in Z_n$ 保密,$Q_A=d_AP$ 公开。假若 B 发送明文 m 给用户 A,则:

(1) B 随机选择 $r\in Z_n$;

(2) B 计算 $C_1=rP,R=rQ_A=(x_R,y_R)$;

(3) B 计算 $c_2=mx_R$;

(4) B 发送密文 $C=(C_1,c_2)$给 A。

我们可以看到,B 通过 A 的公钥 Q_A 产生密文,那么 A 接收到 B 发过来的密文之后,可以通过自己的私钥解密明文,A 通过计算 d_AC_1 来获取点 R 并得到 x_R,即有 $d_AC_1=d_ArP=r(d_AP)=rQ_A=R$,然后通过 $c_2x_R^{-1}=mx_Rx_R^{-1}=m$ 恢复出明文 m。

但 ElGamal 加密体制不安全，一旦得到关于 m 的密文，那么可以伪造任意明文 $m'=m\delta$ 的密文，密文为 $C'=(C_1,c_2\delta)$。

4. SM2

SM2 椭圆曲线公钥密码算法是我国的椭圆曲线商密标准，其基域 F_q 选择大于 3 的素域 Z_p 或者二元扩域 F_{2^m}，其中包括数字签名算法、密钥交换协议和公钥加密算法。

(1) 有限域 F_q 选择素域 $Z_p(p>2^{191})$ 或二元扩域 $F_{2^m}(m>192)$，Z_p 上的椭圆曲线方程为

$$y^2\equiv x^3+ax+b(\bmod p)\ a,b\in Z_p,(4a^3+27b^2) \bmod p\neq 0$$

F_{2^m} 上的椭圆曲线方程为

$$y^2+xy=x^3+ax^2+b\quad a,\ b\in F_{2^m},\ b\neq 0$$

(2) 推荐曲线参数:使用素域 256 位椭圆曲线。

p = FFFFFFFE FFFFFFFF FFFFFFFF FFFFFFFF FFFFFFFF 00000000 FFFFFFFF FFFFFFFF

a = FFFFFFFE FFFFFFFF FFFFFFFF FFFFFFFF FFFFFFFF 00000000 FFFFFFFF FFFFFFFC

b = 28E9FA9E 9D9F5E34 4D5A9E4B CF6509A7 F39789F5 15AB8F92 DDB-CBD41 4D940E93

n = FFFFFFFE FFFFFFFF FFFFFFFF FFFFFFFF 7203DF6B 21C6052B 53BBF409 39D54123

G_x = 32C4AE2C 1F198119 5F990446 6A39C994 8FE30BBF F2660BE1 715A4589 334C74C7

G_y = BC3736A2 F4F6779C 59BDCEE3 6B692153 D0A9877C C62A4740 02DF32E5 2139F0A0

(3) 数据类型和数据类型之间的转换。

使用的数据类型包括比特串、字节串、域元素、椭圆曲线上的点和整数，它们的定义和转换参见第 11.1.3 节。

(4) 参数。

公私钥对为(d,P)，其中，$P=(x,y)=dG$，G 为基点，n 为其阶，n、G、P 公开，记(d_A,P_A)为用户 A 的公私钥对，阶为 n 的基点 $G=(x_G,y_G)$。

h 为余因子，$h=\#E(F_q)/n$。

(5) 使用的函数。

① 密码散列函数 Hv 可生成长度为 v 的密码散列函数，使用国密 SM3 标准。

② 密钥派生函数 KDF 的相关知识参见第 5.5.2 节的内容。

③ 由国家密码管理局批准使用的伪随机发生器。

在 SM2 中包括的密钥交换协议、公钥加密算法和数字签名算法(参见第 7.2.6 节)中，使用记号 $Z_A=H_{256}(\mathrm{ENTL}_A \parallel \mathrm{ID}_A \parallel a \parallel b \parallel X_G \parallel Y_G \parallel X_A \parallel Y_A)$，其中，$\mathrm{ID}_A$表示用户 A 的长为 entlen 比特的可辨识标识，ENTL 表示将整数 entlen 转换成的两个字节，a 和 b 是椭圆曲线的参数，X_G和 Y_G是基点的横纵坐标，X_A 和 Y_A 是 A 的公钥的横纵坐标，H_{256}表示生成 256 比特摘要的 Hash 函数。

(6) 密钥交换协议。

假设 A、B 进行密钥协商，公私钥对分别为(d_A, P_A)和(d_B, P_B)，用户 A 为发起方，用户 B 为响应方，交换协议如下。

记 $w=\lceil(\lceil \log_2(n)\rceil/2)\rceil-1$。

用户 A

A.1：用随机数发生器产生随机数 $r_A\in[1,n-1]$；

A.2：计算椭圆曲线上的点 $R_A=r_AG=(x_1,y_1)$；

A.3：将 R_A 发送给用户 B；

用户 B

B.1：用随机数发生器产生随机数 $r_B\in[1,n-1]$；

B.2：计算椭圆曲线上的点 $R_B=r_BG=(x_2,y_2)$；

B.3：从 R_B 中取出域元素 x_2，转换成整数后计算 $\bar{x}_2=2^w+(x_2\&(2^w-1))$；

B.4：计算 $t_B=(d_B+\bar{x}_2\cdot r_B) \bmod n$；

B.5：验证 R_A 是否满足椭圆曲线方程，若不满足，协商失败；否则从 R_A 中取出域元素 x_1，将其转换成整数后计算 $\bar{x}_1=2^w+(x_1\&(2^w-1))$；

B.6：计算椭圆曲线点 $V=h\cdot t_B(P_A+\bar{x}_1R_A)=(x_V,y_V)$，若 V 为无穷远点，则 B 协商失败；否则将 x_V,y_V 转换成比特串；

B.7：计算 $K_B=\mathrm{KDF}(x_V\parallel y_V\parallel Z_A\parallel Z_B,\mathrm{klen})$；

B.8：(可选项)将 x_1,y_1,x_2,y_2 转换成比特串，计算 $S_B=\mathrm{Hash}(0x02\parallel y_V\parallel \mathrm{Hash}(x_V\parallel Z_A\parallel Z_B\parallel x_1\parallel y_1\parallel x_2\parallel y_2))$；

B.9：将 R_B、可选项 S_B 发送给用户 A；

用户 A

A.4：从 R_A 中取出域元素 x_1，转换成整数后计算 $\bar{x}_1=2^w+(x_1\&(2^w-1))$；

A.5：计算 $t_A=(d_A+\bar{x}_1\cdot r_A) \bmod n$；

A.6：验证 R_B 是否满足椭圆曲线方程，若不满足，协商失败；否则从 R_B 中取出域元素 x_2，将其转换成整数后计算 $\bar{x}_2=2^w+(x_2\&(2^w-1))$；

A.7：计算椭圆曲线点 $U=h\cdot t_A(P_B+\bar{x}_2R_B)=(x_U,y_U)$，若 U 为无穷远点，则 B 协商失败；否则将 x_U,y_U 转换成比特串；

A.8：计算 $K_A=\mathrm{KDF}(x_U\parallel y_U\parallel Z_A\parallel Z_B,\mathrm{klen})$；

A.9：(可选项)将 x_1,y_1,x_2,y_2 转换成比特串，计算 $S_1=\mathrm{Hash}(0x02\parallel y_U\parallel \mathrm{Hash}(x_U\parallel Z_A\parallel Z_B\parallel x_1\parallel y_1\parallel x_2\parallel y_2))$，并检验 $S_1=S_B$ 是否成立，若不成立则从 B 到 A 的密钥确认失败；

A.10：(可选项)计算 $S_A=\mathrm{Hash}(0x03\parallel y_U\parallel \mathrm{Hash}(x_U\parallel Z_A\parallel Z_B\parallel x_1\parallel y_1\parallel x_2\parallel y_2))$并发送给用户 B；

用户 B

B.10：(可选项)计算 $S_2=\mathrm{Hash}(0x03\parallel y_V\parallel \mathrm{Hash}(x_V\parallel Z_A\parallel Z_B\parallel x_1\parallel y_1\parallel x_2\parallel y_2))$，并检验 $S_2=S_A$ 是否成立，若不成立则从 A 到 B 的密钥确认失败。

若协议成功，则有

$$U=h\cdot t_A(P_B+\bar{x}_2R_B)=h\cdot t_A(d_BG+\bar{x}_2\cdot r_BG)=(h\cdot t_A\cdot t_B)G$$

$$V=h\cdot t_B(P_A+\bar{x}_1R_A)=h\cdot t_B(d_AG+\bar{x}_1\cdot r_AG)=(h\cdot t_B\cdot t_A)G$$

可以得到$U=V$,协商的密钥为$K=K_A=K_B$。

(7) 公钥加密算法。

设用户 A 发送比特串M作为消息给用户 B,klen 为 M 的比特长度。

加密算法执行以下过程。

A.1:用随机数产生器产生随机数$k\in[1,n-1]$;

A.2:计算椭圆曲线点$C_1=kG=(x_1,y_1)$,将C_1转换成比特串;

A.3:计算椭圆曲线点$S=hP_B$,若S是无穷远点,则报错并退出;

A.4:计算椭圆曲线点$kP_B=(x_2,y_2)$,将坐标x_2,y_2转换成比特串;

A.5:计算$t=\mathrm{KDF}(x_2\parallel y_2,\mathrm{klen})$,若$t$全 0,则返回 A.1;

A.6:计算$C_2=M\oplus t$;

A.7:计算$C_3=\mathrm{Hash}(x_2\parallel M\parallel y_2)$;

A.8:输出密文$C=C_1\parallel C_2\parallel C_3$。

解密算法由 B 执行,设 klen 为密文中C_2的比特长度,过程如下。

B.1:从C中取出比特串C_1,将C_1转换成椭圆曲线上的点,并验证是否满足椭圆曲线方程,若不满足则报错并退出;

B.2:计算椭圆曲线上的点$S=hC_1$,若S是无穷远点,则报错并退出;

B.3:计算$d_BC_1=(x_2,y_2)$,将坐标x_2,y_2转换成比特串;

B.4:计算$t=\mathrm{KDF}(x_2\parallel y_2,\mathrm{klen})$,若$t$全 0,则报错并退出;

B.5:从C中取出比特串C_2,计算$M'=C_2\oplus t$;

B.6:计算$u=\mathrm{Hash}(x_2\parallel M'\parallel y_2)$,从$C$中取出比特串$C_3$,若$u\neq C_3$,则报错并退出;

B.7:输出明文M'。

通过上面的过程,可以看出,SM2 的加密过程实现了认证加密。

习题

6.1 假设 Alice 和 Bob 采用 ElGamal 算法进行通信加密,Alice 选择素数 37、本原元 2 和公钥 6 作为公开参数,Bob 选择的公钥为 24,现截获到 Bob 发给 Alice 的消息密文(5, 2),试解密该密文。

6.2 假设 Alice 和 Bob 采用 D-H 密钥交换协议交换密钥,两人协商选择素数 47 和本原元 5, Alice 和 Bob 之间分别传送公开的数 3 和 4,试利用 Shanks 算法来计算两人交换的密钥。

6.3 假设 RSA 公钥密码体制中$p=43$,$q=47$,加密密钥$e=5$,试利用中国剩余定理解密密文$c=50$。

6.4 已知椭圆曲线E:$y^2\equiv x^3+3x+5 \bmod 43$,选择阶为 46 的点$P=(4,9)$为基点,在其上定义加密算法,其中,公私钥对为$(m,Q)$,$Q=mP$,其中,$m\in Z_{46}$,对于消息$x\in Z_{43}^*$,加密过程为:选择随机数$r\in Z_{46}$,$R=rP$,$rQ=(x_0,y_0)$,$c=(x+x_0)y_0 \bmod 43$,若$y_0=0$则重选参数,试回答:

(1) 给出上述加密算法对应的解密算法;

(2) 若$m=3$,求公钥Q;

(3) 对(2)中给出的公私钥对，解密密文((20,14),7)。

6.5 假设截获到使用 Rabin 密码体制加密得到的密文 $c=71$，其中，模数 $n=253$，试求所有可能的解密结果。

6.6 证明 RSA 密码体制对于选择密文攻击是不安全的。特别地，给定密文 y，描述如何选择密文 $\hat{y}\neq y$，使得根据明文 $\hat{x}=d_K(\hat{y})$ 可以计算出 $x=d_K(y)$。

6.7 假定我们要用随机平方算法来分解整数 $n=256961$。使用因子基

$$\{-1,2,3,5,7,11,13,17,19,23,29,31\}$$

对于 $z=500,501,\cdots$ 测试整数 $z^2 \bmod n$，直到找到一个形如 $x^2\equiv y^2 \pmod n$ 的同余方程，从而可以得到 n 的分解。

6.8 令 $p=277$，元素 $\alpha=2$ 是 Z_p^* 中的本原元，假设运算为 Z_p^* 上的乘法运算，

(1) 计算 α^{32}，α^{40}，α^{59} 和 α^{156}，并在因子基{2,3,5,7,11}上分解它们；

(2) 利用 $\text{ind}_\alpha 2=1$，由上述分解结果计算 $\text{ind}_\alpha 3$，$\text{ind}_\alpha 5$，$\text{ind}_\alpha 7$ 和 $\text{ind}_\alpha 11$。

(3) 随机选择 $s=177$，计算 $173\times 2^{177} \bmod p$，利用(2)中的结果计算 $\text{ind}_\alpha 173$。

7 数字签名

公钥密码的另一个应用是数字签名，数字签名是实现认证的重要工具，可以用于提供身份认证、不可否认服务等。

7.1 数字签名的安全性需求

在日常生活中常常需要签名来确认某人对某事情或者某文件负责。数字签名也有类似功能，数字签名是用来提供抗抵赖与认证等安全服务的技术，是非对称密码算法的一个重要功能和优势。除了提供数据完整性，MAC 还可以提供数据源认证，但是由于是对称技术，容易遭受伪造和否认攻击；非对称密码的思想中，可以使用私钥进行签名，使用公钥进行验证，私钥是秘密的，那么由某用户使用其私有的私钥进行签名，他人可以使用其对应的公钥来进行签名验证，即可达到数据源认证和防抵赖的作用，可起到签名的作用。

数字签名与传统手写签名在功能上有类似之处，但它们也存在着一些不同。传统签名与所签署的文件在物理上是不可分割的，因此，数字签名也必须设法能与所签文件“绑定”；传统签名的副本与原始版本是可以区别的，但是数字签名是数字形式的，所以需要防止数字签名的消息被重复使用；传统签名的验证主要通过比对的方法，数字签名可以通过公开的方法验证。当然，数字签名也需要像传统签名一样，需要保障签名不能被伪造、否认，并容易验证，在发生争议的时候可以通过可信第三方进行仲裁。

一个数字签名体制包括签名算法和验证算法。

定义 7.1 一个数字签名体制是一个五元组(P,A,K,S,V)，其中：

(1) P 是所有可能消息组成的有限集合；

(2) A 是所有可能签名组成的有限集合；

(3) K 是密钥空间，为所有可能密钥组成的有限集合；

(4) $\forall k\in K$ 有一个秘密的签名算法 $\mathrm{sig}_k\in S$ 和对应的公开验证算法 $\mathrm{ver}_k\in V$，$\forall x\in P$ 及其签名 $y=\mathrm{sig}_k(x)\in A$，每个 $\mathrm{sig}_k: P\rightarrow A$ 和 $\mathrm{ver}_k: P\times A\rightarrow\{\mathrm{true},\mathrm{false}\}$满足

$$\mathrm{ver}_k(x,y)=\begin{cases}\mathrm{true} & y=\mathrm{sig}_k(x)\\ \mathrm{false} & y\neq\mathrm{sig}_k(x)\end{cases}$$

(x,y)称为带签名的消息。

对于给定的 $k\in K$，sig_k 和 ver_k 都是多项式时间函数，对于消息 x，除了发送者之

外，任何人能够计算出使得 $\text{ver}_k(x,y)=\text{true}$ 的 y 在计算上是不可行的。在非对称密码体制中，密钥是一对(k_p,k_r)，其中，k_p 公开，k_r 保密，那么我们可以通过私钥 k_r 来构造签名函数，而使用公钥来构造相应的验证函数。

7.2 数字签名体制

7.2.1 RSA 签名方案

密码体制 7.1 RSA 签名。

设 $n=pq$，其中，p 和 q 是不同的大素数，设 $P=A=Z_n$，并定义

$K=\{(n,p,q,a,b):n=pq,p$ 和 q 是素数$,ab\equiv 1 \bmod \varphi(n)\}$

(n,b)为公钥，(p,q,a)是私钥，对于 $k=(n,p,q,a,b)$，定义

$$\text{sig}_k(x)=x^a \bmod n$$

$$\text{ver}_k(x,y)=\text{true} \Leftrightarrow x=y^b \bmod n$$

其中，$x,y\in Z_n$。

在签名中，a 是保密的，对于给定的消息 x，构造 x^a 是困难的；但由于 b 是公开的，所以通过选择任意的 y，计算 $x=y^b$，那么任何人可以伪造关于消息 $x=y^b$ 的签名 y。防止这种攻击的方法是通过给消息添加可识别的冗余信息，使得很难用这种方法构造出“有意义”的消息，或者将 Hash 函数与数字签名结合起来，将消息摘要之后再签名（在第 8.3.3.2 节中介绍了 Hash-and-Sign 的安全性）。

RSA 直接对消息进行签名的使用方式也容易遭受到已知消息或者选择消息攻击，即敌手 Eve 可以获得 Alice 以前签过名的消息和签名或者请求 Alice 对一个消息列表签名，那么 Eve 可以利用这些签名构造出可通过验证的新消息的签名，而 Alice 未曾对这些新消息签名。

(1) 假设 Eve 希望得到关于消息 x 的签名 $y=\text{sig}_{\text{Alice}}(x)=x^a \bmod n$，那么他可以通过构造消息 $x'=r^bx$，其中，$(r,n)=1$，并且请求 Alice 能对消息 x'签名，当 Alice 对消息 x'签名后，Eve 得到 $y'=\text{sig}_{\text{Alice}}(x')=(x')^a \bmod n$，Eve 可以计算

$$y=r^{-1}y' \bmod n=r^{-1}(r^bx)^a \bmod n=r^{-1}rx^a \bmod n=x^a \bmod n$$

由此可以得到关于消息 x 的签名 $y=\text{sig}_{\text{Alice}}(x)=x^a \bmod n$，而 Alice 并未对 x 签名。

(2) 假设 Eve 得到 Alice 关于消息 x_1 和 x_2 的签名 $y_1=x_1^a \bmod n$ 和 $y_2=x_2^a \bmod n$，那么 Eve 可以计算

$$y=y_1y_2 \bmod n=(x_1^a \bmod n)(x_2^a \bmod n) \bmod n=x_1^ax_2^a \bmod n=(x_1x_2 \bmod n)^a \bmod n$$

因此，Eve 得到可通过验证的消息 $x=x_1x_2 \bmod n$ 的签名 y。

那么，通过对消息摘要之后再进行签名可以防止攻击。此外，由于公钥算法比对称算法慢很多，所以此方法不适合签名很长的消息，使用 Hash 算法后会得到一个固定长度的摘要值，对摘要签名比直接对消息签名效率高。

考虑将签名与公钥加密结合起来使用的方案。假设 Alice 希望发送一个签名的加密消息给 Bob，假设给定明文消息为 x，则有两种方案。

(1) 先签名再加密。

首先使用 Alice 的私钥对消息进行签名，然后使用 Bob 的公钥加密，计算过程为 y

$=\text{sig}_{\text{Alice}}(x)$，$z=e_{\text{Bob}}(x,y)$。当 Bob 收到加密的消息 z 后，首先用自己的私钥解密消息得到(x,y)，然后使用 Alice 的公钥来验证签名 y。

(2) 先加密再签名。

Alice 首先使用 Bob 的公钥对消息 x 加密，然后使用自己的私钥对加密后的密文签名，计算过程为 $z=e_{\text{Bob}}(x)$，$y=\text{sig}_{\text{Alice}}(z)$，Alice 将$(z,y)$发送给 Bob。当 Bob 接收到消息$(z,y)$后，首先用 Alice 的公钥验证签名 y，然后使用自己的私钥对 z 进行解密得到消息 x。

第(2)种方案存在着混淆发送者的问题，假如敌手 Eve 截获到消息(z,y)，在不知道消息 x 的情况下也可以对密文 z 进行签名，得到 $y'=\text{sig}_{\text{Eve}}(z)$，然后将$(z,y')$发送给 Bob，当 Bob 使用 Eve 的公钥验证签名 y'后，会误以为消息 x 来自于 Eve。由于可能存在这种问题，建议采用第(1)种先签名再加密的方案。

7.2.2 ElGamal 签名方案

ElGamal 签名方案是非确定性的签名方案。由 T. ElGamal 于 1985 年与 ElGamal 公钥加密体制同时提出的数字签名体制，其变形被美国 NIST 采纳作为数字签名标准，该体制的安全基于 Z_p^* 上离散对数的安全性。

密码体制 7.2 ElGamal 签名。

设 p 是一个使得 Z_p 上的离散对数问题难解的大素数，设 $\alpha\in Z_p^*$，是一个本原元，设 $P=Z_p^*$，$A=Z_p^*\times Z_{p-1}$，定义 $K=\{(p,\alpha,a,\beta):\beta=\alpha^a \bmod p\}$，$(p,\alpha,\beta)$是公钥，$a$ 是私钥。

对 $k=(p,\alpha,a,\beta)$和一个秘密的随机数 $r\in Z_{p-1}^*$，定义

$$\text{sig}_k(x,r)=(\gamma,\delta)$$

其中，$\gamma=\alpha^r \bmod p$，$\delta=(x-a\gamma)r^{-1} \bmod (p-1)$，如果 $\delta=0$，另选一个 r。

对 $x,\gamma\in Z_p^*$ 和 $\delta\in Z_{p-1}$，定义

$$\text{ver}_k(x,(\gamma,\delta))=\text{true} \Leftrightarrow \beta^\gamma\gamma^\delta\equiv\alpha^x \bmod p$$

如果签名按照定义的方式正确地构造，有

$$\beta^\gamma\gamma^\delta\equiv\alpha^{a\gamma}\alpha^{r\delta} \bmod p\equiv\alpha^{a\gamma+r\delta} \bmod p\equiv\alpha^x \bmod p$$

则一定会验证成功。

7.2.3 Schnorr 签名方案

出于安全性方面的考虑，ElGamal 签名体制一般要求采用很大的模 p，当前至少需要 1024 比特，签名体制的随机性会带来签名数据的膨胀，因此，1024 的模会导致签名需要 2048 比特，这在很多应用下(包括智能卡使用的)不适用，它们需要比较短的签名。1989 年，Schnorr 提出了一种可看作 ElGamal 签名体制变形的签名体制，缩短了签名的长度。它选择 Z_p^* 上素数阶子群的离散对数困难问题。

密码体制 7.3 Schnorr 签名。

设 p 是一个使得 Z_p 上的离散对数问题难解的大素数，q 是能整除 $p-1$ 的素数，Z_p^* 的 q 阶子群上离散对数问题是难解的。设 $\alpha\in Z_p^*$ 是乘法群 Z_p^* 的 q 阶元素，设 $P=\{0,1\}^*$，$A=Z_q\times Z_q$，并定义 $K=\{(p,q,\alpha,a,\beta):\beta=\alpha^a \bmod p\}$，其中，$0\leqslant a\leqslant q-1$，$(p,q,\alpha,\beta)$是公钥，$a$ 为私钥。设 $h:\{0,1\}^*\rightarrow Z_q$ 是一个安全 Hash 函数。

对于 $k=(p,q,\alpha,a,\beta)$ 和一个秘密的随机数 r，$1\leqslant r\leqslant q-1$，定义

$$\mathrm{sig}_k(x,r)=(\gamma,\delta)$$

其中，$\gamma=h(x\parallel\alpha^r \bmod p)$，$\delta=(r+a\gamma) \bmod q$。

对于 $x\in\{0,1\}^*$ 和 $\gamma,\delta\in Z_q$，定义

$$\mathrm{ver}_k(x,(\gamma,\delta))=\mathrm{true}\Leftrightarrow h(x\parallel\alpha^\delta\beta^{-\gamma} \bmod p)=\gamma$$

可以很容易验证 $\alpha^\delta\beta^{-\gamma}\equiv\alpha^{(r+a\gamma)\bmod q}(\alpha^a)^{-\gamma}\equiv\alpha^r \bmod p$，因此签名可以得到正确的验证。

7.2.4 数字签名标准 DSS

1991 年，美国 NIST 公布了数字签名标准(Digital Signature Standard，DSS)，1994 年，该标准正式作为美国联邦信息处理标准 FPIS186 颁布。DSS 中所采用的算法通常称为 DSA(Digital Signature Algorithm)。DSA 也是 ElGamal 签名体制的变形，且吸收了 Schnorr 签名体制的一些思想。

密码体制 7.4 数字签名算法 DSA。

设 p 是长为 L 比特的素数，其中，$L\equiv 0 \bmod 64$ 且 $512\leqslant L\leqslant 1024$，$q$ 是能整除 $p-1$ 的 160 比特的素数，Z_p^* 的 q 阶子群上离散对数问题是难解的。设 $\alpha\in Z_p^*$ 是乘法群 Z_p^* 的 q 阶元素，设 $P=\{0,1\}^*$，$A=Z_q^*\times Z_q^*$，并定义 $K=\{(p,q,\alpha,a,\beta):\beta=\alpha^a \bmod p\}$，其中，$0\leqslant a\leqslant q-1$，$(p,q,\alpha,\beta)$ 是公钥，a 为私钥。

对于 $k=(p,q,\alpha,a,\beta)$ 和一个秘密的随机数 r，$1\leqslant r\leqslant q-1$，定义

$$\mathrm{sig}_k(x,r)=(\gamma,\delta)$$

其中，$\gamma=(\alpha^r \bmod p) \bmod q$，$\delta=(\mathrm{SHA}-1(x)+a\gamma)r^{-1} \bmod q$，如果 $\gamma=0$ 或者 $\delta=0$，另选一个 r。

对于 $x\in\{0,1\}^*$ 和 $\gamma,\delta\in Z_q^*$，定义

$$e_1=\mathrm{SHA}-1(x)\delta^{-1} \bmod q,\ e_2=\gamma\delta^{-1} \bmod q$$

$$\mathrm{ver}_k(x,(\gamma,\delta))=\mathrm{true}\Leftrightarrow(\alpha^{e_1}\beta^{e_2} \bmod p) \bmod q=\gamma$$

按照所定义签名的方式，有

$$\begin{aligned}&\delta=(\mathrm{SHA}-1(x)+a\gamma)r^{-1} \bmod q\\&\Rightarrow\alpha^{\delta r}\equiv\alpha^{\mathrm{SHA}-1(x)+a\gamma}\equiv\alpha^{\mathrm{SHA}-1(x)}\beta^\gamma \bmod p\\&\Rightarrow\alpha^r\equiv\alpha^{\mathrm{SHA}-1(x)\delta^{-1}}\beta^{\gamma\delta^{-1}} \bmod p\\&\Rightarrow(\alpha^r \bmod p) \bmod q=(\alpha^{\mathrm{SHA}-1(x)\delta^{-1}}\beta^{\gamma\delta^{-1}} \bmod p) \bmod q\\&\Rightarrow\gamma=(\alpha^{\mathrm{SHA}-1(x)\delta^{-1}}\beta^{\gamma\delta^{-1}} \bmod p) \bmod q\end{aligned}$$

令 $e_1=\mathrm{SHA}-1(x)\delta^{-1} \bmod q$，$e_2=\gamma\delta^{-1} \bmod q$，则有 $(\alpha^{e_1}\beta^{e_2} \bmod p) \bmod q=\gamma$，所以可以验证成功。

7.2.5 椭圆曲线 DSA

2000 年，椭圆曲线数字签名算法(ECDSA)作为 FIPS186-2 得到批准，它可看作 DSA 在椭圆曲线下的修改。

密码体制 7.5 ECDSA。

设 p 为大素数，E 是定义在 F_p 上的椭圆曲线。设 G 为 E 上阶为 q(q 为素数)的点，使得在 $\langle G\rangle$ 上的离散对数问题是困难的。设 $P=\{0,1\}^*$，$A=Z_q^*\times Z_q^*$，并定义 $K=$

$\{(p,q,E,G,d,P):P=dG\}$，其中，$0\leqslant d\leqslant q-1$，$(p,q,E,G,P)$是公钥，$d$ 为私钥。

对于 $k=(p,q,E,G,d,P)$和一个秘密的随机数 r，$1\leqslant r\leqslant q-1$，定义

$$\mathrm{sig}_k(x,r)=(\gamma,\delta)$$

其中，$rG=(u,v)$，$\gamma=u \bmod q$，$\delta=(\mathrm{SHA}-1(x)+d\gamma)r^{-1} \bmod q$，如果 $\gamma=0$ 或者 $\delta=0$，另选一个 r。

对于 $x\in\{0,1\}^*$ 和 $\gamma,\delta\in Z_q^*$，定义

$$i=\mathrm{SHA}-1(x)\delta^{-1} \bmod q,\quad j=\gamma\delta^{-1} \bmod q,(u,v)=iG+jP$$

$$\mathrm{ver}_k(x,(\gamma,\delta))=\mathrm{true} \Leftrightarrow u \bmod q=\gamma$$

按照所定义签名的方式，有

$$\begin{aligned}
\delta &=(\mathrm{SHA}-1(x)+d\gamma)r^{-1} \bmod q\\
&\Rightarrow r\equiv(\mathrm{SHA}-1(x)+d\gamma)\delta^{-1}\equiv\mathrm{SHA}-1(x)\delta^{-1}+d\gamma\delta^{-1} \bmod q\\
&\Rightarrow rG=(\mathrm{SHA}-1(x)\delta^{-1} \bmod q)G+(d\gamma\delta^{-1} \bmod q)G\\
&\Rightarrow rG=iG+jdG\\
&\Rightarrow (u,v)=rG=iG+jP
\end{aligned}$$

因此可以验证成功。

7.2.6 SM2 中的签名方案

在中国国家商密椭圆曲线密码标准 SM2 中，除了密钥交换算法和数据加密算法，也定义了数字签名算法。在第 6.6.3 节中说明了 SM2 中使用的椭圆曲线、椭圆曲线建议参数、个人用户参数、函数和记号。其中，公私钥对为(d,P)，$P=(x,y)=dG$，G 为基点，n 为其阶，n、G、P 公开，记(d_A,P_A) 为用户 A 的公私钥对，阶为 n 的基点 $G=(x_G,y_G)$。h 为余因子，$h=\#E(F_q)/n$。H_v 表示生成长度为 v 比特的 Hash 函数。各种数据格式之间的转换函数同第 6.6.3 节中的。$Z_A=H_{256}(\mathrm{ENTL}_A \parallel \mathrm{ID}_A \parallel a \parallel b \parallel X_G \parallel Y_G \parallel X_A \parallel Y_A)$，其中，$\mathrm{ID}_A$ 表示用户 A 的长为 entlen 比特的可辨识标识，ENTL 表示将整数 entlen 转换成的两个字节，a 和 b 是椭圆曲线的参数，X_G 和 Y_G 是基点的横纵坐标，X_A 和 Y_A 是 A 的公钥的横纵坐标，H_{256}表示生成 256 比特摘要的 Hash 函数。

(1) 数字签名的生成算法。

设签名者为用户 A，待签名的消息为 M，数字签名为(r,s)，签名过程如下。

A.1：令 $\overline{M}=Z_A \parallel M$；

A.2：计算 $e=H_v(\overline{M})$，将 e 转换成整数；

A.3：用随机数发生器产生随机数 $k\in[1,n-1]$；

A.4：计算椭圆曲线点$(x_1,y_1)=rG$，将 x_1 转换成整数；

A.5：计算 $r=(e+x_1) \bmod n$，若 $r=0$ 或 $r+k=n$，则返回 A3；

A.6：计算 $s=((1+d_A)^{-1}\cdot(k-r\cdot d_A)) \bmod n$，若 $s=0$，则返回 A3；

A.7：将 r、s 转换成字节串，返回消息 M 的签名(r,s)。

(2) 数字签名的验证算法。

为了验证收到的消息 M' 及其数字签名(r',s')，验证者 B 执行验证过程如下。

B.1：检验 $r'\in[1,n-1]$ 是否成立，若不成立则验证不通过；

B.2：检验 $s'\in[1,n-1]$ 是否成立，若不成立则验证不通过；

B.3：令 $\overline{M}'=Z_A \| M'$；

B.4：计算 $e'=H_v(\overline{M}')$，将 e' 转换成整数；

B.5：将 r'，s' 转换成整数，计算 $t=(r'+s') \bmod n$，若 $t=0$，则验证不通过；

B.6：计算椭圆曲线点 $(x'_1, y'_1)=s'G+tP_A$；

B.7：将 x'_1 转换成整数，计算 $R=(e'+x'_1) \bmod n$，检验 $R=r'$ 是否成立，若成立则验证通过；否则验证不通过。

7.3 具有特殊用途的数字签名

7.3.1 不可否认签名

不可否认签名由 Chaum 和 Van Antwerpen 于 1989 年提出。不可否认签名的特点是验证需要签名者的参与，否则就不能得到验证。这样可以防止未经签名者的允许就随意复制和分发他签名的文件。当签名被验证后，签名者就不能抵赖和否认他的签名。验证通过挑战-应答(Challenge-and-Response)方式来实现。

一个不可否认的签名方案由三部分组成：签名算法、验证协议和否认协议。

密码体制 7.6 Chaum-Van Antwerpen 签名方案。

设 $p=2q+1$ 是安全素数，并且 Z_p^* 上的离散对数问题是难解的，其中，q 也是素数。设 $\alpha\in Z_p^*$ 是一个 q 阶元素。令 $\beta=\alpha^a \bmod p$，其中，$1\leqslant a\leqslant q-1$。设 G 表示 Z_p^* 的 q 阶乘法子群(G 由模 p 的二次剩余构成)。设 $P=A=G$，定义

$$K=\{(p,\alpha,a,\beta): \beta=\alpha^a \bmod p\}$$

其中，(p,α,β)是公钥，a 是私钥。

对于 $x\in G$ 和 $k=(p,\alpha,a,\beta)$，定义

$$y=\mathrm{sig}_k(x)=x^a \bmod p$$

对于 $x,y\in G$，验证协议如下。

(1) 验证者随机选择 $e_1,e_2\in Z_q$；

(2) 验证者计算 $c=y^{e_1}\beta^{e_2} \bmod p$ 并发送给签名者；

(3) 签名者计算 $d=c^{a^{-1} \bmod q} \bmod p$ 并发送给验证者；

(4) 当且仅当 $d\equiv x^{e_1}\alpha^{e_2} \bmod p$，验证者将 y 作为合法的签名接收。

通过上面的协议，我们可以看到，如果签名是按照定义的方式所签的，则有

$$d\equiv c^{a^{-1} \bmod q}\equiv(y^{e_1}\beta^{e_2})^{a^{-1} \bmod q}\equiv(x^{ae_1}\alpha^{ae_2})^{a^{-1} \bmod q}\equiv x^{e_1}\alpha^{e_2} \bmod p$$

因此，验证者将接收到一个确实由签名者所签发的有效的签名。

定理 7.1 如果 $y\neq x^a \bmod p$，那么接受 y 作为合法签名的概率至多为 $1/q$。

证明：假定应答 $d\in G$，否则验证者不会接收。$x,y,c,d,\alpha,\beta\in G$，假设 x,y,c,d 在 G 中基于 α 的离散对数分别为 $i_x,i_y,i_c,i_d\in Z_q$，对于任意的挑战 $c=y^{e_1}\beta^{e_2} \bmod p$，即任意的 $i_c\in Z_q$，有 $i_c=i_ye_1+ae_2 \bmod q$，$(a,q)=1$，当 $i_y\neq 1 \bmod q$ 时，对于任意的 $e_2\in Z_q$，有且仅有唯一的 $e_1\in Z_q$ 使得 $i_c=i_ye_1+ae_2 \bmod q$，则任意的挑战 c 恰好对应 q 个(e_1,e_2)对。假设敌手希望验证者能接收 y 作为合法签名，需要猜测验证者所使用的(e_1,e_2)(若 $i_y\equiv 1 \bmod q$ 则只需要猜测 e_2，$e_2\in Z_q$，则猜中的概率最多为 $1/q$)，下面来证明对于每个可能的应答 $d\in G$ 恰巧对应 q 个(e_1,e_2)中的一个。

根据

$$c=y^{e_1}\beta^{e_2} \bmod p$$
$$d=x^{e_1}\alpha^{e_2} \bmod p$$

有

$$\begin{cases} i_c=i_y e_1+a e_2 \bmod q \\ i_d=i_x e_1+e_2 \bmod q \end{cases}$$

因为 $y\neq x^a \bmod p$，所以 $i_y\neq a i_x \bmod q$，则 $\begin{vmatrix} i_y & a \\ i_x & 1 \end{vmatrix} \bmod q\neq 0$，关于$(e_1,e_2)$的二元一次方程组有唯一解，因此，对于挑战 c，每个应答 $d\in G$ 恰好对应 q 个(e_1,e_2)中的一个，因此猜测正确的概率为 $1/q$。

对于不可否认签名，需要签名者的参与才能进行验证，如果签名者拒绝配合，不按照协议生成应答而使得签名无效，或者诚实的签名者需要证明某个签名是假的。为此，不可否认签名还设计了否认协议。

算法 7.1 否认协议(Disavowal Protocol)。

(1) 验证者随机选择 $e_1,e_2\in Z_q^*$；

(2) 验证者计算 $c=y^{e_1}\beta^{e_2} \bmod p$ 并发送给签名者；

(3) 签名者计算 $d=c^{a^{-1} \bmod q} \bmod p$ 并发送给验证者；

(4) 验证者验证 $d\neq x^{e_1}\alpha^{e_2} \bmod p$；

(5) 验证者随机选择 $f_1,f_2\in Z_q^*$；

(6) 验证者计算 $c'=y^{f_1}\beta^{f_2} \bmod p$ 并发送给签名者；

(7) 签名者计算 $d'=(c')^{a^{-1} \bmod q} \bmod p$ 并发送给验证者；

(8) 验证者验证 $d'\neq x^{f_1}\alpha^{f_2} \bmod p$；

(9) 当且仅当$(d\alpha^{-e_2})^{f_1}\equiv(d'\alpha^{-f_2})^{e_1} \bmod p$ 时，验证者推断签名 y 是伪造的。

我们可以看到，在算法 7.1 所示的否认协议中，步骤(1)～(4)和步骤(5)～(8)完成了两次不成功的验证，步骤(9)是一致性检测，可以用来验证签名者是否按照协议来产生应答，签名者按照协议使用自己的私钥产生应答时，无论签名 y 是否是伪造的，(9)中的同余式都是成立的，理由如下：

$$(d\alpha^{-e_2})^{f_1}\equiv(y^{e_1 a^{-1} \bmod q}\beta^{e_2 a^{-1} \bmod q}\alpha^{-e_2})^{f_1}\equiv(y^{e_1 a^{-1} \bmod q}\alpha^{e_2}\alpha^{-e_2})^{f_1}\equiv y^{e_1 f_1 a^{-1} \bmod q} \bmod p \tag{7.1}$$

而

$$(d'\alpha^{-f_2})^{e_1}\equiv(y^{f_1 a^{-1} \bmod q}\beta^{f_2 a^{-1} \bmod q}\alpha^{-f_2})^{e_1}\equiv(y^{f_1 a^{-1} \bmod q}\alpha^{f_2}\alpha^{-f_2})^{e_1}\equiv y^{e_1 f_1 a^{-1} \bmod q} \bmod p \tag{7.2}$$

所以有$(d\alpha^{-e_2})^{f_1}\equiv(d'\alpha^{-f_2})^{e_1} \bmod p$ 成立。

如果签名者未按照协议来产生应答，可能会由于(9)中的同余式不成立而使得否认失效。

(1)～(8)都按照协议完成，步骤(9)可以说明以下两个事实。

(1) 若签名是伪造的，那么签名者一定可以通过$(d\alpha^{-e_2})^{f_1}\equiv(d'\alpha^{-f_2})^{e_1} \bmod p$ 让验证者相信签名是伪造的，定理 7.2 可以证明这个结论。

(2) 若签名是有效的，签名者可能通过$(d\alpha^{-e_2})^{f_1}\equiv(d'\alpha^{-f_2})^{e_1} \bmod p$ 来欺骗验证者，让他相信签名是伪造的，定理 7.3 证明了这一概率很小，最多为 $1/q$。

定理 7.2 如果 $y \neq x^a \bmod p$，且签名者和验证者都遵守否认协议，那么有 $(d\alpha^{-e_2})^{f_1} \equiv (d'\alpha^{-f_2})^{e_1} \bmod p$。

根据式(7.1)和式(7.2)可以证明定理 7.2。

定理 7.3 如果 $y = x^a \bmod p$，且签名者和验证者都遵守否认协议，如果 $d \neq x^{e_1}\alpha^{e_2} \bmod p$，且 $d' \neq x^{f_1}\alpha^{f_2} \bmod p$，那么 $(d\alpha^{-e_2})^{f_1} \neq (d'\alpha^{-f_2})^{e_1} \bmod p$ 的概率为 $1-1/q$。

证明 （反证法）当条件都成立时，即 $y = x^a \bmod p$，$d \neq x^{e_1}\alpha^{e_2} \bmod p$ 和 $d' \neq x^{f_1}\alpha^{f_2} \bmod p$，且签名者和验证者都遵守否认协议，假设

$$(d\alpha^{-e_2})^{f_1} \equiv (d'\alpha^{-f_2})^{e_1} \bmod p \tag{7.3}$$

由式(7.3)可以得到

$$(d\alpha^{-e_2})^{f_1} \equiv (d'\alpha^{-f_2})^{e_1} \bmod p \Rightarrow d' = (d^{1/e_1}\alpha^{-e_2/e_1})^{f_1}\alpha^{f_2} \bmod p$$

令 $d_0 = d^{1/e_1}\alpha^{-e_2/e_1} \bmod p$，则有 $d' = d_0^{f_1}\alpha^{f_2} \bmod p$，$d_0$ 的值只依赖于协议的(1)～(4)步，与(5)～(8)步的验证无关，则对于 d_0 来说，可以通过步骤(5)～(8)的验证，y 很大概率是 d_0 的签名，假设 y 是 d_0 的签名，根据假设 $y = x^a \bmod p$，有 $x^a = d_0^a \bmod p$，而 $x, d_0 \in G$，有 $x = d_0$，但 $d \neq x^{e_1}\alpha^{e_2} \bmod p$，即 $x \neq d^{1/e_1}\alpha^{-e_2/e_1} \bmod p$，即 $x \neq d_0$，因此 $y \neq d_0^a \bmod p$，根据定理 7.1，最多有 $1/q$ 的概率，使得在 $y \neq d_0^a \bmod p$ 时有 $d' = d_0^{f_1}\alpha^{f_2} \bmod p$ 而通过验证，也就是说，最多有 $1/q$ 的概率在 $y = x^a \bmod p$ 时能够使得式(7.3)成立，在第(9)步将有效签名判断为伪造的，即签名者只能以最多 $1/q$ 的概率欺骗验证者，那么我们有结论成立，即 $(d\alpha^{-e_2})^{f_1} \neq (d'\alpha^{-f_2})^{e_1} \bmod p$ 的概率为 $1-1/q$。

7.3.2 盲签名

盲签名的概念由 Chaum 首次提出。和一般的数字签名不同，一般的数字签名是知道内容再签名，但在某些情况下需要对某些数据签名，但是不能公开数据的内容，比如无记名投票、电子货币或者一些交易信息。盲签名在电子商务和电子政务中有着广泛的应用。

盲签名是一种满足下列两个要求的数字签名。

(1) 签名者不知道所签署消息的内容，即消息对签名者来说是盲的；

(2) 签名接收者能将签名转化为普通的签名，但签名者不能将签名与所签的消息相关联。

在盲签名方案中，一般将待签消息 M 进行盲化处理，将盲化处理之后的消息 B 发给签名者，签名者对 B 签名之后得到签名 sig(B)，签名接收者收到对盲消息 B 的签名 sig(B)之后，对其进行去盲处理，可以得到原始待签消息 M 的签名 sig(M)。盲签名流程如图 7.1 所示。

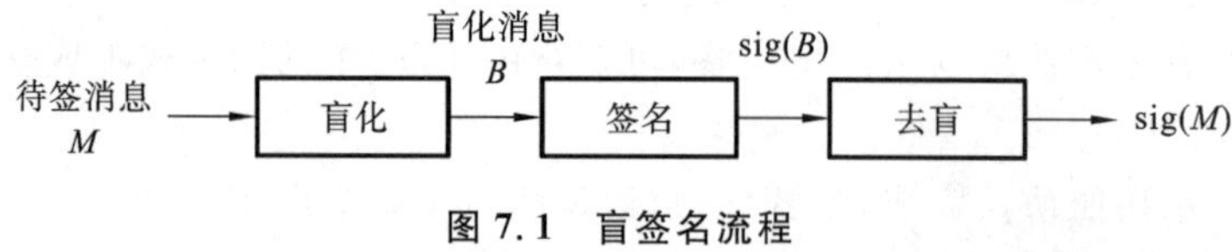

图 7.1 盲签名流程

Chaum 利用 RSA 构造了第一个盲签名算法。假设 Alice 需要 Bob 对其消息 M 进行盲签名，使用的签名算法为 RSA 算法（密码体制 7.1），Bob 的密钥 $k=(n,e,d)$，其中，公钥为(n,e)，私钥为 d。

算法 7.2 基于 RSA 的盲签名。

(1) Alice 随机选择秘密的 r,其中,$r\in Z_n$ 且$(n,r)=1$;

(2) Alice 计算 $M'=M\cdot r^e \bmod n$(盲化处理),并将 M'发送给 Bob;

(3) Bob 对消息 M'签名得到 $\mathrm{sig}_k(M')$并发送给 Alice;

(4) Alice 计算 $\mathrm{sig}_k(M')\cdot r^{-1} \bmod n$,得到 $\mathrm{sig}_k(M)$(去盲处理)。

从协议中我们可以看到,盲化处理函数为 $f:Z_n\to Z_n$,定义为 $f(x)=x\cdot r^e \bmod n$,去盲处理函数为 $g:Z_n\to Z_n$,定义为 $g(x)=x\cdot r^{-1} \bmod n$,其中,$r$ 为随机选择的秘密的数,$r\in Z_n$ 且$(n,r)=1$。

对于消息 M,有

$$g(\mathrm{sig}_k(f(M)))=((M\cdot r^e)^d)\cdot r^{-1} \bmod n=M^d \bmod n=\mathrm{sig}_k(M) \tag{7.4}$$

因此,由式(7.4),我们可以看到,整个协议满足了上述两个要求,首先,随机选择的 r 难以猜测,实现盲化,满足了第(1)个要求,然后通过去盲可以得到对于消息 M 的签名,满足第(2)个要求。

7.3.3 群签名

群签名方案由 Chaum 和 Van Heyst 首先提出。群签名方案允许群组中的合法用户以用户组的名义签名,但在出现争议的情况下,可以通过权威和群组全体成员联合揭示签名者。一般来说,群签名方案由组、组成员(签名者)、签名接收者(签名验证者)、权威(Authority)或群组中心(Group Center,GC)组成,特点如下:

(1) 只有组中的合法成员才能对消息签名并产生群签名;

(2) 签名的接收者能够验证群签名的有效性;

(3) 签名的接收者不知道签名的成员;

(4) 一旦发生争议,群签名的权威或者群组所有成员可以联合揭示签名者。

在 Chaum 和 Van Heyst 的开创性论文中提出了 4 种签名体制,但都具有如下缺点:当群组成员有变动时,每个成员需要重新分配密钥;权威不能辨别签名者。下面介绍的 K-P-W 可变群签名方案(Convertible Group Signature)可以解决上述两个问题。K-P-W 可变群签名方案首先会生成参数,包括群组公私钥对和群组为每个成员生成的私钥,共涉及三个算法:签名算法、签名验证算法和身份验证算法。

密码体制 7.7 K-P-W 可变群签名方案。

选择 $n=pq=(2fp'+1)(2fq'+1)$,其中,p,q,f,p',q'为不同的大素数,g 为 Z_n^* 上的 f 阶元素,假定由 Z_n^* 中 g 生成的 f 阶子群上,离散对数问题是难解的。e 和 d 为整数,且 $ed\equiv 1 \bmod \varphi(n)$,$\gcd(e,\varphi(n))=1$,$H$ 为安全的 Hash 函数,$\mathrm{ID_G}$ 为 GC 的身份信息。对于群组的密钥 $k=(n,e,d,g,f,p',q',H,\mathrm{ID_G})$,其中,$(n,e,g,f,H,\mathrm{ID_G})$是公钥,$(d,p',q')$是私钥。

设 $\mathrm{ID_A}$ 为组成员 A 的身份信息,A 随机选取 $s_\mathrm{A}\in Z_f^*$,并将消息$(\mathrm{ID_A},g^{s_\mathrm{A}})$发送给 GC,GC 计算 $x_\mathrm{A}=(\mathrm{ID_G}\cdot g^{s_\mathrm{A}})^{-d} \bmod n$,并将 x_A 秘密地传给 A,A 的私钥为$(x_\mathrm{A},s_\mathrm{A})$。

(1) 签名算法。

对于签名消息 m,A 随机选择 $r_1,r_2\in Z_f$,计算

$$V=g^{r_1}r_2^e \bmod n,\quad h=H(V\parallel m),\quad z_1=(r_1+s_\mathrm{A}h) \bmod f,\quad z_2=r_2x_\mathrm{A}^h \bmod n$$

得到签名(h,z_1,z_2)。

(2) 签名验证算法。

$$\text{ver}(m,h,z_1,z_2)=\text{true} \Leftrightarrow h=H(\bar{V}\parallel m)$$

其中，$\bar{V}=(\text{ID}_G)^h g^{z_1} z_2^e \bmod n$。

(3) 身份验证算法。

$$g^{z_1}=(V\cdot z^{-e})(g^{s_A})^h \bmod n$$

其中，$z=z_2 x_A^{-h} \bmod n$。

对于(2)中的签名验证算法，若签名者按照(1)进行签名，那么有

$$\begin{aligned}\bar{V}&=(\text{ID}_G)^h g^{z_1} z_2^e \bmod n=(\text{ID}_G)^h g^{(r_1+s_A h) \bmod f}(r_2 x_A^h)^e \bmod n\\&=(\text{ID}_G\cdot g^{s_A})^h g^{r_1} r_2^e(\text{ID}_G\cdot g^{s_A})^{-deh} \bmod n=g^{r_1} r_2^e \bmod n=V\end{aligned}$$

则有 $h=H(V\parallel m)=H(\bar{V}\parallel m)$，可验证成功。

在签名验证的过程中，我们只使用了签名和群组的公钥(n,e,g,f,H,ID_G)，并没有涉及关于签名者 A 的任何信息。

在(3)的身份验证协议中，对于按照(1)所产生的 V 和签名，有

$$\begin{aligned}(V\cdot z^{-e})(g^{s_A})^h \bmod n&=(g^{r_1} r_2^e z_2^{-e} x_A^{eh})(g^{s_A})^h \bmod n\\&=(g^{r_1} r_2^e (r_2 x_A^h)^{-e} x_A^{eh})(g^{s_A})^h \bmod n\\&=g^{r_1+s_A h} \bmod n=g^{z_1} \bmod n\end{aligned}$$

其中，GC 使用 A 发送的(ID_A,g^{s_A})中的 g^{s_A} 来确认 A 的签名身份，可以验证成功。

K-P-W 可变群签名的安全性分析如下。

(1) 算法的安全性取决于对参数 n 的分解；

(2) 该方案中，在组员诚实的情况下，*GC* 可以识别出签名者，但不能防止伪造共谋，即当组中成员伪造或者共谋时，可以产生有效的签名，但 GC 无法识别出签名者。

例 7.1 伪造签名

假设用户 A 随机选取整数 a 和 b，构造 $s_A=ab \bmod f$ 和 $s'_A=(ab+b) \bmod f$，分别将 g^{s_A} 和 $g^{s'_A}$ 发给 GC，得到私钥 $x_A=(\text{ID}_G\cdot g^{s_A})^{-d}$ 和 $x'_A=(\text{ID}_G\cdot g^{s'_A})^{-d}$，则有

$$\left.\begin{aligned}\text{ID}_G^{-d}&=x_A g^{s_A d} \bmod n=x_A(g^{bd})^a \bmod n\\\text{ID}_G^{-d}&=x'_A g^{s'_A d} \bmod n=x'_A(g^{bd})^{a+1} \bmod n\end{aligned}\right\}\Rightarrow g^{bd}=x_A\,(x'_A)^{-1} \bmod n$$

可以得到 ID_G^{-d} 和 g^d，那么现在 A 可以使用任意的 s_A，利用获得的 ID_G^{-d} 和 g^d 计算出相应的私钥 x_A 而不用经过 GC，则对任意消息可以生成有效的签名，而 GC 却无法辨别出是哪个成员签名的。

两个用户可以使用类似的方法共谋得到 ID_G^{-d} 和 g^d，同样可以对任意消息生成有效的签名。

7.4 NTRUSign

基于格的密码是能抵抗量子计算的后量子密码算法中的重要一类，目前基于格的密码系统中最成功的的系统之一是 NTRU(Number Theory Research Unit)公钥密码体制，由布朗大学的 Hoffstein、Pipher 和 Silverman 于 1996 年提出，它基于多项式环结构 $Z[x]/(x^N-1)$，其后给出了该系统的格方法的解释，其安全性依赖于格上的最短向量问题。2003 年，Hoffstein 等人针对他们所提出的 NTRU 数字签名体制(NTRU Signature Scheme，NSS)体制进行了改动，进而提出 NTRUSign 体制，该算法依赖的困难

问题是 Appr-CVP(近似最近向量问题),即在一个特定格(NTRU 格)中,找到离某个给定向量距离最近的向量是困难的。在 NTRUSign 中,签名者利用私钥产生明文的近似最近向量,这个向量属于 NTRU 格,将该向量作为明文消息的签名,敌手在不知道私钥的情况下,想通过其他方法在 NTRU 格中找到这一最近向量是困难的。我们首先简要介绍格、格上困难问题及多项式环和 NTRU 格的概念,在此基础上介绍 NTRUSign。

7.4.1 背景知识简介

(1) 格(Lattice)。

这里的格是指点格,是 R^n 的一个离散子群。特别地,Z^n 的任意加法子群都构成一个格,这样的格称为整格(integer lattice)。

定义 7.2 设 $\boldsymbol{v}_1,\cdots,\boldsymbol{v}_n\in R^n$ 是一组线性无关的向量,由 $\boldsymbol{v}_1,\cdots,\boldsymbol{v}_n$ 生成的格是指向量 $\boldsymbol{v}_1,\cdots,\boldsymbol{v}_n$ 的整系数线性组合构成的向量集合,即

$$L=\{a_1\boldsymbol{v}_1+a_2\boldsymbol{v}_2+\cdots+a_n\boldsymbol{v}_n:a_1,a_2,\cdots,a_n\in Z\}$$

任意一组可以生成格的线性无关的向量称为格的基,格基中向量的个数称为格的维数或秩。

R^n 中的向量 $\boldsymbol{u}=(u_0,u_1,\cdots,u_{n-1})$ 的欧氏范数 $\|\boldsymbol{u}\|=\sqrt{\sum_{i=0}^{n-1}u_i^2}$。

(2) 格上的困难问题。

与格相关的困难问题有最短向量问题(SVP)和最近向量问题(CVP)。

最短向量问题:给定一组基,在格 L 中寻找一个最短的非零向量,即寻找一个非零向量 $\boldsymbol{u}\in L$,使得它的欧氏范数 $\|\boldsymbol{u}\|$ 最小。

最近向量问题:给定一组基和一个不在格 L 中的向量 $\boldsymbol{w}\in R^n$,寻找一个向量 $\boldsymbol{u}\in L$,使它最接近 $\boldsymbol{w}$,即使得 $\|\boldsymbol{w}-\boldsymbol{u}\|$ 最小。近似最近向量问题(appr-CVP)是指寻找一个向量 $\boldsymbol{u}\in L$,使得对于任意 $\boldsymbol{v}\in L$ 都有 $\|\boldsymbol{w}-\boldsymbol{u}\|\leqslant f(d)\|\boldsymbol{w}-\boldsymbol{v}\|$,其中,$f(d)$ 是与维数相关的某个近似因子。

(3) 多项式环和 NTRU 格。

NTRUSign 数字签名体制和 NTRU 加密体制都是基于环 $R=Z[x]/(x^N-1)$ 的,设有两个环上多项式 f 和 g,次数都不超过 N,其乘积定义为卷积"·"(Convolution Multiplication)。

$$f(x)=a_{N-1}x^{N-1}+a_{N-2}x^{N-2}+\cdots+a_0$$
$$g(x)=b_{N-1}x^{N-1}+b_{N-2}x^{N-2}+\cdots+b_0$$
$$h(x)=f(x)\cdot g(x)=c_{N-1}x^{N-1}+c_{N-2}x^{N-2}+\cdots+c_0$$

其中,$c_i=\sum_{j+k\equiv i \bmod N}a_jb_k$。

环上的多项式可以表示成向量的形式。

例 7.2 设 $N=3$,环上多项式 $f(x)=x^2+7x+9$,可以表示成(1,7,9),多项式 $g(x)=3x^2+2x+5$,那么可以计算出 $f(x)\cdot g(x)=46x^2+56x+68$,以一次项 x 的系数为例,计算过程为 $a_0b_1+a_1b_0+a_2b_2=9\times2+7\times5+1\times3=56$。

对于 $q\in Z,h\in R$,集合 $M_{h,q}=\{(u,v)\in R^2\mid v\equiv u\cdot h(\bmod q)\}$ 是一个维数为 $2N$ 的格,这种形式的格称为 NTRU 格。它有一组 R-基为 $\{(1,h),(0,q)\}$,$M_{h,q}$ 中最短向量的

长度约为$\sqrt{\frac{Nq}{\pi e}}$，$M_{h,q}$中元素的欧式范数定义为分量形式的欧式范数，即$\|(u,v)\| = \sqrt{\|u\|^2+\|v\|^2}$。

7.4.2 NTRUSign 算法

NTRUSign 算法包括密钥生成、签名和验证三个阶段，其运算建立在环 $R=Z[x]/(x^N-1)$上。参数集合为$(N, q, d_f, d_g, B, t, \text{NormBound})$，其中，$N,q,d_f,d_g,B$ 为整数，NormBound 为实数，t 为字符串"standard"或"transpose"，表示 NTRUSign 算法工作的两种模式之一。

1. 密钥生成

(1) 输入：整型变量 $N,q,d_f,d_g,B\geqslant 0$，以及字符串 $t=$"standard"或者"transpose"。

(2) 产生 $B+1$ 个私有格基和一个公开格基。

for($i=B;i\geqslant 0;i$--)

{ 随机选择两个短向量 $f,g\in R$，使 f 和 g 中有 d_f 和 d_g 个系数为 1，其余为 0；

求出另外两个短向量 $F,G\in R$，满足 $f\cdot G-F\cdot g=q$

(能够证明(f,g)和(F,G)构成了 L_R 的一组完整的短格基)；

if $t==$"standard" then $\{f_i=f;f'_i=F\}$

if $t==$"transpose" then $\{f_i=f;f'_i=g\}$

$h_i=f_i^{-1}f'_i \bmod q$

}

(3) 公钥：输入的参数及 $h=h_0\equiv f_0^{-1}\cdot f'_0 \bmod q$。

(4) 私钥：$\{f_i,f'_i,h_i\}$，其中 $i=0,1,\cdots,B$。

2. 签名

(1) 输入：待签名的消息 M 和私钥$\{f_i,f'_i,h_i\}$。

(2) 置 $r=0,s=0,i=B,r$ 编码成比特串，计算 $m_0=H(M\|r)$，令 $m=m_0$。

(3) 使用秘密的私钥格基进行扰动。

for ($i=B;i\geqslant 1;i$--)

{ $x=\lfloor -(1/q)m\cdot f'_i \rceil$;

$y=\lfloor -(1/q)m\cdot f_i \rceil$;

$s_i=x\cdot f_i+y\cdot f'_i$;

$m=s_i\cdot(h_i-h_{i-1}) \bmod q$

$s+=s_i$

}

(4) 对扰乱后的消息摘要点进行签名。

$x=\lfloor -(1/q)m\cdot f'_0 \rceil$;

$y=\lfloor -(1/q)m\cdot f_0 \rceil$;

$s_0=x\cdot f_0+y\cdot f'_0$;

$s += s_0$

(5) 对签名进行检查。

$b = \| (s, s \cdot h - m_0 \bmod q) \|$;

if $b \geqslant$ NormBound then $\{r = r+1$;转到(3)$\}$

(6) 输出三元组签名(M, r, s)。

3. 验证

(1) 输入:签名消息(M, r, s)及公钥 h。

(2) 计算 $m = H(M \| r)$。

(3) 计算 $b = \| (s, s \cdot h - m \bmod q) \|$。

(4) 输出:$\text{ver}_h = \text{true} \Leftrightarrow \text{if } b < \text{NormBound}$。

NTRUSign 的推荐参数为

$$(N, q, d_f, d_g, B, t, \text{NormBound}) = (251, 128, 73, 71, 1, \text{“transpose”}, 310)$$

在无扰动的情况下,签名者拥有私钥格基$\{(f,g),(F,G)\}$,这是一组“好”基,而验证者与敌手拥有公钥格基$\{(1,h),(0,q)\}$(这里 $h = f^{-1} \cdot g \bmod q$)是“坏”基。签名者利用私钥格基找到格中的点,与要签名的点非常近,验证者利用公钥格基验证该点是格中的点,并且与要签名的点距离很近。敌手要伪造签名,要利用公钥格基在 NTRU 格中解决 CVP 问题,而这是 NP 问题。

习题

7.1 假设使用 RSA 算法直接对消息进行签名,已知其公钥为 $N = 4757, e = 391$,求消息 2 的签名。

7.2 假设使用 ElGamal 签名方案,$p = 31847, \alpha = 5, \beta = 25703$。给定消息 $x = 8990$ 的签名(23972,31396)及 $x = 31415$ 的签名(23972,20481),计算随机数 r 和私钥 a 的值(无须求解离散对数问题的实例)。

7.3 已知椭圆曲线 $E: y^2 \equiv x^3 + 2x + 3 \bmod 17$,选择阶为 22 的点 $P = (5,6)$为基点,在其上定义数字签名算法,其中,公私钥对为(m, Q),$Q = mP, m \in Z_{22}$,对于消息 $x \in Z_{17}^*$,签名为 $s = (R, c)$,签名过程为:选择随机数 $r \in Z_{22}^*$,$R = rP = (x_0, y_0)$,$c = (x - mx_0) r^{-1} \bmod 22$,若 $c = 0$,则重选参数。

(1) 给出上述签名算法对应的验证算法;

(2) 若 $m = 3$,求 Q;

(3) 对于(2)中给出的公私钥对,若接收到的消息为 2,所附签名为 $s = (R, c) = ((2,7), 8)$,验证该签名是否有效。

7.4 (1) 在 ElGamal 签名方案或 DSA 中,不允许 $\delta = 0$。证明如果对消息签名时 $\delta = 0$,那么攻击者很容易计算出私钥 a。

(2) 在 DSA 中,不允许 $\gamma = 0$。证明如果已知一个签名使用的是 $\gamma = 0$,那么“签名”所使用的随机数 r 值就能确定。给定 r 值,证明对任何所期望的消息可伪造一个(在 $\gamma = 0$ 时)签名(即可实现选择性伪造)。

(3) 评估 ECDSA 中允许 $\gamma = 0$ 或 $\delta = 0$ 的签名的后果。

8

可证明安全

1982 年,Goldwasser 和 Micali 开创性地提出了语义安全性的定义,密码学研究进入新的现代密码学阶段,两位密码学家也获得 2012 年的图灵奖。香农提出的完善保密性在实践中受到限制,为了获得实用的方案,在计算复杂性框架下,适当放松安全方面的要求,形式化地定义攻击模型、攻击目标及安全,通过归约的方法,对密码方案的安全性进行数学证明。本章将通过一些实例来阐述在标准模型和随机预言机模型下可证明安全的思想和证明方法,这也有助于理解前面章节中算法的设计和实现。

8.1 计算安全性

8.1.1 现代密码学原则

随着密码学理论的不断丰富,密码学从古典的艺术走向现代的科学,同时密码学的应用领域也更加广泛,如何设计和选择密码算法和方案成为人们关注的焦点。那么,什么是安全的密码方案?哪些方案是安全的?如何来对密码学方案进行研究?卡茨和林德尔在《现代密码学——原理与协议》中给出了现代密码学的三个基本原则。

原则 1:解决任何密码学问题的第一步是给出表述严格的形式化的且精确的安全定义。

原则 2:当密码学方案的安全性依赖于某个未被证明的假设时,必须精确描述该假设,而且这种假设应尽可能少。

原则 3:密码学构造方案应当有严格的安全性证明,应满足原则 1 中的安全定义且与原则 2 描述的假设相关联(如果假设是需要的)。

因此,我们的研究步骤是:首先精确定义威胁模型,然后在威胁模型的基础上定义安全性,构造方案或者系统,最后进行安全性证明。

所以在实践中,尽量使用经过验证的密码算法和密码方案,对密码算法进行正确使用。

8.1.2 完美不可区分性

在第 2 章香农理论里,我们曾提到理论安全性,即完善保密性,也称信息论安全。

它主要讨论对称加密方案，其中，假设明文 M、密钥 K 和密文 C 均构成一个概率空间，且 M 和 K 统计独立。对称加密方案的加密算法和解密算法由密钥决定，因此一个对称加密方案主要由三个算法组成：生成密钥、加密和解密。我们也可以用定义 8.1 来定义一个加密方案。

定义 8.1 一个对称加密方案是三元组(Gen, Enc, Dec)。

(1) 密钥生成算法 Gen 是一个概率算法，能根据某种分布选择并输出密钥 k。

(2) 加密算法 Enc 将密钥 k 和明文消息 $m\in\{0,1\}^*$ 作为输入，并且输出一个密文 $c\leftarrow \text{Enc}_k(m)$。

(3) 解密算法 Dec 将密钥 k 和密文 c 作为输入，输出明文消息 $m=\text{Dec}_k(c)$。

满足：对于每个由 Gen 输出的密钥 k，每个 $m\in\{0,1\}^*$，都有 $\text{Dec}_k(\text{Enc}_k(m))=m$。

此处，由于加密过程可能为概率算法，因此用“$\leftarrow$”表示赋值，而解密是确定的，因此用“$=$”表示赋值。

下面回顾一下完善保密加密的概念。

定义 8.2 完善保密加密：明文空间为 M 的加密方案(Gen,Enc,Dec)是完善保密加密方案，若对 M 上任意的概率分布，任意明文 $m\in M$、任意密文 $c\in C$，且 $\Pr(C=c)>0$，有 $\Pr(M=m|C=c)=\Pr(M=m)$。

通过定义 8.2，根据贝叶斯定理，可以得到结论，对于任意明文 $m\in M$、任意密文 $c\in C$，有 $\Pr(c|m)=\Pr(c)$。那么，假设 $m\in M$，用 $C(m)$表示加密 m 的密文分布，该分布取决于密钥的选择，若加密是概率加密的，则其同样也与加密算法的随机性有关。那么在完善保密性下，对于任意 $m_0,m_1\in M$，$C(m_0)$和 $C(m_1)$的分布是一样的，这同样也说明密文中不包含任何明文信息，我们称此为完美不可区分性(Perfect Indistinguishability)，它表示不能区分 m_0 的密文和 m_1 的密文。

我们也可以用另一个等价的定义来描述完善保密性，即敌手不可区分性(Adversarial Indistinguishability)。该定义基于一个与攻击者(或称敌手 A)相关的游戏或者实验，相当于构造一个威胁模型或者攻击模型，然后可以形式化定义 A 的能力，敌手不可区分性即 A 不具备区分给定密文到底是来自于哪个明文的能力。由于完善保密性是建立在唯密文攻击的情况之下的，因此我们定义了窃听不可区分实验，即该实验在被动攻击之下时，敌手只能在信道中窃听，从而获取密文。

窃听者不可区分实验 $\text{Priv}K_{A,\Pi}^{\text{eav}}$：

(1) 敌手 A 输出一对信息 $m_0,m_1\in M$；

(2) 由 Gen 产生一个随机密钥 k，并且任意选择 $b\in\{0,1\}$，然后计算 $c\leftarrow\text{Enc}_k(m_b)$，交给 A；

(3) A 输出一个比特 b'；

(4) 如果 $b=b'$，定义实验的输出为 1，记作 $\text{Priv}K_{A,\Pi}^{\text{eav}}=1$，A 成功，否则输出为 0，A 失败。

在实验中没有限制敌手 A 的计算能力。我们给出与 8.2 等价的完善保密性的定义，其等价性的证明留作习题。

定义 8.3 明文空间为 M 的加密方案 $\Pi=$(Gen,Enc,Dec)是完善保密加密，当且仅当对于所有敌手 A 都有 $\Pr(\mathrm{Priv}K_{A,\Pi}^{\mathrm{eav}}=1)=\frac{1}{2}$。

我们经常使用另一种记号：$\mathrm{Adv}_{A,\Pi}^{\mathrm{eav}}=\Pr(\mathrm{Priv}K_{A,\Pi}^{\mathrm{eav}}=1)-\frac{1}{2}$，称之为攻击者的优势，攻击者在实验中随机猜测也有 1/2 的成功率，因此优势表明攻击成功概率减掉 1/2 的部分，这里可以看到，在完善保密性中，敌手的优势为 0。

8.1.3 计算安全的思想

一次一密被证明具有完善保密性，但要求密钥至少要和明文消息一样长，这限制了其使用。

那么在实际中，我们适当放宽理论安全性的条件，希望对于“有效”的敌手，即使存在潜在的“非常小”的成功攻击概率，我们也认为方案是安全的，这就是计算安全性。如何来精确定义“有效”和“非常小”，有具体方法和渐进方法。

具体方法是明确限定敌手在某个特定时间内的最大成功概率，从而对密码方案的安全性进行量化。我们称一个方案是(t,ε)安全的，是指每个运行时间最多为 t 的敌手最多以概率 ε 成功攻击该方案。比如我们可以说某方案可以保证在使用现有最快的超级计算机，且最多运行 100 年的情况下，没有敌手能以超过 10^{-30} 的概率攻破该方案（10^{-30} 相当于用 100 年发生一次的事件估算其在任意 1 秒内发生的概率），这里 100 年和 10^{-30} 都是实际数据，可以让人们认识到其安全级别。或者，以 CPU 周期作为单位来描述运行时间，比如最多运行 2^{80} 个 CPU 周期的情况下，敌手不能以高于 2^{-64} 的概率攻破方案。但在说明具体数据时，必须假定计算能力，且需要考虑未来计算能力的提高及新方法的出现，而且不同用户对于安全的要求可能也不同，如何确定安全的(t,ε)范围也没有明确的答案。

因此一般采用渐进的方法，这源于计算复杂性理论，将敌手的运行时间和成功概率看作某个参数的函数，而不是具体的数值。那么，定义密码方案将包含一个安全参数，即整数 n，当诚实的双方初始化方案时，选择某个 n 值作为安全参数，比如密钥长度。假设该值可以被任何人知道，包括敌手，则敌手的运行时间和成功概率可以看作 n 的函数。将计算复杂性理论中的多项式时间作为“有效”的定义，可忽略函数作为“非常小”的定义。那么，对于计算安全性的定义，我们有如下假设，在后续的方案证明中也会使用到。

(1) 仅仅只考虑概率多项式时间(Probabilistic Polynomial Time，PPT)敌手，即“有效”的计算是指概率多项式时间算法。算法 A 在多项式内完成意味着存在一个多项式 $p(\cdot)$，使得对于每个输入 $x\in\{0,1\}^*$，$A(x)$的计算最多在 $p(|x|)$个步骤内终止。对于安全参数 n，常数 a、c，算法运行时间为 an^c，即随着 n 的增加，能力的增长是多项式级的。概率多项式时间算法可以视为除了长度为 n 的输入，还有一个可以引用的长度为 $p(n)$的随机比特字符串。由于随机性在密码学中是必要的，假设敌手是概率多项式时间敌手是合理的。

同时，多项式时间算法具有封闭性，即 A 和 A' 均为概率多项式时间算法，则 A 调用 A' 仍能在概率多项式时间内完成。而且，概率多项式是确定多项式的扩充，若一个方案能抵抗概率多项式时间算法攻击，则也能抵抗确定性多项式时间算法攻击。

(2) 用可忽略函数来定义成功概率。

如果对于每个多项式 p，存在 N，使得对于所有 $n>N$ 都有 $f(n)<1/p(n)$，我们称函数 $f(\cdot)$是可忽略的。可忽略函数是比任何多项式的倒数增长得慢的函数，即对于所有常量 c，存在 N，使得对于所有 $n>N$ 都有 $f(n)<1/n^c$。可忽略函数通常记为negl。比如 2^{-n}、$2^{-\sqrt{n}}$、$n^{-\lg n}$都是可忽略的。

可忽略函数也具有封闭性，令 negl1 和 negl2 为可忽略函数，则有：

① negl3＝negl1＋negl2 是可忽略的；

② 对于任意正多项式 p，negl4＝p · negl1 是可忽略的。

即一个特定事件发生的概率可以忽略，那么该实验重复多项式次，该事件发生的概率还是可以忽略的。

此外，安全参数用来指算法的规模，用 1^n 来表示，通常指输入二进制字符串的长度。它是渐进定义的一个重要参量，例如，假设运行一个加密算法的时间为多项式 $p(n)$，概率多项式时间敌手 A 攻破成功的概率为可忽略函数 $n^{-\lg n}$，当安全参数 n 较小时，敌手是可能攻破的，但是当规模 n 较大时，算法的运行时间仍然是多项式时间，攻破的概率却变得很小了。

不过需要说明的是，计算安全是基于 $P\neq NP$ 的假设的，后面我们可以看到，事实上，这是假设单向函数存在。

8.1.4 归约证明

我们在第 2.1 节曾介绍过可证明安全(性)和归约证明的概念，图 2.1 也给出了归约证明的思路，本节将在计算安全性的假设下对它们重新进行描述。

在证明过程中，一般会依赖一个困难问题或者一个安全的方案，只要构造所依赖的问题是困难的，则可证明所构造的密码学方案是安全的。我们将计算安全所放宽的条件代入证明的描述。同样使用反证法，假设 X 为一个困难问题或者一个安全方案，现在要证明方案 Π 的安全性。证明过程如下。

(1) 假设存在破解方案 Π 的概率多项式时间算法 A(即“有效”的敌手)，且成功概率为 $\varepsilon(n)$。

(2) 构造有效的归约算法 A'，将问题或方案 X 的实例转化成方案 Π 的实例(归约算法 A'不需要了解算法 A 的实现细节，只需要调用 A，即算法 A'知道 A 会攻击方案 Π，只需要模拟出 Π 的实例，作为输入和 A 交互即可)，A'需满足：

① 当 A 被 A'调用，它仅仅只与方案 Π 的实例交互。当 A 作为 A'的子程序运行时，其分布应该和当 A 自身与 Π 交互时的分布相同(或至少是接近的)。

② 如果 A 能够破解 A'模拟的 Π 的实例，在此条件下，A'可以给出 X 实例 x 的解，或者攻破方案 X，且成功的概率至少为多项式的倒数，即 $1/p(n)$。

(3) 若 $\varepsilon(n)$不是可忽略的，那么就构造了一个有效算法 A'，能够以不可忽略的概率 $\varepsilon(n)/p(n)$成功解决困难问题 X 或者攻破方案 X，A'是有效的，调用的算法 A 是 PPT 的，根据多项式时间算法的封闭性，整个算法是有效的，因此与 X 是困难问题或者

X 是安全方案矛盾。

矛盾的原因在于步骤(1),因此该假设不成立,可以得到结论,不存在有效破解方案 Π 的算法 A,即密码方案 Π 安全。

8.2 对称密码体制

8.2.1 对称加密

8.2.1.1 安全的定义

在计算安全下,我们重新定义对称加密方案,在加密方案中加入了安全参数 n。

定义 8.4 一个对称加密方案是概率多项式时间算法(Gen, Enc, Dec)的三元组:

(1) 密钥生成算法 Gen 的输入为安全参数 1^n,输出密钥 k,记为 $k\leftarrow \text{Gen}(1^n)$。

(2) 加密算法 Enc 将密钥 k 和明文消息 $m\in\{0,1\}^*$ 作为输入,并且输出一个密文 $c\leftarrow \text{Enc}_k(m)$。

(3) 解密算法 Dec 将密钥 k 和密文 c 作为输入,输出明文消息 $m=\text{Dec}_k(c)$。

满足:对于每个 n,每个由 $\text{Gen}(1^n)$ 输出的密钥 k,每个 $m\in\{0,1\}^*$,都有 $\text{Dec}_k(\text{Enc}_k(m))=m$。

对安全的定义涉及对敌手能力的假设,我们曾在第 1 章提出过密码分析的攻击模型,其是根据敌手的计算能力和资源进行分类和讨论的,我们首先从最弱的唯密文攻击入手,即只具备窃听能力的 PPT 敌手入手来定义,而且只针对单消息。在完善保密性中,安全意味着不能从密文中得到关于明文的信息,语义安全的原始定义也正是基于此,但语义安全的定义比较复杂,我们会在定义 8.6 中简要说明。在第 8.1.2 节中,我们曾给出了与完善保密性等价的"不可区分性"的定义,这里,我们也采用不可区分性,因此,我们根据敌手的能力定义攻击实验,根据敌手在实验中的输出结果来形式化定义"成功的攻击",依此来定义安全。

同样地,我们重新定义窃听者不可区分实验,引入安全参数来衡量敌手的能力和成功概率(并不关注敌手的具体攻击方式),并要求敌手输出两个长度相同的消息,因为在实际应用中,一般不同长度的明文会导致不同长度的密文,这样的话,允许存在不同长度明文会很容易分辨密文是从哪个明文加密得到的。

窃听者不可区分实验 $\text{Priv}K^{\text{eav}}_{A,\Pi}(n)$:A 代表敌手,$\Pi=(\text{Gen},\text{Enc},\text{Dec})$代表加密方案,$\text{Priv}K^{\text{eav}}_{A,\Pi}(n)$ 表示安全参数为 n 的窃听不可区分实验,该实验步骤定义如下。

(1) 给定输入 1^n,给敌手 A,A 输出一对长度相同的消息 $m_0,m_1\in M$;

(2) 由 $\text{Gen}(1^n)$产生一个随机密钥 k,并且随机选择 $b\in\{0,1\}$,然后计算 $c\leftarrow \text{Enc}_k(m_b)$给 A;

(3) A 输出一个比特 b';

(4) 如果 $b=b'$,定义实验的输出为 1,记作 $\text{Priv}K^{\text{eav}}_{A,\Pi}(n)=1$,A 成功,否则输出为 0,A 失败。

定义 8.5 如果对于所有概率多项式时间敌手 A,存在一个可忽略函数 negl 使得

$\Pr(\mathrm{Priv}K_{A,\Pi}^{\mathrm{eav}}(n)=1)\leqslant\frac{1}{2}+\mathrm{negl}(n)$，则对称加密方案 $\Pi=(\mathrm{Gen}, \mathrm{Enc}, \mathrm{Dec})$ 是在窃听者存在的情况下不可区分的加密方案。其中，概率的来源是敌手 A 的随机性及实验的随机性。

在第 8.1.2 中给出了攻击者优势的概念，即 $\mathrm{Adv}_{A,\Pi}^{\mathrm{eav}}(n)=\Pr(\mathrm{Priv}K_{A,\Pi}^{\mathrm{eav}}(n)=1)-\frac{1}{2}$，攻击者优势可以看作攻击者的能力。可以看到，在完善保密性中，攻击者的优势为 0，而在计算安全中，则表明攻击者的优势是可忽略的。

最后，我们给出在窃听者存在的情况下的语义安全的定义，并给出两个定义等价的结论。

定义 8.6 对于一个对称密码方案(Gen, Enc, Dec)，如果对于每个概率多项式时间算法 A，存在一个概率多项式时间算法 A'，使得对所有的有效可采样的分布 $X=(X_1,X_2,\cdots)$ 及所有多项式时间可计算的函数 f 和 h，存在一个可忽略函数 negl 满足

$$|\Pr(A(1^n,\mathrm{Enc}_k(m),\ h(m))=f(m))-\Pr(A'(1^n,\ h(m))=f(m))|\leqslant\mathrm{negl}(n)$$

则称其为在窃听者存在的情况下是语义安全的。其中，m 是根据 X_n 分布来选择的，概率计算来源于对 m 和密钥 k 的选择、任何 A、A'，以及加密过程用到的随机性。

由语义安全的定义可以看出，h 可看作对明文已知的信息，f 则是可推测的或猜测的关于明文的信息，那么对于一个语义安全的密码方案，是否给定密文(算法 A 和 A')对于获取 f 的成功概率是没有区别的，因此，密文没有泄露任何关于 f 的信息。定义 8.6 给出了一个强的安全定义，但不可区分性更容易理解，对方案的证明比较容易，本书中采用不可区分性的定义。所幸，可证明两个定义等价，我们只给出定理 8.1 所示的结论。

定理 8.1 一个对称密钥方案具备有窃听者存在的情况下的不可区分性加密，当且仅当该方案在有窃听者存在的情况下是语义安全的。

有了最基本的窃听者存在情况下单消息的不可区分加密方案的定义，我们可以考虑如何构造具有该安全性的密码方案。随着讨论的深入，我们会介绍在不同攻击模型下的安全性定义。

8.2.1.2 伪随机发生器和序列密码

在前面的章节中经常出现随机串或者伪随机串，随机性在密码学中很重要。历史上，经常通过一些统计来判断一个分布是否伪随机，但在密码学中，这是不够的，因为无法知道敌手会使用哪些统计测试(比如 m 序列)。随机性不是指的一个串的特性，而是一个分布的特性。当定义一个长度为 l 的字符串的分布 D 是伪随机的，是指长度为 l 的字符串的均匀分布和 D 从计算上是不可区分的，即对于多项式时间算法来说，成功区分一个长度为 l 的字符串是均匀随机选择的还是根据分布 D 采样得到的概率是可忽略的。真随机串可以通过电热噪声、空气噪声、仿射衰变等生成，但是要生成和同步很长的真随机串比较困难。我们可以把伪随机性看成真正的随机性在计算上的松弛，如同把不可区分性看作完善保密性的松弛一样。

我们可以设想，如果在一次一密中，使用伪随机串替换真随机串来作为密钥流，对于多项式时间敌手来说，无法察觉到二者的区别，如果依然满足安全性，假如可以将短

的真随机串作为种子来生成长的伪随机串作为密钥流，那么就可以用短密钥来加密长消息。

伪随机发生器 G 定义为一个确定性算法，输入短的随机种子，将其扩展成一个长的伪随机字符串。首先我们来定义 G 生成串的区分器。

定义 8.7 算法 G 的区分器 $D(w)$。

对于输入字符串 w，当且仅当存在 $s\in\{0,1\}^n$ 使得 $G(s)=w$ 时，$D(w)=1$，否则 $D(w)=0$。

区分器本质上也是算法，其用于区分或者识别满足某种分布的字符串。

定义 8.8 令 $l(.)$ 为多项式，令 G 为确定的多项式时间算法，该算法满足：对于任何输入 $s\in\{0, 1\}^n$，算法 G 输出一个长度为 $l(n)$ 的字符串。如果满足下面两个条件，则称 G 是一个伪随机发生器：

(1)（扩展性）对每个 n，$l(n)>n$；

(2)（伪随机性）对所有概率多项式时间的区分器 D 来说，存在一个可忽略的函数 negl 满足 $|\Pr(D(r)=1)-\Pr(D(G(s))=1)|\leqslant \text{negl}(n)$，其中，$r$ 是从 $\{0, 1\}^{l(n)}$ 中均匀随机选择的，s 是从 $\{0, 1\}^n$ 中均匀随机选择的，概率来源于 D，r，s 的随机性。

结论 1：如果敌手拥有无限的计算能力，真随机字符串和伪随机字符串是可区分的。

假设 $l(n)=2n$，$|\Pr(D(r)=1)-\Pr(D(G(s))=1)|\geqslant 1-1/2^n$，不是可忽略的。因此，种子需要足够长，且随机选择并保密，否则可以通过穷举来区分。

结论 2：目前尚无法真正证明伪随机发生器的存在性，但倾向于它确实是存在的。

假设单向函数存在，那么伪随机发生器是存在的。

定义 8.9 令 G 为确定的多项式时间算法，该算法满足以下三个条件，则称 G 是一个输出长度可变的伪随机发生器：

(1) 令 s 为一个字符串，整数 $l>0$，$G(s, 1^l)$ 输出一个长度为 l 的字符串。

(2) 对所有 s, l, l', $l<l'$，字符串 $G(s, 1^l)$ 是 $G(s,1^{l'})$ 的前缀。

(3) 定义 $G_L(s)\overset{\text{def}}{=\!=}G(s,1^{L(|s|)})$，则对于每个多项式 $L(.)$，G_L 是一个扩展因子为 L 的伪随机发生器。

结论 3 任何标准的伪随机发生器能够被转化成一个输出长度可变的伪随机发生器。

定理 8.2 如果存在扩展因子为 $l(n)=n+1$ 的伪随机发生器 G'，那么对于任意多项式 $p(n)>n$，存在扩展因子为 $l(n)=p(n)$ 的伪随机发生器 G。

通过 G' 构造 G，如图 8.1 所示。

(1) 令 $s\in\{0, 1\}^n$ 为种子，且记 $s_0=s$；

(2) 对 $i=1,\cdots, p(n)$，计算 $(s_i, \sigma_i)=G'(s_{i-1})$，where $\sigma_i\in\{0,1\}$ and $s_i\in\{0,1\}^n$；

(3) 输出 $\sigma_1,\cdots,\sigma_{p(n)}$。

可使用“混合分布”技术进行证明。

许多现代的序列密码设计都是使用类似的思想来构造密钥流的，通过保持伪随机的内部状态来进行迭代，每次迭代输出一些伪随机比特，同时更新内部状态。可参考第 4 章序列密码的内容。序列密码通过用伪随机串替换一次一密（OTP）中的随机密钥流，来达到模拟 OTP 的效果。

构造方案 8.1 为一个定长的序列密码加密方案，使用 l 长的伪随机串作为密钥流，如图 8.2 所示，称为“伪随机”一次一密（“Pseudorandom” OTP）。

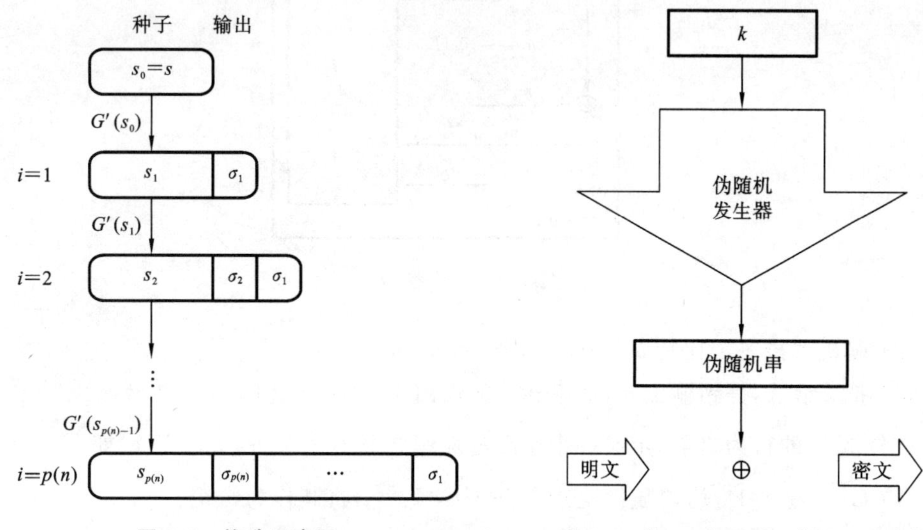

图 8.1　构造示意图　　图 8.2　“Pseudorandom”OTP 示意图

构造方案 8.1　“Pseudorandom” OTP。

令 G 是一个扩展因子 l 的伪随机发生器，定义一个消息长度为 l 的对称加密方案。

(1) Gen：输入 1^n，均匀随机地选择 $k\leftarrow\{0,1\}^n$，并将其作为密钥输出。

(2) Enc：输入一个密钥 $k\in\{0,1\}^n$，以及一个消息 $m\in\{0,1\}^{l(n)}$，输出密文 $c=G(k)\oplus m$。

(3) Dec：输入一个密钥 $k\in\{0,1\}^n$，以及一个消息 $c\in\{0,1\}^{l(n)}$，输出明文 $m=G(k)\oplus c$。

前面提过，如果无法区分真随机串和 G 所生成的伪随机串，那么在唯密文攻击下，我们希望这种“Pseudorandom”OTP 是计算安全的，定理 8.3 给出了这个结论。

定理 8.3　若 G 是一个伪随机发生器，则构造方案 8.1 是一个在窃听者存在的情况下，具备不可区分加密性的定长对称加密方案。

使用归约的方法进行证明，已知一次一密是完善保密的，与方案 8.1 的区别仅在于密钥流的产生方式，假设有概率多项式时间敌手 A 能攻破方案 8.1，那么可以利用 A 的能力构造区分器 D 来区分 G 的输出和真随机串，而这与 G 为伪随机发生器矛盾。

证明　记 Π 为 8.1 所构造的加密方案，A 为概率多项式时间敌手，定义 $\varepsilon(n)$：

$$\varepsilon(n)\overset{\text{def}}{=\!=\!=}\Pr(\mathrm{Priv}K_{A,\Pi}^{\mathrm{eav}}(n)=1)-1/2$$

这可以看作敌手 A 在 $\mathrm{Priv}K_{A,\Pi}^{\mathrm{eav}}(n)$ 中的优势，那么可以使用 A 构造 G 的区分器 D，$\varepsilon(n)$ 恰好等于 D 成功的优势。通俗地讲，$\varepsilon(n)$ 可以看作敌手 A 的能力，下面证明这个能力可以区分伪随机发生器 G 生成的串和真随机串。

我们构造区分器 D，如图 8.3 所示。

D 接受输入字符串 $w\in\{0,1\}^{l(n)}$（假设 n 能够由 $l(n)$ 确定）。

(1) 运行 $A(1^n)$ 来获得一对消息 $m_0,m_1\in\{0,1\}^{l(n)}$。

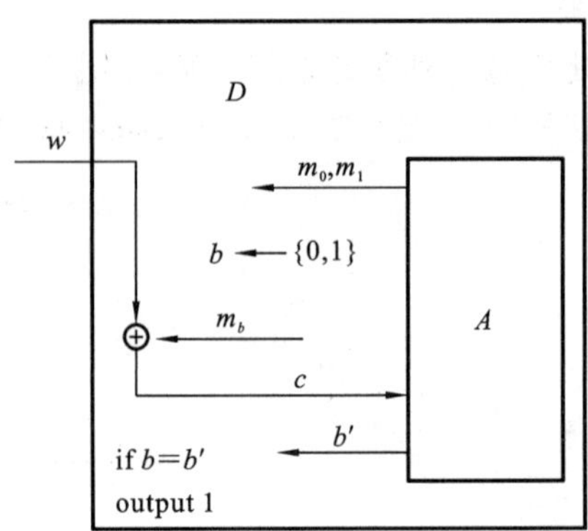

图 8.3 区分器 D

(2) 随机选择一个比特 $b \leftarrow \{0, 1\}$，令 $c = w \oplus m_b$。

(3) 把 c 给 A，得到输出 b'，如果 $b' = b$，输出 1，否则输出 0。

在分析 D 的行为之前，定义一个修改的加密方案 $\widetilde{\Pi} = (\widetilde{\text{Gen}}, \widetilde{\text{Enc}}, \widetilde{\text{Dec}})$ 如下。

(1) $\widetilde{\text{Gen}}$：输入 1^n，均匀随机地选择 $k \leftarrow \{0, 1\}^{l(n)}$，将其作为密钥。

(2) $\widetilde{\text{Enc}}$：输入一个密钥 $k \in \{0, 1\}^{l(n)}$，以及一个消息 $m \in \{0, 1\}^{l(n)}$，输出密文 $c = k \oplus m$。

(3) $\widetilde{\text{Dec}}$：输入一个密钥 $k \in \{0, 1\}^{l(n)}$，以及一个消息 $c \in \{0, 1\}^{l(n)}$，输出明文 $m = G(k) \oplus c$。

可以看到，$\widetilde{\Pi}$ 是"一次一密"加密方案，唯一不同的是其包含了一个安全参数，该安全参数确定了被加密消息的长度。根据"一次一密"的完善保密性，有

$$\Pr(\text{Priv}K_{A,\widetilde{\Pi}}^{\text{eav}}(n) = 1) = \frac{1}{2} \tag{8.1}$$

下面来分析区分器 $D(w)$ 的行为。

(1) 若 w 为真随机串，则 A 被调用时，其所见内容的分布，与其在实验 $\text{Priv}K_{A,\widetilde{\Pi}}^{\text{eav}}(n)$ 中所见内容的分布相同，所以，根据式(8.1)，有

$$\Pr(D(w) = 1) = \Pr(\text{Priv}K_{A,\widetilde{\Pi}}^{\text{eav}}(n) = 1) = \frac{1}{2}$$

(2) 若 $w \leftarrow G(k)$，则 A 被调用时，其所见内容的分布，与其在实验 $\text{Priv}K_{A,\Pi}^{\text{eav}}(n)$ 中所见内容的分布相同，则有

$$\Pr(D(w) = 1) = \Pr(\text{Priv}K_{A,\Pi}^{\text{eav}}(n) = 1) = \frac{1}{2} + \varepsilon(n)$$

由此，我们有

$$|\Pr(D(w) = 1) - \Pr(D(G(k)) = 1)| = \varepsilon(n)$$

可以得到结论，$\varepsilon(n)$ 一定是可忽略的，否则 D 可区分 G，与 G 为伪随机发生器矛盾，所以方案 Π 是窃听者存在时具备不可区分性的加密方案。这里 w 是从 $\{0, 1\}^{l(n)}$ 中均匀随机选择的，k 是从 $\{0,1\}^n$ 中均匀随机选择的。

通过以上结论，我们可以看到，和"一次一密"相比，可以用较短的密钥 k，加密较长的密文，而且是计算上安全的。

方案 8.1 是一个定长加密方案，即 $l(n)$ 可由安全参数 n 确定，但很多时候在加密之前并不能确定明文消息的长度，这可以通过使用定义 8.9 中的输出长度可变的伪随机发生器来解决，在加解密时使用 $G(k,1^{|m|})$ 和 $G(k,1^{|c|})$ 来替换 $G(k)$。为了保证修改方案的安全性，我们在定义 8.9 的(2)中规定了前缀的特性。

到目前为止，我们只讨论了最弱的窃听者存在下单消息的安全性，现在讨论窃听者存在下多消息的安全性，即窃听者可能会看到多个密文的情况。同样地，我们给出多消息窃听实验和窃听者存在下多消息的安全加密的定义。

多消息窃听实验 $\mathrm{Priv}K_{A,\Pi}^{\mathrm{mult}}(n)$。

(1) 敌手 A 被给定输入 1^n，敌手 A 输出一对消息向量 $M_0=(m_0^1,m_0^2,\cdots,m_0^t)$ 和 $M_1=(m_1^1,m_1^2,\cdots,m_1^t)$，对所有的 $i(1\leqslant i\leqslant t)$，满足 $|m_0^i|=|m_1^i|$。

(2) 由 $\mathrm{Gen}(1^n)$ 产生一个随机密钥 k，随机选择 $b\in\{0,1\}$，对于所有 i，计算 $c^i\leftarrow\mathrm{Enc}_k(m_b^i)$，并且将密文向量 $C=(c^1,\cdots,c^i)$ 给敌手 A。

(3) 敌手 A 输出一个比特 b'。

(4) 如果 $b'=b$，该实验的输出为 1，否则输出为 0。

定义 8.10 一个对称加密方案 $\Pi=(\mathrm{Gen},\ \mathrm{Enc},\ \mathrm{Dec})$，如果对于所有概率多项式时间敌手 A，存在一个可忽略函数 negl 使得 $\Pr(\mathrm{Priv}K_{A,\Pi}^{\mathrm{mult}}(n)=1)\leqslant\frac{1}{2}+\mathrm{negl}$，则称其具备窃听者存在的情况下的不可区分多次加密。其中，概率来源于 A 使用的随机性、实验的随机性及在实验中使用的随机性。

我们给出如下结论。

(1) 单消息加密安全的密码方案不一定是多消息加密安全的，多消息加密的密码方案一定是单消息加密安全的。

比如在方案 8.1 中，已证明该方案为窃听者存在下单消息安全的，但不是窃听者存在下多消息安全的。比如敌手 A 输出 $M_0=\{0^n,0^n\}$ 和 $M_1=\{0^n,1^n\}$，若用同一 k 加密，则密文可区分。所以序列密码的同一个密钥流不能使用多次。

(2) 多消息加密时，概率加密是必要的。

相同的明文和密钥要加密成不同的密文。如果密文是明文和密钥的确定函数，那么该加密方案用于多消息加密时，一定是不安全的。分组密码的 ECB 模式是窃听者存在下单消息安全的，但不是窃听者存在下多消息安全的，因此不建议在实践中使用。而 CBC、CFB、OFB、CTR 都是概率加密的。

(3) 一个输出长度可变的伪随机发生器用于多消息加密时是安全的。

8.2.1.3 CPA 安全的加密方案

本节我们开始讨论选择明文攻击 CPA，它是一种比唯密文更强的攻击类型，即敌手 A 被允许访问加密预言机，可以适应性地选择多消息来询问加密预言机。预言机可以被看作“黑盒子”，能够根据安全的要求模拟敌手可能的能力。例如，对于加密预言机，当 A 提供一个明文并询问预言机时，预言机会返回一个密文。如果 ENC 是随机的，则预言机每次回答时都保证新的随机性。

同样，我们来定义 CPA 不可区分实验和 CPA 下的安全性。

CPA 不可区分实验 $\mathrm{Priv}K_{A,\Pi}^{\mathrm{cpa}}(n)$：$\Pi=(\mathrm{Gen},\mathrm{Enc},\mathrm{Dec})$ 代表加密方案。

(1) $k \leftarrow \mathrm{Gen}(1^n)$；

(2) 输入 1^n 给敌手 A，A 访问预言机 $\mathrm{Enc}_k(.)$，输出一对长度相等的消息 $m_0, m_1 \in M$；

(3) 随机选择 $b \in \{0,1\}$，计算 $c \leftarrow \mathrm{Enc}_k(m_b)$，交给 A，$c$ 称作挑战密文；

(4) 敌手 A 继续访问预言机 $\mathrm{Enc}_k(.)$，输出一个比特 b'；

(5) 如果 $b=b'$，定义实验的输出为 1，记作 $\mathrm{Priv}K_{A,\Pi}^{\mathrm{cpa}}(n)=1$，A 成功，否则输出为 0，A 失败。

定义 8.11 一个对称加密方案 $\Pi=(\mathrm{Gen},\ \mathrm{Enc},\ \mathrm{Dec})$，如果对于所有概率多项式时间敌手 A，存在一个可忽略函数 negl 使得 $\Pr(\mathrm{Priv}K_{A,\Pi}^{\mathrm{cpa}}(n)=1) \leqslant \frac{1}{2}+\mathrm{negl}$，则 Π 是选择明文攻击 CPA 条件下的不可区分加密，这里概率来源于 A 使用的随机性及在实验中使用到的随机性。

关于 CPA 条件下的不可区分加密，我们给出如下结论。

(1) 任何在 CPA 条件下的不可区分加密的对称加密方案，也是窃听者存在条件下的不可区分加密(后者是前者的特殊情况，前者使用了加密预言机)。

(2) 确定性的加密一定不是 CPA 安全的。

(3) 可证明，任何在 CPA 条件下的不可区分加密的对称加密方案，也是在 CPA 条件下的不可区分“多次”加密方案(相同的明文会概率加密成不同的密文)。

有了安全性的定义，下面来考虑如何构建 CPA 安全的对称密码方案。首先介绍伪随机函数。

加密函数可以看作带密钥的双输入函数 $F:\{0,1\}^* \times \{0,1\}^* \rightarrow \{0,1\}^*$，固定密钥 k，即可构造出一个具体的加密函数，记 $F_k(x) \xlongequal{\mathrm{def}} F(k,x)$，则加密函数可以表示成单输入函数 $F_k(x)$。为了简化，设 F 为保留长度的，即 $|F_k(x)|=|x|=|k|$。当随机选择 k 时，可以构成一个 n 比特到 n 比特的函数。那么带密钥的函数 F 可以构成一个函数的分布，如果我们不能区分 $F_k(x)$(k 保密)和从 n 比特到 n 比特的函数中随机选取的函数 f，即多项式时间算法无法区分我们是和 $F_k(x)$ 交互还是和 f 交互，那么我们称 F 是伪随机的。n 比特到 n 比特的函数共有 2^{n2^n} 个，而 F 仅有 2^n 个。由于函数的描述是指数级的(有 2^n 种输入)，所以，当我们构造多项式区分器 D 时，无法接收到关于函数的描述，那么实际上，输入一个函数给区分器 D，意味着访问函数的预言机，给定任意 x，预言机返回函数在该点的值，且值是确定的。那么函数的计算是有效的，即函数的计算可以在多项式时间内完成。在计算安全的范畴内，我们也仅仅只考虑有效的函数。如果是随机函数，我们可以用表(每个表项为输入及其函数值)进行模拟，初始化时表为空，输入 x，若 x 已被询问过，即已在表中，则预言机返回其在表中对应的值，若 x 是第一次被询问，则直接产生随机数输出并保存。

定义 8.12 令 $F:\{0,1\}^* \times \{0,1\}^* \rightarrow \{0,1\}^*$ 是有效的、长度保留的、带密钥的函数。如果对所有多项式时间区分器 D，存在一个可忽略函数 negl，满足

$$|\Pr(D^{F_k(\cdot)}(1^n)=1)-\Pr(D^{f(\cdot)}(1^n)=1)| \leqslant \mathrm{negl}$$

则称 F 是一个伪随机函数，其中，$k \leftarrow \{0,\ 1\}^n$ 是均匀随机选择的，并且 f 是从将 n 比特字符串映射到 n 比特字符串的函数集合中均匀随机选择出来的。

D 和预言机能够自由交互，那么可以适应性地访问 F_k 和 f 的预言机，即可以根据

接收到的输出来选择下一个输入，但 D 是多项式时间算法，所以只能执行多项式时间数量的问询。伪随机函数中的 k 随机选择且保密。

我们给出两个结论。

(1) 伪随机函数的存在等价于伪随机发生器的存在。

(2) 分组密码可以看作是常用的伪随机函数。

那么我们可以基于伪随机函数来构造加密方案，构造方案 8.2 为基于伪随机函数的 CPA 安全加密，如图 8.4 所示。

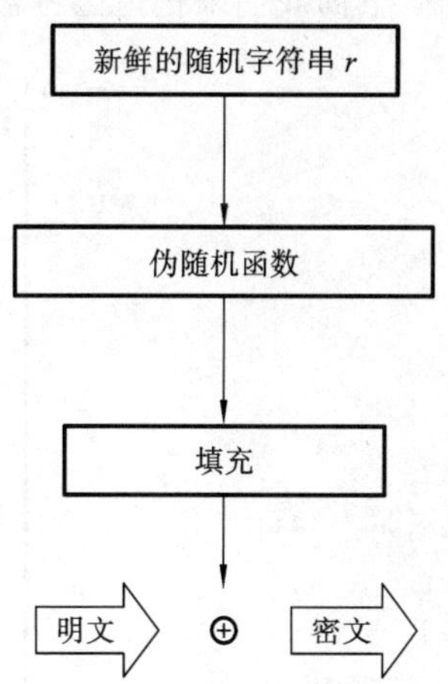

图 8.4 基于伪随机函数的 CPA 安全加密

构造方案 8.2 令 F 是伪随机函数，定义一个消息长度为 n 的对称加密方案如下。

(1) Gen：输入 1^n，均匀随机地选择 $k\in\{0,1\}^n$，并将其作为密钥输出。

(2) Enc：输入一个密钥 $k\in\{0, 1\}^n$，以及一个消息 $m\in\{0, 1\}^n$，均匀随机地选择 $r\in\{0, 1\}^n$，并且输出密文 $c=(r, F_k(r)\oplus m)$。

(3) Dec：输入一个密钥 $k\in\{0, 1\}^n$，以及一个密文 $c=(r, s)$，输出明文消息 $m=F_k(r)\oplus s$。

定理 8.4 如果 F 是伪随机函数，则构造方案 8.2 为消息长度为 n 的定长对称加密方案，在选择明文攻击下，该构造方案具备不可区分加密性。

证明 设构造方案 8.2 为 $\Pi=(\text{Gen}, \text{Enc}, \text{Dec})$，假设 PPT 敌手 A 在 $\text{Priv}K_{A,\Pi}^{\text{cpa}}(n)$ 实验中的优势为

$$\varepsilon(n)=\Pr(\text{Priv}K_{A,\Pi}^{\text{cpa}}(n)=1)-\frac{1}{2}$$

定义一个新的密码方案 $\widetilde{\Pi}=(\widetilde{\text{Gen}},\widetilde{\text{Enc}},\widetilde{\text{Den}})$，使用随机函数 f 取代 Π 中的 $F_k(r)$。

(1) $\widetilde{\text{Gen}}$：选择一个随机函数 f；

(2) $\widetilde{\text{Enc}}$：用 f 取代 Enc 中的 $F_k(r)$；

(3) $\widetilde{\text{Dec}}$：f 取代 Dec 中的 $F_k(r)$。

方案 $\widetilde{\Pi}$ 并不是有效的，只是为了证明的需要而设计，我们可以考虑 A 在实验 $\text{Priv}K_{A,\widetilde{\Pi}}^{\text{cpa}}(n)$ 中成功的概率，在实验中，A 在输出消息对和结果 b' 前都可以询问加密预言机，且最多询问多项式 $q(n)$ 次。假设 r_c 为产生挑战密文时所使用的随机串，则根据 r_c 是否被加密预言机用来回答 A 的询问，分成两种情况。

(1) 从未被使用过。

则相当于 A 在询问的过程中未获得任何 $f(r_c)$ 的信息，和“一次一密”的情况一样，那么输出 b' 与 b 相等的概率为 1/2。

(2) 曾被用来至少回答过一次。

在这种情况下，A 能以概率为 1 判断出 c 是哪个明文的密文，从而以概率为 1 成功。由于最多询问 $q(n)$ 次，而 $r_c\in\{0, 1\}^n$，那么情况(2)出现的概率至多为 $\frac{q(n)}{2^n}$。

令 Repeat 表示 r_c 曾被加密预言机用来回答 A 的事件，有

$$\begin{aligned}\Pr(\text{Priv}K^{\text{cpa}}_{A,\tilde{\Pi}}(n)=1) &= \Pr(\text{Priv}K^{\text{cpa}}_{A,\tilde{\Pi}}(n)=1 \wedge \text{Repeat}) + \Pr(\text{Priv}K^{\text{cpa}}_{A,\tilde{\Pi}}(n)=1 \wedge \neg\text{Repeat}) \\ &\leqslant \Pr(\text{Priv}K^{\text{cpa}}_{A,\tilde{\Pi}}(n)=1 \wedge \text{Repeat}) + \Pr(\text{Priv}K^{\text{cpa}}_{A,\tilde{\Pi}}(n)=1 \mid \neg\text{Repeat}) \\ &\leqslant \frac{q(n)}{2^n} + \frac{1}{2}\end{aligned}$$

下面我们来构造区分器 D，如图 8.5 所示。

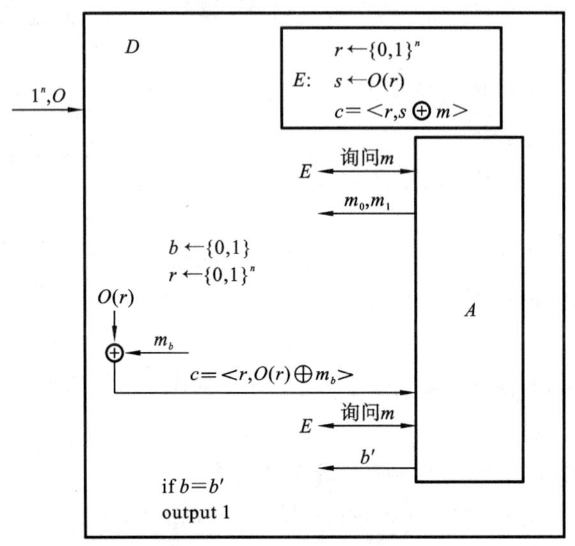

图 8.5　区分器 D 示意图

D 被指定输入 1^n 及可访问的预言机 $O:\{0,1\}^n\to\{0,1\}^n$。

(1) 运行 $A(1^n)$，A 向它的加密预言机 E 发出关于消息 m 的询问，D 模拟 E 执行下面的步骤回答该询问：

① 均匀随机地选择 $r\in\{0,1\}^n$；

② (向预言机)询问 $O(r)$，获得相应的 s；

③ 返回 $<r,s\oplus m>$ 给 A。

(2) 当 A 输出消息 $m_0,m_1\in\{0,1\}^n$ 时，随机选择一个比特 $b\in\{0,1\}$，然后：

① 均匀随机地选择 $r\in\{0,1\}^n$；

② (向预言机)问询 $O(r)$，获得相应的 s；

③ 返回挑战密文 $c=(r,s\oplus m_b)$ 给 A。

(3) 如同(1)中一样，继续回答任何 A 对加密预言机 E 的询问。最终，A 输出一个比特 b'。如果 $b'=b$，则输出 1，否则输出 0。

下面来分析区分器 D 的行为。

(1) 若 O 为随机函数 f，则 A 被调用时，其所见内容的分布，与其在实验 $\text{Priv}K^{\text{cpa}}_{A,\tilde{\Pi}}(n)$ 中所见内容的分布相同，所以有

$$\Pr(D^{f(\cdot)}(1^n)=1)=\Pr(\text{Priv}K^{\text{cpa}}_{A,\tilde{\Pi}}(n)=1)\leqslant\frac{1}{2}+\frac{q(n)}{2^n}$$

(2) 若 O 为伪随机函数 $F_k(x)$，则 A 被调用时，其所见内容的分布，与其在实验 $\text{Priv}K^{\text{cpa}}_{A,\Pi}(n)$ 中所见内容的分布相同，则有

$$\Pr(D^{F_k(\cdot)}(1^n)=1)=\Pr(\mathrm{PrivK}_{A,\Pi}^{\mathrm{cpa}}(n)=1)=\frac{1}{2}+\varepsilon(n)$$

由此，我们有

$$\Pr(D^{F_k(\cdot)}(1^n)=1)-\Pr(D^{f(\cdot)}(1^n)=1)\geqslant\varepsilon(n)-\frac{q(n)}{2^n}$$

若 $\varepsilon(n)$ 不可忽略，而 $\frac{q(n)}{2^n}$ 是可忽略的，则与 F 是伪随机函数矛盾，因此 $\varepsilon(n)$ 是忽略的，由此证明方案 Π 是 CPA 条件下不可区分加密的。

任何 CPA 安全的定长方案都可以转化成任意消息长度的 CPA 安全的加密方案，可以根据密码方案 8.2 中的定长将消息分组，选取不同的随机数 r 来进行加密。比如消息为 $m=(m_1,m_2,\cdots,m_l)$，其中，每个 $m_i(1\leqslant i\leqslant l)$ 都是 n 比特的，则可以加密得到

$$(r_1,F_k(r_1)\oplus m_1,r_2,F_k(r_2)\oplus m_2,\cdots,r_l,F_k(r_l)\oplus m_l)$$

可以证明该方案是任意长度的 CPA 安全的加密方案，即推论 8.1。

推论 8.1 如果 F 是伪随机函数，则上述方案是一个在选择明文攻击下，具备不可区分加密性的任意长度消息的对称加密方案。

概率加密方案密文都会膨胀，这在前面的内容中也有提及，但密码方案 8.2 中的密文膨胀率达到 2，即密文长度是明文长度的 2 倍，因此效率不高。分组密码算法可以当作伪随机函数，那么我们可以联想到分组密码的操作模式，可以实现膨胀率比较小的概率加密。

8.2.1.4 伪随机置换与分组密码

令 $F:\{0,1\}^*\times\{0,1\}^*\rightarrow\{0,1\}^*$ 是有效的、长度保留的、带密钥的函数。如果对每个 k，函数 F_k 是单射的(因为 F 是长度保留的，因而 F_k 实际上是双射的)，则把 F 称作一个带密钥的置换。如果给定 k 和 x，存在一个多项式时间算法能够计算 $F_k(x)$，并且如果给定 k 和 x，也存在一个多项式时间算法能够计算 $F_k^{-1}(x)$，则这个带密钥的置换是有效的。

定义 8.13 令 $F:\{0,1\}^*\times\{0,1\}^*\rightarrow\{0,1\}^*$ 是有效的带密钥的置换。如果对所有概率多项式时间区分器 D，存在一个可忽略函数 negl 满足

$$|\Pr(D^{F_k(\cdot)F_k^{-1}(\cdot)}(1^n)=1)-\Pr(D^{f(\cdot)f^{-1}(\cdot)}(1^n)=1)|\leqslant\mathrm{negl}$$

则称 F 是强伪随机置换，其中，$k\leftarrow\{0,1\}^n$ 是均匀随机选择的，并且 f 是从将 n 比特字符串置换的集合中均匀随机选择的。

通过前面的讨论，我们可以将序列密码建模为伪随机发生器，分组密码可以建模为强伪随机置换。分组密码经常被用作构造密码方案的组件，而在实际的使用中，其可以仅仅当作伪随机置换来使用。

在伪随机函数和伪随机置换的定义下重新考虑分组密码的操作模式，并给出关于操作模式的安全性结论。

(1) ECB。

ECB 的结构如图 8.6 所示。

在 ECB 的加解密中，没有引入随机参数，因此是确定性加密，所以其不是 CPA 安全的，而且在窃听者存在的情况下，多消息加密也是不安全的，所以一般不建议使用。在 ECB 模式下，F_k 需要是伪随机置换。

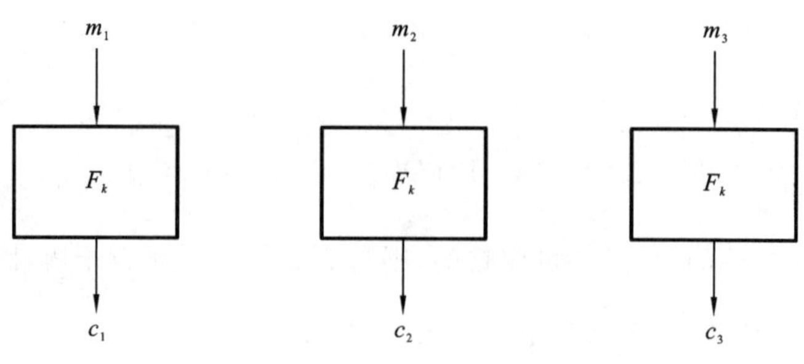

图 8.6 ECB 的结构

(2) CBC。

CBC 的结构如图 8.7 所示。

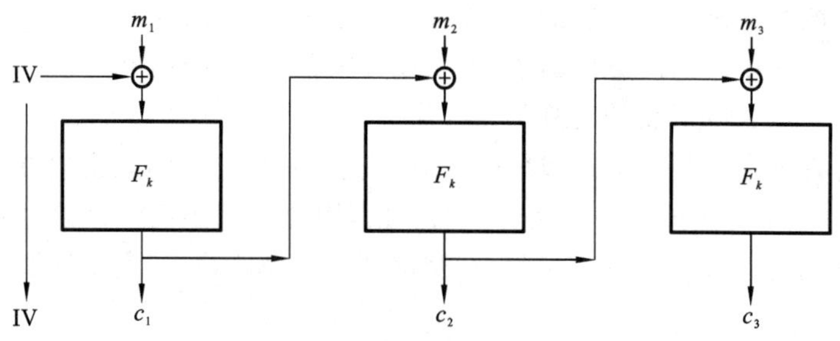

图 8.7 CBC 的结构

CBC 引入了随机因素,即初始向量 IV,其是概率加密的,如果 IV 均匀随机选择,F_k 是伪随机置换,则 CBC 是 CPA 安全的。要注意的是,要求 IV 随机,不可预测,否则就不是 CPA 安全的,比如每次加密时令 IV 增加 1。

(3) OFB。

OFB 的结构如图 8.8 所示。

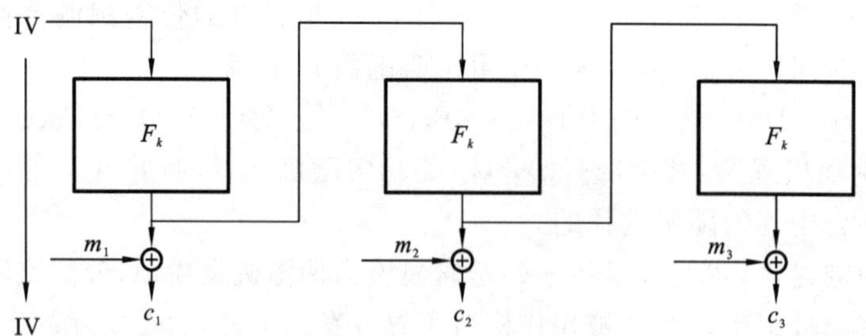

图 8.8 OFB 的结构

OFB 同样引入初始向量 IV,其是概率加密的,只需要 F_k 是伪随机函数即可。如果 IV 均匀随机选择,F_k 是伪随机函数,则是 CPA 安全的。由于在序列密码中,密钥不能重复使用,因此需要保证 IV 的新鲜性。

(4) CTR。

CTR 的结构如图 8.9 所示。

CTR 模式中使用了随机计数器 ctr,其也是概率加密的;同 OFB 一样,F_k 也不必可

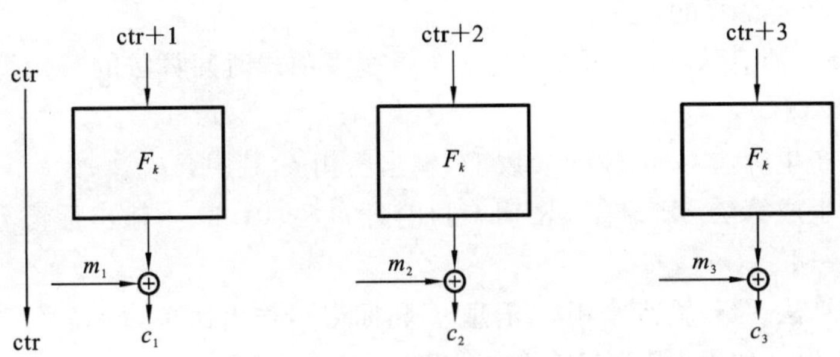

图 8.9 CTR 的结构

逆,因此 F_k 也只需要是伪随机函数即可。如果 ctr 是均匀随机选择的,F_k 是伪随机函数,则是 CPA 安全的。

8.2.1.5 CCA 安全

最后我们来定义选择密文攻击下的安全性。选择密文攻击敌手不仅能获得加密预言机的能力,还可获得解密预言机的能力,唯一的限制是不能直接使用挑战密文去询问解密预言机。

CCA 不可区分实验 $\mathrm{Priv}K_{A,\Pi}^{\mathrm{cca}}(n)$。

(1) 通过运行 $\mathrm{Gen}(1^n)$生成一个密钥 k。

(2) 敌手 A 被指定输入 1^n,可使用预言机 $\mathrm{Enc}_k(.)$和 $\mathrm{Dec}_k(.)$,它输出一对长度相等的消息 m_0, m_1。

(3) 随机选择 $b \in \{0,1\}$,则计算 $c \leftarrow \mathrm{Enc}_k(m_b)$并给 A,我们把 c 叫作挑战密文。

(4) 敌手 A 继续使用预言机 $\mathrm{Enc}_k(.)$和 $\mathrm{Dec}_k(.)$,但是不允许用挑战密文 c 来问询 $\mathrm{Dec}_k(.)$。最终 A 输出一个比特 b';

(5) 如果 $b'=b$,则实验的输出为 1,否则输出为 0。

定义 8.14 一个对称加密方案 Π 满足如下条件:对所有的概率多项式时间敌手 A,存在一个可忽略函数 negl,使得 $\Pr(\mathrm{Priv}K_{A,\Pi}^{\mathrm{cca}}(n)=1) \leqslant \frac{1}{2}+\mathrm{negl}$,则称其为选择密文攻击条件下不可区分的加密(或者是 CCA 安全的)。其中概率来源于实验中的所有随机因素。

本章在此之前描述的方案都不是 CCA 安全的。我们以方案 8.2 为例,加密过程为 $\mathrm{Enc}_k(m) = \langle r, F_k(r) \oplus m \rangle$,敌手在 CCA 条件下,设挑战密文为 $c=\langle r,s \rangle$,改动密文 c 中 s 的一个比特,要求解密预言机解密,结果只与真实明文相差 1 比特。因此可选择 $m_0=0^n, m_1=1^n$,翻转 s 的第 1 个比特,可以根据解密预言机的回答是 10^{n-1} 还是 01^{n-1} 来确定 c 是 m_0 还是 m_1 的密文。

认证加密(Authenticated Encryption)可以提供 CCA 安全,我们将在后续章节中介绍。

8.2.2 消息认证码和 Hash 函数

8.2.2.1 消息认证码的安全性

消息认证码是对称密码技术,我们在计算安全性之下重新定义 MAC,并给出消息认证码实验及其安全性的定义。

定义 8.15 消息认证码(MAC)是一个概率多项式时间算法的三元组(Gen, Mac, Ver)。

(1) 密钥产生算法 Gen:输入参数 1^n,输出密钥 k,其中,$|k|\geqslant n$。

(2) 标记生成算法 Mac:输入密钥 k 和消息 $m\in\{0, 1\}^*$,输出标记 t,该算法是随机的,记作 $t\leftarrow \mathrm{Mac}_k(m)$。

(3) 验证算法 Ver:输入密钥 k、消息 m 和标记 t,输出比特为 b,$b=1$ 意味着有效,$b=0$ 则无效,不失一般性,假设 Ver 算法是确定的,有 $b=\mathrm{Ver}_k(m, t)$。

对于每一个 n,$\mathrm{Gen}(1^n)$ 输出的每一个 k,以及每一个 $m\in\{0, 1\}^*$,都有 $\mathrm{Ver}_k(m, \mathrm{Mac}_k(m))=1$。

如果(Gen,Mac,Ver)满足:对 $\mathrm{Gen}(1^n)$ 输出的每一个 k,算法 Mac_k 仅对消息 $m\in\{0,1\}^{l(n)}$ 有定义(且 Ver_k 在任意 $m\notin\{0, 1\}^{l(n)}$ 时输出 0),称(Gen,Mac,Ver)是一个固定长度的消息认证码,其消息长度为 $l(n)$。

消息认证码实验 $\text{Mac-forge}_{A,\Pi}(n)$。

(1) 运行 $\mathrm{Gen}(1^n)$ 产生一个随机密钥 k;

(2) 敌手被给予输入值 1^n,并能访问预言机 $\mathrm{Mac}_k()$。最后输出一对(m, t)的值,并用 Q 表示所有 A 对预言机的询问集合;

(3) 当且仅当 $\mathrm{Ver}_k(m, t)=1$,且 $m\notin Q$ 时,实验的输出结果为 1。

如果没有敌手能在上述实验中以不可忽略的概率成功,则认为 MAC 是安全的。

定义 8.16 一个消息认证码 $\Pi=(\mathrm{Gen},\mathrm{Mac},\mathrm{Ver})$,如果对所有的多项式时间敌手 A,存在一个可忽略函数 negl 满足 $\Pr(\text{Mac-forge}_{A,\Pi}(n)=1)\leqslant \mathrm{negl}(n)$,则它是适应性选择消息攻击下存在性不可伪造的,或者说消息认证码是安全的。

对于 MAC,主要的安全威胁在于在未知密钥的情况下伪造有效标记,因此,在计算安全下,MAC 安全的定义是没有多项式时间敌手可以对"新"消息产生有效的标记,即"存在性不可伪造"。消息认证码实验定义了敌手的能力,允许敌手可以多次(多项式次数)访问 MAC 预言机,且能对想要的任何消息进行询问,这是"适应性选择消息攻击"。如果敌手只是重复发送已有的消息及其 MAC 标记,则是"重放攻击",那么一般需要使用另外的处理方法,比如时间戳或者序列号等。

8.2.2.2 安全 MAC 的构造

伪随机函数常用来构建安全的 MAC,构造方案 8.3 是一个固定消息长度的 MAC。

构造方案 8.3 定长消息的 MAC。

假设 F 是一个伪随机数,长度为 n 的消息的固定长度的 MAC 定义如下。

(1) Gen:输入参数 1^n,均匀随机地选择 $k\in\{0, 1\}^n$。

(2) Mac:输入密钥 $k\in\{0, 1\}^n$ 和消息 $m\in\{0, 1\}^n$,输出标记 $t=F_k(m)$(如果 $|m|\neq|k|$ 则没有输出)。

(3) Ver:输入密钥 $k\in\{0, 1\}^n$,消息 $m\in\{0, 1\}^n$,以及标记 $t\in\{0, 1\}^n$,当且仅当 $t=F_k(m)$,输出 1(如果 $|m|\neq|k|$,输出 0)。

定理 8.5 如果 F 是一个伪随机函数,那么,构造方案 8.3 是长度为 n 的消息的定长 MAC,这种 MAC 是在适应性选择消息攻击下存在性不可伪造的。

证明 首先设概率多项式敌手 A 在 MAC 实验中成功的概率为 $\varepsilon(n)$，即

$$\varepsilon(n)=\Pr(\text{Mac-forge}_{A,\Pi}(n)=1)$$

假设一个消息认证码 $\widetilde{\Pi}=(\widetilde{\text{Gen}},\widetilde{\text{Mac}},\widetilde{\text{Vrfy}})$ 与方案 8.3 中定义的 $\Pi=(\text{Gen},\text{Mac},\text{Ver})$ 相同，使用随机函数 f 代替伪随机函数 F_k，即，$\widetilde{\text{Gen}}(1^n)$ 选择一个随机函数 $f\leftarrow\text{Func}_n$，$\widetilde{\text{Mac}}$与 Mac 一样计算出一个 MAC 标记，只是在$\widetilde{\text{Mac}}$中使用了 f，而不是 F_k（从技术上讲，这个 MAC 并不合法，因为它不是有效的，仅仅用于证明）。易知

$$\Pr(\text{Mac-forge}_{A,\widetilde{\Pi}}(n)=1)\leqslant 2^{-n} \tag{8.2}$$

对任意 $m\notin Q$，在敌手 A 看来，都有 $t=f(m)$ 均匀分布在 $\{0, 1\}^n$ 上。

构造区分器，调用敌手 A 的能力，如果 A 能区分 Π 和 $\widetilde{\Pi}$，则 D 能区分 F_k 和 f，与 F_k 是伪随机函数矛盾。

区分器 D 被给定输入 1^n，可以访问预言机 $O:\{0, 1\}^n\leftarrow\{0, 1\}^n$，其按照如下方式工作。

(1) 运行 $A(1^n)$。A 询问 MAC 预言机，得到消息 m 的 MAC，按照下面的方式进行回答：针对 m 向 O 问询，并得到回应 t；将 t 返回 A。

(2) 当 A 完成询问输出 (m, t) 时：

① 针对 m 向 O 问询，并得到回应 t'；

② 如果 $t'=t$ 且 A 从未针对 m 查询 MAC 预言机，则输出 1，否则输出 0。

那么对于区分器 D 来说：

(1) O 为 f 时，A 被调用的分布与其在 $\text{Mac-forge}_{A,\widetilde{\Pi}}(n)$ 中的是一样的，因此有 $\Pr(D^{f(\cdot)}(1^n)=1)=\Pr(\text{Mac-forge}_{A,\widetilde{\Pi}}(n)=1)\leqslant 1/2^n$；

(2) O 为 F_k 时，A 被调用的分布与其在 $\text{Mac-forge}_{A,\Pi}(n)$ 中的是一样的，因此有 $\Pr(D^{F_k(\cdot)}(1^n)=1)=\Pr(\text{Mac-forge}_{A,\Pi}(n)=1)=\varepsilon(n)$。

则有 $|\Pr(D^{f(\cdot)}(1^n)=1)-\Pr(D^{F_k(\cdot)}(1^n)=1)|\geqslant\varepsilon(n)-1/2^n$，由于 F_k 为伪随机函数，则 $\exists\,\text{negl st }\varepsilon(n)-\frac{1}{2^n}\leqslant\text{negl}$，则有 $\varepsilon(n)\leqslant\text{negl}+\frac{1}{2^n}$，所以 $\varepsilon(n)$ 是可忽略函数，故结论得证。

对于方案 8.3 来说，它只能处理定长消息，且消息长度较短，可以通过安全的定长 MAC 构造安全的变长 MAC，但是需要注意的是，需要防范通过丢弃分组、调换分组顺序及通过不同消息的分组混合来伪造有效的标记的威胁。方案 8.4 是一个安全的变长 MAC，虽然不够有效，但是可以看作一种通用方法，其中对每块增加了信息用来对抗变长消息可能遇到的各种攻击。

构造方案 8.4 变长消息 MAC。

假设 $\Pi'=(\text{Gen}', \text{Mac}', \text{Ver}')$ 是针对长度为 n 的消息的固定长度的 MAC。对变长消息 MAC 的定义如下。

(1) Gen：同 Gen′。

(2) Mac：输入密钥 $k\in\{0, 1\}^n$ 和消息 $m\in\{0, 1\}^*$，消息长度 $l<2^{\frac{n}{4}}$，将 m 分成 d 个分块 $m_1,\cdots,m_d$，每个长度为 $n/4$，必要时用 0 填充最后一个分块。然后选择一个随机的标识码 $r\in\{0, 1\}^{n/4}$。对于 $i=1, \cdots, d$，计算标记 $t_i\leftarrow\text{Mac}'_k(r\parallel l\parallel i\parallel m_i)$，其中，$i$，$l$ 被唯一地编码成长度为 $n/4$ 的字符串。最后输出标记 $t=(r, t_1,\cdots,t_d)$。

(3) Ver：输入密钥 $k\in\{0,1\}^n$，消息 $m\in\{0,1\}^*$，消息长度 $l<2^{\frac{n}{4}}$，标记 $t=(r,t_1,\cdots,t_{d'})$，将 m 分成 d 个分块 $m_1,\cdots,m_d$，每个长度为 $n/4$，必要时用 0 填充最后一个分块。当且仅当 $d'=d$，且对于 $1\leqslant i\leqslant d$ 时，$\mathrm{Ver}'_k(r\parallel l\parallel i\parallel m_i,\ t_i)=1$，输出 1。

定理 8.6 如果 Π' 是一个长度为 n 的消息的安全定长 MAC，那么构造方案 8.4 所得到的 MAC 是在适应性选择消息攻击下存在性不可伪造的。

我们仅给出证明思路。使用归约的方法，通过调用概率多项式时间敌手在 $\text{Mac-forge}_{A,\Pi}(n)$ 实验中伪造标记的能力来实现 $\text{Mac-forge}_{A,\Pi'}(n)$ 实验中的伪造，可以根据随机标识码 r 是否被询问过来进行讨论。假设消息为 m，且 $|m|=l$。

(1) 若 r 从未被询问过，那么如果能够伪造变长消息的 MAC，这表示每个 $\mathrm{Mac}'_k(r\parallel l\parallel i\parallel m_i)$ 都是关于新的消息 $r\parallel l\parallel i\parallel m_i$ 的有效标记，则可以构造关于 Π' 的伪造。

(2) 若在询问中与 r 碰撞一次，假设询问时的消息为 m'，且 $|m'|=l'$，那么可以分为两种情况，消息等长和不等长。

① 若消息不等长，即 $l\neq l'$，则同(1)的情况，若能够伪造变长消息的 MAC，则可以构造关于 Π' 的伪造；

② 若消息等长，即 $l=l'$，若能伪造变长消息的 MAC，则有 $m\neq m'$，则必存在某个分块 i 使得 $m_i\neq m_{i'}$，则 $\mathrm{Mac}'_k(r\parallel l\parallel i\parallel m_i)$ 是关于新的消息 $r\parallel l\parallel i\parallel m_i$ 的有效标记，同样也可以构造关于 Π' 的伪造。

(3) 询问中 r 碰撞至少两次，那么根据生日攻击，碰撞的概率 $\leqslant\frac{q(n)^2}{2^{n/4}}$（假设最多询问多项式 $q(n)$ 次），在此情况下构造伪造的概率不超过碰撞的概率，是可忽略的。

可以看到，如果可以伪造变长消息的 MAC，这是概率多项式时间的，那么构造关于 Π' 的伪造也是概率多项式时间的。

伪随机函数可以建模分组密码，因此可以使用分组密码来构造 MAC，在实践中，一种有效的方法是 CBC-MAC，与 CBC 的加密模式相似，只是初始向量固定为 0^n，算法 5.6 给出了它的描述。如果算法 5.6 中的分组密码是一个伪随机函数，可以证明算法 5.6 的构造方法是一个长度为 nb（b 为分组密码的分组长度，n 为分组块数）的安全定长 MAC，即是适应性选择消息攻击下存在性不可伪造的。相比于方案 8.3 的定长 MAC 方案，CBC-MAC 可以认证更长的消息。

算法 5.6 的构造对于变长消息是不安全的，以下三种方法是被证明安全的变长 CBC-MAC 方案。

(1) 将消息长度 $|m|$ 放置在消息头，构成新的消息 m'，然后对 m' 使用算法 5.6 求 CBC-MAC，如图 8.10 所示。

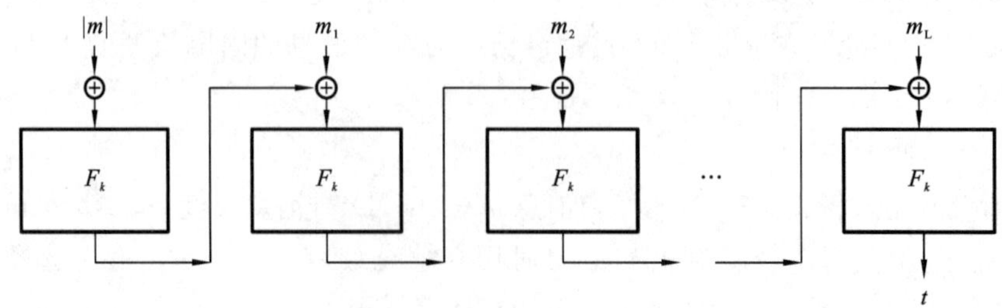

图 8.10 变长 CBC-MAC 示例

(2) 对长度为 l 的消息使用 F_k 生成 MAC 密钥 $k_l = F_k(l)$。

(3) 使用两个不同的密钥 k_1, k_2，使用 k_1 对 m 用算法 5.6 计算出 CBC-MAC 值为 t，然后计算出最终的标记 $t' = F_{k_2}(t)$。不需要事先计算消息的长度，但需要两个密钥，也可以使用 1 个密钥 k，通过多计算两次伪随机函数的代价，由 k 计算出 $k_1 = F_k(1)$，$k_2 = F_k(2)$。

8.2.2.3 Hash 函数的安全性

也可以通过 Hash 函数构造 MAC，在第 5.4 节中有关于 HMAC 的描述。我们先定义抗碰撞的 Hash 函数。

碰撞发现实验 $\text{Hash-Coll}_{A,H}(n)$ 介绍如下。

(1) 敌手输出 x 和 x'，如果 H 是输入长度为 $l(n)$ 的定长散列函数，要求 $x, x' \in \{0, 1\}^{l(n)}$。

(2) 当且仅当 $x \neq x'$ 且 $H(x) = H(x')$ 时，实验的输出被定义为 1。在这种情况下，称 A 发现了一个碰撞。

定义 8.17 散列函数 H 是抗碰撞的，如果对于所有的概率多项式时间敌手 A，存在着一个可忽略的函数 negl 满足 $\Pr(\text{Hash-Coll}_{A,H}(n) = 1) \leqslant \text{negl}(n)$。

Hash 函数的通用结构，即 Merkle-Damgard 结构，是使用定长的 Hash 函数来构造任意长度 Hash 函数的方法。假设 $h: \{0,1\}^{m+n} \to \{0,1\}^n$ 是定长的 Hash 函数，也是 Merkle-Damgard 结构中的压缩函数，Pad 是填充函数，给出 Merkle-Damgard 结构的构造如下。

构造方案 8.5 变长散列函数 H。

概率多项式时间算法 H 输入任意长度的消息 x，输出长度为 t 的标记，构造过程如下。

(1) 输入消息 $x \in \{0, 1\}^*$，$y = x \parallel \text{Pad}(x)$，使得 $|y| = km$（k 为正整数），且 $x \to y$ 是单射；

(2) 将 y 表示成 $y_1 y_2 \cdots y_k$，令 $y_{k+1} = L$，L 为 $|x|$ 的二进制表示，其中，$|y_i| = m$，$1 \leqslant i \leqslant k+1$，因此 $L < 2^m$；

(2) 设 $z_0 = 0^n$，计算 $z_i = h(z_{i-1} \parallel y_i)$，$1 \leqslant i \leqslant k+1$；

(3) 输出 z_{k+1}。

定理 8.7 如果 h 是一个定长抗碰撞 Hash 函数，那么构造方案 8.5 中的 H 是一个抗碰撞散列函数。

证明思路类似定理 8.6 的，假设可以在多项式时间内找到 H 的一个碰撞，那么也可以在多项式时间内找到关于 h 的碰撞，而这与 h 是安全定长 MAC 矛盾。

证明 假设可以在多项式时间内找到 H 关于消息 x 和 x' 的碰撞，则 $z_{k+1} = z'_{k+1}$，因为 $x \to y$ 为单射，则 $y \neq y'$，根据 x 和 x' 的长度 L 和 L' 来讨论。

(1) $L \neq L'$：则 $y_{k+1} \neq y'_{k+1}$，而 $z_{k+1} = h(z_k \parallel y_{k+1}) = z'_{k+1} = h(z'_{k+1} \parallel y'_{k+1})$，故可找到 h 关于 $z_k \parallel y_{k+1}$ 和 $z'_{k+1} \parallel y'_{k+1}$ 的碰撞。

(2) $L = L'$：则 $y_{k+1} = y'_{k+1}$，但 $y \neq y'$，那么至少存在某个 i 使得 $y_i \neq y'_i$（$1 \leqslant i \leqslant k$）。假设 j 是满足 $z_{j-1} \parallel y_j \neq z'_{j-1} \parallel y'_j$ 的最大的索引（$1 \leqslant j \leqslant k+1$），那么必有 $z_j = z'_j$，因此可以找 h 关于 $z_{j-1} \parallel y_j$ 和 $z'_{j-1} \parallel y'_j$ 的碰撞。

H 的计算是多项式时间的，所以寻找 h 的碰撞的过程也是多项式时间的。

8.2.2.4 NMAC 和 HMAC

一个嵌套 MAC（Nested MAC，NMAC）使用两个带密钥的 Hash 函数来建立 MAC。

假设 h 是定长的 Hash 函数，定义带密钥的 Hash 函数 $h_k(x)=h(k\parallel x)$，$H_k(x)$ 是按照构造方法 8.5 的 Merkle-Damgard 结构构造的 Hash 函数，且令 $z_0=k$（即初始向量 IV$=k$），根据 $h_k(x)$ 和 $H_k(x)$ 的定义，我们给出 NMAC 的构造方案 8.6，如图 8.11 所示。

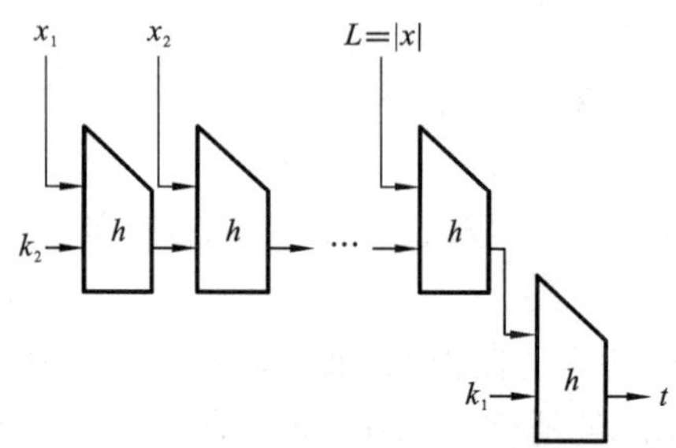

图 8.11 NMAC

构造方案 8.6 NMAC。

(1) Gen：输入 1^n，随机地选择 $k_1,k_2\in\{0,1\}^n$，输出密钥 (s,k_1,k_2)。

(2) Mac：对输入的密钥 (k_1,k_2) 和消息 $x\in\{0,1\}^*$，输出标记 $t=h_{k_1}(H_{k_2}(x))$。

(3) Ver：对输入的密钥 (k_1,k_2) 和消息 $x\in\{0,1\}^*$ 及标记 t，当且仅当 $t=\mathrm{Mac}_{k_1,k_2}(x)$ 时，输出 1。

定理 8.8 假设 H 表示对 h 的 Merkle-Damgard 变换，如果 h 是抗碰撞的，且 $h_k(x)$ 是定长的安全 MAC，那么（对任意长度的消息而言）NMAC 在适应性选择消息攻击下是存在性不可伪造的。

若给定 k_2，h_{k_2} 是抗碰撞的，H_{k_2} 也是抗碰撞的，那么构造方案 8.6 类似于“Hash-and-Sig”，先对消息求摘要，然后使用定长 MAC 算法。我们给出证明思路，有兴趣的读者可以自行证明。假设存在概率多项式时间敌手 A 能以不可忽略的概率使得 Mac-forge 实验对 NMAC 方案输出 1，即能以不可忽略的概率对新消息伪造有效的标记，那么根据这种能力，我们可以得到与假设矛盾的结论。假设 A 能访问 MAC 预言机，Q 代表 A 询问的消息集合，若能伪造新消息 x' 的标记（显然 $x'\notin Q$），则对于 A 询问过的消息 $x(x\in Q)$，分情况进行讨论。

(1) 存在某个 $x\in Q$，使得 $H_{k_2}(x)=H_{k_2}(x')$，则与 H_{k_2} 抗碰撞矛盾。

(2) 对每个消息 $x\in Q$，都有 $H_{k_2}(x)\neq H_{k_2}(x')$，那么对于使用 $h_k(x)$ 定义的 MAC 来说，又构造了一个关于新消息 $H_{k_2}(x')$ 的伪造，与其为安全 MAC 矛盾。

现有的 Hash 函数，比如 MD5、SHA-1、SM3 中，IV 一般固定，因此现有密码学函数库一般不允许输入外部的 IV，而 NMAC 需要将 IV 当作密钥参数输入。HMAC 通过将密钥预先放置在消息的头部来解决这个问题。在第 5.4 节中曾给出 HMAC 的示意图和基于 SHA-1 的描述，一般的构造如图 8.12 所示，h、H、$h_k(x)$ 和 $H_k(x)$ 的定义同构造方案 8.6 的,且 $h:\{0,1\}^{m+n}\rightarrow\{0,1\}^n$。

构造方案 8.7 HMAC。

令 IV 是长度为 n 的常量,opad、ipad 是长度为 m 的常量。

(1) Gen:输入参数 1^n,随机选择 $k\in\{0,1\}^m$。

(2) Mac:对输入的密钥 k 和长度为 L 的消息 $x\in\{0,1\}^*$,输出标记 $t=H_{\mathrm{IV}}((k\oplus \mathrm{opad})\parallel H_{\mathrm{IV}}((k\oplus \mathrm{ipad})\parallel x))$。

(3) Ver:对输入的密钥(s,k)和消息 $x\in\{0,1\}^*$ 以及标记 t,当且仅当 $t=\mathrm{Mac}_k(x)$ 时,输出 1。

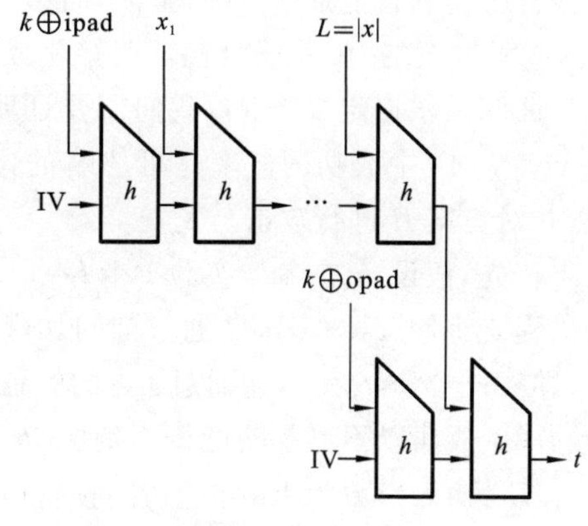

图 8.12 HMAC

可以把 HMAC 看作 NMAC 的一种特殊情况,分别通过密钥 k 来计算内层和外层杂凑的密钥,其中,$k_1=h(\mathrm{IV}\parallel(k\oplus \mathrm{opad}))$,$k_2=h(\mathrm{IV}\parallel(k\oplus \mathrm{ipad}))$,那么可以得到 $\mathrm{HMAC}_k(x)=h_{k_1}(H_{k_2}(x))$。

定义

$$G(k)\overset{\mathrm{def}}{=\!=\!=}h(\mathrm{IV}\parallel(k\oplus \mathrm{opad}))\parallel h(\mathrm{IV}\parallel(k\oplus \mathrm{ipad}))=k_1\parallel k_2 \tag{8.3}$$

假设 G 为伪随机发生器,且密钥 k 均匀随机选择,那么可以将 k_1 和 k_2 看作独立且均匀随机选择的,因此可以将 HMAC 看作如构造 8.6 所示的 NMAC。那么 HMAC 的安全性可以由构造 8.6 中的 NMAC 的安全性得到。

定理 8.9 假设 h 满足定理 8.8 中的条件,如果 G 如式(8.3)中的定义,是一个伪随机发生器,那么 HMAC 是适应性选择消息攻击下存在性不可伪造的(对任意消息而言)。

8.2.2.5 构造 CCA 安全的加密方案

在第 8.2.1.5 节中给出了 CCA 安全的定义,我们可以通过消息认证码和 CPA 安全加密方案来构造 CCA 安全的加密方案。

构造方案 8.8 令 $\Pi_{\mathrm{E}}=(\mathrm{Gen_E},\mathrm{Enc},\mathrm{Dec})$是一个对称密钥加密方案,并令 $\Pi_{\mathrm{M}}=(\mathrm{Gen_M},\mathrm{Mac},\mathrm{Ver})$是一个消息认证码。定义一个加密方案 $\Pi=(\mathrm{Gen}',\mathrm{Enc}',\mathrm{Dec}')$如下。

(1) Gen′:输入参数 1^n,运行 $\mathrm{Gen_E}(1^n)$和 $\mathrm{Gen_M}(1^n)$,分别得到密钥 k_1,k_2。

(2) Enc′:输入密钥(k_1,k_2)和明文消息 m,计算 $c\leftarrow \mathrm{Enc}_{k_1}(m)$和 $t\leftarrow \mathrm{Mac}_{k_2}(c)$,并输出密文$(c,t)$。

(3) Dec′:输入密钥(k_1,k_2)和密文(c,t),先检查 $\mathrm{Vrfy}_{k_2}(c,t)=1$ 是否成立,如果成立,则输出 $\mathrm{Dec}_{k_1}(c)$;否则输出⊥。

定理 8.10 如果 Π_{E} 是一个 CPA 安全的对称加密方案,且 Π_{M} 是一个具有唯一标记的消息认证码,那么方案 8.8 是一个 CCA 安全的对称密钥加密方案。

证明思路:假设 Π_{M} 是确定型算法,即对消息 m 产生唯一标记,而且是安全的 Mac,那么有:

(1) Mac 验证使得解密预言机失效,即解密预言机如果接受密文(c,t)的询问,且能有效输出 $\mathrm{Dec}_{k_1}(c)$,要么该密文曾经通过询问加密预言机得到,要么未曾通过询问加密预言机得到且能通过 Mac 验证，而第二种情形发生的概率是可忽略的；

(2) 方案的 CCA 安全性证明转化成 Π_E 的 CPA 安全性。

证明 根据定义 8.14，我们需要证明概率多项式时间敌手在 CCA 不可区分实验 $\mathrm{Priv}K_{A,\Pi}^{cca}(n)$ 中成功的概率是可忽略的，根据 $\mathrm{Priv}K_{A,\Pi}^{cca}(n)$ 的定义，假设 A 与之进行交互，并对方案 Π 进行攻击。

首先，假设 A 在参与实验 $\mathrm{Priv}K_{A,\Pi}^{cca}(n)$ 时，定义事件 Query，该事件为 A 对解密预言机提交询问 (c,t)，c 未曾通过询问加密预言机得到，但解密预言机能返回明文而不是 $\perp$，即 $\mathrm{Vrfy}_{k_2}(c,t)=1$，能通过 Π_M 的验证。证明 Pr(Query)是可忽略的，否则可以构造归约 A_M 成功以不可忽略的概率伪造 Π_M 的标记。

A_M：输入参数为 1^n，并能访问预言机 $\mathrm{Mac}_{k_2}()$。假设 $q(n)$ 为 A 可询问预言机的最大次数。

(1) 均匀随机地选择 $k_1 \in \{0, 1\}^n$。

(2) 均匀随机地选择 $i \in \{1,\cdots,q(n)\}$。

(3) 输入参数 1^n 运行 A。

当 A 对消息 m 做加密预言机询问时，按下面的方式回答。

① 计算 $c \leftarrow \mathrm{Enc}_{k_1}(m)$。

② 对 MAC 预言机询问 c，并接受响应值 t，返回 (c,t) 给 A。

以同样方式产生挑战密文(随机选择一个比特 $b \in \{0,1\}$，对消息 m_b 进行加密)。

当 A 对密文 (c,t) 做出一个解密预言机询问时，按下面的方式回答。

① 如果不是第 i 次对解密预言机的询问，若 (c,t) 是对消息 m 所做的加密预言机问询的回应，则返回 m，否则，输出 $\perp$。

② 如果这是第 i 次对解密预言机的询问，输出 (c,t) 并停止。

显然，A_M 是多项式时间的，可以看作对实验 $\mathrm{Mac\text{-}forge}_{A_M,\Pi_M}(n)$ 的模拟。假设 Pr(Query)是不可忽略的，我们可以看到，如果随机选择的 i 使得 A 对解密机的第 i 次询问过程中第一次发生 Query，那么 Query 事件发生的概率与 A 在 CCA 实验中 Query 发生的概率相同。那么 A_M 输出 (c,t)，而它不是通过询问加密预言机得到的，且不输出 $\perp$，那么它输出了一个关于 Π_M 有效的伪造，在实验 $\mathrm{Mac\text{-}forge}_{A_M,\Pi_M}(n)$ 中成功。对 Π_M 预言机的访问是在加密过程中进行的，(c,t) 不通过询问加密预言机得到，而且 Π_M 是确定型算法，那么 c 从未被询问过 $\mathrm{Mac}_{k_2}()$，且 (c,t) 一定为有效的标记。那么有

$$\Pr(\mathrm{Mac\text{-}forge}_{A_M,\Pi_M}(n)=1) \geqslant \frac{\Pr(\mathrm{Query})}{q(n)}$$

若 Pr(Query)是不可忽略的，则 $\Pr(\mathrm{Mac\text{-}forge}_{A_M,\Pi_M}(n)=1)$ 是不可忽略的，这与 Π_M 是安全的 MAC 矛盾，因此有 Pr(Query)⩽negl1。

其次，可以利用 A 构造归约 A_E 来攻击 Π_E。

A_E：输入参数为 1^n，并能访问预言机 $\mathrm{Enc}_{k_1}(\cdot)$。

(1) 均匀随机地选择 $k_2 \in \{0,1\}^n$。

(2) 以输入参数 1^n 运行 A，当 A 对消息 m 做加密预言机询问时，按下面的方式进行回答：

① 对加密预言机询问 m，并得到应答 c。

② 计算 $t \leftarrow \mathrm{Mac}_{k_2}(c)$，并返回 (c,t) 给 A；

当 A 对密文 (c,t) 做出一个解密预言机询问时，按照下面的方式进行回答：

如果 (c, t) 是在之前询问加密预言机时对 m 的应答，那么返回 m；否则，输出 $\perp$。

(3) 当 A 输出消息 (m_0, m_1) 时，A_E 输出同样的消息对 (m_0, m_1)。

(4) 接受一个挑战密文 c，计算 $t \leftarrow \text{Mac}_{k_2}(c)$，并将 (c,t) 作为挑战密文返回给 A。如(2)，继续回答 A 的预言机询问。

(5) 输出与 A 的输出一样的比特 b'。

同样，A_E 为多项式时间算法，当 Query 事件不发生的时候，A 在 A_E 中运行的概率分布与在 $\text{Priv}K_{A,\Pi}^{\text{cca}}(n)$ 中的一样，而此时，A 在 $\text{Priv}K_{A,\Pi}^{\text{cca}}(n)$ 中成功，意味着 A_E 在 $\text{Priv}K_{A_E,\Pi_E}^{\text{cpa}}(n)$ 中成功。因此，有

$$\Pr(\text{Priv}K_{A_E,\Pi_E}^{\text{cpa}}(n)=1 \wedge \neg \text{Query}) = \Pr(\text{Priv}K_{A,\Pi}^{\text{cca}}(n)=1 \wedge \neg \text{Query})$$

而 Π_E 为 CPA 安全的，则有

$$\Pr(\text{Priv}K_{A_E,\Pi_E}^{\text{cpa}}(n)=1) \leqslant \frac{1}{2} + \text{negl2}$$

综上，有

$$\begin{aligned}\Pr(\text{Priv}K_{A,\Pi}^{\text{cca}}(n)=1) &= \Pr(\text{Priv}K_{A,\Pi}^{\text{cca}}(n)=1 \wedge \neg \text{Query}) + \Pr(\text{Priv}K_{A,\Pi}^{\text{cca}}(n)=1 \wedge \text{Query}) \\ &\leqslant \Pr(\text{Priv}K_{A_E,\Pi_E}^{\text{cpa}}(n)=1) + \Pr(\text{Query}) \leqslant \frac{1}{2} + \text{negl2} + \text{negl1}\end{aligned}$$

可以得到方案 Π 为 CCA 安全的。

8.2.2.6 认证加密

CPA 安全的对称加密方案无法防止主动攻击，不能提供完整性保护，而安全 MAC 则有可能泄露消息，因此我们希望构建能同时提供数据机密性和完整性的对称密码算法，不仅可抵抗外来攻击者，而且还需要防止恶意的发方或收方，这种方案称为认证加密。目前比较成熟的认证加密方案有伽罗华域/计数器模式(Galois/Counter Mode, GCM)等。为了加速认证加密理论的发展，NIST 专门资助了一个面向全球征集认证加密算法的竞赛活动——CAESAR 竞赛。在认证加密方案中，加密方案是 CPA 安全的，而密文则需要具备完整性。认证加密方案隐含了 CCA 安全。

一种构造认证加密方案的方法是将 CPA 安全的加密方案与安全的 MAC 加以组合，常见的组合包括以下三种，其中，k_1 为对称加密方案，k_2 为 MAC 密钥，且 k_1 不等于 k_2，在方案 8.8 的安全性证明中有所体现。

(1) 加密和认证 Encrypt-and-MAC：加密和消息认证码是独立计算的，即

$$c \leftarrow \text{Enc}_{k_1}(m), \quad t \leftarrow \text{Mac}_{k_2}(m)$$

SSH 协议使用这种组合方式，但这种方式是不安全的，因为安全 MAC 并没有对消息机密性进行定义。

(2) 认证后加密 MAC-then-Encrypt：首先计算消息的 MAC，然后与消息一起加密。

$$t \leftarrow \text{Mac}_{k_2}(m), \quad c \leftarrow \text{Enc}_{k_1}(m \parallel t)$$

在早期 TLS 协议中使用 SSL 3.0 及 TLS 1.0，这种组合方式不能总是保证安全，比如 SSL 3.0 在使用 CBC 加密和安全 MAC 的组合时就遭受了 Padding Oracle 攻击。

(3) 加密后认证 Encrypt-then-MAC：消息首先被加密，然后对密文求 MAC。

$$c \leftarrow \text{Enc}_{k_1}(m), \quad t \leftarrow \text{Mac}_{k_2}(c)$$

在 TLS 1.2 及后续版本、IPSec 及 GCM 中使用，这种组合方式是安全的，即只要加密时 CPA 是安全的，而且 MAC 为安全 MAC，所组合成的方案是认证加密方案。

另一种构造认证加密的方法是直接通过分组密码或者伪随机函数 PRF 来构造，而不需要事先构造独立的加密算法或 MAC。包括 OCB 加密模式，还有 IAPM、XCBC、CCFB 等。

8.2.3 伪随机对象

最后，我们通过一些理论上的结论来对对称密码体制的计算安全性进行总结。

在前面我们曾提及，单向函数的存在是计算安全性的基础，我们首先给出单向函数的定义，然后介绍单向函数与伪随机发生器及伪随机函数的关系。

令 $f:\{0,1\}^* \to \{0,1\}^*$ 为一个函数。

1. 单向函数

求逆实验 $\text{Invert}_{A,f}(n)$。

(1) 选择输入 $x \in \{0, 1\}^n$，计算 $y=f(x)$。

(2) 1^n 和 y 作为 A 的输入，输出 x'。

(3) 如果 $f(x')=y$，定义实验输出为 1，否则为 0。

在实验中，不需要获得原始消息 x，只需要任何满足 $f(x')=y$ 的 x' 即可。

定义 8.18 如果一个函数 $f:\{0, 1\}^* \to \{0, 1\}^*$ 满足下述两个条件，那么它就是单向函数：

(1) (易于计算)存在一个多项式时间算法 M_f 用于计算 f；也就是说，对所有 x，有 $M_f(x)=f(x)$；

(2) (反向求逆十分困难)对任意概率多项式时间算法 A，存在一个可忽略函数 negl 满足 $\Pr(\text{Invert}_{A,f}(n)=1) \leqslant \text{negl}(n)$。

定义 8.19 设函数 $f:\{0, 1\}^* \to \{0, 1\}^*$ 为长度保留的，设 f_n 是定义域为 $\{0,1\}^n$ 的 f 函数(也就是说，f_n 仅仅对 $x \in \{0, 1\}^n$ 有定义，这种情况下 $f_n(x)=f(x)$)。如果对于每一个 n，f_n 为双射，则单向函数 f 被称为“单向置换”。

对于单向置换，任意的 y 值都有唯一确定的原像 $x=f^{-1}(y)$。即使由 y 完全确定 x，也很难在多项式时间内找到 x。

目前无法证明单向函数的存在，但是基于一些数学上的困难计算问题，假设它存在。包括大整数的因式分解问题，子集和问题及离散对数问题等，都存在具体的难解性实例。

2. 从单向函数到伪随机发生器

对于单向函数，并不意味着函数值不能泄露关于原像的任何信息，因此其不能直接应用在安全加密中，但假设单向函数存在，那么就可以构造隐藏原像重要信息的单向函数。

定义 8.20 如果函数 $\text{hc}:\{0, 1\}^* \to \{0, 1\}$ 满足下面的两个条件，那它就是函数 f 的硬核谓词(Hard-Core Predicates)：

(1) 给定 x，$\text{hc}(x)$ 能够在多项式时间内计算出来；

(2) 对每一个概率多项式时间算法 A，存在一个可忽略函数 negl 满足 $\Pr_{x \leftarrow \{0,1\}^n}(A(f(x))=$

hc$(x)) \leqslant \frac{1}{2}+\text{negl}$，其中概率来源于在$\{0,1\}^n$内均匀选择 x，以及 A 的随机性。

即对于任何多项式算法，给定 $f(x)$，能以显著大于 1/2 的概率确定 1 比特 hc(x)的值是不可行的。

定理 8.11 设函数 f 为单向函数，则必定（构造性地）存在一个单向函数 g 及函数 g 的一个硬核谓词 gl。另外，如果 f 是单向置换，那么 g 也是单向置换。

令 $g(x,r) \overset{\text{def}}{=\!=} (f(x),r)$，其中，$|x|=|r|$，定义 $gl(x, r) \overset{\text{def}}{=\!=} \bigoplus_{i=1}^{n} x_i \cdot r_i$。

如果 f 是一个单向函数，那么 $f(x)$隐藏了 x 的比特位的一个随机子集的异或值。证明参见 Goldreich 的密码学基础。

那么可以通过单向函数构造伪随机发生器。

定理 8.12 令 f 是一个单向函数，令 hc 是 f 的硬核谓词。那么，算法 $G(s)=(f(s),\ \text{hc}(s))$是 $l(n)=1+n$ 的伪随机发生器。

在第 8.2.1.2 节中介绍伪随机发生器时，给出了下述的定理 8.2。

定理 8.13 如果存在扩展系数为 $l(n)=1+n$ 的伪随机发生器 G'，那么对于任意多项式 $p(n)>n$，存在扩展系数为 $l(n)=p(n)$的伪随机发生器 G。

那么，由单向函数可以构造出任意扩展系数的伪随机发生器。

令 f 是具有硬核谓词 hc 的单向置换。结合定理 8.11 的构造方法($G(s)=(f(s)$，hc$(s))$是伪随机发生器)和定理 8.2 的证明，可得

$$G_l(s)=(f^{p(n)}(s),\text{hc}(s),\text{hc}(f(s)),\cdots,\text{hc}(f^{p(n)-n}(x)))$$

是扩展系数为 $p(n)$的伪随机发生器。这个发生器称为 Blum-Micali 发生器。

3. 从伪随机发生器到伪随机函数

构造方案 8.9 令 G 是扩展系数为 $l(n)=2n$ 的伪随机发生器。用 $G_0(k)$表示 G 的输出的前半部分，用 $G_1(k)$ 表示 G 的输出的后半部分。对于每一个 $k\in\{0,1\}^n$，定义函数 $F_k:\{0,1\}^n\rightarrow\{0,1\}^n$ 为 $F_k(x_1x_2\cdots x_n)=G_{x_n}(\cdots(G_{x_2}(G_{x_1}(k)))\cdots)$。

定理 8.14 如果 G 是扩展因子 $l(n)=2n$ 的伪随机发生器，那么构造方案 8.9 是伪随机函数。

进而，我们可以通过伪随机函数构造伪随机置换。

在第 8.2.1.4 节中我们给出了伪随机置换和强伪随机置换的定义，假设在 Feistel 结构中的轮函数 F 为伪随机函数，每轮密钥随机独立选取，则可给出下面两个关于 Feistel 结构的结论。

定理 8.15 如果 F 是保留长度的伪随机函数，那么 3 轮 Feistel 结构是能够将 $2n$ 比特串映射成 $2n$ 比特串的伪随机置换(利用一个长度为 $3n$ 比特的密钥)。

定理 8.16 如果 F 是保留长度的伪随机函数，那么 4 轮 Feistel 结构是能够将 $2n$ 比特串映射成 $2n$ 比特串的强伪随机置换(利用一个长度为 $4n$ 比特的密钥)。

4. 对称密码学的必要假设

通过前面的讨论，我们可以得到如下结论。

定理 8.17 如果存在单向函数，那么就存在伪随机发生器、伪随机函数和强伪随机置换。

定理 8.18 如果存在单向函数，则存在加密方案具有选择密文攻击下不可区分加

密，以及存在消息认证码具有选择消息攻击下存在性不可伪造。

此外，可以证明：

(1) 伪随机性意味着单向函数，即如果存在伪随机发生器，则存在单向函数；

(2) 对称密钥加密方案意味着单向函数，即如果存在窃听者条件下不可区分加密的对称方案存在，则存在单向函数；

(3) 消息认证码意味着单向函数，即若满足定义 8.16 的消息认证码存在，则存在单向函数。

所以，构造对称密码体制，存在单向函数是必要也是充分的假设。

但对于公钥密码，单向函数对公钥加密是必要的，但似乎不是充分的(除了不知道如何由单向函数构造公钥加密，有证据表明，这样的构造方法在某种意义上"不可能存在")。

8.3 公钥密码体制

公钥密码体制根据一些困难问题来构建单向陷门函数。同样，我们通过实验来定义公钥密码体制中的问题，从而来定义安全性。

8.3.1 困难问题假设

在公钥密码体制中，大数的因式分解和循环群上的离散对数问题是两类常用的困难性问题。

8.3.1.1 因式分解假设

设 GenMod 为概率多项式时间算法，输入 1^n，输出(N,p,q)，其中，$N=pq$，且 p、q 为 n 比特素数。对于算法 A 和参数 n，定义实验 $\text{Factor}_{A,\text{GenMod}}(n)$。

因式分解实验 $\text{Factor}_{A,\text{GenMod}}(n)$：

(1) 运行 $\text{GenMod}(1^n)$，输出(N, p, q)；

(2) 将 N 给 A，A 输出 p' 和 q'；

(3) 如果 $p'\cdot q'=N$，实验输出 1，否则输出 0。

定义 8.21 如果对于任意概率多项式时间算法 A，存在一个可忽略函数 negl 满足 $\Pr(\text{Factor}_{A,\text{GenMod}}(n)=1)\leqslant \text{negl}$，则称因式分解问题对 GenMod 是困难的。

8.3.1.2 离散对数假设

同样我们来定义离散对数问题。设 G 是阶为 q 的循环群，且 $|q|=n$，存在 $g\in G$ 为 G 的生成元。设群生成算法为 $\mathcal{G}$，输入 1^n，输出(G,q,g)，且群运算是高效的，对于算法 A 和参数 n，定义实验 $\text{DL}_{A,G}(n)$。

离散对数实验 $\text{DL}_{A,\mathcal{G}}(n)$

(1) 运行 $\mathcal{G}(1^n)$，生成(G,q,g)；

(2) 随机选择 $y\in G$；

(3) 将(G,q,g)和 y 给 A，A 输出 $x\in Z_q$；

(4) 如果 $g^x=y$，实验输出 1，否则输出 0。

定义 8.22 如果对于任意概率多项式时间算法 A,存在一个可忽略函数 negl 满足 $\Pr(\mathrm{DL}_{A,\mathcal{G}}(n)=1)\leqslant \mathrm{negl}$,则称离散对数问题对 $\mathcal{G}$ 是困难的。

第 6.4.1 节中给出了 CDH 问题和 DDH 问题,我们用同样的方法定义这两类问题。假设同离散对数问题。

CDH 问题实验 $\mathrm{CDH}_{A,\mathcal{G}}(n)$:

(1) 运行 $\mathcal{G}(1^n)$,生成(G,q,g);

(2) 随机选择 $x_1,x_2\in Z_q$,计算 $y_1=g^{x_1}$ 和 $y_2=g^{x_2}$;

(3) 将(G,q,g)和 y_1、y_2 给 A,A 输出 $y\in G$;

(4) 如果 $y=g^{x_1x_2}$,实验输出 1,否则输出 0。

定义 8.23 如果对于任意概率多项式时间算法 A,存在一个可忽略函数 negl 满足 $\Pr(\mathrm{CDH}_{A,\mathcal{G}}(n)=1)\leqslant \mathrm{negl}$,则称 CDH 问题对 $\mathcal{G}$ 是困难的。

DDH 问题实验 $\mathrm{DDH}_{A,\mathcal{G}}(n)$:

(1) 运行 $\mathcal{G}(1^n)$,生成(G,q,g);

(2) 随机选择 $x_1,x_2,x_3\in Z_q$,计算 $y_1=g^{x_1}$ 和 $y_2=g^{x_2}$,同时随机选择 $b\in\{0,1\}$,若 $b=0$,计算 $w_0=g^{x_1x_2}$,若 $b=1$,则计算 $w_1=g^{x_3}$;

(3) 将(G, q, g)和 y_1、y_2、w_b 给 A,A 输出 $b'\in\{0,1\}$;

(4) 如果 $b'=b$,实验输出 1,否则输出 0。

定义 8.24 如果对于任意概率多项式时间算法 A,存在一个可忽略函数 negl 满足 $\Pr(\mathrm{DDH}_{A,\mathcal{G}}(n)=1)\leqslant 1/2+\mathrm{negl}$,则称 DDH 问题对 $\mathcal{G}$ 是困难的。

8.3.2 公钥加密

8.3.2.1 安全性定义

公钥加密的定义和安全性定义和第 8.2 节中的对称加密的定义很类似,但加密密钥和解密密钥不同,而且加密密钥公开,解密密钥保密,由此带来了一些性质的不同。

定义 8.25 一个公钥加密方案是概率多项式时间算法(Gen,Enc,Dec)的三元组。

(1) 密钥生成算法 Gen:输入安全参数 1^n,输出一对密钥(pk,sk), pk 称为公钥,sk 称为私钥。为了方便,假设两个密钥的长度至少为 n,且 n 可由密钥确定。

(2) 加密算法 Enc:输入公钥 pk 和明文消息 $m\in\{0,1\}^*$,输出一个密文 $c\leftarrow \mathrm{Enc}_{pk}(m)$。

(3) 解密算法 Dec:输入私钥 sk 和密文 c,输出明文消息 $m=\mathrm{Dec}_{sk}(c)$或失败符号$\perp$。

满足 $\Pr(\mathrm{Dec}_{sk}(\mathrm{Enc}_{pk}(m))\neq m)$的概率是可忽略的。

这里允许可忽略的解密错误,是指在具体的方案中可能有可忽略的错误,比如 RSA 生成参数时,将合数当作素数输出。

窃听者不可区分实验 $\mathrm{Pub}K_{A,\Pi}^{\mathrm{eav}}(n)$:A 代表敌手,$\Pi$=(Gen,Enc,Dec)代表加密方案,$\mathrm{Pub}K_{A,\Pi}^{\mathrm{eav}}(n)$表示安全参数为 n 的窃听不可区分实验,该实验步骤定义如下。

(1) 运行 $\mathrm{Gen}(1^n)$产生一对密钥(pk,sk)。

(2) 给定输入 1^n 和 pk 给敌手 A,A 输出一对长度相同的消息 $m_0,m_1\in M$;

(3) 随机选择 $b\in\{0,1\}$,然后计算 $c\leftarrow \mathrm{Enc}_{pk}(m_b)$给 A,$c$ 称为挑战密文;

(4) A 输出一个比特 b'；

(5) 如果 $b=b'$，定义实验的输出为 1，A 成功，否则输出为 0，A 失败。

定义 8.26 如果对于所有概率多项式时间敌手 A，存在一个可忽略函数 negl 使得 $\Pr(\mathrm{Pub}K_{A,\Pi}^{\mathrm{eav}}(n)=1)\leqslant\frac{1}{2}+\mathrm{negl}(n)$，则公钥加密方案 $\Pi=(\mathrm{Gen},\mathrm{Enc},\mathrm{Dec})$ 是在窃听者存在的情况下不可区分的加密方案。

与定义 8.5 中不同的是，在实验 $\mathrm{Pub}K_{A,\Pi}^{\mathrm{eav}}(n)$ 中提供了公钥 pk，因此可以允许 A 在输出消息 m_0,m_1 前使用公钥进行加密，即相当于获得了加密预言机的权限。

CPA 不可区分实验 $\mathrm{Pub}K_{A,\Pi}^{\mathrm{cpa}}(n)$：$\Pi=(\mathrm{Gen},\mathrm{Enc},\mathrm{Dec})$ 代表加密方案。

(1) 运行 $\mathrm{Gen}(1^n)$ 产生一对密钥(pk，sk)。

(2) 将 pk 给敌手 A，并且 A 可以访问预言机 $\mathrm{Enc}_{\mathrm{pk}}()$，输出一对长度相等的消息 $m_0,m_1\in M$；

(3) 随机选择 $b\in\{0,1\}$，计算 $c\leftarrow\mathrm{Enc}_{\mathrm{pk}}(m_b)$ 给 A，c 称作挑战密文；

(4) 敌手 A 继续访问预言机 $\mathrm{Enc}_{\mathrm{pk}}()$，输出一个比特 b'；

(5) 如果 $b=b'$，实验的输出为 1，A 成功，否则输出为 0，A 失败。

定义 8.27 如果对于所有概率多项式时间敌手 A，存在一个可忽略函数 negl 使得 $\Pr(\mathrm{Pub}K_{A,\Pi}^{\mathrm{cpa}}(n)=1)\leqslant\frac{1}{2}+\mathrm{negl}$，则 $\Pi=(\mathrm{Gen},\mathrm{Enc},\mathrm{Dec})$ 是选择明文攻击 CPA 条件下的不可区分加密。

由于 A 能获得公钥 pk，可以自己使用 pk 进行加密，所以加密预言机是不必要的，因此在窃听者存在下的不可区分加密，也是选择明文攻击下的不可区分加密，简记为 IND-CPA 安全。

与对称加密体制一样，任何确定性的加密都不是 IND-CPA 安全的，而且单消息 IND-CPA 安全的，也是多消息 IND-CPA 安全的。

公钥加密方案不如对称加密方案有效，可以使用混合加密的方式来构造任意长度消息的高效的 IND-CPA 安全的公钥加密方案 Π_{hybrid}，如图 8.13 所示。其中，A(发放)和 B(收方)分别拥有公钥加密的一对密钥($\mathrm{pk}_A,\mathrm{sk}_A$)和($\mathrm{pk}_B,\mathrm{sk}_B$)，假设使用的公钥加密方案为 $\Pi=(\mathrm{Gen},\mathrm{Enc},\mathrm{Dec})$，对称加密方案为 $\Pi'=(\mathrm{Gen}',\mathrm{Enc}',\mathrm{Dec}')$，那么通信过程如下。

(1) 加密：随机生成对称加密密钥 k，计算 $c_1=\mathrm{Enc}_{\mathrm{pk}_B}(k)$，$c_2=\mathrm{Enc}'_k(m)$，A 将密文 $c=c_1\parallel c_2$ 发送给 B。

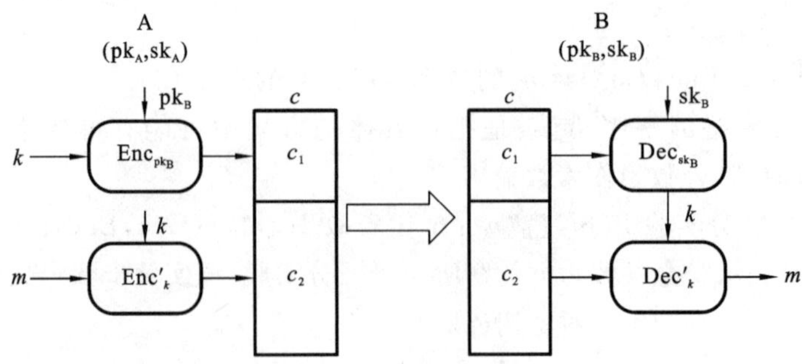

图 8.13 混合加密

(2) 解密：B 收到消息 $c=c_1 \| c_2$，首先使用自己的私钥计算 $k=\mathrm{Dec}_{sk_B}(c_1)$，然后利用计算出的 k 计算 $\mathrm{Dec}'_k(c_2)$，恢复消息 m。

可以证明，当 Π 为 IND-CPA 安全的公钥加密方案，Π' 为窃听者存在下的不可区分的对称加密方案时，那么混合加密方案 Π_{hybrid} 为 CPA 安全的公钥加密方案。

在很多协议中，也经常使用这种公钥加密和对称加密联合使用的方式传送消息，使用公钥加密方案作为传输对称加密密钥的安全通道，比如 PGP 协议，这种组合也称为数字信封。

在公钥加密中，同样需要关注选择密文攻击。根据敌手在接收到挑战密文后是否还可以访问解密预言机，选择密文条件下的不可区分安全可以分为 IND-CCA1 安全和 IND-CCA2 安全。

IND-CCA1 实验 $\mathrm{Pub}K_{A,\Pi}^{\mathrm{cca1}}(n)$。

(1) 运行 $\mathrm{Gen}(1^n)$ 产生一对密钥(pk,sk)。

(2) 将 pk 给 A，且 A 可使用解密预言机 Dec()。A 输出一对长度相等的消息 m_0, m_1。

(3) 随机选择 $b\in\{0,1\}$，计算 $c\leftarrow \mathrm{Enc}_{pk}(m_b)$ 并给 A。我们把 c 称为挑战密文。

(4) A 输出一个比特 b'。

(5) 如果 $b'=b$，实验的输出为 1，否则输出为 0。

定义 8.28 一个公钥加密方案 Π 满足如下条件：对所有的概率多项式时间敌手 A，存在一个可忽略函数 negl，使得 $\Pr(\mathrm{Pub}K_{A,\Pi}^{\mathrm{cca1}}(n)=1)\leqslant\frac{1}{2}+\mathrm{negl}$，则称其为(非适应性)选择密文攻击条件下不可区分的加密(简称 IND-CCA1 安全)。

IND-CCA2 实验 $\mathrm{Pub}K_{A,\Pi}^{\mathrm{cca2}}(n)$。

(1) 运行 $\mathrm{Gen}(1^n)$ 产生一对密钥(pk,sk)。

(2) 将 pk 给 A，且 A 可使用解密预言机 Dec()。A 输出一对长度相等的消息 m_0, m_1。

(3) 随机选择 $b\in\{0,1\}$，计算 $c\leftarrow \mathrm{Enc}_{pk}(m_b)$ 并给 A。我们把 c 称为挑战密文。

(4) A 继续使用解密预言机 Dec()，但是不允许用挑战密文 c 来问询 Dec()。最终 A 输出一个比特 b'。

(5) 如果 $b'=b$，实验的输出为 1，否则为 0。

定义 8.29 一个公钥加密方案 Π 满足如下条件：对所有的概率多项式时间敌手 A，存在一个可忽略函数 negl，使得 $\Pr(\mathrm{Pub}K_{A,\Pi}^{\mathrm{cca2}}(n)=1)\leqslant\frac{1}{2}+\mathrm{negl}$，则称其为适应性选择密文攻击条件下不可区分的加密(简称 IND-CCA2 安全)。

8.3.2.2 RSA 和 Rabin

RSA 和 Rabin 算法的安全性都基于大数因式分解的困难性。

RSA 算法可以被描述成如下的 RSA 问题，其中，A 为攻击算法。

RSA 实验 $\text{RSA-Inv}_A(n)$：输入密钥(N,e,d)。

(1) 选择 $y\in Z_N^*$；

(2) (N,e)和 y 提交给 A，输出 $x\in Z_N^*$；

(3) 如果 $x^e \equiv y \bmod N$,实验输出 1,否则输出 0。

定义 8.30 如果对所有的概率多项式时间敌手 A,存在一个可忽略函数 negl,使得 $\Pr(\mathrm{RSA}-\mathrm{Inv}_A(n)=1)\leqslant \mathrm{negl}$,则称 RSA 问题是困难的。

根据定义 8.18,RSA 困难意味着 RSA 是一个单向函数。我们可以看到,如果 N 通过 GenMod 生成,而且 RSA 问题是困难的,根据定义 8.21 可知,因式分解算法对于 GenMod 是困难的,因此 RSA 问题的难度不超过因式分解问题的难度。也就是说可以将 RSA 问题归约到因式分解问题,如果因式分解问题有 $\varepsilon(n)$的成功概率,那么当 RSA 问题调用因式分解算法时,也有 $\varepsilon(n)$的成功概率。但反过来,即使因式分解是困难的,即不可能在多项式时间内解决,也不能保证 RSA 问题也不能在多项式时间内解决。

对于 Rabin 算法来说,解密过程需要计算模平方根。不同于 RSA 是 $Z_N \to Z_N$ 上的陷门置换,Rabin 是 $QR_N \to QR_N$ 的置换,QR_N 为模 N 二次剩余(N 为 Blum 整数,根据中国剩余定理,任何模 N 二次剩余都有 4 个平方根,但其中恰好有一个平方根是模 N 二次剩余)。而计算模 N 的平方根和 N 的因式分解是可以互相归约的,即二者的困难性是等同的。我们给出模 N 平方根的计算实验。

平方根计算实验 $\mathrm{SQR}_{A,\mathrm{GenMod}}(n)$。

(1) 运行 $\mathrm{GenMod}(1^n)$,输出(N, p, q),且 p 和 q 为 Blum 素数。

(2) 随机选择 $y\in QR_N$。

(3) N 和 y 给 A,A 输出 $x\in Z_N^*$。

(4) 如果 $x^2\equiv y \bmod N$,实验输出 1,否则输出 0。

定义 8.31 如果对所有的概率多项式时间敌手 A,存在一个可忽略函数 negl,使得 $\Pr(\mathrm{SQR}_{A,\mathrm{GenMod}}(n)=1)\leqslant \mathrm{negl}$,则计算平方根对于 GenMod 是困难的。

我们知道,模为素数的平方根是容易计算的,尤其是 Blum 素数,那么对于 GenMod 输出的 N,如果有有效的算法可以分解 N,那么根据中国剩余定理,也可以构造有效算法计算模 N 平方根,即可将计算平方根归约到因式分解算法,即如果平方根计算实验对于 GenMod 是困难的,那么因式分解对于 GenMod 也是困难的。

另一方面,我们希望证明,如果因式分解对于 GenMod 是困难的,那么,平方根计算实验对于 GenMod 也是困难的。

我们构造归约 A_{fact} 来进行因式分解实验。假设存在概率多项式时间算法 A 能以 $\varepsilon(n)$的成功概率通过 $\mathrm{SQR}_{A,\mathrm{GenMod}}(n)$,即以 $\varepsilon(n)$的成功概率寻找到一个平方根,$\varepsilon(n) \stackrel{\mathrm{def}}{=\!=\!=} p(\mathrm{SQR}_{A,\mathrm{GenMod}}(n)=1)$。

A_{fact}:输入模 N。

(1) 随机选择 $x\in Z_N^*$,且计算 $y=(x^2 \bmod N)$。

(2) 将 N 和 y 给 A,并输出 x'。

(3) 如果 $x'^2\equiv y \bmod N$,且 $x'\neq \pm x \bmod N$,则返回 $\gcd(x\pm x', N)$。

我们知道,当 $x'^2\equiv y \bmod N$,且 $x'\neq \pm x \bmod N$ 时,A_{fact} 以概率 1 成功分解 N。则有

$$\begin{aligned}\Pr(\mathrm{Factor}_{A_{\mathrm{fact}},\mathrm{GenMod}}(n)=1) &= \Pr(x'\neq \pm x \bmod N \wedge x'^2\equiv y \bmod N)\\ &= \Pr(x'\neq \pm x \bmod N \mid x'^2\equiv y \bmod N)\cdot \Pr(x'^2\equiv y \bmod N)\\ &= \Pr(x'\neq \pm x \bmod N \mid x'^2\equiv y \bmod N)\cdot \varepsilon(n)\end{aligned}$$

根据中国剩余定理,给定模 N 的二次剩余 y,有 4 个可能的平方根,假设 x 等概率

地等于 4 个可能的平方根之一，那么 $p(x'\neq\pm x \bmod N \mid x'^2\equiv y \bmod N)=\frac{1}{2}$，则可以得到

$$\Pr(\text{Factor}_{A_{\text{fact}},\text{GenMod}}(n)=1)=\frac{\varepsilon(n)}{2}$$

由于因式分解对于 GenMod 是困难的，则根据定义 8.21，有

$$\Pr(\text{Factor}_{A_{\text{fact}},\text{GenMod}}(n)=1)\leqslant \text{negl}$$

因此，$\varepsilon(n)\leqslant 2\text{negl}$，所以 $\varepsilon(n)$ 是可忽略的，根据定义 8.31，平方根计算实验对于 GenMod 是困难的，结论得证。

教科书式 RSA 和 Rabin 方案是确定的，因此它们都不是 CPA 安全的。在构造 CPA 安全加密方案时，由于 Rabin 算法的困难性可以证明和大数因式分解的困难性等价，因此在进行方案安全性证明时，仅基于大数因式分解的困难性即可。至今还没有基于 RSA 假设的证明，但存在基于 RSA 的多种随机填充方案，PKCS＃1 v1.5 是广泛使用的标准的 RSA 填充方案，虽然没有证明，但被认为是 CPA 安全的。

8.3.2.3 ElGamal 的 CPA 安全性

第 6.4.2 节中介绍了 ElGamal 的算法描述（密码体制 6.3），它是基于 DDH 问题的困难性的，我们来证明它的 CPA 安全性。首先介绍引理 8.1。

引理 8.1 令 G 为有限群，m 为其中任意一个元素。选择随机元素 $g\in G$，计算 $g'=m\cdot g$，所得到的 g' 的分布，与随机从 G 中选择 $g'\in G$ 的分布是相同的，即对于任意 $g'\in G$ 有 $\Pr(m\cdot g=g')=\frac{1}{|G|}$。

证明：对于任意 $g'\in G$，固定 m，有唯一的 g 使得 $g'=m\cdot g$，因此有

$$\Pr(m\cdot g=g')=\Pr(g=m^{-1}\cdot g')=\frac{1}{|G|}$$

定理 8.19 如果 DDH 问题对于 $\mathcal{G}$ 是困难的，那么 ElGamal 加密方案是 IND-CPA 安全的。

证明 用 Π 表示 ElGamal 加密方案，假设通过 $\mathcal{G}$ 获得 (G, q, g)，随机选择私钥 $\alpha\in Z_q$，计算公钥 $\beta=g^{\alpha}$，对于消息 x，得到加密的密文 $(g^r,\beta^r\cdot x)$，其中，$r\in Z_q$ 为随机选择的随机数。证明其在窃听者存在下是不可区分加密，根据第 8.3.2.1 节中的结论，它也是 IND-CPA 安全的。

假设 A 为概率多项式时间敌手，且定义

$$\varepsilon(n)=\Pr(\text{PubK}^{\text{eav}}_{A,\Pi}(n)=1)-\frac{1}{2}$$

构造方案 Π'，修改 Π 中的加密函数，生成密文为 $(g^{r_1},g^{r_2}\cdot x)$，其中，$r_1,r_2\in Z_q$，是随机选择的。需要注意的是，方案 Π' 不能正确解密，因为无法获得 r_2 及其相关信息，但窃听者存在下的实验仅仅只有密钥和加密算法的参与，因此对于方案 Π' 也是可以定义的。根据引理 8.1，在 Π' 所生成的密文 $(g^{r_1},g^{r_2}\cdot x)$ 中，我们可以看到，由于 r_2 的随机选择，$g^{r_2}\cdot x$ 是群 G 中均匀分布的元素，因此与 x 是统计独立的，而 g^{r_1} 也与 x 独立，因此密文不包含 x 的任何信息，所以有

$$\Pr(\text{PubK}^{\text{eav}}_{A,\Pi'}(n)=1)=\frac{1}{2}$$

我们可以构造算法 D 来进行 DDH 问题实验，将 D 的输出作为实验的输出。

算法 D：输入(G, q, g)和 g_1, g_2, g_3。

(1) 设公钥为(G, q, g, g_1)，且将公钥给 A，运行 A，输出一对消息 x_0 和 x_1。

(2) 随机选择 $b_1 \in \{0,1\}$，令 $y_1 = g_2, y_2 = g_3 \cdot m_b$。

(3) 将密文(y_1, y_2)给 A，A 输出 b'_1，如果 $b'_1 = b_1$，输出 1，否则输出 0。

我们来分析 D 的行为。

(1) 当输入为 $g_1 = g^\alpha, g_2 = g^r, g_3 = g_1^r$，其中，$\alpha, r \in Z_q$，且随机选择时，那么在 DDH 实验中选择 $b=0$ 且计算 w_0 的情况，此时 A 的输入为方案 Π 所生成的密文，与 A 在 $\mathrm{Pub}K_{A,\Pi}^{\mathrm{eav}}(n)$中的视图一样，因此有

$$\Pr(\mathrm{DDH}_{D,\mathscr{G}}(n)=1 \mid b=0)=\Pr(\mathrm{Pub}K_{A,\Pi}^{\mathrm{eav}}(n)=0)=\frac{1}{2}-\varepsilon(n) \tag{8.4}$$

(2) 当输入为 $g_1 = g^\alpha, g_2 = g^{r_1}, g_3 = g^{r_2}$，其中，$\alpha, r_1, r_2 \in Z_q$，且随机选择时，相当于在 DDH 实验中选择 $b=1$ 且计算 w_1的情况，此时 A 的输入为方案 Π'所生成的密文，与 A 在 $\mathrm{Pub}K_{A,\Pi'}^{\mathrm{eav}}(n)$中的视图一样，因此有

$$\Pr(\mathrm{DDH}_{D,\mathscr{G}}(n)=1 \mid b=1)=\Pr(\mathrm{Pub}K_{A,\Pi'}^{\mathrm{eav}}(n)=1)=\frac{1}{2} \tag{8.5}$$

由于 $b\in\{0,1\}$的选择是随机的，因此 $\Pr(b=0)=\Pr(b=1)=1/2$，则结合式(8.4)和式(8.5)有

$$\begin{aligned}\Pr(\mathrm{DDH}_{D,\mathscr{G}}(n)=1)&=\Pr(\mathrm{DDH}_{D,\mathscr{G}}(n)=1 \wedge b=1)+\Pr(\mathrm{DDH}_{D,\mathscr{G}}(n)=1 \wedge b=0)\\&=\frac{1}{2}\left(\frac{1}{2}-\varepsilon(n)\right)+\frac{1}{4}=\frac{1}{2}-\frac{\varepsilon(n)}{2}\end{aligned}$$

根据定义 8.24，因为 DDH 问题对于 G 是困难的，因此 $\varepsilon(n)$是可忽略的，则根据其定义，可知 ElGamal 是窃听者存在下的不可区分加密，那么也是已知明文攻击下的不可区分加密，即具备 IND-CPA 安全。

8.3.2.4 随机预言机和 RSA-OAEP

随机预言机模型可以看作理想模型，在模型中假定存在一个公共、随机的函数 H，该函数具有确定性、有效性和均匀输出，只能通过询问一个预言机对该函数值进行计算，我们在第 5.2.2 节中曾介绍过。那么可以在 H 的基础上构建密码学方案，一方面在该模型下能证明方案的安全性，另一方面，由于该预言机并不存在，因此在实现时常使用一个 Hash 函数来实例化方案。那么在安全性证明中，如果未假设随机预言机存在，那么这种证明称为“标准模型”下的证明，在本节之前的证明都是“标准模型”下的证明。随机预言机模型下的证明与标准模型下的证明的区别在于引入了新的密码学假设，实验的挑战方和敌手都增加了可以公开询问随机预言机的能力。在随机预言机模型下能设计比在标准模型下更高效的方案，同时，当前使用的公钥系统在标准模型下很少有安全性证明，即使存在也非常复杂，但许多广泛使用的方案存在随机预言机模型下的证明。对于随机预言机在密码学方案中的使用，在密码学领域存在着分歧，很多反对随机预言机模型的密码学家认为随机预言机模型下的证明并不能保证在现实世界中的安全，而且在实例化时，具体的 Hash 函数是否可以在每个随机预言机可证明安全的方案中替换其中的随机预言机都可以保证方案的安全性。但密码学方案有随机预言机模型下的证明至少比没有任何证明好：其一，安全性证明说明了方案设计是合理的；其二，

对随机预言机模型下证明的方案的真实攻击很少，给出证据说明该证明的有用性，可以用在实践方案的设计上。

随机预言机具有可编程性，可以使用造表的方法模拟随机预言机。假设该函数是具有(x_i, y_i)数据对的表格，其中，x_i为输入，y_i为输出的函数值，初始化表格为空。当预言机接受到输入为 x 的询问时，它首先检查表格中是否有输入为 x 的表项，即是否有某项(x_i, y_i)满足 $x=x_i$，如果存在则返回 y_i 作为应答；否则，随机选择一个满足长度的串 y 输出（在证明的过程中可以根据某些偏好来选择输出，只要输出值满足均匀分布，称为可编程性），并在表中存储(x, y)。因此，我们可以看到，这种模拟反映了随机预言机的特性，即只能通过访问随机预言机访问该函数，这是唯一计算函数的方法，只要没有询问过预言机关于 x 的函数值，那么 $H(x)$将是完全随机的。

考虑下面基于 RSA 的构造方案 Π（其中，公钥加密可以使用任何其他的算法进行实例化），我们来给出随机预言机模型下的安全证明。

构造方案 8.10 基于 RSA 的构造方案。

(1) 公钥(N, e)，私钥(N, d)。

(2) 加密：对消息 m，随机选择 $r \in Z_N^*$，加密得到密文 $c=(c_1, c_2)$，其中，$c_1=r^e \bmod N$，$c_2=H(r) \oplus m$，H 是作为随机预言机而被模拟的函数，将 Z_N^* 中的元素映射为长度是$|m|$的比特串。

(3) 解密：$m=H(c_1^d \bmod N) \oplus c_2$。

定理 8.20 假设 RSA 问题是困难的，H 作为随机预言机，方案 8.10 具有 IND-CPA 安全。

证明 由于 RSA 问题是困难的，因此不能从 c_1 恢复 r，则 r 将不会被敌手询问，由于 H 是随机预言机，则 $H(r)$随机，c_2 相当于一次一密。公钥密码在窃听者存在下的安全性等价于 CPA 安全，因此，我们考虑实验 $\mathrm{PubK}_{A,\Pi}^{\mathrm{eav}}(n)$，由于当前增加了敌手 A 询问 H 的能力，因此我们重新来描述实验。

(1) 随机选择函数 H。

(2) 生成 RSA 参数，得到(N, e, d)，将公钥(N, e)给 A，A 可以询问 H，最终输出两个长度相同的消息 m_0 和 m_1。

(3) 随机选择 $b \in \{0, 1\}$ 及 $r \in Z_N^*$，计算密文 $c=(c_1, c_2)$，其中，$c_1=r^e \bmod N$，$c_2=H(r) \oplus m_b$，将密文给 A，A 可以继续询问 H。

(4) A 输出一个比特 b'，如果 $b'=b$，实验输出 1，否则输出 0。

在实验执行过程中，令 Query 为 A 曾向预言机询问过 r 的事件，那么

$$\begin{aligned}\Pr(\mathrm{PubK}_{A,\Pi}^{\mathrm{eav}}(n)=1) &= \Pr(\mathrm{PubK}_{A,\Pi}^{\mathrm{eav}}(n)=1 \wedge \mathrm{Query})+\Pr(\mathrm{PubK}_{A,\Pi}^{\mathrm{eav}}(n)=1 \wedge \overline{\mathrm{Query}}) \\ &\leqslant \Pr(\mathrm{Query})+\Pr(\mathrm{PubK}_{A,\Pi}^{\mathrm{eav}}(n)=1 \mid \overline{\mathrm{Query}}) \end{aligned} \tag{8.6}$$

当$\overline{\mathrm{Query}}$事件发生时，则 A 未曾向预言机询问过 r，上面说过，因为 H 为随机预言机，那么 $H(r)$随机，相当于一次一密，则

$$\Pr(\mathrm{PubK}_{A,\Pi}^{\mathrm{eav}}(n)=1 \mid \overline{\mathrm{Query}})=\frac{1}{2} \tag{8.7}$$

下面来证明 Pr(Query)是可忽略的。假若不是可忽略的，那么可以利用 A 构造归约 A'，能以不可忽略的概率解决 RSA 问题，这与 RSA 问题是困难的矛盾。

归约算法 A'：输入(N, e, c_1')。

(1) 随机选择 k，且 $|k|=|m|$。

(2) 将公钥 (N,e) 给 A 且运行 A。在表格中存储字符串(·,·)，初始为空，当 A 向随机预言机问询 x 时，A' 按照如下方式回答。

① 如果表格中存在表项 (x,y)，返回 y。

② 如果 $x^e \equiv c'_1 \bmod N$，返回 k，并且存储表项 (x,k)（利用 ROM 的可编程性，令 $H(x)=k$，且 $x=((c'_1)^d \bmod N)$）。

③ 否则，随机选择 y，$|y|=|m|$，将 y 作为应答返回给 A，且在表中存储 (x,y)。

(3) 在某个时刻，A 输出两个长度相同的消息 m_0 和 m_1。

(4) 随机选择 $b\in\{0,1\}$，令 $c_2=k\oplus m_b$，将密文 (c'_1,c_2) 给 A。A 继续询问预言机，A' 按照(2)中同样的方式回答。

(5) 在 A 最终输出 b' 后，令 $x_1,x_2,\cdots,x_q$ 为 A 所做的所有询问，如果存在某个 $x_i^e \equiv c'_1 \bmod N$，输出 x_i。

首先，A' 为多项式时间算法，假设 A' 的输入参数所使用的算法和 $\mathrm{Pub}K_{A,\Pi}^{\mathrm{eav}}(n)$ 中的参数生成算法相同，并随机选择 $c'_1\in Z_N^*$，那么当 A 被 A' 调用时，所见的视图分布与 A 在 $\mathrm{Pub}K_{A,\Pi}^{\mathrm{eav}}(n)$ 中所见的视图分布相同，因此事件 Query 发生的概率是相同的，而且当事件 Query 发生时，A' 能以概率 1 成功攻击 RSA 问题。即

$$\Pr(\text{RSA-inv}_A(n)=1)=\Pr(\text{Query})$$

由于 RSA 问题是困难的，因此，根据定义 8.29，对于任意多项式时间算法，都存在可忽略函数 negl，使得

$$\Pr(\text{RSA-inv}_A(n)=1)=\Pr(\text{Query})\leqslant \text{negl} \tag{8.8}$$

综合式(8.6)、式(8.7)和式(8.8)，我们有

$$\Pr(\mathrm{Pub}K_{A,\Pi}^{\mathrm{eav}}(n)=1)\leqslant \frac{1}{2}+\text{negl}$$

则该方案为窃听者存在下的不可区分方案，进而为 IND-CPA 安全的。

概率加密密文都会膨胀，或称扩展，其长度会超过单消息的长度（即一个分组，模 N 的长度）。我们希望能在保证安全性的前提下降低密文膨胀率。最优非对称加密填充(Optimal Asymmetric Encryption Padding，OAEP)是一种有效的填充模式，“最优”描述的就是关于密文的膨胀。在 PKCS＃1 v2 中采用 OAEP 作为 RSA 的标准模式，即 OAEP 的填充方式和“教科书式 RSA”加密的结合。RSA-OAEP 在随机预言机模型下是 IND-CCA2 安全的。构造方案中的公钥加密算法可以实例化成任何满足要求的单向陷门置换。

构造方案 8.11 RSA-OAEP。

假设 RSA 模数 N 长度为 n，消息 $x\in\{0,1\}^m$，$n>m$，且令 $k=n-m$，$G:\{0,1\}^k\to\{0,1\}^m$，$H:\{0,1\}^m\to\{0,1\}^k$。

(1) Gen：输入参数 1^n，生成参数 (N,e,d)，其中，(N,e) 为公钥，(N,d) 为私钥。

(2) Enc：输入公钥 (N,e) 和消息 $x\in\{0,1\}^m$，随机选择 $r\in\{0,1\}^k$，计算 $x_1=x\oplus G(r)$，$x_2=r\oplus H(x_1)$，最终计算密文 $y=((x_1\parallel x_2)^e \bmod N)$。

(3) Dec：输入私钥 (N,d) 和密文 $y\in\{0,1\}^n$，计算 $x'=(y^d \bmod N)$，将 x' 分解成串的连接 $x_1\parallel x_2$，其中，$|x_1|=m$，$|x_2|=n-m$，计算 $r=x_2\oplus H(x_1)$，$x=x_1\oplus G(r)$，恢复出消息 x。

由方案 8.11 可以看到，加密得到的密文仅仅只有 1 个分组的长度，所以称为“最优”。

我们直接给出该方案的安全性结论。

定理 8.21 假设 RSA 是困难的，且 G 和 H 是独立的随机预言机，那么方案 8.11 是 IND-CCA2 安全的。

8.3.3 数字签名

数字签名是公钥密码的另外一种很重要的应用，同 MAC 一样，其可用于完整性校验和数据源认证，但是不同于对称的 MAC，数字签名可以进行公开的验证。

8.3.3.1 安全性定义

同 MAC 的定义很相似，我们来定义数字签名。

定义 8.32 数字签名方案是一个概率多项式时间算法的三元组(Gen, Sig, Ver)。

(1) 密钥生成算法 Gen：输入参数 1^n，输出一对密钥(pk,sk)，其中，pk 为公钥，sk 为私钥。为了方便，假设两个密钥的长度至少为 n，且 n 可由密钥确定。

(2) 签名算法 Sig：输入私钥 sk 和消息 $m \in \{0, 1\}^*$，输出一个签名 s，该算法是随机的，记作 $s \leftarrow \mathrm{Sig}_{sk}(m)$。

(3) 确定的验证算法 Ver：输入公钥 pk、消息 m 和签名 s，输出一个比特 b。$b=1$ 表示签名有效，$b=0$ 表示签名无效，表示为 $b=\mathrm{Ver}_{pk}(m, s)$。

对于每一个 n，$\mathrm{Gen}(1^n)$输出的每一对(pk,sk)，以及每一个 $m \in \{0, 1\}^*$，都有 $\mathrm{Ver}_{pk}(m, \mathrm{Sig}_{sk}(m))=1$。

如果(Gen,Sig,Ver)满足：对 $\mathrm{Gen}(1^n)$输出的每对密钥(pk,sk)，算法 Sig_{sk} 仅对消息 $m \in \{0, 1\}^{l(n)}$ 有定义(且 Ver_{pk} 在任意 $m \notin \{0, 1\}^{l(n)}$ 时输出 0)，称(Gen,Sig,Ver)是一个消息长度为 $l(n)$的数字签名算法。

根据敌手可以掌握的资源，对数字签名的攻击场景有以下三种。

(1) 随机消息攻击(Random-message Attack)：敌手仅仅只能被动获得他人的消息签名，不能选择消息要求签名。

(2) 已知消息攻击(Known-message Attack)：敌手可以预先选择一些消息并获得消息签名，但是在给定公钥之后，就不能继续得到消息的签名了。

(3) (适应性)选择消息攻击(Chosen-message Attack)：敌手不仅可以预先选择一些消息并获得消息签名，并能在给定公钥之后，根据以前获得的签名选择消息。这是最强的攻击方式。

对于数字签名，同 MAC，安全性也定义为不可伪造，那么我们给出在最强攻击情形之下的存在性不可伪造。

数字签名实验 $\text{Sig-forge}_{A,\Pi}(n)$。

(1) 运行 $\mathrm{Gen}(1^n)$产生一对密钥(pk,sk)。

(2) 敌手被给予输入值 1^n，并被给予公钥 pk，且能访问签名预言机 $\mathrm{Sig}_{sk}()$。最后输出一对(m, s)，并用 Q 表示所有 A 对签名预言机的询问消息集合。

(3) 当且仅当 $\mathrm{Ver}_{pk}(m, s)=1$，且 $m \notin Q$ 时，实验的输出结果为 1。

如果没有敌手能在上述实验中以不可忽略的概率成功，则认为该数字签名方案是安全的。

定义 8.33 一个数字签名方案 $\Pi=(\text{Gen},\text{Sig},\text{Ver})$，如果对所有的多项式时间敌手 A，存在一个可忽略函数 negl 满足 $\Pr(\text{Sig-forge}_{A,\Pi}(n)=1)\leqslant \text{negl}(n)$，则它是适应性选择消息攻击下存在性不可伪造的。

8.3.3.2 Hash-and-Sign

构造方案 8.12 Hash-and-Sign。

设 $\Pi=(\text{Gen},\text{Sig},\text{Ver})$ 为数字签名方案，H 为 Hash 函数，构造对任意长度信息的签名方案 Π' 如下。

(1) Gen'：输入 1^n，运行 $\text{Gen}(1^n)$ 产生一对密钥(pk, sk)，其中，pk 为公钥，sk 为私钥。

(2) Sig'：输入私钥 sk 和消息 $m\in\{0,1\}^*$，输出一个签名 $s'\leftarrow \text{Sig}_{sk}(H(m))$。

(3) Ver'：输入公钥 pk、消息 m 和签名 s，当且仅当 $\text{Ver}_{pk}(H(m),s)=1$ 时输出 1。

定理 8.22 如果 Π 在适应性选择消息攻击下是存在性不可伪造的，且 H 是抗碰撞的，则构造方案 8.12 在适应性选择消息攻击下是存在性不可伪造的。

我们在介绍使用 NMAC 方式构造 MAC 时也有类似的性质，当时只给出了证明的基本思路，这里给出完整的证明过程。

证明 设敌手 A 执行实验 $\text{Sig-forge}_{A,\Pi'}(n)$，公钥为 pk，令 Q 表示 A 请求签名的消息集合。如果 A 可以成功地执行一个伪造 $(H(m),s)$，则 $m\notin Q$，那么有两种情况，一种 $H(m)$ 与询问过消息的 Hash 值发生碰撞，一种未发生碰撞。我们定义 coll 为在实验 $\text{Sig-forge}_{A,\Pi'}(n)$ 中发生碰撞的事件，即第一种情况。第一种情况与 H 抗碰撞矛盾，第二种与 Π 的安全性矛盾，因此我们可以通过 A 构造归约 A_H 和 A_{Sig} 来分别运行 $\text{Hash-Coll}_{A_H,H}(n)$ 实验和 $\text{Sig-forge}_{A_{\text{Sig}},\Pi}(n)$ 实验。

算法 A_H：输入 H。

(1) $\text{Gen}(1^n)$ 产生一对密钥(pk, sk)。

(2) pk 给 A，运行 A，当 A 询问 m_i 的签名时，计算 $s_i=\text{Sig}_{sk}(H(m_i))$，并将 s_i 返回给 A。

(3) A 输出 (m,s)，如果存在 $H(m)=H(m_i)$，A_H 输出 (m,m_i)。

我们可以看到，A 在被 A_H 调用时所见的视图分布与在 $\text{Sig-forge}_{A,\Pi'}(n)$ 中运行时所见的视图分布一样，那么事件 Coll 发生时，A_H 以概率为 1 输出一对碰撞。因为已知 H 是抗碰撞的，根据定义 8.17，存在着 negl1 使得

$$\Pr(\text{coll}_{A,\Pi'}(n))=\Pr(\text{Hash-Coll}_{A_H}(n)=1)\leqslant \text{negl1} \tag{8.9}$$

归约算法 A_{Sig}：输入公钥 pk，并可访问签名预言机 $\text{Sig}_{sk}()$。

(1) 给定 H。

(2) pk 给 A 并运行 A，当 A 询问 m_i 的签名时，首先计算 $h_i=H(m_i)$，然后以 h_i 询问签名预言机得到签名 s_i，并将 s_i 作为应答返回给 A。

(3) A 输出 (m,s)，则 A_{Sig} 输出 $(H(m),s)$。

我们可以看到，A 被调用时所见视图分布与 A 在 $\text{Sig-forge}_{A,\Pi'}(n)$ 中所见视图分布一样，那么当 A 输出伪造且 $H(m)$ 未发生碰撞时，A_{Sig} 成功构造一个伪造 $(H(m),s)$，即有

$$\Pr(\text{Sig-forge}_{A_{\text{Sig}},\Pi}(n)=1)=\Pr(\text{Sig-forge}_{A,\Pi'}(n)=1\wedge\overline{\text{Coll}_{A,\Pi'}(n)})$$

由于假设方案 Π 是适应性选择消息攻击下存在性不可伪造的，根据定义 8.33，存在可忽略的函数 negl2，使得

$$\Pr(\text{Sig-forge}_{A,\Pi'}(n)=1\wedge\overline{\text{Coll}_{A,\Pi'}(n)})\leqslant \text{negl2} \tag{8.10}$$

根据式(8.9)和式(8.10)，在实验 $\text{Sig-forge}_{A,\Pi'}(n)$ 中，有

$$\begin{aligned}\Pr(\text{Sig-forge}_{A,\Pi'}(n)=1)&=\Pr(\text{Sig-forge}_{A,\Pi'}(n)=1\wedge\text{Coll}_{A,\Pi'}(n))\\&\quad+\Pr(\text{Sig-forge}_{A,\Pi'}(n)=1\wedge\overline{\text{Coll}_{A,\Pi'}(n)})\\&\leqslant\Pr(\text{Coll}_{A,\Pi'}(n))+\Pr(\text{Sig-forge}_{A,\Pi'}(n)=1\wedge\overline{\text{Coll}_{A,\Pi'}(n)})\\&\leqslant\text{negl1}+\text{negl2}\end{aligned}$$

所以，根据定义 8.33，方案是 Π' 是适应性选择消息攻击下存在性不可伪造的，得证。

8.3.3.3 RSA-FDH

在第 7.2.1 节中讨论过教科书式 RSA 的签名方案，签名很容易伪造，因此其不是适应性选择消息攻击下存在性不可伪造的，我们也提到，可以使用先 Hash 再签名的方式，下面我们正式介绍全域杂凑函数(Full-Domain Hash，FDH)签名方案，FDH 是构造数字签名方案的一种方法，使用 Hash 函数将任意消息映射到陷门置换的定义域，再使用陷门置换构造数字签名方案。在满足安全性要求的前提下，同样可以用任意的单向陷门置换来进行实例化，我们描述基于 RSA 的方案，称为 RSA-FDH。

构造方案 8.13 RSA-FDH。

定义 $H:\{0,1\}^*\to Z_N^*$(对任意的 N)。

(1) Gen：输入参数 1^n，生成参数 (N,e,d)，其中，(N,e)为公钥，(N,d)为私钥。

(2) Sig：输入私钥 (N,d) 和消息 $m\in\{0,1\}^*$，计算 $s=(H(m)^d \bmod N)$。

(3) Ver：输入公钥 (N,e)、消息 m 和签名 s，当且仅当 $s^e\equiv H(m) \bmod N$ 时输出 1。

定理 8.23 如果 RSA 问题是困难的，且 H 为随机预言机，那么构造方案 8.13 是适应性选择消息攻击下存在性不可伪造的。

证明 令 Π 表示构造方案 8.13，A 为概率多项式时间敌手。在随机预言机模型下定义数字签名实验。

$\text{Sig-forge}_{A,\Pi}(n)$ 实验如下。

(1) 选择随机函数 H。

(2) 运行 $\text{Gen}(1^n)$ 产生密钥 (N,e,d)，(N,e) 公钥，(N,d) 为私钥。

(3) 敌手被给予输入值 1^n，并被给予公钥 (N,e)，且能询问 $H()$ 及访问签名预言机 $\text{Sig}_{(N,d)}()$。最后输出一对 (m, s)，并令 $q_H(n)$ 表示 A 询问随机预言机次数的多项式上界。

(4) 当且仅当 $s^e\equiv H(m) \bmod N$，且 m 未被 A 询问 $\text{Sig}_{(N,d)}()$ 时，实验的输出结果为 1。

令 $\varepsilon(n)=\Pr(\text{Sig-forge}_{A,\Pi}(n)=1)$，若 $\varepsilon(n)$ 不可忽略，那么我们可以利用这种能力构造归约算法 A' 以不可忽略的概率解决 RSA 问题。

为了简化而不失一般性，对 A 的行为作如下假设。

(1) A 不会对随机预言机 H 发起重复的询问。

(2) A 在请求访问签名预言机的询问 m 的签名之前，已询问过 $H(m)$。

(3) 在输出伪造签名(m,s)之前，已询问过$H(m)$。

归约A'：输入(N,e,y)。

(1) 选择$j\in\{1,2,\cdots,q_H(n)\}$。

(2) 将公钥(N,e)给A并运行A。A'模拟随机预言机，在表格中存储三元组$(\cdot,\cdot,\cdot)$，初始化表格为空，每个表项(m_i,s_i,y_i)表示：A'设置$H(m_i)=y_i$且$s_i^e\equiv y_i \bmod N$。

(3) 当A询问随机预言机$H(m_i)$时，按照如下方式应答：

① 如果$i=j$，返回y作为应答，并在表格中存储$(m_j,*,y)$；

② 否则，随机选择$s_i\in Z_N^*$，计算$y_i=(s_i^e \bmod N)$，将y_i作为应答，并在表格中存储(m_i,s_i,y_i)。

当A询问签名预言机$\mathrm{Sig}_{(N,d)}(m)$时，查表得到i满足$m=m_i$，并按照如下方式应答：

① 如果$i\neq j$，表格中存在表项(m_i,s_i,y_i)，返回s_i；

② 如果$i=j$，中止实验。

(4) 运行A输出(m,s)，如果$m=m_j$，那么$s^e\equiv y \bmod N$，输出s。

A'是多项式时间算法，通过猜测m_j为A在$\text{Sig-forge}_{A,\Pi}(n)$中的输出来完成RSA问题实验。我们来分析$A'$的行为，如果$A'$输入的参数是使用$A$在实验$\text{Sig-forge}_{A,\Pi}(n)$中使用的方法来生成的，且实验不中途中止时，即$A$在询问签名预言机$\mathrm{Sig}_{(N,d)}(m)$时并未询问$m_j$的签名，那么$A'$可以完美地模拟$A$在$\text{Sig-forge}_{A,\Pi}(n)$中的的询问，而且$j$的猜测可以认为和$A$的运行是独立的。

对于H的询问：

(1) 对m_j的应答是y，y是从Z_N^*随机选择的；

(2) 对m_i的应答是根据$y_i=(s_i^e \bmod N)$计算的y_i，s_i是从Z_N^*中随机选取的，而RSA加密是一个置换，因此y_i是均匀分布的。

对于签名预言机的询问，输出的签名s_i是正确的m_i的签名，可以通过验证，因为$H(m_i)=y_i$且$y_i=(s_i^e \bmod N)$。

那么在这种情况下，A在被A'调用时所见视图的分布和A在$\text{Sig-forge}_{A,\Pi}(n)$中的相同，令$E_1$为$A'$实验不中途中止的事件，$E_2$为$A'$中$A$输出$(m,s)$为有效伪造的事件，$E_3$为$m=m_j$的事件，那么当$A'$在$\text{RSA-Inv}_{A'}(n)$实验中成功时，有

$$\Pr(\text{RSA-Inv}_{A'}(n)=1)=\Pr(E_1\wedge E_2\wedge E_3)=\Pr(E_1\wedge E_2)p(E_3)$$

$$\Pr(E_1\wedge E_2)=\Pr(\text{Sig-forge}_{A,\Pi}(n)=1)=\varepsilon(n),\quad \Pr(E_3)=\frac{1}{q_H(n)}$$

$$\Pr(\text{RSA-Inv}_{A'}(n)=1)=\frac{\varepsilon(n)}{q_H(n)}$$

根据假设，RSA问题是困难的，$q_H(n)$为多项式，因此$\varepsilon(n)$是可忽略的，根据定义8.33，则方案Π是适应性选择消息攻击下存在性不可伪造的。

习题

8.1　证明定义8.3和定义8.2是等价的定义。

8.2 考虑一个 CBC 加密模式的变体：每次当一个消息被加密时，发送方只是简单地对 IV 加 1(而不是每次随机选择 IV)，证明该方案是非 CPA 安全的。

8.3 说明分组加密的 CBC、OFB 和 CTR 模式都不是 CCA 安全的加密方案。

8.4 说明基本的 CBC-MAC 用于认证不同长度的消息时是不安全的。

8.5 证明 $f(x)=x^2$ 不是单向函数。

8.6 证明：如果 f 是单向函数，则当 $|x_1|=|x_2|$ 时，$g(x_1,x_2)=(f(x_1),x_2)$ 也是单向函数。

8.7 设 G 是伪随机发生器，证明：$G'(x_1\parallel x_2\parallel\cdots\parallel x_n)=G(x_1)\parallel G(x_2)\parallel\cdots\parallel G(x_n)$ 是一个伪随机发生器，其中，$|x_1|=|x_2|=\cdots=|x_n|=n$。

8.8 设 G 是扩展系数为 $l(n)=n+1$ 的伪随机发生器，证明 G 是单向函数。

8.9 对于一个针对单比特消息的公钥加密方案，试说明，给定 pk 和密文 c，计算 $c\leftarrow\mathrm{Enc}_{\mathrm{pk}}(m)$，对于一个无限制的敌手，以 1 的概率确定 m 是可能的。

8.10 考虑这样一个 RSA 加密的填充方案，假设加密消息 m，模数为 n，$|m|=|n|/2$。为了加密，首先在消息左边填充 8 个 0(1 个字节)，然后填充 10 个随机字节 r，然后全填充 0，填充后得到消息 $m'=0^k\parallel r\parallel 00000000\parallel m$，其中，$k$ 是使得 m' 具有合适加密程度的 0 的数量，然后计算 $c=m'^e \bmod n$。设计一个选择密文攻击。

9

密钥管理

根据 kerckhoffs 假设，密码体制的安全性不取决于算法的保密性，而取决于密钥的安全性。使用密码算法就意味着需要进行密钥管理。包括密钥的产生、分配和控制。用于不同功能的密钥要按照其功能进行使用，用于机密性服务的密钥不能用于完整性服务。对于不同类型的密码体制，密钥管理的机制和方法是不同的。对于对称密码体制，需要考虑如下几点。(1) 使用密钥管理协议中的机密性服务及传输密钥。(2) 使用密钥体系，应允许存在不同情况，如：①“平直”的密钥体系，只使用加密数据密钥，从一个集合中密钥的身份或索引隐含地或明显地进行选取；② 多层型的密钥体系；③ 加密密钥的密钥不应该用来保护数据，而加密数据的密钥不应该用于保护加密密钥的密钥。(3) 将责任分解使得没有一个人具有重要密钥的完全拷贝。

非对称密钥算法需要考如下几点。

(1) 使用密钥管理协议中的机密性服务传输私钥。

(2) 使用密钥管理协议中的完整性服务，或数据原发鉴别的抗抵赖服务以分发公钥。这些服务可以由对称或非对称算法提供。

9.1 密钥管理

密钥在密码体制中的重要地位使得密钥管理成为一项复杂而细致的长期工作，其中既有技术问题，也有管理问题和人员素质问题。我们主要从技术方面来考虑。

密钥管理包括以下几个方面。

(1) 间歇性地产生与所要求的安全级别相称的合适密钥。

(2) 根据访问控制的要求，对于每个密钥决定哪个实体应该接受密钥的拷贝。

(3) 用可靠办法使这些密钥对实开放系统中的实体实例是可用的，或将这些密钥分配给它们。

密钥管理应该能对密钥的整个生命周期进行管理和控制，包括在一种安全策略下指导密钥的产生、存储、分配、删除、归档及应用(GB/T 9387.2—1995，ISO 7498-2—1989)，处理密钥自产生到最终销毁的整个过程中的有关问题，包括系统的初始化，密钥的产生、存储、备份/恢复、装入、分配、保护、更新、泄露、撤销和销毁等内容。

在传统对称密码体制中，加密密钥和解密密钥是一样的，其机密性、真实性和完整性需要得到同样的保护，在大型系统中所需要的种类和数量特别多，管理困难，因此，人们建议建立密钥管理中心(Key Management Center,KMC)和密钥分配中心(Key Distribution Center,KDC)。为了简化密钥管理,一般采取密钥分级策略的多级密钥管理。

9.1.1 密钥的分类

密钥根据功能可分为以下四种。

1. 数据加密密钥

数据加密密钥(Data Encryption Key)是直接对数据进行加密的密钥,可以用于通信加密和存储加密,根据加密内容的不同,其又可分为以下三种。

(1) 加密通信:一般称为会话密钥(Session Key),即两个通信终端用户在一次会话或交换数据时使用的密钥。

(2) 加密文件:称为文件密钥(File Key)。

(3) 加密数据库:又称为数据项密钥(Data Item Key)。

数据加密密钥大多使用临时生成的随机数,由于加密数据量大,考虑到效率问题,大多数情况下会选择对称密码体制,作为对称密码体制的加解密密钥。

2. 密钥加密密钥

密钥加密密钥(Key Encryption Key)用于对数据加密密钥或下层密钥进行保护,也称次主密钥(Submaster Key)、二级密钥(Secondary Key)或密钥传输密钥(Key Transport Key)。

在对称密码体制中,密钥加密密钥就是系统预先给任两个节点间设置的共享密钥。而在公钥密码体制中,密钥加密密钥就是用户公钥。

3. 主密钥

主密钥(Master Key)位于密码系统中整个密钥层次的最高层,主要用于对密钥加密密钥、数据加密密钥或其他下层密钥的保护。

它是由用户选定或由系统分配给用户的,其分发基于物理渠道或其他可靠的方法,其通常以明文的形式存放在一个特殊的密码芯片中。

4. 其他特殊用途密钥

密码体制除了提供机密性保护之外,还能提供完整性保护、抗抵赖等安全性服务,在提供这些服务使用密码算法时所需要使用的密钥,包括用于数字签名的签名私钥、消息认证码(MAC)密钥等。

欧洲银行标准委员会多级密钥方案和计算机系统常用多级密钥方案如图 9.1 和图 9.2 所示。

9.1.2 密钥生命周期管理

对于图 9.2 中所示的多级密钥系统中的不同种类的密钥,我们来介绍它们在一个生命周期中的使用和管理。

1. 主密钥 KM

KM1、KM2 等主密钥变量可选,由主密钥 KM 某些位取反获得。

主密钥 KM 是用来保护下级密钥的,用来加密或者派生出下级密钥,因此需要安全存放,不需要经常更换。

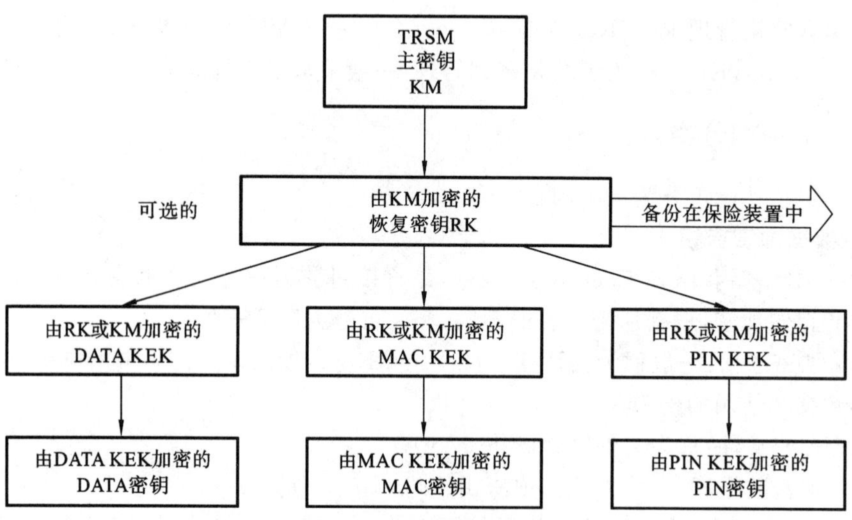

图 9.1 欧洲银行标准委员会多级密钥方案

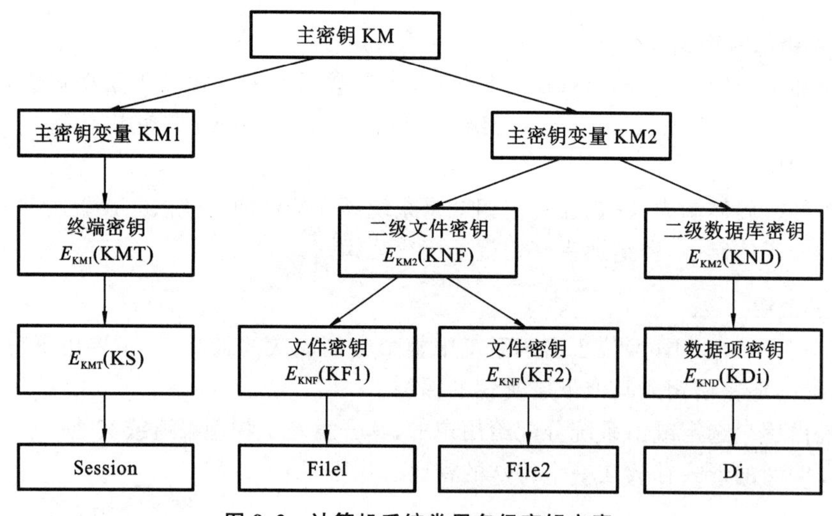

图 9.2 计算机系统常用多级密钥方案

KM 应该是一个随机数，其可以通过不同的方式产生：(1) 使用真随机数产生，比如使用抛硬币的方式产生；(2) 由用户输入复杂口令，将口令散列成密钥，如可调用 SHA1PRNG 算法；(3) 结合 HASH 函数，当前系统时间、rand()和 ANSI X9.17(见图 9.3)等生成。其中，T_i 表示当前时钟值，V_i 为初始向量或种子，R_i 为输出的随机数，V_{i+1} 为新的初始向量，用于生成下一个随机数。生成方式为

$$R_i = E_k(E_k(T_i) \oplus V_i)$$

$$V_{i+1} = E_k(E_k(T_i) \oplus R_i)$$

KM 必须保存在物理安全的地方：(1) 用户输入口令，将口令散列成密钥，加密 KM 并保存到硬盘；(2) 直接将 KM 置于密码设备的保密区域，不允许读取。

由于所有下级密钥的安全依赖于 KM，因此 KM 的备份与恢复也很重要，一般将 KM 的明文形式或口令加密形式备份到保险柜。

在需要使用 KM 时，输入口令后，将 KM 解密置于内存，如果是加密卡，可在用户输入口令后，直接启动加密卡；KM 要进行完整性校验，以防止被损坏。

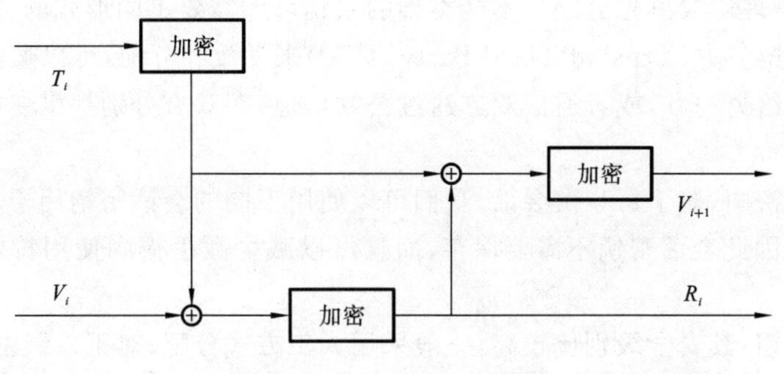

图 9.3 ANSI X9.17 结构

一个 KM 使用了一段时间之后，也需要被更换，那么就需要重新生成 KM，重新生成 KM 之后，为了使得由更换之前 KM 所保护的密钥可用，将旧 KM 保护的密钥在旧 KM 下解密，并重新使用更新的 KM 加密。

更换了 KM 并对旧的 KM 所保护的密钥重新进行加密保护之后，旧的 KM 就需要被销毁，存储的 KM 通常在下次重新生成的时候被销毁，内存中的 KM 在不需要的时候立即被销毁。

2. 二级密钥

KMT、KNF、KND 是用来保护会话密钥 KS、文件加密密钥 KF 和数据项加密密钥 KD 的二级密钥，也可采用类似于主密钥的产生方式产生随机数作为二级密钥并通过主密钥来加密，得到 E_{KM}(KMT)、E_{KM}(KNF) 和 E_{KM}(KND)，保存在硬盘上，并直接备份加密形式。使用方式为密钥密用，即

Encrypt(KM(KNF), KNF(KF), indata, outdata, …)

销毁方式覆盖即可。

对于二级密钥的更换，有下面三种情况。

(1) 更换主密钥时，二级密钥更换加密形式，本身并不更换。

(2) 更换二级密钥时，更换其所保护的下级密钥的加密形式。

(3) 某些二级密钥的更换会导致初级密钥发生改变。

3. 数据加密密钥

KS、KF、KD 也可以通过随机数来生成。对于数据加密密钥，分为保存或者不需要保存两种情况，临时(比如会话密钥)或者根据相关信息(比如数据项的位置)生成密钥不需要保存，大部分情况属于此种不需要保存的情况。备份也是直接备份加密形式，使用方式为密钥密用，而销毁也是通过反复覆盖。

更换方式如下。

(1) 销毁后重新生成。

(2) 随二级密钥一起更换，同时在更换之前解密原有数据，并重新加密数据。

(3) 会话密钥在每次会话都会生成新的密钥。

9.2 密钥分配

从技术上，可以使用可靠手段对密钥进行物理分配，可以通过访问密钥分配中心来

完成，或通过管理协议事先分配。不同类型的密钥可能需要不同形式的分配方式，密钥可以通过可信第三方(Trusted Third Party，TTP)来发放和分配，可以通过某一方利用安全信道传输给另一方，或者通信双方通过公共信道，在双方分别提供秘密信息的基础上协商得到。

在通信加密中，对于每一次会话，我们可以使用不同的会话密钥用于本次会话的加密或者 MAC，因此会话密钥不需要保存，而且可以减少敌手得到使用特定密钥加密的密文数量。

对于主密钥，其安全级别比较高，一般采用人工方式分配；对于二级密钥，一般在通信之前由系统为每位用户分配一个，通常使用 TTP，这样在 TTP 和用户之间可以建立秘密通道，便于交换数据加密密钥；会话密钥可以通过 TTP 在用户之间分配(一般称为会话密钥分配)，也可以通过通信双方在线交互产生(常称为密钥协商)，下面将分别介绍密钥预分配、会话密钥分配和密钥协商。

9.2.1 密钥预分配

密钥预分配(KPS)是指在具体的通信加密或存储加密之前，密钥由系统分配密钥或者由通信双方共享密钥(通常是主密钥或者二级密钥)。可以派专人负责维护密钥，定期分发、销毁密钥；可以将密钥分成不同部分，利用不同途径发送密钥；可以通过 PKI 证书发放密钥，并生成用户公私钥对；也可以通过协议进行密钥预分配。

所谓协议，是指一些规则或者步骤的集合，定义了双方或者多方如何交互信息以完成特定任务。密码协议也称为安全协议，其是一种特殊的交互通信协议，借助基本的密码算法，为网络和通信提供机密性、完整性、认证、不可抵赖等安全服务。下面我们介绍的密钥分配协议和密钥协商协议都是密钥建立协议，属于密码协议的一种，其用于建立和共享密钥。

下面介绍两种密钥预分配协议。

9.2.1.1 Diffie-Hellman KPS

Diffie-Hellman 密钥预分配方案是 Diffie-Hellman 密钥协商方案的变形，依赖于公钥证书，其安全性依赖于判定性 Diffie-Hellman 问题(DDH)的困难性。假设参与方为 Alice 和 Bob。

协议 9.1 Diffie-Hellman KPS。

(1) 公开选择群 $<G,\cdot>$ 及其 n 阶元素 $\alpha\in G$，使得由 α 所生成的 G 的 n 阶子群中离散对数问题是难解的。

(2) Alice 利用 Bob 证书中的公钥 b_{p} 和自己的私钥 a_{r} 计算

$$K_{\mathrm{AB}}=b_{\mathrm{p}}^{a_{\mathrm{r}}}=\alpha^{b_{\mathrm{r}}a_{\mathrm{r}}}$$

(3) Bob 利用 Alice 证书中的公钥 a_{p} 和自己的私钥 b_{r} 计算

$$K_{\mathrm{AB}}=a_{\mathrm{p}}^{b_{\mathrm{r}}}=\alpha^{a_{\mathrm{r}}b_{\mathrm{r}}}$$

在协议中，Alice 和 Bob 分别拥有自己的私钥 a_{r} 和 b_{r} 及其相对应的公钥，$a_{\mathrm{p}}=\alpha^{a_{\mathrm{r}}}$ 和 $b_{\mathrm{p}}=\alpha^{b_{\mathrm{r}}}$，公钥存储在证书中，通过 TTP 签名后发布，则 Alice 和 Bob 通过协议可以离线地共享密钥 $K_{\mathrm{AB}}=a_{\mathrm{p}}^{b_{\mathrm{r}}}=\alpha^{a_{\mathrm{r}}b_{\mathrm{r}}}$。

协议中双方没有交互，那么在假定用户私钥安全的情况下，不用考虑主动敌手，因此，协议的安全性可以归结为：已知公钥 α^{a_r} 和 α^{b_r}（但私钥 a_r 和 b_r 未知），能否计算出 $K_{AB}=\alpha^{a_r b_r}$。这是 CDH 问题，那么 CDH 问题困难，方案就是安全的。如果要求该协议具有语义安全性，即敌手不能在多项式时间内确定密钥的任何部分信息，也就是区分预分配的密钥和子群 $<\alpha>$ 中的随机元素是困难的（见第 8.3.1.2 节），那么语义安全性等价于 DDH 问题的困难性。

9.2.1.2 Blom KPS

假设在一个包含 n 个用户的网络中，密钥预分配通过一个 TTP 来产生和分配，一个简单的方案是对于任意两个用户 Alice 和 Bob，TTP 随机选取一个密钥 K_{AB} 并通过离线的安全信道分别传送给 Alice 和 Bob，那么每个用户需要保存 $n-1$ 个密钥，而且 TTP 需要安全地传送 $C_n^2=\dfrac{n(n-1)}{2}$ 个密钥，代价较高。因此，需要尽可能地减少传输和存储的数量，并且仍然保证每对用户（Alice 和 Bob）可以独立地计算出双方的秘密密钥 K_{AB}；同时，假定敌手可以收买至多 k 个用户，并且得到他们的秘密信息，企图获得未被收买的用户对之间的密钥，希望设计的密钥分配协议可以抵抗这种攻击，使敌手的企图不能成功。Blom 密钥预分配方案可以达到这一目标。

在 Blom 密钥预分配方案中，密钥取自有限域 Z_p，其中，$p\geqslant n$ 是素数，TTP 安全信道向每个用户发送 $k+1$ 个 Z_p 中的元素，下面给出 $k=1$ 和任意 k 的 Blom 密钥预分配协议。

协议 9.2 Blom KPS($k=1$)。

(1) 公开素数 p，每个用户 U 公布一个元素 $r_U\in Z_p$。元素 r_U 必须不同。

(2) TTP 选择 3 个元素 $a,b,c\in Z_p$ 并构造多项式

$$f(x,y)=a+b(x+y)+cxy \bmod p$$

(3) TTP 为用户 U 计算多项式

$$g_U(x)=f(x,r_U) \bmod p$$

并通过安全信道把 $g_U(x)$ 传送给 U。$g_U(x)$ 是关于 x 的线性多项式，所以可以写成 $g_U(x)=s_U+t_U x$，其中，$s_U=a+br_U \bmod p$，$t_U=b+cr_U \bmod p$。

(4) 如果 Alice 和 Bob 想要进行通信，则 Alice 和 Bob 分别计算

$$K_{AB}=g_A(r_B) \text{ 和 } K_{BA}=g_B(r_A)$$

共享密钥 $K=K_{AB}=K_{BA}=f(r_A,r_B)=a+b(r_A+r_B)+cr_A r_B \bmod p$。

分别计算 K_{AB} 和 K_{BA}，可以得到相同的值。

例 9.1 假定用户为 Alice 和 Bob，$p=23$，用户的公开信息 $r_A=8$，$r_B=7$，假定 TTP 选定多项式为 $f(x,y)=6+3(x+y)+5xy \bmod 23$，则 TTP 分别为 Alice 和 Bob 计算线性多项式为

$$g_A(x)=20x+7 \bmod 23,\quad g_B(x)=15x+4 \bmod 23$$

则 Alice 和 Bob 分别计算

$$g_A(7)=20x+7 \bmod 23=20\times 7+7 \bmod 23=9$$

$$g_B(8)=15x+4 \bmod 23=15\times 8+4 \bmod 23=9$$

即可共享密钥 9。

对于协议 9.2，由于多项式 $f(x,y)$ 是对称的，即对所有的 x、y，都有 $f(x,y)=$

$f(y,x)$，那么对于 Alice 和 Bob，$K_{AB}=g_A(r_B)=f(r_B,r_A)=f(r_A,r_B)=g_B(r_A)$，所以在协议的(4)中可以计算出相同的密钥。

定理 9.1 当 $k=1$ 时，Blom 密钥预分配方案对抵抗任何单个用户的攻击是无条件安全的。

定理 9.2 任何两个用户进行联合就可以攻破 $k=1$ 时的 Blom 密钥预分配方案。

协议 9.3 Blom KPS(对于任意的 k)。

(1) 公开素数 p，每个用户 U 公布一个元素 $r_U\in Z_p$。元素 r_U 必须不同。

(2) 对于 $0\leqslant i,j\leqslant k$，TTP 选择随机元素 $a_{i,j}\in Z_p$，使得对所有 i、j 有 $a_{i,j}=a_{j,i}$。TTP 构造多项式

$$f(x,y)=\sum_{i=0}^{k}\sum_{j=0}^{k}a_{i,j}x^iy^j \bmod p$$

(3) TTP 为用户 U 计算多项式

$$g_U(x)=f(x,r_U) \bmod p=\sum_{i=0}^{k}s_{U,i}x^i$$

其中，$s_{U,i}=\sum_{j=0}^{k}a_{i,j}r_U{}^j$，通过安全信道将系数向量$(s_{U,0},s_{U,1},\cdots,s_{U,k})$传送给 U。

(4) 如果 Alice 和 Bob 想要进行通信，则能够共享密钥 $f(r_A,r_B)$，其中，Alice 和 Bob 分别计算

$$K_{AB}=g_A(r_B) \quad 和 \quad K_{BA}=g_B(r_A)$$

Blom 密钥预分配方案满足：

(1) 对于任意不超过 k 个用户的集合，不能得到其他两个用户的密钥信息；

(2) 任意 $k+1$ 个用户可以攻破该方案。

定理 9.3(拉格朗日插值公式) 假定 p 是素数，$x_1,x_2,\cdots,x_{m+1}$ 是 Z_p 中的不同元素，假定 $a_1,a_2,\cdots,a_{m+1}$ 是 Z_p 中的元素。存在次数至多为 m 的唯一的多项式 $A(x)\in Z_p[x]$使得 $A(x)=a_i$，其中，$1\leqslant i\leqslant m+1$，并且多项式为

$$A(x)=\sum_{i=1}^{m+1}a_i\prod_{1\leqslant j\leqslant m+1,j\neq i}\frac{x-x_j}{x_i-x_j}$$

定理 9.4(二元拉格朗日插值公式) 假定 p 是素数，$x_1,x_2,\cdots,x_{m+1}$ 是 Z_p 中的不同元素，假定 $a_1(x),a_2(x),\cdots,a_{m+1}(x)\in Z_p[x]$是次数最多为 m 的多项式。存在次数至多为 m 的唯一的多项式 $A(x,y)\in Z_p[x,y]$使得 $A(x,y_i)=a_i(x)$，其中，$1\leqslant i\leqslant m+1$，并且多项式为

$$A(x,y)=\sum_{i=1}^{m+1}a_i(x)\prod_{1\leqslant j\leqslant m+1,j\neq i}\frac{y-y_j}{y_i-y_j}$$

定理 9.5 Blom 密钥预分配方案对抵抗 k 个用户的攻击是无条件安全的，但是任何 $k+1$ 个用户合谋都能够攻破方案。

Blom 密钥预分配方案存在一个必须事先指定的安全门限(即 k 值)，一旦超过门限，即超过 k 个用户，方案将被攻破。但 Blom 密钥预分配方案从存储需求方面来看是最优的：已经证明，任何可以抵抗 k 个用户合谋的无条件安全的密钥预分配方案中每个用户的存储长度至少是密钥长度的 $k+1$ 倍。

9.2.2 基于对称体制的会话密钥分配

在非对称密码体制出现之前，通常在系统中会存在一个称为密钥分配中心 KDC 的权威机构，每个用户和 KDC 共享一个二级密钥，以后通过 KDC 和会话密钥分配协议临时产生会话密钥。

本节介绍的会话密钥分配(SKDS)都是基于用户与 KDC 之间已经有共享密钥的，两个用户之间的会话密钥在 KDC 的参与下秘密产生，基于对称密码体制的方式进行分配。假设希望交换密钥的协议双方是 Alice 和 Bob，那么 TTP(比如 KDC)和 Alice 共享的密钥记为 K_A，与 Bob 共享的密钥记为 K_B，对于双方交互的一些参数或者消息，下标为 A 代表与用户 Alice 相关，下标为 B 代表与用户 Bob 相关。

9.2.2.1 Needham-Schroeder 方案

Needham-Schroeder 方案于 1978 年由 Roger Needham 和 Michael Schroeder 提出，是最早的会话密钥分配方案之一。

协议 9.4 Needham-Schroeder SKDS。

(1) Alice 选择随机数 r_A，并发送 ID(Alice)、ID(Bob)和 r_A 给 TTP。

(2) TTP 选择一个随机的会话密钥 K，计算给 Bob 的票据(Ticket)

$$t_B = e_{K_B}(K \parallel \mathrm{ID}(\mathrm{Alice}))$$

$$y_1 = e_{K_A}(r_A \parallel \mathrm{ID}(\mathrm{Bob}) \parallel K \parallel t_B)$$

并发送 y_1 给 Alice。

(3) Alice 使用自己的密钥 K_A 解密消息 y_1，得到会话密钥 K 和给 Bob 的票据 t_B，Alice 将 t_B 发送给 Bob。

(4) Bob 使用自己的密钥 K_B 解密 t_B，得到会话密钥 K，然后 Bob 选择一个随机数 r_B，并计算 $y_2 = e_K(r_B)$，将 y_2 发送给 Alice。

(5) Alice 使用会话密钥解密 y_2 得到 r_B，然后 Alice 计算 $y_3 = e_K(r_B - 1)$，并将 y_3 发送给 Bob。

协议 9.4 的流程示意如图 9.4 所示。

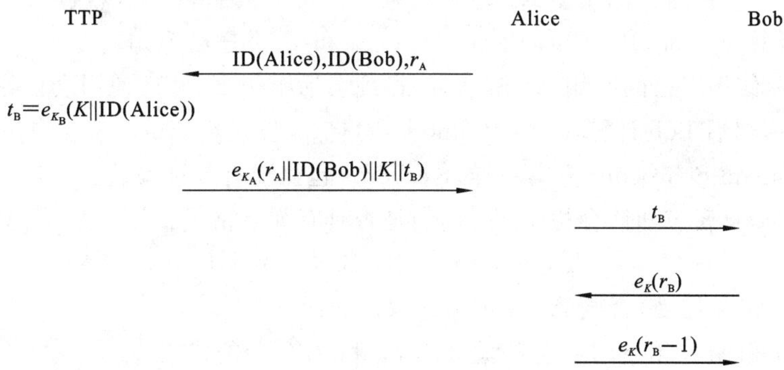

图 9.4 Needhan-Schroeder **会话密钥分配协议**

在 Needhan-Schroeder 会话密钥分配协议中还包含有效性检验，Alice 和 Bob 会验证解密的数据是否具有正确的格式或预期的数值。

(1) Alice 解密 y_1 时，会检验 $d_{K_A}(y_1)$是否具有如下格式：

$$d_{K_A}(y_1)=r_A \parallel \mathrm{ID(Bob)} \parallel K \parallel t_B$$

如果通过则 Alice 接受，否则 Alice 拒绝并取消会话。

(2) Bob 解密 y_3，会检查 $d_K(y_3)$是否等于 r_B-1；如果等于则 Bob 接受，否则 Bob 将拒绝。

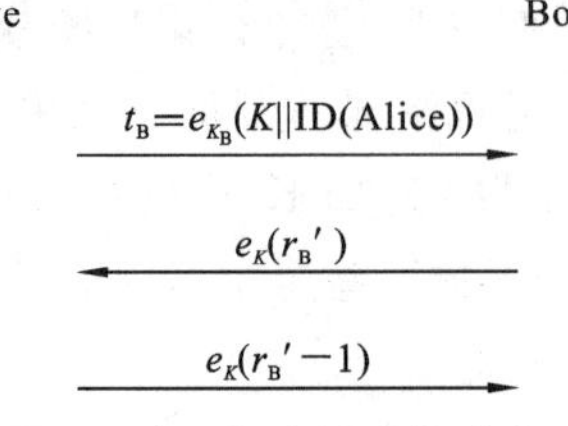

图 9.5 已知会话密钥攻击

1981 年，Denning 和 Sacco 发现了针对 Needham-Schroeder SDKS 的已知会话密钥攻击。图 9.5 所示的为攻击者 Eve 发送新的会话欺骗 Bob 的流程示意图。假设 Eve 记录了 Alice 和 Bob 之间的一次 Needham-Schroeder SDKS 会话，称为 S，并得到了会话 S 协商的会话密钥 K。然后 Eve 发起一次与 Bob 之间新的 Needham-Schroeder 会话 S'，并从会话 S' 的第三步开始，发送之前的票据给 Bob。

那么 Bob 会被 Eve 欺骗，以为产生了新的会话 S' 并共享了密钥 K，且以为是与 Alice 共享的，最后一步 Bob 会通过验证并接受 K。

9.2.2.2 Kerberos

Kerberos 是为 TCP/IP 网络设计的可信第三方认证协议，最初是在麻省理工学院 MIT 为 Athena 项目开发的，Kerberos 模型是基于 Needham-Schroeder 协议的一个变形。协议 9.5 为 Kerberos 方案第五版的简化。

协议 9.5 简化的 Kerberos V5。

(1) Alice 选择随机数 r_A，并发送 ID(Alice)、ID(Bob)和 r_A 给 TTP。

(2) TTP 选择一个随机的会话密钥 K，以及一个有效期(或者使用期限)L，计算给 Bob 的票据

$$t_B=e_{K_B}(K \parallel \mathrm{ID(Alice)} \parallel L)$$

$$y_1=e_{K_A}(r_A \parallel \mathrm{ID(Bob)} \parallel K \parallel L)$$

并发送 t_B 和 y_1 给 Alice。

(3) Alice 使用自己的密钥 K_A 解密消息 y_1，得到会话密钥 K，然后 Alice 根据当前时间 time 计算 $y_2=e_K(\mathrm{ID(Alice)} \parallel \mathrm{time})$，将 t_B 和 y_2 发送给 Bob。

(4) Bob 使用自己的密钥 K_B 解密 t_B，得到会话密钥 K，然后使用会话密钥 K 解密 y_2 得到 time，然后 Bob 计算 $y_3=e_K(\mathrm{time}+1)$，将 y_3 发送给 Alice。

同 Needham-Schroeder 方案一样，Kerberos 也需要有效性检验。

(1) Alice 解密 y_1 时，会检验 $d_{K_A}(y_1)$是否具有如下格式：

$$d_{K_A}(y_1)=r_A \parallel \mathrm{ID(Bob)} \parallel K \parallel L$$

如果通过则 Alice 接受，否则 Alice 拒绝并取消会话。

(2) Bob 解密 t_B 和 y_2 时，会检验 $d_{K_B}(t_B)$和 $d_K(y_2)$的格式：

$$d_{K_B}(t_B)=K \parallel \mathrm{ID(Alice)} \parallel L$$

$$d_K(y_2)=\mathrm{ID(Alice)} \parallel \mathrm{time}$$

其中，ID(Alice)在两个明文中是一样的，并且 time$\leqslant L$，如果条件成立，那么 Bob 接受，否则将拒绝。

(3) Alice 解密 y_3，会检查 $d_K(y_3)$是否等于 time+1；如果等于则 Alice 接受，否则 Alice 将拒绝。

通过协议 9.5，我们可以看到，步骤(3)中，Alice 解密 y_1 得到的明文中包含 Alice 发送的随机挑战 r_A、预期通信用户的 ID 和会话密钥的使用期限，这样她可以确认消息的真实性和有效性；接着使用会话密钥加密信息并发送给 Bob，意在告知对方自己已经收到会话密钥；步骤(4)中，Bob 通过解密票据 t_B 得到会话密钥 K、发起通信方的 ID 和使用期限，根据会话密钥解密 y_2，比较用户 ID 是否相同，并检验会话密钥 K 是否在使用期限之内，若检验成功，可以确信 t_B 中传送的会话密钥和加密 y_2 的会话密钥是相同的，接着使用 K 对 time+1 加密并返回给 Alice；若 Alice 收到 y_3 能够使用 K 正确解密并验证 time+1 成功，则她可以确信会话密钥 K 已经成功传送给 Bob 了。

与 Needham-Schroeder 方案不同，Kerberos 方案给 Bob 的票据指定了一个使用期限 L，在期限之内，所生成的临时会话密钥 K 是有效的，这可以防止 Eve 重放以前的会话，进行针对 Needham-Schroeder 方案的 Denning-Sacco 攻击。但所有的用户需要一个同步时钟，这个在实践中存在困难。另外，票据 t_B 本身是通过 Bob 与 TTP 的共享密钥加密的，在 Needham-Schroeder 方案中，票据 t_B 又使用 Alice 与 TTP 的共享密钥重复加密了一次，在 Kerberos 中去除了这种不必要的双重加密。若不使用时间戳，为了避免 Denning-Sacco 类型的重放攻击，一般会修改协议流程，在 Bob 接收会话密钥之前主动参与会话，或 Alice 在发送会话密钥之前与 Bob 联系。

9.2.2.3 Bellare-Rogaway 方案

Bellare 和 Rogaway 于 1995 年提出一个会话密钥分配协议，见协议 9.6，在协议中，Alice 和 Bob 都会选择随机挑战发给 TTP，TTP 在分配会话密钥之前同时参与了协议，同时 TTP 通过发送消息认证码 MAC 使得共享双方各自对会话密钥进行验证。

协议 9.6 Bellare-Rogaway SKDS。

(1) Alice 选择一个随机数 r_A，并发送 ID(Alice)、ID(Bob)和 r_A 给 Bob。

(2) Bob 选择一个随机数 r_B，并发送 ID(Alice)、ID(Bob)、r_A 和 r_B 给 TTP。

(3) TTP 选择一个随机的会话密钥 K，并计算

$$y_B=(e_{K_B}(K),\mathrm{MAC}_B(\mathrm{ID(Alice)}\parallel\mathrm{ID(Bob)}\parallel r_B\parallel e_{K_B}(K)))$$

$$y_A=(e_{K_A}(K),\mathrm{MAC}_A(\mathrm{ID(Bob)}\parallel\mathrm{ID(Alice)}\parallel r_A\parallel e_{K_A}(K)))$$

将 y_A 发送给 Alice，将 y_B 发送给 Bob。

在协议完成，双方收到消息后，Alice 和 Bob 通过各自的 MAC 密钥进行验证，若验证通过，则各自独立地解密会话密钥并共享。但在协议 9.6 中，没有流程进行双方之间的密钥确认。Alice 接收会话密钥时，并不知道 Bob 是否已经接收，甚至不知道 Bob 是否收到 TTP 所发送的消息。但若 Alice 是诚实的，将获得以下信息：(1) 从 TTP 获得的 K 使用与 TTP 共享的密钥加密传输，因此其他人无法解密出该会话密钥；(2) MAC 验证通过说明当前的会话密钥确实是新的会话密钥，且未被其他敌手替换，因为 MAC 具有安全性及 MAC 中包含当前的随机挑战 r_A；(3) 预期的密钥共享方是唯一可以解密出会话密钥的其他用户。对于 Bob 也是一样。因此，我们合理假设 Alice、Bob 和 TTP 是诚实的，那么其中即使有敌手 Eve 的存在，在 Alice 和 Bob 都接收的情况下，Eve 很难成功得到共享的会话密钥，而 Alice 和 Bob 可以分配到相同的会话密钥。

9.2.3 基于公钥体制的密钥协商

公钥密码体制出现后，会话密钥的产生变得更加容易，一般不需要 TTP（比如 KDC）在线参与。我们主要在公钥密码体制下讨论密钥协商方案（KAS），通信双方通过交互协议来共享一个会话密钥。

我们在第 6.4.1 节中介绍了 D-H 密钥协商方案，由于 DDH 和 CDH 的困难性，在遭到被动攻击的敌手时，D-H 密钥协商可以通过不安全的信道来传输公钥，通信双方各自使用对方的公钥和自己的私钥来计算共享的会话密钥；但在遭到可能的主动攻击敌手时，D-H 密钥协商方案很容易遭受到中间人攻击。

下面介绍的密钥协商方案都是在 D-H 密钥协商方案基础上的改进。

9.2.3.1 端-端密钥协商方案

由于 D-H 密钥协商容易遭受到中间人攻击，因此考虑在交换密钥时进行双方的身份认证，若在会话密钥交换之前进行独立的身份认证协议，仍然可能遭受到中间人攻击，那么若在密钥建立和交换的过程中同时认证通信双方彼此的身份，则可有效抵抗中间人攻击，这种类型的密钥协商方案称为认证密钥协商方案，也称为端-端密钥协商方案（STS），由 Diffie、Van Oorschot 和 Wiener 提出。

端-端密钥协商方案将 D-H 密钥协商方案和一个安全的交互认证方案结合，使用 TTP（比如 CA）签名的证书（关于证书，请参看第 9.3 节），每个用户有一个签名方案，其签名算法记为 sig_U，相应的验证算法记为 ver_U，每个用户拥有具有 TTP 签名的证书 $\mathrm{Cert}_U=(\mathrm{ID}(U),\mathrm{ver}_U,\mathrm{sig}_{\mathrm{TTP}}(\mathrm{ID}(U),\mathrm{ver}_U))$，TTP 签名的证书使用公开验证算法 $\mathrm{ver}_{\mathrm{TTP}}$ 来进行验证。假设共享密钥的通信双方为 Alice 和 Bob，由 Alice 发起协议。

协议 9.7 简化的 STS KAS。

公开参数包括群 $\langle G,\cdot\rangle$ 和一个 n 阶元素 $\alpha\in G$。

(1) Alice 选取随机数 $r_A\in[0,n-1]$，计算 $x_A=\alpha^{r_A}$，并将 Cert(Alice) 和 x_A 发送给 Bob。

(2) Bob 选取随机数 $r_B\in[0,n-1]$，计算

$$x_B=\alpha^{r_B},\quad K=(x_A)^{r_B},\quad y_B=\mathrm{sig}_B(\mathrm{ID}(\mathrm{Alice})\parallel x_B\parallel x_A)$$

并将 Cert(Bob)、x_B 和 y_B 发送给 Alice。

(3) Alice 使用 ver_B 来验证 y_B，如果签名无效，则拒绝并退出，否则接受并计算

$$K=(x_B)^{r_A},\quad y_A=\mathrm{sig}_A(\mathrm{ID}(\mathrm{Bob})\parallel x_A\parallel x_B)$$

并将 y_A 发送给 Bob。

(4) Bob 使用 ver_A 来验证 y_A，如果签名无效，则拒绝并退出，否则接受。

在建立和交换密钥的过程中，协议 9.7 在(2)和(3)中加入了签名和认证，可以保证 x_A 和 x_B 无法被替换，并能相互认证对方，防止了中间人攻击。

9.2.3.2 MTI 密钥协商方案

Matsumoto、Takashima 和 Imai 通过修改 D-H 密钥协商方案，构造了一些方案，称作 MTI 方案，它们不需要用户 Alice 和 Bob 计算签名。协议 9.8 是称为 MTI/A0 的 MTI 密钥协商方案。

协议 9.8　MTI/A0 KAS。

公开参数包括群$<G, \cdot>$和一个n阶元素$\alpha \in G$。

每个用户有U个秘密指数$x_U \in [0, n-1]$，对应的公开值为$y_U = \alpha^{x_U}$，公开值y_U可以通过U的证书Cert(U)获取。

(1) Alice选取随机数$r_A \in [0, n-1]$，计算$s_A = \alpha^{r_A}$，并将Cert(Alice)和s_A发送给Bob。

(2) Bob选取随机数$r_B \in [0, n-1]$，计算$s_B = \alpha^{r_B}$，并将Cert(Bob)和s_B发送给Alice，根据从Cert(Alice)中获取的y_A计算会话密钥$K = s_A^{x_B} y_A^{r_B}$。

(3) Alice根据从Cert(Bob)中获取的y_B计算会话密钥$K = s_B^{x_A} y_B^{r_A}$。

协议完成，双方可以共享密钥$K = s_A^{x_B} y_A^{r_B} = s_B^{x_A} y_B^{r_A} = \alpha^{r_B x_A + r_A x_B}$。

在协议9.8中，敌手Eve可能替换在(1)(2)中传送的s_A和s_B，即可能的中间人攻击，如图9.6所示。

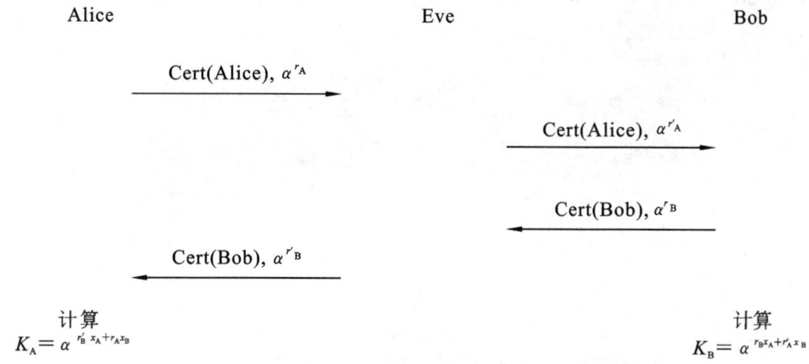

图9.6　不成功的中间人攻击

那么Alice和Bob分别可以计算出密钥$K_A = \alpha^{r'_B x_A + r_A x_B}$和$K_B = \alpha^{r_B x_A + r'_A x_B}$，虽然计算出来的密钥不同，协议遭到了破坏，但是，由于Eve不知道x_A、x_B、r_A和r_B，假定DDH问题是困难的，那么他无法计算出K_A和K_B，也无法得到K_A和K_B的任何信息。因此，Alice和Bob在中间信息没有被替代的情况下可以共享密钥，而且可以保证即使存在中间人攻击，只有共享密钥的双方才可以计算出密钥，其他任何敌手都无法计算得到密钥。

9.3　公钥基础设施PKI

公钥密码体制与传统的对称密码体制不同，其可以利用密钥的不对称性方便地在开放的网络环境中完成身份认证、数据加密、密钥交换、数字签名、数据完整性认证等多种密码学功能。公钥密码体制中的私钥是需要保密的，但其公钥可以公开，公钥虽然不需要保证机密性，但公钥的完整性和真实性却需要得到严格的保护。在公钥密码体制中，一个核心的问题是如何确定实体和密钥的关系。

公钥基础设施PKI(Public Key Infrastructure)是一个用公钥密码技术实现并提供安全服务的普适性安全基础设施。PKI采用数字证书进行公钥管理，通过可信第三方机构(认证中心，即Certificate Authority，CA)把用户的公钥和用户的其他标识信息捆绑在一起，其中包括用户名、机构信息和电子邮件地址等信息，以在开放网络环境下确认用户的身份，建立信任关系。

9.3.1 证书

数字证书是 PKI 最基本的组成部分。证书类似于现实生活中的身份证，身份证将个人信息（包括姓名、出生时间、家庭地址和其他信息）与个人的可识别标识（照片或指纹）绑定，由国家权威机关（公安部）签发，其有效性和合法性由权威机关的签名或签章保证，用于在各种场合验证持有者的合法身份。同样，证书是将证书持有人的标识信息与其拥有的公钥绑定的文件，其中还包含由第三方可信任的权威机构 CA 对证书的签名，证书上的签名可以公开验证，用来确认用户身份和公钥信息的真实性和有效性。

目前定义和使用的证书有很大不同，比如 X.509 证书、WTLS(WAP)证书和 PGP 证书等。X.509 v3 是使用最广泛的公钥证书。我们通过 X.509 v3 证书来了解一下证书所包含的内容。图 9.7、图 9.8 和图 9.9 所示的为浏览器预装的可信任的根 CA 的证书。

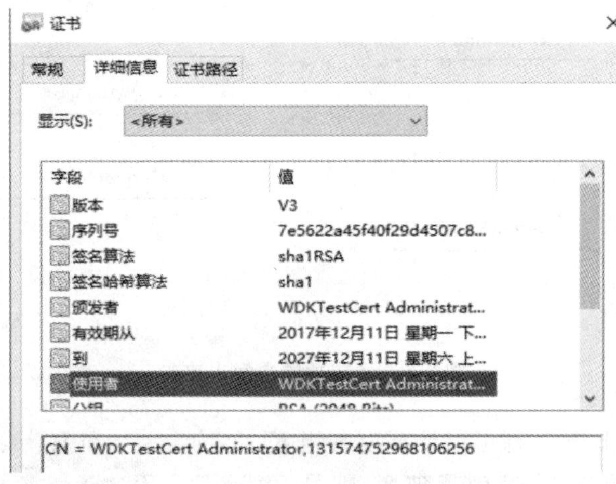

图 9.7 证书内容示意——使用者

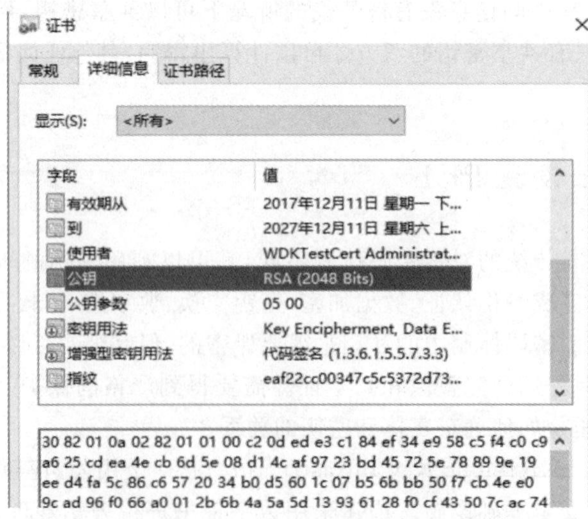

图 9.8 证书内容示意——公钥

图 9.9　浏览器预装的可信根 CA 的证书列表示意

X. 509 v3 证书定义了公钥证书的标准项和扩展项，如表 9.1 所示，包含版本号、序列号、签名和 Hash 算法标识、有效期、主体(证书持有者)名、主体公钥算法和公钥信息、可选项、扩展项，以及对上述内容的签名。

表 9.1　X. 509 v3 公钥证书内容

属　性	含　义
Certificate Format Version	版本号
Certificate Serial Number	序列号
Signature and Hash Algorithm for the CA	签名和 Hash 算法标识，例如 SHA1RSA
Issuer Name	颁发者(CA 的唯一标志名，采用 X. 500 的命名方式)
Validity Period	有效期，包括生效时间和失效时间
Subject Name	主体名(采用 X. 500 的命名方式)
Subject Public Key Information	主体公钥算法和公钥信息，例如 RSA
Issuer Unique Identifier	颁发者唯一标识符(可选)
Subject Unique Identifier	主体唯一标识符(可选)
Type Criticality Value Extension	扩展项类型、关键标志、扩展项值
CA Signature	颁发者 CA 的签名

X. 509 v3 公钥证书的适用范围很广，为了提供不同 X. 509 v3 系统之间的互操作性，一般都定义了针对 X. 509 v3 的证书概要，比如 Internet 工作小组(IETF)的公钥基础设施工作小组(PKIX)定义的 RFC2459 证书概要。RFC2459 证书概要的扩展项定义了 www、E-mail 和 IPSec 应用。这些扩展项包括如下内容。

(1) 密钥用途:定义和限制证书中公钥(和相对私钥)的用途。用途可分为数字签名、密钥协商、不可抵赖性、证书签名、证书撤销列表 CRL 签名、仅用于加密和仅用于解密。

(2) 扩展密钥用途:一个或多个对象标识符 OID(Object Identifier)定义证书中公钥的扩展用途。RFC2459 定义了几种 OID,包括 SSL 或 TLS 服务器和客户端验证、安全电子邮件和时间戳服务等。

(3) 证书策略:一个或多个对象标识符 OID 和可选项标识符。如果该扩展被标识为关键,则该证书的使用必须符合证书策略。RFC2459 定义了两种标准:证书操作说明(CPS)和用户声明。

(4) 主体别名:证书拥有者的可选名称,例如 E-mail 地址和 IP 地址。X. 509 v3 允许通过附加的私有扩展来提供额外信息。

9.3.2 PKI 的组成

PKI 通过公钥密码技术、数字证书和一些安全协议来提供安全服务,确保系统信息安全并负责验证数字证书持有者身份。它通过标准的接口为电子商务和电子政务等安全性较高的网上信息交流活动提供必需的认证、机密性、完整性、不可抵赖和访问控制服务。除了提供这些核心服务之外,在 PKI 基础上,还提供了安全公证服务、安全时间戳服务等 PKI 支撑服务。能提供对证书从注册到过期整个生命周期的管理。

1. PKI 的基本结构

PKI 的组成结构如图 9.10 所示,包括认证中心 CA、注册中心 RA(Register Authority)、证书发布系统、密钥库、证书库和证书撤销列表 CRL(Certificate Revocation List),实现证书的申请与颁发、证书的发布和撤销、密钥的备份与恢复等,为 PKI 用户和 PKI 应用提供安全服务。

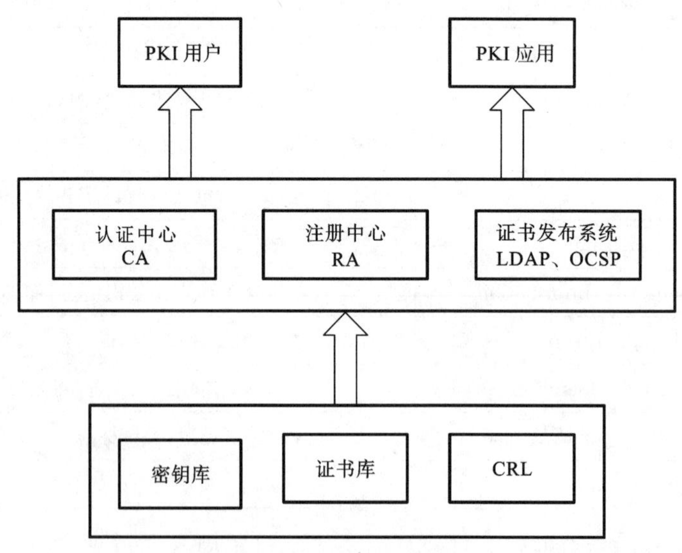

图 9.10 PKI 的结构示意

PKI 的主要管理实体为 CA 和 RA,CA 负责发放、管理和撤销数字证书,RA 则负责处理用户请求,在验证了请求的有效性后,代替用户向 CA 提交证书。RA 也可合并在 CA 中实现，在大型系统中，RA 最好独立实现，与 CA 职责分离，这既有利于提高效率，又有利于保证安全。

2. 认证中心 CA

证书认证依赖于安全、可信任、权威的 CA。CA 可按照一定的信任模型来组织，CA 通常组织成层次模型，关于信任模型，可参看第 9.3.3 节。各级 CA 认证机构组成了整个网上信息交流的信任链，每一个数字证书都与其上一级的数字签名证书相关联，最终通过信任链可以追溯到可信任的根 CA，即一个 CA 可以证明另一个 CA 的合法性。CA 为每个使用公钥的用户发放数字证书，并对相关信息签名并写入数字证书，使得敌手无法伪造和篡改数字证书。在数字证书的验证过程中，CA 作为可信第三方，起着至关重要的作用。此外，CA 还管理撤销的数字证书，在 CRL 中添加并周期性地发布具有数字签名的 CRL。CA 主要包括签名和加密服务器、密钥管理服务器、证书管理服务器、证书发布和 CRL 发布服务器、在线证书状态查询服务器及 Web 服务器。

(1) 证书发放。

通过注册中心 RA 认证后的用户申请提交到 CA，认证中心根据证书操作管理规范定义的颁发规则在证书中插入附加信息并设置各字段，证书生成后根据 CA 实现的不同及认证操作规范(Certificate Practices Statement，CPS)需求的不同采取不同的方法将证书返还给用户。

在证书生成和发放过程中，密钥生成是很重要的一步。密钥可以由用户自己产生，也可以由 CA 产生。由用户自己产生密钥很方便，尤其是自己生成自己的签名私钥，可以由自己保存，机密性好，但必须有安全通道将密钥提交给 CA 用于生成证书；由 CA 产生密钥的优点是密钥一经生成会马上进行备份，减少了中间环节，此外，CA 一般会使用更高效的密钥生成软件或硬件来生成密钥。

对不同用处的密钥需要区别对待，用于加解密的密钥和用于数字签名的密钥一般是不同的，即一对公私钥不能既用于加解密又用于签名和验证。由于解密私钥关系到其对应加密公钥所加密的数据能否恢复，因此，对于用于加解密的证书，在签名发放时，需要将密钥进行备份，以在解密私钥丢失时能够恢复密钥进而恢复数据。而对于用于数字签名的密钥，只需要公钥进行签名的验证，那么即使签名私钥丢失也不影响签名的验证，因此密钥不需要备份。

证书生成后，如何存储和发放也是一个问题。可以使用不同的方法，比如可以用电子邮件将证书返回给用户。为了方便证书的查询和使用，一般采用证书目录的方式集中存储和管理证书。轻量级目录存取协议 LDAP(Lightweight Directory Access Protocol)是用于 Internet 环境的目录存取协议，CA 可通过 LDAP 或者 web 服务器将证书信息按照一定的时间间隔对外发布。

(2) 证书更新。

证书更新主要包括主体证书(即终端用户的证书)的更新和 CA 证书的更新。对于主体证书来说，主体证书中的密钥若达到其生命周期的终结，或证书本身有效期已过，或证书中有些属性更改需要对新属性重新认证，这时需要重新发放新证书，但只要证书未被撤销，那么旧的密钥和证书就可以继续使用来完成认证。对于 CA 证书来说，CA 要对所要颁发和撤销的数字证书签名，签名可能过期；此外，CA 证书由其上一级 CA 颁发，也存在有效期问题。由于 CA 本身数量众多，对 CA 证书的更新需要考虑新旧密钥和相应 CA 证书的转换过程尽量平稳。

(3) 证书撤销。

在有些情况之下,如主体用户状态发生变化,证书中的有些信息被更改,与用户相关的私钥丢失或者泄露,那么证书在其有效期之内就要撤销使之失效。为了处理这样的情况,需要提供机制来验证证书是否被撤销。一般,CA 通过发布证书撤销列表 CRL 的方式来处理。证书撤销列表包括已撤销证书的序列号、撤销日期及表示撤销原因的状态。CA 需要对 CRL 签名以保证 CRL 未被修改。CRL 需要周期性地更新并公开发布。为了保证效率,防止更新频率过高、更新内容过多,可以采取有效的增量 CRL(Delta CRL)机制。CRL 更新的频率可能反映不了最新的证书撤销状态,比如证书的撤销发生在刚更新完 CRL 之后,那么该证书的撤销信息必须在下次更新时才能获取到,中间会有延迟,因此 IETF PKIX 工作组制定了在线证书状态协议 OCSP(Online Certificate Status Protocol),用于实时地维护或访问当前的 CRL。

证书的撤销和证书的发放一样,也需要经过申请、批准和撤销的过程。RA 负责受理撤销证书的申请,决定接受或者拒绝申请,若申请被接受,由 CA 实施撤销并发布。

(4) 证书验证。

假定 CA 的验证密钥是被信任的,那么证书的验证过程为:首先通过信任的验证密钥来验证证书上的签名,如果验证通过,签名有效,则能保证证书的完整性并能认证证书的真伪;其次,检查证书是否过期,即当前日期是否在证书中指定的有效期内;最后,检查证书是否在 CRL 中被撤销;此外,如果是关键证书,验证证书中的密钥用法与在证书中的一些可选项中规定的策略限制是否一致。如果上述检查和验证都通过,即验证成功。检查有限期内证书状态如图 9.11 所示。

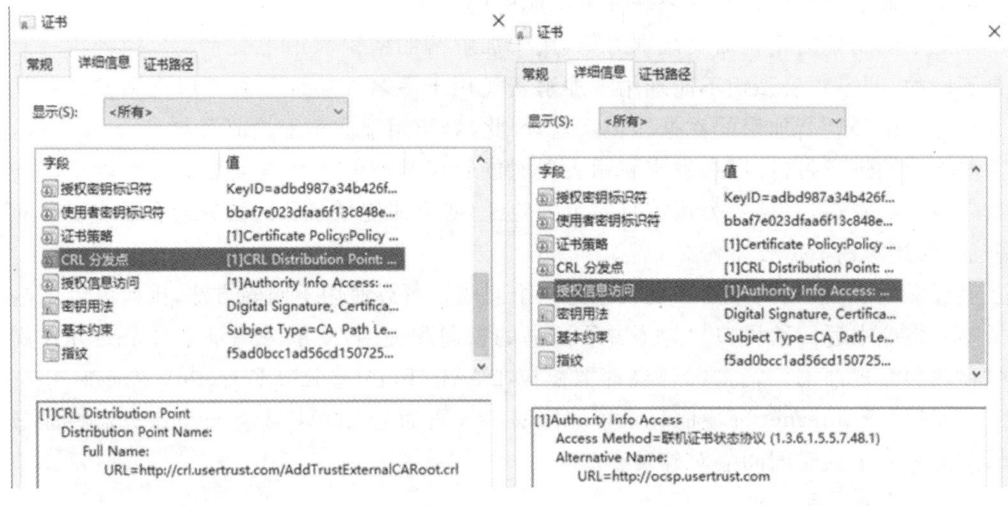

图 9.11 检查证书状态

3. 注册中心 RA

RA 是数字证书注册审批机构,注册审批功能是 CA 证书发放、管理功能的延伸。RA 负责证书申请者的信息录入、审核等工作,同时对发放的证书完成相应的管理功能。它用于确认主体身份,但不发起任何有关主体的可信声明,与证书验证和撤销相关的问题,即主体是否可信都是由 CA 来完成的。其主要功能如下。

(1) 主体注册证书的个人认证；
(2) 确认主体所提供的的信息的有效性；
(3) 对被请求证书属性确定主体的权利；
(4) 确认主体确实拥有注册的私钥；
(5) 在需要撤销时报告密钥泄露或者终止事件；
(6) 分配名字用于识别身份；
(7) 在注册初始化和证书获得阶段产生共享秘密；
(8) 产生公/私钥对；
(9) 代表主体进行注册；
(10) 私钥归档；
(11) 开始密钥恢复处理；
(12) 包含私钥的物理(例如智能卡)分发。

4. PKI 标准

(1) 公钥密码体制标准 PKCS。

PKCS 是由美国 RSA 数据安全公司及其合作伙伴制定的一组公钥密码标准，其中包括证书申请、证书更新、证书作废表发布、扩展证书内容、数字签名与数字信封的格式等方面的相关协议。

PKCS 的制定基于如下出发点：首先，保持与保密增强邮件协议 PEM(RFC1421～1424 中定义)的兼容性，也就是说，基于 PKCS 标准的应用可以与基于 PEM 的应用共享证书及进行保密通信；其次，在与 PEM 兼容的基础上，对该协议进行扩展，使之能够处理任何形式的二进制数据、更丰富的证书扩展属性、D-H 密钥交换协议和更丰富的数字签名和数字信封数据；最后，提出的协议能够成为开放系统互连 OSI(Open System Interconnection)标准的一部分，为了达到这个目标，该标准在描述数据格式的时候，采用了 OSI 的抽象语法描述语言 ASN. 1，在编码的时候采用了 OSI 的基本编码规则(Basic Encoding Rule，BER)。

PKCS 用抽象的方法描述信息语法，同时也提供算法的详细细节，但是并没有明确指定消息的具体表示方法，BER 作为一个选项，基于 PKCS 的应用可以自由地运用各种方法进行消息交换。

最基本的 PKCS 标准包括 PKCS＃1、＃3、＃5、＃6、＃7、＃8、＃9 和＃10。

PKCS＃1：定义 RSA 公开密钥算法加密/签名标准。

PKCS＃3：定义 Diffie-Hellman 密钥交换协议。

PKCS＃5：描述一种利用从口令派生出来的安全密钥加密字符串的方法。

PKCS＃6：描述了公钥证书的标准语法，主要描述 X. 509 证书的扩展格式。

PKCS＃7：规范了公开密钥基础设施 PKI 所产生的密文/签名格式，含 S/MIME(Secure/Multipurpose Internet Mail Extensions)、CMS(Cryptographic Message Syntax)。

PKCS＃11：称为 Cyptoki，定义了一套独立于技术的程序设计接口，用于智能卡和 PCMCIA 卡之类的加密设备。

(2) PKIX。

PKIX 工作组在 1995 年 10 月成立，在 Internet 工程任务组(IETF)专门负责 PKI

的标准。其起初是为了开发基于 X.509 标准的 PKI 而建立的,现在其工作范围已超出了当初的目标,它不但遵守国际电信联盟 ITU 的 PKI 标准,也开发了一些在 Internet 中使用的基于 X.509 的 PKI 标准。这些标准包括以下几种。

RFC2459:X.509 v3 证书和 V2CRL 概貌、属性证书概貌;

RFC2510:证书管理协议;

RFC2511:证书管理请求格式;

RFC2527:X.509 公钥基础设施证书策略和认证惯例框架;

RFC2560:在线证书状态协议 OCSP;

RFC2585:使用 FTP 和 HTTP 传输的 PKI 操作;

RFC2587:用 LDAP v2 存储证书和 CRL;

RFC2797:在 CMS 上的证书管理消息;

RFC3161:时间戳协议。

(3) PKI 应用接口。

为了支持 PKI 的广泛应用和互操作,目前形成了一些 API 国际标准,以利于用户开发,其中包括 OpenSSL、RSA PKCS # 11(称为 CryotoKi)和 Microsoft CryptoAPI 等。其中,CSP 提供基本加解密函数、证书编解码函数、证书库管理函数、简单消息函数、底层消息函数。

(4) PKI 应用标准。

PKI 应用标准包括一些常用的网络安全协议,包括安全的套接字协议 SSL(后续版本为传输层安全协议 TLS,现已到 TLS1.3)、安全电子交易协议 SET(Secure Electronic Transaction)、IP 安全协议 IPSEC 等,具体内容可参考相应的参考书。

9.3.3 信任模型

在证书的验证过程中,我们假定 CA 是被信任的,那么什么是信任,如何确定是被信任的,信任如何建立,这就是信任模型所要解决的问题。信任模型提供了建立和管理信任关系的框架。X.509 的 2000 年版对信任的定义为"一般来说,如果一个实体假定另一个实体会严格像它期望的那样行动,那么就称它信任那个实体"。其中的实体是指在网络或分布式环境中具有独立决策和行动能力的终端、服务器或智能代理等。

在信任模型中,一个可信的 CA 称为信任锚,它的身份是可信的,它所签发的证书我们认为也是可信的。一个证书可能并不是由信任锚直接签名的,而是从信任锚经过一条路径到达的,路径上的每个证书都由其前面的证书签名,通过验证路径上的所有证书,建立一系列信任关系,用户可以信任路径末端的证书是有效的和可信的。信任模型描述了信任关系建立的方法。

常用的信任模型有严格层次结构、分布式信任结构、Web 模型和以用户为中心的信任模型。

(1) 严格层次结构。

严格层次结构可以使用一棵倒转的树来描述,树根在上,树枝向下伸展。根 CA 作为信任锚,有自签名自颁发的证书,层次结构上的所有实体都信任根 CA,终端用户处于树的叶子,中间节点为子 CA,每个上层节点可以给其孩子节点颁发使用自己私钥签名的证书,终端叶子节点不允许签发证书,层次结构中的每个实体都拥有根 CA 的公钥。图 9.12 所示的为一个严格层次结构的例子。

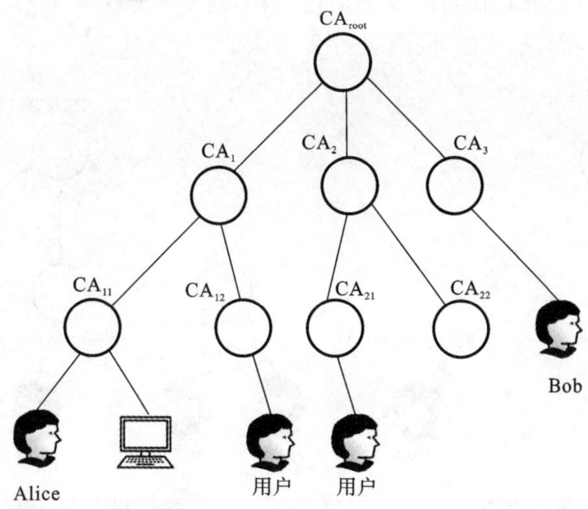

图 9.12 严格层次结构

其中，CA_{root} 为信任锚根 CA，有 7 个子 CA，5 个终端或用户。每个终端或用户由其直接上层 CA 签发和验证证书。假设图 9.12 中的用户 Alice 希望与 Bob 通信，需要验证 Bob 的证书，那么 Bob 首先提供其证书路径给 Alice：

$$CA_{root} \rightarrow CA_3 \rightarrow Bob$$

由于层次结构中每个实体都知道根 CA 的公钥，因此 Alice 可以回溯出一条从根 CA 开始的信任证书链，由上层节点的证书提取出公钥验证该节点给其下层节点签名的证书，最终可以认证 Bob 的证书，验证过程如下。

① 使用根 CA 的公钥验证根 CA 自签名的证书，即 $ver_{CA_{root}}(Cert(CA_{root}))$；

② 从 $Cert(CA_{root})$ 中获取根 CA 的公钥验证 CA_3 的证书，即 $ver_{CA_{root}}(Cert(CA_3))$；

③ 从 $Cert(CA_3)$ 中获取 CA_3 的公钥验证 Bob 的证书，即 $ver_{CA_3}(Cert(Bob))$；

④ 验证有效，则可以从 Cert(Bob) 中提取出 Bob 的公钥以供使用。

同样，如果 Bob 希望验证 Alice 的证书，那么根据 Alice 提供的路径

$$CA_{root} \rightarrow CA_1 \rightarrow CA_{11} \rightarrow Alice$$

给出验证过程：

$$ver_{CA_{root}}(Cert(CA_{root})) \rightarrow ver_{CA_{root}}(Cert(CA_1)) \rightarrow ver_{CA_1}(Cert(CA_{11})) \rightarrow ver_{CA_{11}}(Cert(Alice))$$

当路径上所有的证书验证都通过，即可通过最终的认证。

(2) 分布式信任结构。

严格的层次结构中，PKI 系统中的所有实体都信任唯一的根 CA 作为信任锚，在一个单一的组织机构内可能运行良好。而分布式信任结构则将信任分散到两个或更多的 CA 上，可以将不同信任域的根 CA 连接起来，不同信任域的结构也可能异构，比如不是所有的信任域都是严格层次结构的。

分布式信任结构有两种配置方式：网状配置和中心辐射配置。

图 9.13 所示的为网状配置的信任结构，其中，CA_1、CA_2 和 CA_3 都可以看作信任锚。Alice 保存 CA_1 的公钥，将 CA_1 看作信任锚，而 Bob 保存 CA_3 的公钥，将 CA_3 看

作信任锚。那么当 Alice 需要验证 Bob 的证书时，就需要 CA_1 和 CA_3 之间交叉认证。

图 9.14 所示的为中心辐射配置的信任结构，每一个根 CA 都与一个用作相互连接处于中心地位的中心 CA 连接，同时进行交叉认证。

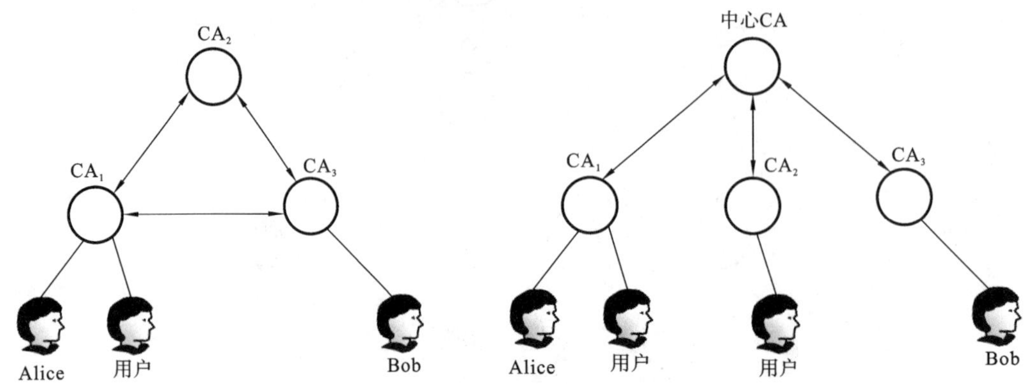

图 9.13 网状配置结构　　　　图 9.14 中心辐射配置结构

交叉认证是一种将之前无关的 CA 连接在一起的机制，从而使各 CA 构成的安全域中的用户可以进行安全通信。交叉认证的颁发者和主体都是 CA，即一个 CA 给另一个 CA 签发证书。交叉认证可以是单向的，也可以是双向的。在图 9.13 中，若 CA_1 交叉认证了 CA_3，即给 CA_3 颁发了由 CA_1 签名的证书，而 CA_3 并未交叉认证 CA_1，即 CA_3 并未给 CA_1 颁发证书，则此为“单向的交叉认证”，严格层次结构中的 CA 都是单向的交叉认证。在这种单向的交叉认证下，CA_1 构成的安全域中的用户就可以去验证 CA_3 构成的安全域中的用户证书，比如 Alice 可以验证 Bob 的证书，而 Bob 不能验证 Alice 的证书。假如 CA_1 和 CA_3 都互相交叉认证了，即互相给对方颁发了签过名的证书，产生了两个证书，则此为“双向的交叉认证”，那么由 CA_1 和 CA_3 构成的两个安全域中的终端就可以相互认证，从而达到双方进行双向安全通信的目的。从 CA_1 的角度看，根据 X.509 标准，其他 CA 给 CA_1 颁发的证书称为“正向交叉证书”，即 CA_1 作为主体被其他 CA 签名的证书；CA_1 颁发给其他 CA 的证书称为“反向交叉证书”。假如 CA_1 和 CA_3 之间进行了双向的交叉认证，则每个 CA 持有两个证书，如图 9.15 所示。

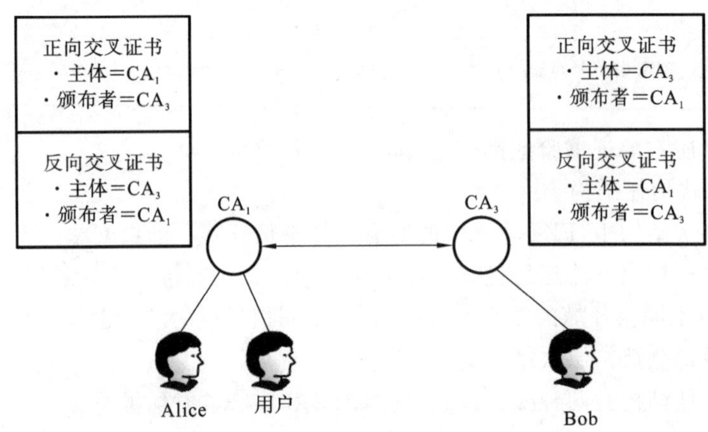

图 9.15 双向交叉认证

如果两个 CA 之间进行双向的交叉认证，那么在网状配置下，任意 n 个 CA 之间需要进行 $n(n-1)$ 次交叉认证；而在中心辐射配置下，则只需要进行 $2n$ 次交叉认证。

在分布式信任结构中，两个终端用户进行证书验证，同样也需要找到一个从某个信任锚开始的信任证书链（称为“路径发现”），在网状配置中，需要找到从被验证用户信任的根 CA 到被验证用户的一条证书链，而在中心辐射配置中，则需要找到一条从中心 CA 到被验证用户的证书链。在图 9.13 和图 9.14 中，假如 CA 之间都是进行的双向交叉认证，假设 Alice 希望验证 Bob 的证书，那么验证过程分别为

$$\text{ver}_{\text{CA}_1}(\text{Cert}_{\text{CA}_1}(\text{CA}_3)) \rightarrow \text{ver}_{\text{CA}_3}(\text{Cert}_{\text{CA}_3}(\text{Bob}))$$

$$\text{ver}_{\text{CA}_1}(\text{Cert}_{\text{CA}_1}(\text{中心 CA})) \rightarrow \text{ver}_{\text{中心CA}}(\text{Cert}_{\text{中心CA}}(\text{CA}_3)) \rightarrow \text{ver}_{\text{CA}_3}(\text{Cert}_{\text{CA}_3}(\text{Bob}))$$

其中，$\text{Cert}_{\text{CA}_1}(\text{CA}_3)$ 表示由 CA_1 给 CA_3 颁发的由 CA_1 签名的证书，其他类推。

(3) Web 模型。

Web 模型是指许多 CA 的证书预装在标准浏览器上，如图 9.7 所示的证书。浏览器信任这些 CA，浏览器用户将它们当作信任锚，把它们作为证书验证的根 CA。这些根 CA 之间并没有交叉认证，但可以看作具有一个虚拟根 CA（浏览器本身）的单个严格层次模型。

Web 模型使用方便、互操作性好。但也存在着很多安全问题。

首先，浏览器提供商会自动预装根 CA，但用户可能无法得到任何关于这些预装 CA 安全方面的信息，即使用户可以编辑这个列表，但大部分浏览器用户都不具备足够的专业知识和技能去进行合理地编辑；另一个安全问题是没有实用的机制来撤销嵌入浏览器中的证书，如果发现有一个根 CA 是“坏”的，或者相应的私钥泄露，也很难使全世界在使用的浏览器有效地废止该 CA；此外，Web 模型基本上不可能在用户和浏览器所给出的 CA 之间达成合适的协议或合同，浏览器可以自由地从不同站点下载，或者直接预装在操作系统。最后，也没有自动的机制用于更新根 CA 的证书。

在用浏览器 TLS 建立会话时，当证书不是由已知 CA 签发或证书已过期时，用户经常被告知是否接受证书或者被告知证书过期。虽然用户有选择的机会，但一般来说都会接受。

(4) 以用户为中心的信任模型。

在以用户为中心的信任模型中，每个用户就是自己的 CA，每个用户自己负责相信哪个证书，拒绝哪个证书。

著名的安全邮件程序 PGP(Pretty Good Privacy)是典型的以用户为中心的信任。一个用户通过自己担当 CA（对其他实体的公钥签名）和使他（她）的公钥被其他人所认证来建立所谓的“信任网”。每一个用户保留一个收集公钥签名的文件，称为公钥环(Public-Key Ring)。公钥环上的每一个公钥都有一个密钥合法性字段，说明给定用户信任密钥有效性的程度，信任标准越高，用户越信任密钥的合法性。签名的信任字段可衡量用户信任签名者对其他用户公钥签名的程度。最后，用户自身信任字段说明了一个特定用户信任密钥持有者对其他公钥签名的程度，该字段由用户手动设置，随着用户不断提供新的信息，PGP 持续更新这些字段。

PGP 模型是现实生活中信任关系的反映，依赖于用户的行为和决策，不容易扩展到大型网络或者用户群体（许多用户只拥有极少或者完全没有安全方面的知识）；另外，其不适宜用于公司、金融或者政府环境，在这些环境下通常希望对用户的信任实行某些

控制；最后，对于公钥的撤销，由于密钥的分发是非正式的，当某用户需要撤销自己的证书时（比如私钥丢失或者泄露时），他（她）将发出撤销消息，但很难保证密钥环上每一个有该用户公钥的用户都能收到。

习题

9.1 假设 $k=2$ 的 Blom KPS 在 5 个用户的集合 $\{A,B,C,D,E\}$ 中部署。设 $p=101$，$r_A=99$，$r_B=21$，$r_C=10$，$r_D=79$，$r_E=44$，TTP 为所有用户分配的多项式为

$$g_A(x)=4x^2+7x+12 \bmod 101$$
$$g_B(x)=83x^2+41x+57 \bmod 101$$
$$g_C(x)=23x^2+33x+52 \bmod 101$$
$$g_D(x)=40x^2+99x+14 \bmod 101$$
$$g_E(x)=8x^2+70x+92 \bmod 101$$

(1) 计算所有 $\binom{5}{2}$ 对用户的密钥；

(2) 验证 $K_{A,B}=K_{B,A}$；

(3) 说明任意 3 个用户合谋可以获得所有的共享密钥。

9.2 证明定理 9.1、定理 9.2 和定理 9.5。

9.3 简述 PKI 的组成和核心服务。

9.4 在一个严格层次模型的 CA 系统中，假设 Alice 和 Bob 是终端用户，如题图 9.1所示，试描述 Alice 如何验证 Bob 的证书。

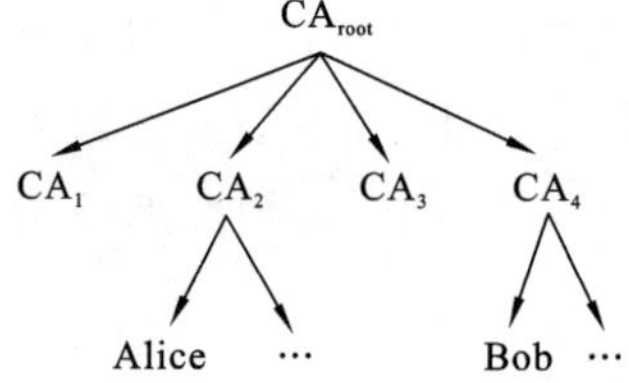

题图 9.1 CA 结构

10

身份认证

认证(Authentication)是使用密码学技术提供的一种安全服务,也称为鉴别,包括数据源认证和身份认证。身份认证用来验证消息发送者所声称身份的真实性和有效性,在通信过程中完成,具有“实时性”,也称为实体认证。数据源认证隐含了数据的完整性,主要验证消息的某个声称属性,也称为消息认证。

10.1 基于口令的身份认证

用户的身份认证是系统安全的第一道防线,目标是确认某人的身份和合法性。一般通过合法用户所独有的“你知道什么”、“你拥有什么”和“你是什么”三种方法来实现。“你知道什么”包括口令、个人信息等;“你拥有什么”是你所持有的包含你某些信息的物理文件或设备,比如 usbKey 等;“你是什么”则主要通过你的物理和生理特征去进行认证,比如指纹、虹膜等。

口令是最常使用的手段之一,简单方便。

1. 口令的选择

我们一般使用熵来衡量口令的随机性,或者说安全程度。熵越高,随机性越好,我们认为越安全。安全口令的基本原则如下。

(1) 口令越长越安全;

(2) 字符变化范围越广越安全(大小写英文字母、数字,以及其他可打印字符交叉组合);

(3) 常用字母组合会降低口令的安全性(英文、汉语拼音等冗余度较大),因此尽量使用无关联字符。

太长或无意义的字符串作为口令比较安全,但缺点是不容易记住。建议使用英文或汉语拼音句子的首字母作为口令串,其特点是接近随机串,而且具有语义,更易于记忆。比如英文首字母 ofagcaamfc(Obiviously F and G companies are all my favorite companies);汉语拼音首字母 wdchxtspssll(我的长虹小统帅庞氏霜绿萝)。

2. 口令的使用

一般来说,口令以明文或者 Hash 值的方式存储在系统中,用户认证时通过传输口令或者口令变换之后的形式,与存储在系统中的数据进行比对,相同则通过验证,否则拒绝。

如果直接明文存储，一旦文件泄露，所有用户的口令信息都会暴露，而且管理员会通过读取文件获取用户的口令信息，进而获取用户的权限；进一步，明文存储口令，用户在进行认证时也需要在线传输明文口令信息，在公开网络中传输时容易遭受到窃听攻击。因此通常会将口令以 Hash 值存储，即口令表中保存着(uid，HASH(pass))的形式。这是基于 Hash 函数求原像困难。

口令在网络中传输，传输消息的形式可能有多种，最简单的就是直接传输用户 ID 和用户口令(uid＋pass)，这种方式容易遭到窃听攻击，所以不宜采用。此外，口令还可能以 Hash 值(uid＋HASH(pass))、MAC 值(uid＋MAC_k(pass))或者加盐方式传输(uid＋salt＋HASH(pass＋salt)或 uid＋salt＋HASH(HASH(pass)＋salt))。

假设网络中窃听和重放是可能的，那么在口令的使用中，在传输的消息中没有加上时变量或者随机挑战，总是存在着重放的可能。

在基于单向 SSL 协议的口令认证中，传输(uid，pass)，存储 HASH(pass)，可以防止窃听和重放。首先，由于消息经过加密，因此敌手无法窃听 pass；其次，即使敌手拖库获得 HASH(pass)，认证时仍需口令 pass，而 HASH 求原像是比较困难的。因此，建议：

(1) 利用 SSL 协议做口令认证；

(2) 在有加密或认证码密钥的情况下，尽量使用“口令保护密钥，密钥执行认证”的方式。

静态口令容易遭受到彩虹表的攻击。

3. 动态口令

可以采用令牌或者手机短信方式，具有极高的安全性和较好的便捷性。令牌方式是通过服务器与客户端令牌按照时间或者其他时变量同步生成口令，使用一次后该口令失效，下次会生成新的口令。手机短信方式是服务器生成随机验证码，通过手机短信方式发送给用户。此种方式依赖手机拥有者可信，手机通信信道可信。

10.2 对称体制下的认证协议

10.2.1 身份认证协议

在第 9.2.1 节中，我们曾介绍过协议和密码协议的概念，正如密钥分配协议和密钥协商协议是密码协议的一种，身份认证协议也是密码协议的一种，其功能是通过一系列准确定义的步骤来描述通信各方需要完成的信息交互，进而完成通信中某一方对另一方所声称身份信息的确认，同时保证该实体身份是在本次会话中活跃，因此要求认证具有即时性。

认证协议可分为单向认证协议和双向认证协议。

单向认证协议是指通信协议的其中一方实体通过信息交互，保证在获得确切的证据下能确定另一方实体在正在运行的协议实例中是活跃的。

双向认证协议则是指通信协议的双方实体在获得确切的证据下，能确定对方主体在正在运行的协议实例中是活跃的。通信双方分别将单向认证协议运行一遍，从而证实另一方实体在当下的会话中处于活跃状态。

1. 身份认证的目标

假设通信双方为 Alice 和 Bob，我们首先说明身份认证要达到的目标。

(1) 即使 Alice 向 Bob 证实自己身份时的信息被窃听者得到，窃听者以后也无法假冒 Alice；

(2) 进一步，甚至要求防范 Bob 通过与 Alice 交互后，可能来假冒 Alice；

(3) 最终，要设计“零知识”协议，使得 Alice 能通过电子方式证实自己的身份，而没有“泄露”关于身份认证信息(或部分信息)的知识。

2. 主动攻击和被动攻击

在第 5 章 Hash 函数中，我们曾经提及过主动攻击和被动攻击，这里我们给出更加具体的描述以利于我们描述和分析协议。假设敌手为 Eve，如果下列条件之一成立，我们称 Eve 是主动的：

(1) Eve 生成一个新消息，并放入信道；

(2) Eve 修改了信道中的消息；

(3) Eve 将信道中的消息发送给其他人，而不是指定的接收者。

等价地，若没有主动攻击，则：

(1) Alice 和 Bob 都在与意定的实体通信；

(2) Alice 发送的每个消息都由 Bob 接收，反之亦然；

(3) 消息没有乱序。

在协议的执行过程中，每运行一次协议称为一次会话，如果会话中的参与方(例如 Alice 或 Bob)严格按照协议流程执行，进行正确的计算，不向敌手(Eve)泄露任何信息，则被称为是诚实的参与方。如果参与方不诚实，那么协议就完全被攻破了，因此通常假定参与方是诚实的。

3. 挑战-应答协议

在协议的进行过程中，若每次传输的信息都不发生改变，则容易遭受到“重放”攻击。为了防止重放，通常会使用时变参数(Time-Variant Parameter，TVP)，这是一个表示新鲜性的标识符或者参数，有时也称为一次性随机数、唯一数或者不可重复值。能够保证消息发生在最近的时段，在本次协议运行期间。经常通过时间戳、序列号和随机数来实现。非重复序列可能无法提供新鲜性，所以不适合用于身份认证。时间戳和随机数可以用来提供唯一性和新鲜性。

挑战通常是一个一次性随机数 nonce，是在挑战-应答协议中表示“随机”值的常用术语，其随机特性因情况而异，在协议描述中，“选择一个随机数”通常表示在一个均匀分布的样本空间中选取一个数。作为一个时变参数，由通信实体在协议运行开始时选择，以后的协议运行中产生的挑战彼此不同。

挑战-应答协议是指这样一种协议：一个实体发起挑战(也称验证者)，另一个实体通过依赖于该挑战和相关秘密的应答(也称声称者)来表明自己确实知道相关的秘密来证明自己的身份，这个过程中不会泄露秘密。在挑战-应答协议中，验证者必须临时保留前一个链接的短期状态信息，直到应答被核实为止。

挑战-应答协议中针对每一个时变挑战都会有相应的应答，该应答依赖于声称者所拥有的秘密和这个时变挑战。

首先我们来介绍在对称体制之下的用于身份认证的挑战-应答协议。

10.2.2 单向认证协议

假设通信双方 Alice 和 Bob 共享秘密密钥 K，Alice 需要向 Bob 证明自己的身份。假定密钥 K 只有 Alice 和 Bob 知道，因此双方可以通过自己知道 K 而向对方证明自己的身份。同时假定 Alice 和 Bob 都能够使用理想的随机数生成器来产生他们的挑战，这意味着在两个不同的会话中产生相同挑战的概率很小。

协议 10.1 挑战-应答方案一。

(1) Bob 选择一个随机挑战 r，发送给 Alice；

(2) Alice 计算 $y=\mathrm{Mac}_k(r)$，发送给 Bob；

(3) Bob 计算 $y'=\mathrm{Mac}_k(r)$，如果 $y=y'$，Bob 接受认证，否则拒绝。

协议 10.1 的信息交互如图 10.1 所示。

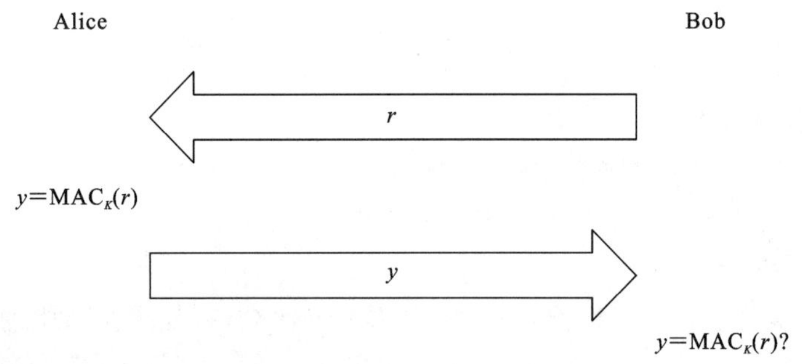

图 10.1 协议 10.1 的信息交互

如果 Bob 仅发起挑战，不作为应答方，也就是说本协议只用于 Alice 向 Bob 证明身份，例如典型的客户/服务器(Client/Server，C/S)模式，如果信任服务器 S 一端，那么该协议是安全的。

因为在协议 10.1 的步骤(3)中，Bob 通过 $y'=y$ 的判断接受身份认证，那么存在着以下可能：

(1) y 由 Bob 以前产生：如果 Bob 不应答，可以排除这种可能；

(2) y 由 Alice 以前产生：那么这种情况发生在挑战 r 被重用的情况，但是根据假设，挑战 r 是由理想的随机数发生器来产生的，因此在不同的会话中由 Bob 产生相同挑战的概率很小；

(3) y 由攻击者 Eve 产生：由于 Eve 不知道密钥，假定 MAC 是安全的，那么 Eve 产生 $y=\mathrm{MAC}_K(r)$的概率很小；

(4) y 由 Alice 当前产生：排除掉前面三种可能，那么这种情况的概率很大，而这正是我们希望得到的结果。

但在 Bob 也可能应答的情况下，即协议 10.1 中 Alice 和 Bob 的角色可以交换，通过协议 10.1，Bob 也可向 Alice 证明自己的身份，协议 10.1 会遭受到并行会话攻击，如图 10.2 所示，Eve 可以成功地冒充 Alice 通过验证。

假定在第一个会话中，Eve 正在向 Bob 假冒 Alice，Bob 发送随机挑战，这时 Eve 发起第二个会话，主动让 Bob 去应答，第二个会话的交互如图 10.2 中的黑框内信息所示。

在第二个会话中，Eve 将从第一个会话中 Bob 传过来的随机挑战发送给 Bob，当 Bob 按照协议发回应答后，Eve 继续第一个会话，将 Bob 发还的应答又发给 Bob，这样第一个会话完成，而且可以成功使 Bob 接收。

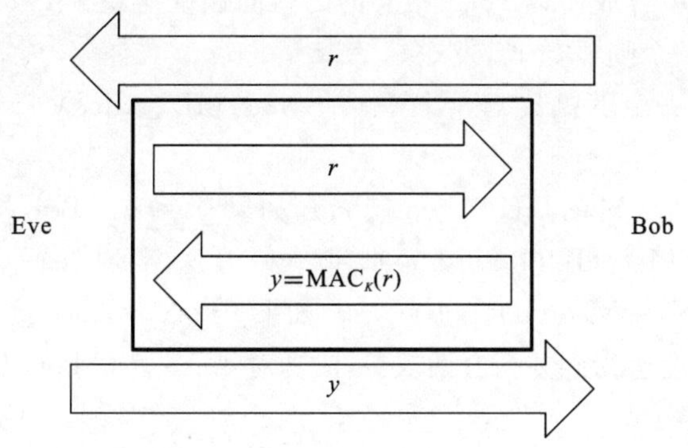

图 10.2 并行会话攻击

因此，根据对协议 10.1 的分析，我们可以知道，并行会话攻击使得情况(1)“y 由 Bob 以前产生”成为可能，即 Eve 通过发起第二次会话得到由以前 Bob 所产生的 y 通过当前协议实例的认证，成功地替代情况(4)(唯一正确的状态)，而能成功冒充 Alice 通过验证。

那么，我们可以通过把用户的身份标识加入到 MAC 中来抵抗这种攻击，协议 10.2 中，假定每个用户或实体在网络中有一个可唯一标识的身份特征 ID。

协议 10.2 加入用户身份标识的挑战-应答协议。

(1) Bob 选择一个随机数 r，发送给 Alice；

(2) Alice 计算 $y=\mathrm{Mac}_k(\mathrm{ID}(\mathrm{Alice})\parallel r)$，发送给 Bob；

(3) Bob 计算 $y'=\mathrm{Mac}_k(\mathrm{ID}(\mathrm{Alice})\parallel r)$，如果 $y=y'$，Bob 接受认证，否则拒绝。

在协议 10.2 中，Alice 和 Bob 均可挑战、应答，仍能抵抗“并行会话攻击”。如果 Eve 像图 10.2 那样发起并行会话，根据协议他只能得到从 Bob 传回来的 $\mathrm{Mac}_k(\mathrm{ID}(\mathrm{Bob})\parallel r)$，这让他无法冒充 Alice。

我们可以同样从 y 生成的可能性来分析协议 10.2，可以看到 y 有极大可能是由 Alice 根据当前挑战所产生的应答。

(1) y 由 Bob 以前产生：由于 Bob 仅应答 $\mathrm{Mac}_k(\mathrm{ID}(\mathrm{Bob})\parallel r)$，所以不可能产生 y；

(2) y 由 Alice 以前产生：与在协议 10.1 中一样，挑战只有被重用时才会在以前的会话中产生相同的 y，而由于挑战是由理想随机数生成器生成的，这种可能性很小；

(3) y 由攻击者 Eve 产生：同样，由于 MAC 的安全性，在不知道密钥 K 的条件下，产生 y 的概率很小；

(4) y 由 Alice 当前产生：上述三种情况都不可能，那么 y 就应该是由 Alice 根据当前 Bob 发过来的挑战所生成的。

10.2.3 双向认证协议

通信双方都向对方证明自己的身份称为双向认证。Alice 和 Bob 可以通过执行两次协议 10.2 来达到双向认证的目的，然而这样交互的信息流比较多，不够有效率。那么假如我们以简单的方式将两次会话合并成一个，在其中一个用户发出应答的消息中直接增加一个随机挑战，则可以得到协议 10.3，但我们看到这种方案会导致并行会话攻击，并能使得敌手冒充其中一方被认证成功。

协议 10.3 简单合成协议 10.2 中会话的双向认证协议。

(1) Bob 选择一个随机数 r_1，发送给 Alice。

(2) Alice 选择一个随机数 r_2，计算 $y_1=\mathrm{Mac}_k(\mathrm{ID}(\mathrm{Alice})\parallel r_1)$，同时将 r_2 和 y_1 发送给 Bob。

(3) Bob 计算 $y'_1=\mathrm{Mac}_k(\mathrm{ID}(\mathrm{Alice})\parallel r_1)$，如果 $y'_1=y_1$，Bob 接受认证，否则拒绝。同时，Bob 计算 $y_2=\mathrm{Mac}_k(\mathrm{ID}(\mathrm{Bob})\parallel r_2)$，并将 y_2 发送给 Alice。

(4) Alice 计算 $y'_2=\mathrm{Mac}_k(\mathrm{ID}(\mathrm{Bob})\parallel r_2)$，如果 $y'_2=y_2$，Alice 接受认证，否则拒绝。

协议 10.3 可能会遭受到并行会话攻击，成功对 Alice 冒充 Bob，如图 10.3 所示。

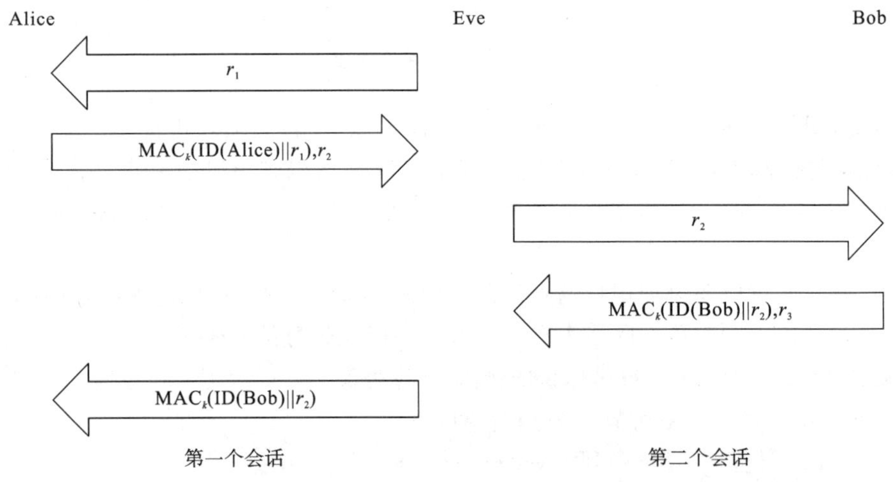

图 10.3 协议 10.3 的并行会话攻击

首先 Eve 冒充 Bob 对 Alice 发起第一个会话，按照协议，Eve 会收到 $\mathrm{MAC}_k(\mathrm{ID}(\mathrm{Alice})\parallel r_1)$和 r_2，如果要通过协议 10.3 中步骤(4)中 Alice 对 Bob 的验证，他需要发送步骤(3)中 Bob 所计算的 $\mathrm{MAC}_k(\mathrm{ID}(\mathrm{Bob})\parallel r_2)$给 Alice；这时，他可以冒充 Alice 对 Bob 发起另一个会话，将 r_2 作为协议中的第一个信息流中的挑战发给 Bob，Bob 做出第二个会话中的应答，将 $\mathrm{MAC}_k(\mathrm{ID}(\mathrm{Bob})\parallel r_2)$和 r_3 发给 Eve；此时，收到 Bob 应答的 Eve 继续第一个会话中的步骤，将 $\mathrm{MAC}_k(\mathrm{ID}(\mathrm{Bob})\parallel r_2)$发送给 Alice，这样可以通过最终 Alice 的验证，成功冒充 Bob。第二个会话中断，没有完成。

我们可以看到，Eve 将第二次会话中的步骤(2)中的消息重用到第一次会话中的步骤(3)，我们可以通过将不同步骤中的消息流的计算区分开，使得不同步骤中的消息流的计算不同而破坏 Eve 可能进行的并行会话攻击，这样我们得到协议 10.4。

协议 10.4 改进的双向认证协议。

(1) Bob 选择一个随机数 r_1 发送给 Alice；

(2) Alice 选择一个随机数 r_2，计算 $y_1=\mathrm{Mac}_k(\mathrm{ID}(\mathrm{Alice})\parallel r_1\parallel r_2)$，同时将 r_2 和 y_1 发送给 Bob；

(3) Bob 计算 $y'_1=\mathrm{Mac}_k(\mathrm{ID}(\mathrm{Alice})\parallel r_1\parallel r_2)$，如果 $y'_1=y_1$，Bob 接受认证，否则

拒绝;同时,Bob 计算 $y_2 = \mathrm{Mac}_k(\mathrm{ID(Bob)} \| r_2)$,并将 y_2 发送给 Alice;

(4) Alice 计算 $y'_2 = \mathrm{Mac}_k(\mathrm{ID(Bob)} \| r_2)$,如果 $y'_2 = y_2$,Alice 接受认证,否则拒绝。

在改进的协议中,y_1 和 y_2 的计算方式是不一样的,所以无法像图 10.3 中的并行会话攻击一样,在第二个会话中,冒充 Alice 对 Bob 发起挑战,获得 Bob 的 y_1,在第一个会话中作为 y_2 重用通过验证。Eve 只能通过得到 y_1(自己构造或者 y_1 是 Alice 以前曾经产生的)来冒充 Alice 欺骗 Bob,或者通过 y_2(自己构造或者 y_2 是 Bob 以前曾经产生的)来冒充 Bob 欺骗 Alice,无论是哪种情况,根据 MAC 的安全性和随机数发生器的随机特性,这种概率都是很小的。

10.3 公钥体制下的认证协议

在公钥环境下,Alice 和 Bob 并没有预先所共享的秘密密钥。但是我们假定 Alice 和 Bob 对于特定的密码体制或者签名方案,有相应的公私钥对,比如在第 9.3 节中介绍的 PKI 中,用户拥有可信 CA 签发的数字证书,其中包括与用户身份信息相关联的数据、公钥,以及 CA 对证书的签名,用户之间可以通过有效的机制来认证证书的有效性和合法性。我们可以使用某个用户的签名来代替对称体制之下的 MAC,而且此签名与某个用户单独关联,可以通过有效证书对签名的验证来进行身份认证。协议 10.5 给出了在公钥体制下通过签名验证来进行身份认证的协议。

协议 10.5 公钥体制下的双向认证协议。

(1) Bob 选择一个随机数 r_1,并将 Cert(Bob)、r_1 发送给 Alice。

(2) Alice 选择一个随机数 r_2,计算 $y_1 = \mathrm{Sig}_{\mathrm{Alice}}(\mathrm{ID(Bob)} \| r_1 \| r_2)$,同时将 Cert(Alice)、$r_2$ 和 y_1 发送给 Bob。

(3) Bob 验证 Alice 的证书,并验证 $\mathrm{Ver}_{\mathrm{Alice}}(\mathrm{ID(Bob)} \| r_1 \| r_2, y_1)$。如果结果为 TRUE,Bob 接受认证,否则拒绝。同时,Bob 计算 $y_2 = \mathrm{Sig}_{\mathrm{Bob}}(\mathrm{ID(Alice)} \| r_2)$,并将 y_2 发送给 Alice。

(4) Alice 验证 Bob 的证书,并验证 $\mathrm{Ver}_{\mathrm{Bob}}(\mathrm{ID(Alice)} \| r_2, y_2)$,如果结果 TRUE,Alice 接受认证,否则拒绝。

与协议 10.4 相比,使用签名代替了对称方案下的 MAC。

10.4 零知识证明

假设 Alice 为证明者,Bob 为验证者,即 Alice 向 Bob 证明她知道某事或者拥有某个物品,一般 Alice 和 Bob 通过交互的方式来证明,在证明的过程中 Alice 没有泄露她所知道的事情或者展示其所拥有的物品,但能使 Bob 验证通过,并最终相信 Alice 确实知道某事或拥有某物品,验证者 Bob 不能从证明者 Alice 获得证明知识的任何信息,因此不能利用 Alice 向他提供的证明向其他任何人出示此证明。这种证明称为零知识证明(Zero-Knowledge Proof)。

10.4.1 Feige-Fiat-Shamir 身份认证方案

最先使用零知识证明进行身份认证的是 Uriel Feige、Amos Fiat 和 Adi Shamir。

协议的目的是证明者 Alice 向验证者 Bob 证明她的身份，而事后 Bob 不能冒充 Alice。该方案假定存在一个可信第三方 TTP，该 TTP 选择通用参数：秘密选取形式为 $4r+3$ 的两个大素数 p、q，生成 $n=pq$。

Alice 产生公钥和私钥：

(1) 随机选取 k 个不同的数 $v_1, v_2, \cdots, v_k \in Z_n$，其中，$v_i(1\leqslant i\leqslant k)$ 为模 n 的二次剩余，即 $x^2=v_i \bmod n$ 有解，同时，$v_i^{-1} \bmod n$ 存在；

(2) 计算满足 $s_i=\sqrt{v_i^{-1}} \bmod n$ 的最小 s_i；

(3) $v_i(1\leqslant i\leqslant k)$ 公开，$s_i(1\leqslant i\leqslant k)$ 保密。

Alice 和 Bob 重复执行 t 次协议 10.6（提高 t 能降低 Alice 的欺骗概率）。

协议 10.6 Feige-Fiat-Shamir 身份认证方案。

(1) Alice 选取随机数 r，计算 $x=r^2 \bmod n$，并将 x 发送给 Bob；

(2) Bob 随机选择一个 k 维向量 $(b_1, b_2, \cdots, b_k)\in Z_2^k$，并发送给 Alice；

(3) Alice 计算 $y = r \cdot \prod\limits_{\substack{b_i=1\\1\leqslant i\leqslant k}} s_i \bmod n$，并将 y 发送给 Bob；

(4) Bob 验证是否有 $x = y^2 \cdot \prod\limits_{\substack{b_i=1\\1\leqslant i\leqslant k}} v_i \bmod n$。

若(4)中验证成功，则接受 Alice 的证明。

根据协议，若 Alice 确实知道所有的 s_j，且遵守协议 10.6，那么 $y^2 = r^2 \cdot \prod\limits_{\substack{b_i=1\\1\leqslant i\leqslant k}} v_i^{-1} \bmod n$，则显然在(4)中能通过验证。

若 Alice 不知道 s_j，那么当 $b_i=1$ 时，Alice 无法构造出有效的 y，只有当所有 $b_i=0$ 时，Alice 选择直接发送 r，可以在(4)中欺骗 Bob，此时欺骗概率为 $\frac{1}{2^k}$，那么重复执行 t 次欺骗概率可忽略。

10.4.2 Schnorr 身份认证方案

Schnorr 身份认证方案基于离散对数问题。假设 p、q 为大素数，且 $q|p-1$，令 $\alpha\in Z_p^*$ 是一个 q 阶元素，Schnorr 身份认证方案基于 Z_p^* 的 q 阶子群上的离散对数问题是难解的。方案需要一个可信第三方，选择通用参数：

(1) 大素数 p，$p\geqslant 2^{1024}$；

(2) 大素数 q，$q\geqslant 2^{160}$ 且 $q|p-1$；

(3) 一个 q 阶元素 $\alpha\in Z_p^*$；

(4) 安全参数，$2^t\leqslant q$。

p、q、α 和 t 公开，每个用户可用。其中，t 是协议执行次数，敌手欺骗的概率是 $1/2^t$，$t=40$ 已提供足够的安全，为了更高的安全性，Schnorr 建议使用 $t=72$。

网络中的每个用户选择自己的私钥 $a\in Z_q$，构造公钥 $\beta=\alpha^{-a} \bmod n$。TTP（比如 CA）给网络中的用户颁发证书，证书中包含用户的公钥或者其他的公共参数，由 TTP 对证书及用户的身份信息签名。

协议 10.7 Schnorr 身份认证方案。

(1) Alice 选择随机数 $r\in Z_q$，计算 $\gamma=\alpha^r \bmod p$，Alice 将 γ 和她的证书 Cert(Alice)

发送给 Bob；

(2) Bob 通过 $ver_{TTP}(Cert(Alice))$来验证 Alice 的公钥 β，选择一个随机数 $1 \leqslant k \leqslant 2^t$，并将 k 传送 Alice；

(3) Alice 计算 $y = r + ak \bmod q$，并将 y 传给 Bob；

(4) Bob 验证 $\gamma = \alpha^y \beta^k \bmod p$ 是否成立，如果成立则 Bob"接受"，否则"拒绝"。

假如 Alice 和 Bob 都按照协议严格执行，那么就有

$$\alpha^y \beta^k \bmod p = \alpha^{r+ak \bmod q} \alpha^{-ak} \bmod p = \alpha^r \bmod p = \gamma$$

则验证可以通过，Bob 接受 Alice 的身份认证。

10.4.3 Okamoto 身份认证方案

Okamoto 身份认证方案是对 Schnorr 身份认证方案的改进，它也是基于离散对数的困难性。可以证明安全性。

同样，需要 TTP 选择通用参数：

(1) 大素数 p、q 同 Schnorr 身份认证方案；

(2) 选择两个阶为 q 的元素 $\alpha_1, \alpha_2 \in Z_p^*$，它们属于唯一的阶为 q 的循环子群，有 $\alpha_1 \in <\alpha_2>$，$\alpha_2 \in <\alpha_1>$，且 $c = \mathrm{ind}_{\alpha_1} \alpha_2$ 对所有的参与方保密，假定任何人(甚至参与方合谋)都无法计算出 c。

Alice 选择私钥 $a_1, a_2 \in Z_q$，计算公钥为 $\beta = \alpha_1^{-a_1} \alpha_2^{-a_2} \bmod p$。TTP 给网络中的用户(比如 Alice)颁发证书，证书中包含用户的公钥或者其他的公共参数，由 TTP 对证书及用户的身份信息签名。

协议 10.8 Okamoto 身份认证协议。

(1) Alice 选择随机数 $r_1, r_2 \in Z_q$，计算 $\gamma = \alpha_1^{r_1} \alpha_2^{r_2} \bmod p$，Alice 将 γ 和她的证书 Cert(Alice)发送给 Bob；

(2) Bob 通过 $ver_{TTP}(Cert(Alice))$来验证 Alice 的公钥 β，选择一个随机数 $1 \leqslant k \leqslant 2^t$，并将 k 传送 Alice；

(3) Alice 计算 $y_1 = r_1 + a_1 k \bmod q$ 和 $y_2 = r_2 + a_2 k \bmod q$，并将 y_1 和 y_2 传给 Bob；

(4) Bob 验证 $\gamma = \alpha_1^{y_1} \alpha_2^{y_2} \beta^k \bmod p$ 是否成立，如果成立则 Bob"接受"，否则"拒绝"。

假如 Alice 和 Bob 都按照协议严格执行，那么就有

$$\alpha_1^{y_1} \alpha_2^{y_2} \beta^k \bmod p = \alpha_1^{r_1 + a_1 k \bmod q} \alpha_2^{r_2 + a_2 k \bmod q} (\alpha_1^{-a_1} \alpha_2^{-a_2})^k \bmod p = \alpha_1^{r_1} \alpha_2^{r_2} \bmod p = \gamma$$

则验证可以通过，Bob 接受 Alice 的身份认证。

10.4.4 Guillou-Quisquater 身份认证方案

Guillou-Quisquater 身份认证方案的安全性基于 RSA 算法的安全性。

TTP 选择两个大素数 p 和 q，$n = pq$，n 公开，p、q 保密，假定关于 n 的大数因式分解是困难的。选择大素数 e，用作安全参数和公开的 RSA 加密指数，假定 e 是使得 $\gcd(e, \varphi(n)) = 1$ 的 40 比特长的素数。

Alice 选择秘密的私钥 $u \in Z_n$，计算公钥 $v = (u^{-1})^e \bmod n$，由 TTP 给 Alice 颁发证书，包括 Alice 的身份信息和公钥，并给证书签名。

协议 10.9 Guillou-Quisquater 身份认证方案。

(1) Alice 选择一个随机数 $r \in Z_n$，计算 $\gamma = r^e \bmod n$，Alice 将 γ 和 Cert(Alice)发送

给 Bob；

(2) Bob 通过 $ver_{TTP}(Cert(Alice))$ 验证 Alice 的公钥 v，选择一个随机数 $k\in Z_n$，并将 k 发送给 Alice；

(3) Alice 计算 $y=ru^k \bmod n$，并将 y 发送给 Bob；

(4) Bob 验证 $\gamma=v^k y^e \bmod n$ 是否成立，若成立则“接受”，否则“拒绝”。

假如 Alice 和 Bob 都按照协议严格执行，那么就有

$$v^k y^e \bmod n=(u^{-1})^{ek}(ru^k)^e \bmod n=r^e \bmod n=\gamma$$

则验证可以通过，Bob 接受 Alice 的身份认证。

10.5 SSL 协议

安全套接字协议(Secure Socket layer，SSL)是针对 Internet 安全性设计的，处于 TCP/IP 中应用层和传输层之间，独立于各种协议，能够提供传输安全、身份认证等安全服务。协议最初由网景通信公司(Netscape Communication)设计，并集成到该公司的 web 浏览器中，后来被微软和其他公司所采纳，进而发展成为 Web 安全的事实标准。在 SSLv3 基础上，1996 年末由 IETF 的传输层安全工作组完成了传输层安全(Transport Layer Security，TLS)协议的标准化工作。

10.5.1 结构和功能

SSL 协议分为两层，下层是记录协议(Record Protocol)，上层包括握手协议(Handshake Protocol)、改变密码约定协议(Change Cipher Spec Protocol)和警告协议(Alert Protocol)，其中，上层中最重要的协议是握手协议，应用层协议(比如 HTTP、FTP 等)直接在记录协议之上。每个协议都有其固定的格式，都包含头信息和相对应的数据信息。握手协议用于通信双方在安全通信之前建立安全通道，主要包括认证、协商密码算法、生成和共享密钥等功能。改变密码约定消息有着特殊的用途，它表示记录机密及认证的改变，一旦握手协商好了一组新的密钥，就发送 change_cipher_spec 消息来表示将启用新的密钥。警告协议用来传达消息的严重性和对该警告的描述，一个致命的警告会立即结束链接。而记录协议则封装上层协议，实现压缩/解压缩、加密/解密、求 MAC 等操作，在发送方，将应用层数据通过 SSL 层安全打包，发往传输层；在接收方，则将密文分组解密、验证 MAC 等之后提交给高层应用，如图 10.4 所示。

<table>
<tr><td>SSL Handshake Protocol</td><td>SSL Change Cipher Spec Protocol</td><td>SSL Alert Protocol</td><td>HTTP</td></tr>
<tr><td colspan="4">SSL Record Protocol</td></tr>
<tr><td colspan="4">TCP</td></tr>
<tr><td colspan="4">IP</td></tr>
</table>

图 10.4 层次结构

我们可以看到，通过握手协议的认证和记录协议的打包封装，SSL 协议可以提供身份认证、传输加密、完整性保护和密钥交换功能。

10.5.2 记录协议

记录协议在握手协议所协商好的密码参数的基础上对应用层数据进行安全封装。记录协议的消息结构如图 10.5 所示，将上层数据分成每块不大于 2^{14} 字节的 SSL 记录。

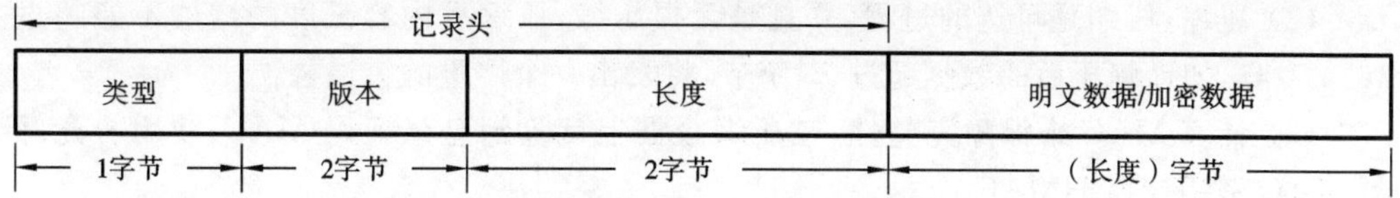

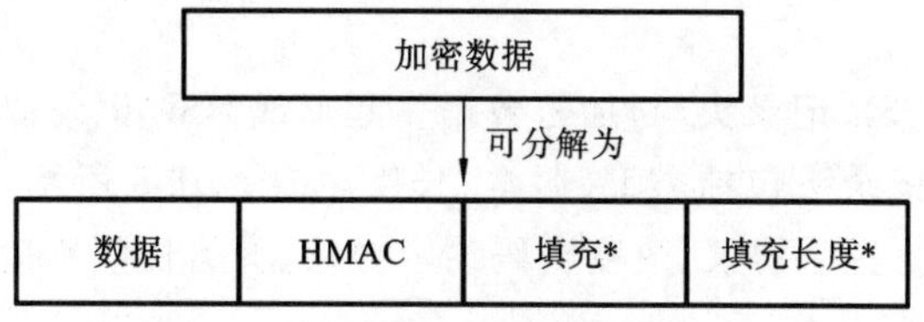

图 10.5 记录协议的消息结构

执行的操作包括对记录协议上层的数据分段、压缩、计算 MAC、加密并加上消息头打包成 SSL 记录，然后传输给下一层（TCP），如图 10.6 所示。

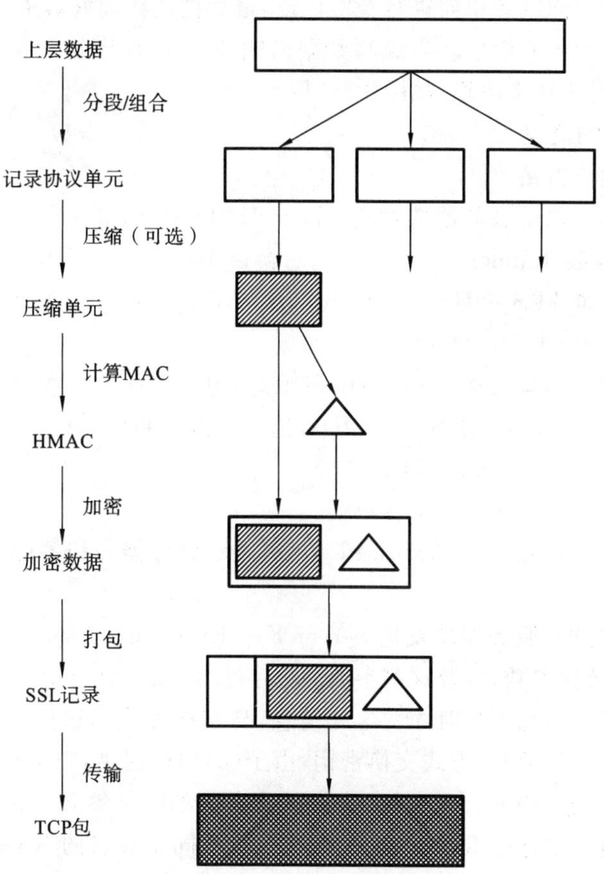

图 10.6 SSL 记录协议操作

(1) 分段/组合：每个上层数据被分成 2^{14} 字节或更小的记录协议单元，上层应用数据可能是 SSL 上层协议数据，比如握手协议的消息，也可能是应用层数据，比如 HTTP 消息。如果消息很短，也可以将多个消息组合成为一个，比如改变密码约定协议数据很短，可以和握手协议中的密钥交换消息组成一个记录单元。

(2) 压缩：压缩是可选的过程，并且是无损压缩，压缩后内容长度的增加不能超过 1024 字节，如果解压后的数据超过 2^{14} 字节，将发出一个严重的错误警告。

(3) 计算 MAC 来保障完整性：在压缩数据上计算消息认证码 MAC，使用协商好的 MAC 密钥计算 HMAC。

(4) 加密：对压缩数据及 MAC 进行加密，可以选择流密码的方式，也可选择 CBC 分组密码。

(5) 打包：增加 SSL 记录头，与加密数据一起形成 SSL 记录协议消息包，作为下一层 TCP 包的数据。记录头包括类型、版本、长度，如图 10.5 所示，其中，类型是指上层应用数据的类型，包括握手协议、改变密码约定协议、警告协议和应用数据四种。

10.5.3 握手协议

SSL 握手协议用来在客户端和服务器端传输应用数据之前建立协商安全参数，建立安全通道。第一次通信时，双方通过握手协议首先协商密钥交换算法、数据加密算法和摘要算法，接着双向或者单向进行身份认证，最后使用协商好的密钥交换算法交换预主密钥，双方根据预主密钥独立生成写数据密钥、写 MAC 密钥和初始向量，以供后续通信使用。协议分为四个阶段，如图 10.7 所示。

1. 握手协议的流程

第一阶段：建立链接。

(1) C→S：客户端给服务器端发送 Client Hello 消息，其中包含协议版本号(Version)、客户端随机数(Random，4＋28 字节)、会话 ID(Session ID)、支持的密码套件名称(Cipher suite，如 TLS_DHE_RSA_WITH_AES_CBC_SHA)和支持的压缩方法(Compression_methods)。

(2) S→C：服务器端发送 Server Hello 消息，包括选择的版本(Version)、服务器端随机数(4＋28 字节)、会话 ID(Session ID)、选择的密码套件名称(Cipher suite)和选择的压缩方法(Compression_methods)。

第二阶段：服务器发送证书给客户端。

(3) S→C：服务器端发送 Certificate 消息，表示服务器的相关证书 RSA 或者 DSA 证书等。

(4) S→C(可选)：服务器端发送 Server Key Exchange 消息，将密钥交换过程中所需要使用的相关公钥参数，以及这些参数的数字签名 sig_{Server}(公钥参数)发送给客户端。仅当(3)中所提供的消息不足时才发送此消息，与交换方式的选择有关(RSA 或者 DH 协议等)，例如，若选择 RSA 方式交换密钥，由于(3)中已提供，则可省；如果选择 DH 协议，则会发送 DH 交换中的公开参数 g, p, g^x 及它们的数字签名。在选择 RSA 方式交换密钥的时候，也可以选择重新生成一个临时的、不同于签名的 RSA 加密密钥发给客户端。

(5) S→C(可选)：服务器端发送 Certificate Request 消息，请求客户端发送证书进

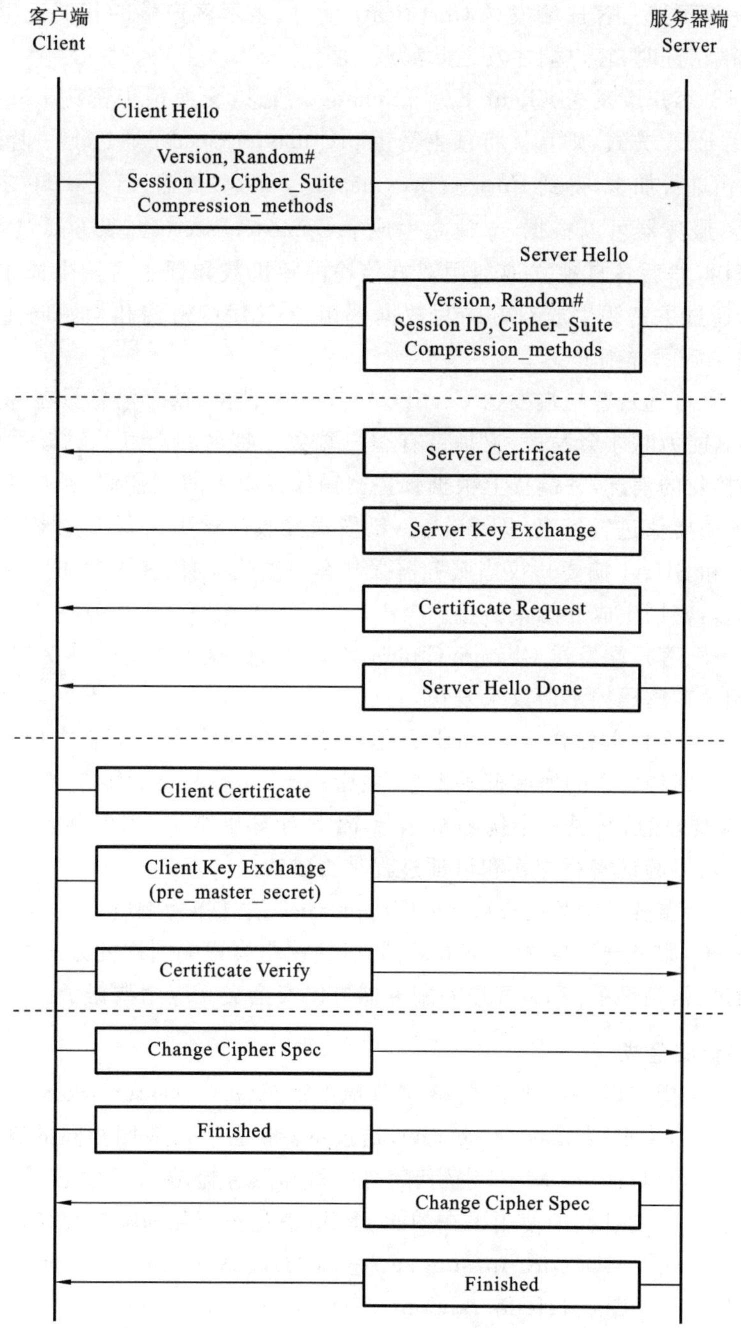

图 10.7 握手协议消息流

行验证，仅当服务器强制客户端认证时，服务器端才发送此消息，消息中会包含服务器端支持的证书类型和所有服务器端信任的证书发行机构的 DN(Distinguished Name)列表。

(6) S→C：服务器端发送 Server hello Done 消息给客户端，表明握手协议的 Hello 消息阶段结束。

第三阶段：由客户端发送证书给服务器端并进行密钥交换。

(7) C→S(可选):客户端发送 Certificate 消息,表示客户端的相关证书,仅当服务器强制客户端认证时,客户端才发送此消息。

(8) C→S:客户端发送 Client Key Exchange 消息,交换预主密钥 pre_master_secret。若使用 RSA 方式,则直接将预主密钥 pre_master_secret 通过上一阶段传过来的服务器的公钥进行加密,得到 Enc_{PubS}(pre_master_secret)传输,若是 DH 方式,则发送 g^y 给服务器,服务器可以根据 g^y 独立生成 pre_master_secret。双方通过本过程能够共享预主密钥,然后各自独立地利用双方传输的随机数和预主密钥生成主密钥(master_secret),通过主密钥生成双方的写数据密钥、写 MAC 密钥和初始向量,密钥的生成过程我们在后面详细介绍。

(9) C→S(可选):客户端发送 Certificate Verify 消息,这个消息只在客户端发送的证书具有签名能力时才会发送,它是带有客户端数字签名的消息。对握手协议前面过程所发送和接收的消息,并链接上根据预主密钥计算出来的主密钥,通过 Hash 得到摘要值,并对该摘要值进行签名,即 Sig_{Client}(已发送接收的握手信息+主密钥 master_secret 的 MD5 和 SHA1 摘要),仅当服务器强制客户端认证时,客户端才发送此消息。

第四阶段:密钥生成并结束链接。

(10) C→S:客户端发送 Change Cipher Spec 消息,这个消息不认为是握手协议的一部分,使用改变密码约定协议来发送。

(11) C→S:客户端发送 Finished 消息,该消息使用协商和交换之后的密钥,使用 HMAC 计算收到和发送的所有握手消息、主密钥 master_secret 和常数串“cient/server finished”的摘要,然后通过一个伪随机函数 PRF 计算出结果,用对称加密算法加密后发送给对方,可以验证密钥交换和认证过程是否成功。

(12) S→C:服务器端发送 Change Cipher Spec 消息作为响应。

(13) S→C:服务器端发送 Finished 消息,使用与客户端同样的方式。

验证通过后,则握手完成,客户和服务器可以安全交互应用数据了。

2. 密码参数生成

双方通过密钥交换协议共享了 48 字节预主密钥(pre_master_secret),通过预主密钥生成 48 字节的主密钥(master_secret),通过主密钥独立地使用相同的算法在各自一方生成客户端的写数据、写 MAC 密钥、随机向量和服务器端的写数据、写 MAC 密钥、随机向量。在产生的过程中使用了在初始 Hello 消息中交互的随机数。产生过程为

master_secret=MD5(pre_master_secret ‖ SHA('A') ‖ pre_master_secret ‖
ClientHello. random ‖ ServerHello. random) ‖
MD5(pre_master_secret ‖ SHA('BB') ‖ pre_master_secret ‖
ClientHello. random ‖ ServerHello. random) ‖
MD5(pre_master_secret ‖ SHA('CCC') ‖ pre_master_secret ‖
ClientHello. random ‖ ServerHello. random)

key_block=MD5(master_secret ‖ SHA('A') ‖ master_secret ‖
ClientHello. random ‖ ServerHello. random) ‖
MD5(master_secret ‖ SHA('BB') ‖ master_secret ‖
ClientHello. random ‖ ServerHello. random) ‖

MD5(master_secret ‖ SHA('CCC') ‖ master_secret ‖
ClientHello.random ‖ ServerHello.random) ‖ …

在 TLS 中 HMAC 使用 RFC2104 所定义的 HMAC 算法(详见第 4.4 节),与 SSL 的稍有不同,SSL 中使用和密钥链接而不是异或的方式来填充摘要的数据块。两种情况下的安全程度应该是等同的。

10.5.4　安全性思考

关于 SSL,我们可以来考虑其安全性。

思考 1:当客户端没有证书时,SSL 能提供怎样的安全性?

可以提供身份认证、传输加密、完整性保护和密钥交换。那么可以进行自然推广,使用"SSL+口令"的认证方式,详见第 10.1 节。

思考 2:SSL 使用 DH 协议时能否抵抗中间人攻击?

是可以抵抗的,因为如果选择 DH 协议,则会发送 g、p、g^x 及它们的数字签名。

思考 3:SSL 协议与数字信封的区别是什么?

数字信封每个包都要提供数字签名,以保证数据原发的正确性。

SSL 协议是一个以通信安全为主的协议,握手协议后,不再采用数字签名,理论上,服务器可以伪造客户端发包,反之亦然。

思考 4:SSL 协议最大的安全威胁来自哪里?

可能主要来自于终端(包括客户端和服务器端),比如木马入侵、密钥的安全性等。

双向 SSL 可以实现很强的双向身份认证,单向 SSL 配合口令认证也能提供较好的身份认证功能。

10.6　PGP 协议

PGP 是目前普遍使用的安全电子邮件系统,可离线工作。PGP 通过密码学原语的综合使用,为电子邮件和文件存储应用过程提供认证服务和机密性服务,如图 10.8 所示。

PGP 协议可以仅仅提供认证服务(图 10.8 中的(a))或机密性服务(图 10.8 中的(b)),也可结合起来同时提供机密性和认证服务(图 10.8 中的(c))。对于发送方 Alice 和接收方 Bob,Alice 拥有一对用于签名和验证的公私钥对(pk_A,sk_A),Bob 拥有一对用于非对称加解密的公私钥对(pk_B,sk_B),在图 10.8 中,H 表示 Hash 函数,‖ 表示消息的链接,Sig 和 Ver 表示签名和验证算法,EP 和 DP 表示非对称加解密算法,EC 和 DC 表示对称的加解密算法,Z 表示压缩算法,k_s 表示对称加解密的会话密钥,T/F 表示验证结果为 True 还是 False。

1. 压缩

在 PGP,为了效率,可以选择对消息进行压缩,图 10.8 中的 Z 表示压缩过程。我们可以观察压缩过程 Z 的位置。

(1) 压缩在数字签名之后,可方便签名的验证,并避免多次压缩。

(2) 压缩在消息加密之前,这是因为加密是混乱随机化的过程,那么对加密后的密文很难进行进一步的压缩;压缩的主要目的是压缩邮件或者文件的存储空间,提高加密

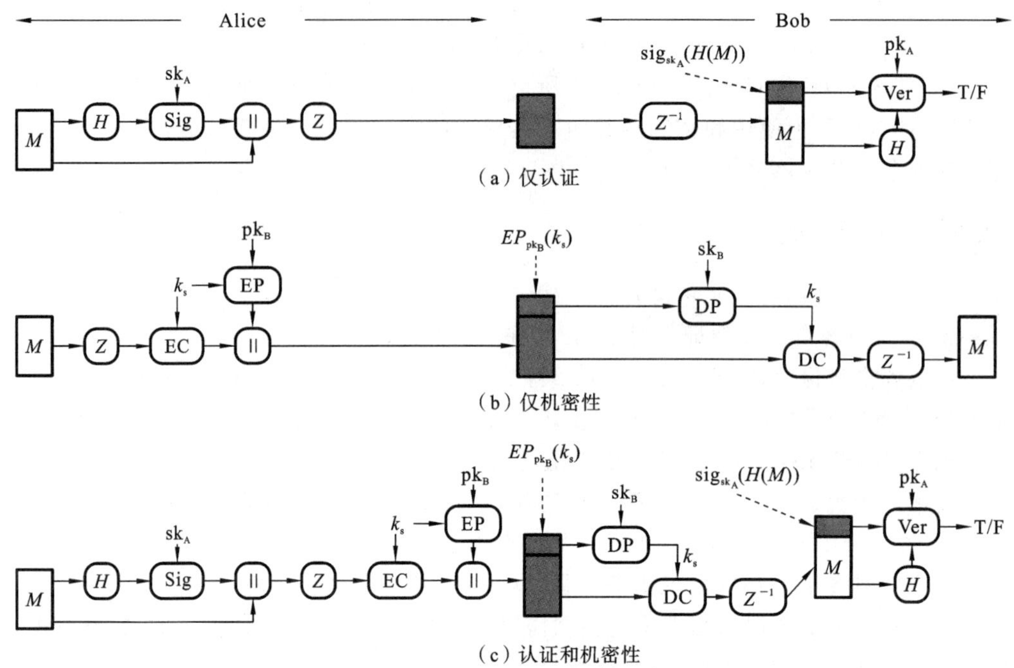

图 10.8　PGP 提供的密码服务

效率，但另一方面，由于压缩后的文件会减少文件的冗余度，从唯一解距离的角度，会增加密码分析的难度。

2. 认证服务

在图 10.8(a)中，通过数字签名来进行认证，而且消息在签名之前首先摘要，兼顾签名效率和安全性。发方 Alice 使用自己的签名私钥对摘要后的消息进行签名，表示消息来源于 Alice(收方可以通过 Alice 的公钥来验证)。其流程描述如下。

发方 Alice：

(1) 对消息 M 进行摘要，得到 $H(M)$；

(2) 对消息摘要使用 Alice 的私钥进行签名，得到签名 $\sigma=\mathrm{Sig}_{sk_A}(H(M))$；

(3) 将签名与消息链接得到 $\sigma\|M$；

(4) 将链接得到的消息压缩(可选)，最终得到信道中传输的消息。

收发 Bob：

(1) 接收到消息，若消息经过压缩，则通过解压缩算法 Z^{-1} 解压，得到签名和消息的链接 $\sigma\|M$；

(2) 使用发方 Alice 的公钥对消息摘要和签名进行验证 $\mathrm{Ver}_{pk_A}(H(M),\sigma)$，若验证通过则可确认消息从 Alice 发出。

3. 机密性服务

在 PGP 中，消息的机密性是通过对称加密来实现的，如图 10.8 中的(b)，对称加密相对于非对称加密来说，加密速度快，适用于加密大容量的消息。由于邮件服务可以离线，因此不需要在线协商会话密钥，对称加密的会话密钥在 PGP 中是通过数字信封来进行传输和共享的，即会话密钥通过收方的公钥，使用非对称加密来进行保护和传输，由于收方的私钥保密且只有收方私有，因此只有收方可以通过自己的私钥解开会话密钥，进而解密消息。非对称加解密算法的安全性保证了密钥传输的安全性，这种公钥加密和对称加密组合方式的安全性见第 8.3.2.1 节。一般来说，密钥长度比较短，通过一个分组的非对称加密即可传输。其流程描述如下。

发方 Alice：

(1) 将消息 M 压缩(可选)；

(2) 选择随机的会话密钥 k_s 对压缩的消息加密得到 $\mathrm{EC}_{k_s}(Z(M))$；

(3) 将会话密钥 k_s 通过收方 Bob 的公钥加密封装，得到 $\mathrm{EP}_{\mathrm{pk}_B}(k_s)$；

(4) 将(3)和(2)中产生的消息链接形成最终在信道中传输的消息。

收方 Bob：

(1) 首先使用自己的私钥解密数字信封，得到 $k_s=\mathrm{DP}_{\mathrm{sk}_B}(\mathrm{EP}_{\mathrm{pk}_B}(k_s))$；

(2) 然后使用会话密钥解密被压缩的消息，$Z(M)=\mathrm{DC}_{k_s}(\mathrm{EC}_{k_s}(Z(M)))$；

(3) 解压缩得到消息 M。

4. 同时提供认证和机密性服务

图 10.8 中的(c)结合了数字签名、对称加密和数字信封技术，能同时提供认证和机密性服务。其流程可以看作图 10.8 中(a)和(b)的结合，使用先签名再加密的方式，将签名与消息链接之后加密，使用数字信封共享会话密钥，最终可以得到信道中传输的信息：$\mathrm{EP}_{\mathrm{pk}_B}(k_s)\parallel \mathrm{EC}_{k_s}(Z(\mathrm{Sig}_{\mathrm{sk}_A}(H(M)))\parallel M)$。

习题

10.1 思考什么是“好”的口令。

10.2 证明协议 10.5 的改造协议 10.10 是不安全的。

协议 10.10 (不安全的)公钥交互认证。

(1) Bob 选择一个随机数 r_1，并将 Cert(Bob)、r_1 发送给 Alice。

(2) Alice 选择一个随机数 r_2，计算 $y_1=\mathrm{Sig}_{\mathrm{Alice}}(\mathrm{ID}(\mathrm{Bob})\parallel r_1\parallel r_2)$，同时将 Cert(Alice)、$r_2$ 和 y_1 发送给 Bob。

(3) Bob 验证 Alice 的证书，并验证 $\mathrm{Ver}_{\mathrm{Alice}}(\mathrm{ID}(\mathrm{Bob})\parallel r_1\parallel r_2, y_1)$。如果结果为 TRUE，Bob 接受认证，否则拒绝。同时，Bob 选择随机数 r_3，计算 $y_2=\mathrm{Sig}_{\mathrm{Bob}}(\mathrm{ID}(\mathrm{Alice})\parallel r_2\parallel r_3)$，并将 r_3 和 y_2 发送给 Alice。

(4) Alice 验证 Bob 的证书，并验证 $\mathrm{Ver}_{\mathrm{Bob}}(\mathrm{ID}(\mathrm{Alice})\parallel r_2\parallel r_3, y_2)$，如果结果为 TRUE，Alice 接受认证，否则拒绝。

10.3 假设 Alice 使用 Schnorr 身份认证方案，其中，$p=4967$，$q=191$，$t=6$，α 为 q 阶元素 523，试回答：

(1) 若 Alice 的私钥为 $a=25$，计算其公钥 β；

(2) 假设 Alice 选择随机数 $r=120$，计算 γ；

(3) 假设 Bob 发送随机挑战 $k=50$，计算 Alice 的响应 y；

(4) 给出 Bob 验证 y 的过程。

10.4 假设 Alice 使用 Schnorr 身份认证方案，p、q、t、α 的设置同习题 10.3，假设

公开 $\beta=3603$，若敌手 Eve 已经获得 $\alpha^{29}v^{4}\equiv\alpha^{167}v^{63}(\bmod p)$，试计算 Alice 的私钥。

10.5 假设 Alice 使用 Okamoto 身份认证方案，其中，$p=4967$，$q=191$，$t=6$，两个 q 阶元素 $\alpha_1=344$，$\alpha_1=771$。

(1) 假设 Alice 选择 $a_1=10$，$a_1=20$，计算其公钥 β；

(2) 假设 Alice 选择随机数 $r_1=100$，$r_2=150$，计算 γ；

(3) 假设 Bob 发送随机挑战 $k=12$，计算 Alice 的响应 y_1 和 y_2；

(4) 给出 Bob 的验证过程。

10.6 假设 Alice 使用 Guillou-Quisquater 身份认证方案，选择素数 $p=4967$、$q=191$ 和公开参数 $e=811$。

(1) 假设 Alice 选择私钥 $u=123456$，计算其公钥 v；

(2) 假设 Alice 选择随机数 $r=781$，计算 γ；

(3) 假设 Bob 发送随机挑战 $k=365$，计算 Alice 的响应 y；

(4) 给出 Bob 验证 y 的过程。

10.7 思考 Schnorr 身份认证方案在诚实验证者下的零知识证明性质。

10.8 思考 Okamoto 身份认证方案在诚实验证者下的零知识证明性质。

10.9 思考 Guillou-Quisquater 身份认证方案在诚实验证者下的零知识证明性质。

10.10 试比较 SSL 协议和 PGP 协议。

11 高级密码算法

基于标识的加密(Identity-Based Encryption,IBE)最早由 Shamir 在 1984 年提出,是一种公钥密码体制。2001 年,Boneh 和 Franklin 基于椭圆曲线上的双线性映射构造了第一个安全实用的 IBE 方案。它不需要在加密之前获取对方的公钥证书,使用标识身份的信息作为公钥。2005 年,Sahai 和 Waters 扩展了 IBE 方案,提出基于模糊身份的加密算法(Fuzzy Identity-Based Encryption,FIBE),用户的身份不再是简单的单个信息,而是由若干属性组成的集合。而基于属性的加密(Attribute-Based Encryption,ABE)则源于 FIBE,将加密与访问控制完美结合,也称作"基于密码的访问控制"。

11.1 SM9

SM9 是我国商用密码标准之标识密码算法,由国家密码管理局于 2016 年 3 月 28 日发布,相关标准为 GM/T 0044-2016。同时 SM9 是我国商用密码首次进入 ISO 国际标准的密码算法,相关标准为 ISO/IEC 14888-3/AMD1,如图 11.1 所示。

ISO/IEC JTC 1/SC 27 **N18000**

ISO/IEC JTC 1/SC 27/WG 2 **N1600**

WG 2 N1600/SC 27 N18000

SC 27/WG 2 RECOMMENDATIONS/
RESOLUTIONS OF THE COMMENT RESOLUTIONMETINGS FOR WG2 PROJECTS
Berlin, Germany
30th October-3rd November 2017

All recommendations / resolutions were approved unanimously unless otherwise stated.

Resolution 6 - Document for Publication

ISO/IEC JTC 1/SC 27 requests its Secretariat to take appropriate action for the publication of the following document:

Doc.No.	Project No.	Title
SC27 N18022	1.27.08.03.1 (14888-3/AMDI)	Digital signatures with appendix – Part 3: Discrete logarithm based mechanisms – amendment 1

图 11.1　我国商用密码标准首次正式进入 ISO/IEC 标准

11.1.1 SM9 的密码学功能

SM9 可以提供四个功能：数字签名、密钥交换、密钥封装和公钥加密。

SM9 是标识密码算法标准，相关的术语包括以下几种。

(1) 标识(identity)是可唯一确定一个实体身份的信息。标识应由实体无法否认的信息组成，如：实体的可识别名称、电子邮箱、身份证号、电话号码等。标识就是公钥，不需要公钥证书，验证证书合法性的环节变成了简单的确认标识环节。

(2) 主密钥(master key)：处于标识密码分层结构中的顶层，包括主公钥和主私钥，由密钥生成中心(key generation center，KGC)生成，其中，主公钥公开，主私钥由 KGC 秘密保存，一般主私钥通过随机数发生器生成，主公钥通过主私钥和系统参数生成。KGC 根据主私钥和用户的标识生成用户的私钥。

在 SM9 中，签名系统的主密钥和加密系统的主密钥不同，在 SM9 提供的功能中，数字签名属于签名系统，其主密钥为签名主密钥，密钥交换、密钥封装和公钥加密属于加密系统，其主密钥为加密主密钥。

(3) 密钥生成中心：可信机构，负责选择系统参数、生成主密钥和产生用户私钥。

在一个标识密码算法中，基本构成如下。

(1) 计算平台(platform，例如椭圆曲线及其参数)；

(2) 密钥生成中心(可信机构)；

(3) 主密钥；

(4) 用户公钥(public key，即标识)；

(5) 用户私钥(private key，由 KGC 生成)。

11.1.2 基本理论

1. 有限域上的椭圆曲线

设 q 为大素数($>2^{191}$)，$F_{q^m}(m\geqslant 1)$是 q^m 元有限域，定义在 F_{q^m} 上的椭圆曲线方程为

$$y^2=x^3+ax+b,a,b\in F_{q^m} \quad 且 \quad 4a^3+27b^2\neq 0$$

椭圆曲线 $E(F_{q^m})$是指

$$E(F_{q^m})=\{(x,y)\mid y^2=x^3+ax+b, \quad x,y\in F_{q^m}\}\cup\{O\}$$

其中，$\#E(F_{q^m})$表示椭圆曲线上点的数目，也称为椭圆曲线的阶。

2. 加法群

椭圆曲线上的点加运算构成加法群，单位元是无穷远点，参见第 6.6.1 节。

3. 椭圆曲线上的双线性对

设$(G_1,+)$、$(G_2,+)$和$(G_T,\cdot)$是三个循环群，G_1、G_2 和 G_T 的阶均为素数 N，P_1 是 G_1 的生成元，P_2 是 G_2 的生成元，存在 G_2 到 G_1 的同态映射 Ψ 使得 $\Psi(P_2)=P_1$。

双线性对 e 是 $G_1\times G_2\to G_T$ 的映射，满足如下条件。

(1) 双线性性：对任意的 $P\in G_1$，$Q\in G_2$，a，$b\in Z_N$，有 $e([a]P,[b]Q)=e(P,Q)^{ab}$；

(2) 非退化性：$e(P_1,P_2)\neq 1_{GT}$；

(3) 可计算性：对任意的 $P\in G_1$，$Q\in G_2$，存在有效的算法计算 $e(P, Q)$。

在 SM9 中，使用 1 个字节的识别符 eid 来表示双线性对，0x01 表示 Tate 对，0x02 表示 Weil 对，0x03 表示 Ate 对，0x04 表示 R-ate 对。

4. 双线性对的安全性

双线性对的安全性（意味着椭圆曲线离散对数的安全性）主要建立在以下几个问题的难解性基础之上。

问题 1（双线性逆 DH(BIDH)）：对 $a, b\in[1, N-1]$，给定（$[a]P_1$，$[b]P_2$），计算 $e(P_1, P_2)^{b/a}$ 是困难的。

问题 2（判定性双线性逆 DH(DBIDH)）：对 $a, b, r\in[1, N-1]$，区分（P_1，P_2，$[a]P_1$，$[b]P_2$，$e(P_1, P_2)^{b/a}$）和（P_1，P_2，$[a]P_1$，$[b]P_2$，$e(P_1, P_2)^r$）是困难的。

问题 3（τ-双线性逆 DH(τ-BDHI)）：对正整数 τ 和 $x\in[1, N-1]$，给定（P_1，$[x]P_1$，P_2，$[x]P_2$，$[x^2]P_2$，…，$[x^\tau]P_2$），计算 $e(P_1, P_2)^{1/x}$ 是困难的。

问题 4（τ-Gap-双线性逆 DH(τ-Gap-BDHI)）：对正整数 τ 和 $x\in[1,N-1]$，给定（P_1，$[x]P_1$，P_2，$[x]P_2$，$[x^2]P_2$，…，$[x^\tau]P_2$）和 DBIDH 确定算法，计算 $e(P_1,P_2)^{1/x}$ 是困难的。

5. 系统参数

使用 256 位的 BN 曲线。

椭圆曲线方程：$y^2=x^3+b$。

曲线参数如下。

参数 t：60000000 0058F98A

迹 $tr(t)=6t^2+1$：D8000000 019662ED 0000B89B 0CB27659

基域特征 $q(t)=36t^4+36t^3+24t^2+6t+1$：

B6400000 02A3A6F1 D603AB4F F58EC745 21F2934B 1A7AEEDB E56F9B27 E351457D

方程参数 b：05

群的阶 $N(t)=36t^4+36t^3+18t^2+6t+1$：

B6400000 02A3A6F1 D603AB4F F58EC744 49F2934B 18EA8BEE E56EE19C D69ECF25

余因子 cf：1

嵌入次数 k：12

扭曲线的参数 β：$\sqrt{-2}$

k 的因子：$d_1=1$，$d_2=2$

曲线识别符 cid：0x12

群 G_1 的生成元 $P_1=(x_{P_1}, y_{P_1})$：

x 坐标：93DE051D 62BF718F F5ED0704 487D01D6 E1E40869 09DC3280 E8C4E481 7C66DDDD

y 坐标：21FE8DDA 4F21E607 63106512 5C395BBC 1C1C00CB FA602435 0C464CD7 0A3EA616

群 G_2 的生成元 $P_2=(x_{P_2}, y_{P_2})$：

x 坐 标：85AEF3D0 78640C98 597B6027 B441A01F F1DD2C19 0F5E93C4 54806C11 D8806141 37227552 92130B08 D2AAB97F D34EC120 EE265948 D19C17AB F9B7213B AF82D65B

y 坐 标：17509B09 2E845C12 66BA0D26 2CBEE6ED 0736A96F A347C8BD 856DC76B 84EBEB96 A7CF28D5 19BE3DA6 5F317015 3D278FF2 47EFBA98 A71A0811 6215BBA5 C999A7C7

双线性对的识别符 eid：0x04

11.1.3 编码规则

1. 数据类型

在 SM9 中可能出现的数据类型包括比特串、字节串、域元素、椭圆曲线上的点和整数，其中，比特串为有序的 0 和 1 的序列，字节串是有序的字节序列，8 个比特为一个字节，最左边的比特为高位，域元素是 $F_{q^m}(m\geqslant 1)$ 中的元素，椭圆曲线上的点是椭圆曲线 $E(F_{q^m})$：$y^2=x^3+ax+b(m\geqslant 1)$，$a,b\in F_{q^m}$ 上的点 $P=(x_P,y_P)$，其中，$x_P,y_P\in F_{q^m}$ 是域元素，或者无穷远点 O。

为了减少椭圆曲线上点的存储和传输空间，将点转换成字节串时采取点压缩的方式表示，会在字节串之前添加一个字节识别符 PC。对于椭圆曲线 $E(F_{q^m})$：$y^2=x^3+ax+b(m\geqslant 1)$，$a,b\in F_{q^m}$ 上的非无穷远点 $P=(x_P,y_P)$，给定 x_P 的值，除非 $x^3+ax+b=0$，否则都会有两个可能的 y_P，可以通过其最右边的一个比特来区分。比如在 F_q 上的椭圆曲线，这两个可能的 y_P 在模 q 上是互为相反数的，因此一奇一偶，最右边比特一为 1 一为 0，因此我们可以通过 x_P 和 1/0 来唯一确定 y_P。因此我们可以指定 $\overline{y_P}$ 为 y_P 的最右比特，用 $(x_P,\overline{y_P})$ 来表示一个点，这样可以减少大约一半的存储空间，但是需要付出额外计算来重构点 P 的坐标 (x_P,y_P)，称为解压缩。

对于域 F_{q^m} 上的元素，当 $m=1$ 时，为 F_q 上的整数，当 $m>1$ 时，表示成向量 $\boldsymbol{\alpha}=(\alpha_{m-1},\alpha_{m-2},\cdots,\alpha_0)$，其中，$\alpha_i\in F_q$，$(0\leqslant i\leqslant m-1)$，左边为高位，右边为低位。设 $P=(x_P,y_P)$ 是椭圆曲线 $E(F_{q^m})$：$y^2=x^3+ax+b(m\geqslant 1)$，$a,b\in F_{q^m}$ 上的非无穷远点，我们分两种情况来考虑点的压缩和解压缩还原。

(1) $m=1$。

算法 11.1 F_q 上的点压缩。

输入：椭圆曲线 $E(F_q)$：$y^2=x^3+ax+b$，$a,b\in F_q$ 上的非无穷远点 $P=(x_P,y_P)$，其中，$x_P,y_P\in F_q$。

输出：$(x_P,\overline{y_P})$，其中，$x_P\in F_q$，$\overline{y_P}\in\{0,1\}$。

(a) $\overline{y_P}=y_P \bmod 2$。

(b) 输出 $(x_P,\overline{y_P})$。

算法 11.2 F_q 上的解压缩。

输入：椭圆曲线 $E(F_q)$：$y^2=x^3+ax+b$ 的参数 $a,b\in F_q$，$(x_P,\overline{y_P})$，其中，$x_P\in F_q$，$\overline{y_P}\in\{0,1\}$。

输出：椭圆曲线 $E(F_q)$：$y^2=x^3+ax+b$ 上的非无穷远点 $P=(x_P,y_P)$。

(a) 计算 $z=x_P^3+ax_P+b$。

(b) 计算 z 在 F_q 上的平方根 y,若不存在则报错。

(c) 如果 $y \bmod 2=\overline{y_P}$,则 $y_P=y$,否则 $y_P=q-y$。

(2) $m>1$。

算法 11.3 $F_{q^m}(m>1)$上的点压缩。

输入:椭圆曲线 $E(F_{q^m})$:$y^2=x^3+ax+b,a,b\in F_{q^m}$ 上的非无穷远点 $P=(x_P,y_P)$,其中,$x_P,y_P\in F_{q^m}$,表示成向量$(x_{m-1},x_{m-2},\cdots,x_0)$和$(y_{m-1},y_{m-2},\cdots,y_0)$,$x_i,y_i\in F_q$,$0\leqslant i\leqslant m-1$。

输出:$(x_P,\overline{y_P})$,其中,$x_P\in F_{q^m}$,$\overline{y_P}\in\{0,1\}$。

(a) $\overline{y_P}=y_0 \bmod 2$。

(b) 输出$(x_P,\overline{y_P})$。

算法 11.4 $F_{q^m}(m>1)$上的解压缩。

输入:椭圆曲线 $E(F_{q^m})$:$y^2=x^3+ax+b$ 的参数 $a,b\in F_{q^m}$,$(x_P,\overline{y_P})$,其中,$x_P\in F_{q^m}$,$\overline{y_P}\in\{0,1\}$。

输出:椭圆曲线 $E(F_{q^m})$:$y^2=x^3+ax+b$ 上的非无穷远点 $P=(x_P,y_P)$。

(a) 在 F_{q^m} 上计算域元素 $z=x_P^3+ax_P+b$。

(b) 计算 z 在 F_{q^m} 上的平方根 $y=(y_{m-1},y_{m-2},\cdots,y_0)$,若不存在则报错。

(c) 如果 $y_0 \bmod 2=\overline{y_P}$,则 $y_P=y$,否则 $y_P=(q-y_{m-1},q-y_{m-2},\cdots,y-y_0)$。

2. 数据类型之间的转换

图 11.2 显示了各种数据类型之间的转换。

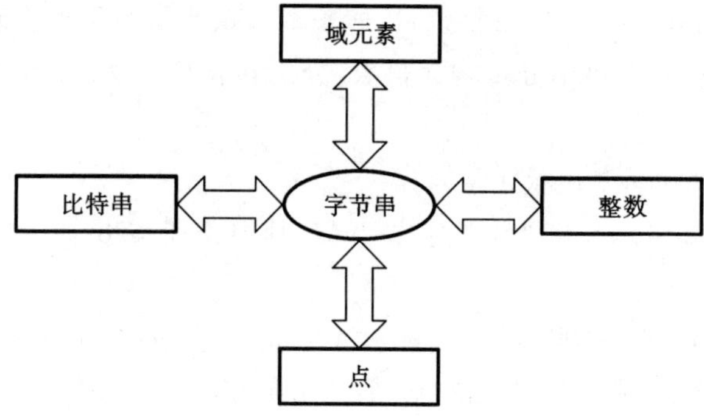

图 11.2 数据类型之间的转换

(1) 整数⇒字节串。

输入:非负整数 x,以及字节串的目标长度 l(其中,l 满足 $2^{8l}>x$)。

输出:长度为 l 的字节串 M。

(a) 设 M_{l-1}, M_{l-2}, $\cdots$, M_0 是 M 的从最左边到最右边的字节。

(b) M 的字节满足 $x=\sum_{i=0}^{l-1}2^{8i}M_i$。

(2) 字节串⇒整数。

输入:长度为 l 的字节串 M。

输出:整数 x。

(a) 设 M_{l-1}，M_{l-2}，…，M_0 是 M 的从最左边到最右边的字节。

(b) 将 M 转换为整数 x：$x=\sum_{i=0}^{l-1}2^{8i}M_i$。

(3) 比特串⇒字节串。

输入：长度为 n 的比特串 s。

输出：长度为 l 的字节串 M，其中，$l=\lceil n/8\rceil$。

(a) 设 s_{n-1}，s_{n-2}，…，s_0 是 s 的从最左边到最右边的比特。

(b) 设 M_{l-1}，M_{l-2}，…，M_0 是 M 的从最左边到最右边的字节，则

$$M_i=s_{8i+7}s_{8i+6}s_{8i+5}s_{8i+4}s_{8i+3}s_{8i+2}s_{8i+1}s_{8i}$$

其中，$0\leqslant i<l$，当 $8i+j\geqslant n$，$0<j\leqslant 7$ 时，$s_{8i+j}=0$。

(4) 字节串⇒比特串。

输入：长度为 l 的字节串 M。

输出：长度为 n 的比特串 s，其中，$n=8l$。

(a) 设 M_{l-1}，M_{l-2}，…，M_0 是 M 的从最左边到最右边的字节。

(b) 设 s_{n-1}，s_{n-2}，…，s_0 是 s 的从最左边到最右边的比特，则 s_i 是 M_j 右起第 $i-8j+1$ 比特，其中，$j=\lfloor i/8\rfloor$。

(5) $F_{q^m}(m\geqslant 1)$域元素⇒字节串。

输入：$F_{q^m}(m\geqslant 1)$域元素以向量 $\boldsymbol{\alpha}=(\alpha_{m-1},\alpha_{m-2},\cdots,\alpha_0)$输入，其中，$\alpha_i\in Z_q$，$0\leqslant i\leqslant m-1$。

输出：长度为 l 的字节串 M，其中，$l=\lceil q/8\rceil\times m$。

(a) 当 $m=1$ 时，$\alpha=\alpha_0\in Z_q$ 为整数，按照整数转换成字节串的方式转换。

(b) 当 $m>1$ 时，α 中每个分量均为整数，分别转化成长为$\lceil q/8\rceil$的字节串，依次拼接在一起。

(6) 字节串⇒$F_{q^m}(m\geqslant 1)$域元素。

输入：域 $F_{q^m}(m\geqslant 1)$，长度为 l 的字节串 M，其中，$l=\lceil q/8\rceil\times m$。

输出：$F_{q^m}(m\geqslant 1)$域元素 α。

(a) $m=1$，按照字节串到整数的转换方法生成 α，若 $\alpha\notin Z_q$ 则报错。

(b) $m>1$，将 M 分成长度相同的 m 个子字节串，从左到右记为 M_{m-1}，M_{m-2}，…，M_0，其中，$|M_i|=\lceil q/8\rceil$，$0\leqslant i\leqslant m-1$。将每个子字节串 M_i 按照字节串到整数的转换生成 α_i，若 $\alpha_i\notin Z_q$ 则报错，其中，$0\leqslant i\leqslant m-1$。输出 $\alpha=(\alpha_{m-1},\alpha_{m-2},\cdots,\alpha_0)$。

(7) 点⇒字节串。

椭圆曲线上点到字节串的转换有两种情况：第一种情况是直接转换，即点坐标为两个域元素，分别将域元素转换成等长的字节串，然后连接在一块；第二种情况是为了减少存储或者传输椭圆曲线点的数据量，采用点压缩或混合压缩的形式来表示点，会加入一个字节识别符 PC 来指明点的表示形式。

第一种情况：直接转换。

输入：椭圆曲线 $E(F_{q^m})(m\geqslant 1)$上的点 $P=(x_P,y_P)$，其中，$x_P,y_P\in F_{q^m}$ 是域元素，且 $P\neq O$。

输出：长度为 $2l$ 的字节串 $X\|Y$，其中，当 $m=1$ 时，$l=\lceil q/8\rceil$，当 $m>1$ 时，$l=\lceil q/8\rceil$

$\times m$。

(a) 将域元素 x_p 按照域元素到字节串的转换方法生成长度为 l 的字节串 X。

(b) 将域元素 y_p 按照域元素到字节串的转换方法生成长度为 l 的字节串 Y。

(c) 返回 $X \parallel Y$。

第二种情况:点使用点压缩或者混合表示形式。

输入:椭圆曲线 $E(F_{q^m})(m \geqslant 1)$ 上的点 $P=(x_P, y_P)$,其中,$x_P, y_P \in F_{q^m}$ 是域元素,且 $P \neq O$。

输出:字节串 PM。若选用未压缩形式或混合压缩形式表示点,则字节串长度为 $2l+1$,若选用压缩形式表示点,则字节串长度为 $l+1$。其中,当 $m=1$ 时,$l=\lceil q/8 \rceil$,当 $m>1$ 时,$l=\lceil q/8 \rceil \times m$。

(a) 将域元素 x_p 和 y_p 按照域元素到字节串的转换方法分别生成长度为 l 的字节串 X 和 Y。

(b) 若选用压缩表示形式,当 Y 的最右边比特为 0 时,PC=02,否则 PC=03,PM=PC $\parallel X$。

(c) 若选用未压缩表示形式,则 PC=04,PM=PC $\parallel X \parallel Y$。

(d) 若选用混合表示形式,当 Y 的最右边比特为 0 时,则 PC=06,否则 PC=07,PM=PC $\parallel X \parallel Y$。

(8) 字节串⇒点。

字节串到点的转换也分为两种情况。

第一种情况:直接转换。

输入:椭圆曲线 $E(F_{q^m})(m \geqslant 1)$ 的参数域元素 a、b,长度为 $2l$ 的字节串 $X \parallel Y$,其中,当 $m=1$ 时,$l=\lceil q/8 \rceil$,当 $m>1$ 时,$l=\lceil q/8 \rceil \times m$。

输出:椭圆曲线 $E(F_{q^m})(m \geqslant 1)$ 上的点 $P=(x_P, y_P)$,其中,$x_P, y_P \in F_{q^m}$ 是域元素,且 $P \neq O$。

(a) 将长度为 l 的字节串 X 按照字节串到域元素的转换方法生成域元素 x_p。

(b) 将长度为 l 的字节串 Y 按照字节串到域元素的转换方法生成域元素 y_p。

(c) 返回 $P=(x_P, y_P)$。

第二种情况:包含一个字节标识符 PC 的转换。

输入:椭圆曲线 $E(F_{q^m})(m \geqslant 1)$ 的参数域元素 a、b,字节串 PM。若选用未压缩形式或混合压缩形式表示点,则字节串长度为 $2l+1$,若选用压缩形式表示点,则字节串长度为 $l+1$。其中,当 $m=1$ 时,$l=\lceil q/8 \rceil$,当 $m>1$ 时,$l=\lceil q/8 \rceil \times m$。

输出:椭圆曲线 $E(F_{q^m})(m \geqslant 1)$ 上的点 $P=(x_P, y_P)$,其中,$x_P, y_P \in F_{q^m}$ 是域元素,且 $P \neq O$。

(a) 将 X 按照字节串到域元素的转换方法生成 x_p。

(b) 若选用压缩表示形式,则 PM=PC $\parallel X$。

① 当 PC=02 时,$\overline{y_p}=0$,当 PC=03 时,$\overline{y_p}=1$,其他则报错;

② 将 $(x_p, \overline{y_p})$ 解压缩成椭圆曲线上的点 (x_p, y_p)。

(c) 若选用未压缩表示形式,则 PM=PC $\parallel X \parallel Y$,若 PC=04,则将长度为 l 的字节串 Y 按照字节串到域元素的转换方法生成域元素 y_p,否则报错。

(d) 若选用混合表示形式,则 PM=PC ‖ X ‖ Y,若 PC=06 或 PC=07,执行① 或②,否则报错。

① 将长度为 l 的字节串 Y 按照字节串到域元素的转换方法生成域元素 y_p。

② 当 PC=06 时,$\overline{y_p}=0$,当 PC=07 时,$\overline{y_p}=1$,将$(x_p,\overline{y_p})$解压缩成椭圆曲线上的点(x_p,y_p)。

(e) 验证(x_p,y_p)是否满足椭圆曲线方程,若满足则返回点(x_p,y_p),否则报错。

11.1.4 数字签名算法

1. 符号及辅助算法

A:消息签名者

B:消息验证者

ID_A:用户 A 的标识,可以唯一确定 A 的公钥

ds_A:用户 A 的签名私钥

$P_{pub\text{-}s}$:签名主公钥

ks:签名主私钥

M:待签名消息,任意长度的比特串

M':待验证消息,任意长度的比特串

(h,s):生成的消息的数字签名

(h',s'):接收的消息的数字签名

G_1,G_2,G_T:双线性对的三个循环群

N:循环群的阶,素数

F_N:元素个数为 N 的有限域, mod N 运算

P_1:G_1 的生成元

P_2:G_2 的生成元,$P_{pub\text{-}s}=[ks]P_2$

g:G_T 中的元素,生成元

hid:一个字节,表示签名私钥生成函数识别符,KGC 选择并公开

$H_v()$:密码杂凑函数,如 SM3

$H_1(Z,n)$:调用 $H_v()$,将比特串 Z 转换成一个$[1,n-1]$的整数

$H_2(Z,n)$:调用 $H_v()$,将比特串 Z 转换成一个$[1, n-1]$的整数

2. 生成用户 A 私钥 ds_A

(1) KGC 首先在有限域 F_N 上计算

$$t_1=H_1(ID_A \parallel hid,N)+ks$$

如果 $t_1=0$,KGC 需要重新计算签名主公、私钥,并更新其他已有用户签名私钥(概率可以忽略)。

(2) KGC 计算 $t_2=ks\cdot t_1^{-1}(\bmod N)$;

(3) KGC 计算 $ds_A=[t_2]P_1$。

3. 数字签名流程

完成以下步骤,如图 11.3 所示。

(1) 计算群 G_T 中的元素 $g=e(P_1,P_{pub\text{-}s})$;

(2) 产生随机数 $r\in[1,N-1]$；

(3) 计算群 G_T 中的元素 $w=g^r$，并将 w 的数据类型转换成比特串；

(4) 计算 $h=H_2(M\parallel w, N)$；

(5) 计算 $l=(r-h) \bmod N$，若 $l=0$，则返回(2)；

(6) 否则计算群 G_1 中的元素 $S=[l]ds_A$；

(7) 将 h 和 S 转换成字节串，形成消息 M 的签名(h, S)。

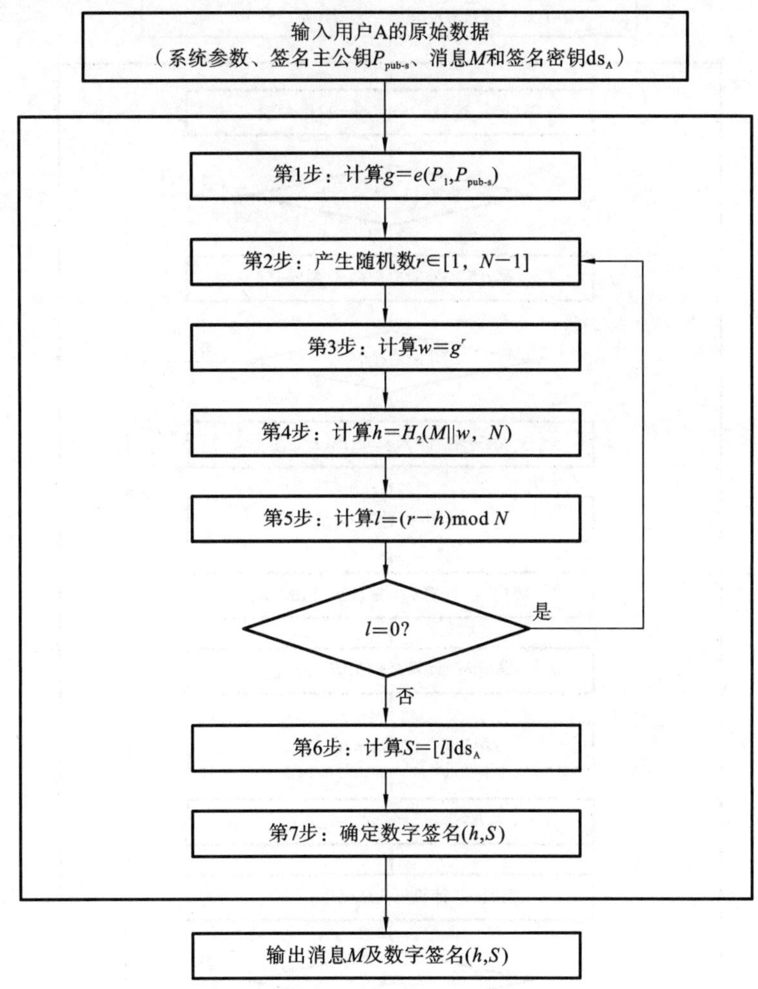

图 11.3 数字签名流程

4. 数字签名验证算法

数字签名验证流程如图 11.4 所示。假设验证者 B 收到消息 M'及其签名(h', S')。

(1) 将 h'转换成整型，检验 $h'\in[1,N-1]$是否成立，若不成立，则验证不通过；

(2) 将 S'转换成椭圆曲线上的点，检验 $S'\in G_1$ 是否成立，若不成立，则验证不通过；

(3) 计算群 G_T 中的元素 $g=e(P_1,P_{pub-s})$；

(4) 计算群 G_T 中的元素 $t=g^{h'}$；

(5) 计算 $h_1=H_1(ID_A\parallel hid, N)$；

(6) 计算 G_2 中的元素 $P=[h_1]P_2+P_{pub\text{-}s}$；

(7) 计算群 G_T 中的元素 $u=e(S',P)$；

(8) 计算群 G_T 中的元素 $w'=ut$，并将 w' 的数据类型转换成比特串；

(9) 计算 $h_2=H_2(M'\parallel w',N)$，检验 $h_2=h'$ 是否成立，若成立则验证通过，否则不通过。

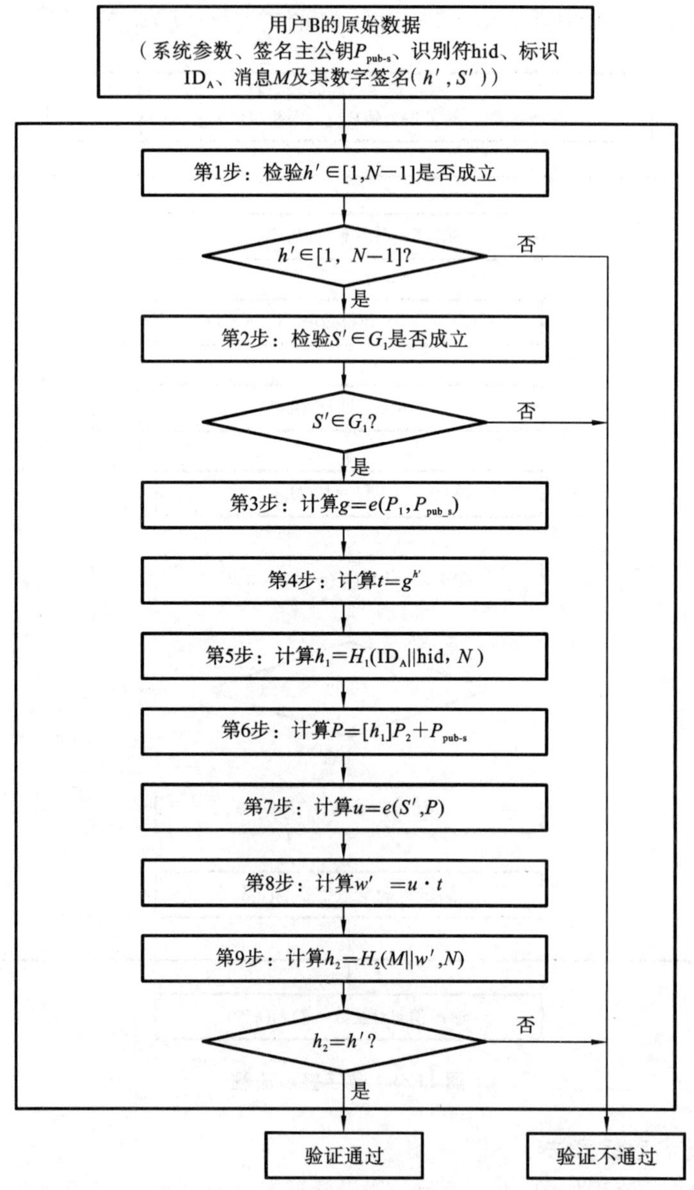

图 11.4 数字签名验证流程

下面证明签名和验证算法的一致性，若 (h', S') 确实是由上面的签名算法所生成的，则当 $w=w'$ 时，可以正确验证。

我们计算

$$\begin{aligned}w'&=ut=e(S',P)g^{h'}=e([r-h']ds_A,[h_1]P_2+P_{pub\text{-}s})g^{h'}\\&=e([r-h'][ks\cdot(h_1+ks)^{-1}]P_1,[h_1][ks^{-1}]P_{pub\text{-}s}+P_{pub\text{-}s})g^{h'}\end{aligned}$$

$$=e(P_1,P_{\text{pub-s}})^{(r-h')(ks\cdot(h_1+ks)^{-1})(h_1\cdot ks^{-1}+1)}g^{h'}=g^{(r-h')(ks\cdot(h_1+ks)^{-1})(h_1\cdot ks^{-1}+1)}g^{h'}$$
$$=g^r=w$$

则可以验证通过。

11.1.5 密钥交换协议

通信双方通过对方的标识和自身的私钥,经过两次或者可选的三次信息传递过程,计算得到一个由双方共同决定的共享秘密密钥。该密钥可以作为对称密码算法的会话密钥,其中可选步骤用来实现密钥确认。执行密钥交换协议前需给用户分配加密私钥。SM9 密钥交换协议可抵抗中间人攻击。

其应用场景为:双方在线,密钥交换后,利用该会话密钥进行数据交换,会话结束后,会话密钥失效。

1. 符号及辅助算法

A、B:密钥协商的两个参与者

ID_A、ID_B:用户 A、B 的标识

de_A、de_B:用户 A、B 的加密私钥

$P_{\text{pub-e}}$:加密主公钥

ke:加密主私钥

r_A、r_B:密钥交换中用户 A、B 产生的临时密钥值

SK_A、SK_B:密钥交换中最后商定的共享密钥值

G_1,G_2, G_T:双线性对的三个循环群

N:循环群的阶,素数

F_N:元素个数为 N 的有限域, mod N 运算

P_1:G_1 的生成元,$P_{\text{pub-e}}=[\text{ke}]P_1$

P_2:G_2 的生成元

g:G_T 中的元素,生成元

hid:一个字节,表示加密私钥生成函数识别符,KGC 选择并公开

$H_v(\ )$:密码杂凑函数,如 SM3

$H_1(Z,n)$:调用 $H_v()$,将比特串 Z 转换成一个$[1, n-1]$的整数

$H_2(Z,n)$:调用 $H_v()$,将比特串 Z 转换成一个$[1, n-1]$的整数

KDF(Z,klen):密钥派生函数,调用 $H_v()$,将比特串 Z 转换成一个长度为 klen 比特的密钥(klen<$(2^{32}-1)v$)。详细算法参考第 5.5.2 节。

2. 生成用户 A 和 B 的加密私钥 de_A、de_B

对于 A 来说有如下步骤。

(1) KGC 首先在有限域 F_N 上计算

$$t_1=H_1(\text{ID}_A\parallel \text{hid},N)+\text{ke}(\bmod N)$$

如果 $t_1=0$,KGC 需要重新计算加密主公、私钥,并更新其他已有用户加密私钥(概率可以忽略)。

(2) KGC 计算

$$t_2=\text{ke}\cdot t_1^{-1}(\bmod N)$$

(3) KGC 计算

$$de_A=[t_2]P_2$$

同样地，对于 B 有如下步骤

(1) KGC 首先在有限域 F_N 上计算

$$t_3=H_1(ID_B \parallel hid,N)+ke(\mathrm{mod}N)$$

如果 $t_3=0$，KGC 需要重新计算加密主公、私钥，并更新其他已有用户加密私钥(概率可以忽略)。

(2) KGC 计算

$$t_4=ke \cdot t_3^{-1}(\bmod N)$$

(3) KGC 计算

$$de_B=[t_4]P_2$$

3. 密钥交换协议

密钥交换流程如下。

用户 A：

(1) 计算群 G_1 中的元素 $Q_B=[H_1(ID_B \parallel hid,N)]P_1+P_{pub\text{-}e}$；

(2) 产生随机数 $r_A \in [1,N-1]$；

(3) 计算群 G_1 中的元素 $R_A=[r_A]Q_B$；

(4) 将 R_A 发送给 B；

用户 B：

(1) 计算群 G_1 中的元素 $Q_A=[H_1(ID_A \parallel hid,N)]P_1+P_{pub\text{-}e}$；

(2) 产生随机数 $r_B \in [1,N-1]$；

(3) 计算群 G_1 中的元素 $R_B=[r_B]Q_A$；

(4) 验证从 A 发来的 R_A 并验证 $R_A \in G_1$ 是否成立，若不成立，则协议失败；否则计算群 G_T 中的元素 $g_1=e(R_A,de_B)$，$g_2=e(P_{pub\text{-}e},P_2)^{r_B}$，$g_3=g_1^{r_B}$，将 g_1、g_2 和 g_3 转换为比特串；

(5) 把 R_A 和 R_B 转换成比特串，计算

$$SK_B=KDF(ID_A \parallel ID_B \parallel R_A \parallel R_B \parallel g_1 \parallel g_2 \parallel g_3,klen)$$ ；

(6) (可选项)计算 $S_B=Hash(0x82 \parallel g_1 \parallel Hash(g_2 \parallel g_3 \parallel ID_A \parallel ID_B \parallel R_A \parallel R_B))$；

(7) 将 R_B(和可选项 S_B)发送给 A；

用户 A：

(5) 验证从 B 发来的 R_B 并验证 $R_B \in G_1$ 是否成立，若不成立，则协议失败；否则计算群 G_T 中的元素 $g'_1=e(P_{pub\text{-}e},P_2)^{r_A}$，$g'_2=e(R_B,de_A)$，$g_3=(g'_2)^{r_A}$，将 g'_1、g'_2 和 g'_3 转换为比特串；

(6) 把 R_A 和 R_B 转换成比特串，(可选项)计算 $S_1=Hash(0x82 \parallel g'_1 \parallel Hash(g'_2 \parallel g'_3 \parallel ID_A \parallel ID_B \parallel R_A \parallel R_B))$，并检验 $S_1=S_B$ 是否成立，若不成立，则从 B 到 A 的密钥确认失败；

(7) 否则计算 $SK_A=KDF(ID_A \parallel ID_B \parallel R_A \parallel R_B \parallel g'_1 \parallel g'_2 \parallel g'_3,klen)$；

(8) (可选项)计算 $S_A=Hash(0x83 \parallel g'_1 \parallel Hash(g'_2 \parallel g'_3 \parallel ID_A \parallel ID_B \parallel R_A \parallel R_B))$，并将 S_A 发送给 B；

用户 B：

(8)（可选项）计算 $S_2=\text{Hash}(0\text{x}83\parallel g_1\parallel \text{Hash}(g_2\parallel g_3\parallel \text{ID}_A\parallel \text{ID}_B\parallel R_A\parallel R_B))$，并检验 $S_2=S_A$ 是否成立，若不成立，则从 A 到 B 的密钥确认失败。

下面证明协议的正确性，即只要证明 $g_1=g'_1$，$g_2=g'_2$ 和 $g_3=g'_3$。

$$\begin{aligned}g_1&=e(R_A,\text{de}_B)=e([r_A]Q_B,[t_4]P_2)=e([r_A\cdot(H_1(\text{ID}_B\parallel \text{hid},N)+\text{ke})P_1,[t_4]P_2)\\&=e(P_1,P_2)^{r_At_3t_4}=e(P_1,P_2)^{r_A\cdot\text{ke}}=e([\text{ke}]P_1,P_2)^{r_A}=e(P_{\text{pub-e}},P_2)^{r_A}=g'_1\end{aligned}$$

同理有

$$\begin{aligned}g'_2&=e(R_B,\text{de}_A)=e([r_B]Q_A,[t_2]P_2)=e([r_B\cdot(H_1(\text{ID}_A\parallel \text{hid},N)+\text{ke}]P_1,[t_2]P_2)\\&=e(P_1,P_2)^{r_Bt_1t_2}=e(P_1,P_2)^{r_B\cdot\text{ke}}=e([\text{ke}]P_1,P_2)^{r_B}=e(P_{\text{pub-e}},P_2)^{r_B}=g_2\end{aligned}$$

由上，可得 $g_3=g_1^{r_B}=e(P_1,P_2)^{r_A\cdot r_B\cdot\text{ke}}=(g'_2)^{r_A}=g'_3$，协议正确性得证。

11.1.6 密钥封装和公钥加密算法

密钥封装机制可以用于产生和加密一个秘密密钥给目标实体，唯有目标实体可以解封装该秘密密钥，并把它作为进一步的会话密钥。密钥封装可以用于离线交换密钥，不需要对方回应，例如发邮件或者存储加密。密钥封装可以和对称加密结合使用。公钥加密算法利用对方标识加密消息发送给对方，唯有目标实体可以解密消息，对数据的加密可以选择序列密码算法或者分组密码算法，同时提供消息认证。密钥解封装和公钥解密执行前需给用户分配加密私钥。

1. 符号及辅助算法

A、B：两个参与者，A 为发起者，B 为接收者

ID_A、ID_B：用户 A、B 的标识

de_A、de_B：用户 A、B 的加密私钥，生成方式同第 11.1.5 节。

$P_{\text{pub-e}}$：加密主公钥

ke：加密主私钥

M：待加密的消息

M'：解密得到的消息

G_1,G_2,G_T：双线性对的三个循环群

N：循环群的阶，素数

F_N：元素个数为 N 的有限域，mod N 运算

P_1：G_1 的生成元，$P_{\text{pub-e}}=[\text{ke}]P_1$

P_2：G_2 的生成元

g：G_T 中的元素，生成元

hid：一个字节，表示加密私钥生成函数识别符，KGC 选择并公开

$H_v()$：密码杂凑函数，例如，SM3

$H_1(Z,n)$：调用 $H_v()$，将比特串 Z 转换成一个$[1,n-1]$的整数

$H_2(Z,n)$：调用 $H_v()$，将比特串 Z 转换成一个$[1,n-1]$的整数

KDF(Z,klen)：密钥派生函数，调用 $H_v()$，将比特串 Z 转换成一个长度为 klen 比特的密钥（$\text{klen}<(2^{32}-1)v$）。

Enc(k,m)、Dec(k,m)：分组加解密算法，如 SM4

$\mathrm{MAC}(K,Z)=H_v(Z\parallel K)$：消息认证码函数，认证消息的来源和完整性

2. 密钥封装和解封装流程

密钥封装和解封装流程分别如图 11.5 和图 11.6 所示。首先描述密钥封装过程，假设 A 为封装者，需要封装密钥给 B，那么 A 执行下列过程。

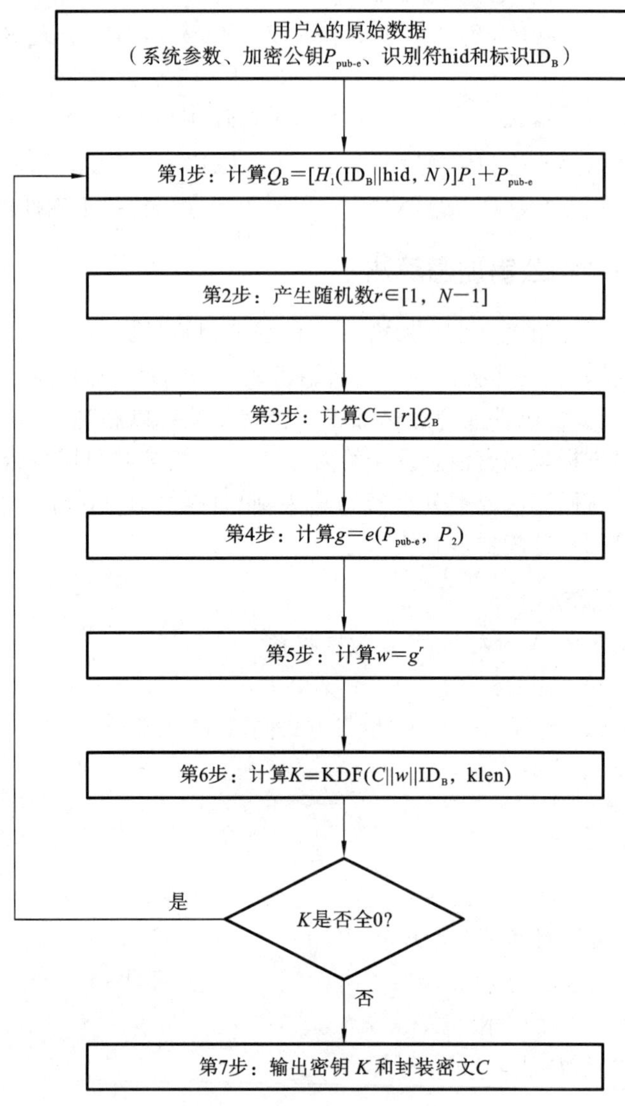

图 11.5　密钥封装流程

(1) 计算群 G_1 中的元素 $Q_B=[H_1(\mathrm{ID_B}\parallel \mathrm{hid},N)]P_1+P_{\text{pub-e}}$；

(2) 产生随机数 $r\in[1,N-1]$；

(3) 计算群 G_1 中的元素 $C=[r]Q_B$，将 C 转换成比特串；

(4) 计算群 G_T 中的元素 $g=e(P_{\text{pub-e}},P_2)$；

(5) 计算群 G_T 中的元素 $w=g^r$，并将 w 的数据类型转换成比特串；

(6) 计算 $K=\mathrm{KDF}(C\parallel w\parallel \mathrm{ID_B},\mathrm{klen})$，若 K 为全 0 比特串，返回(2)；

(7) 输出(K,C)，其中，K 为封装的密钥，C 为封装密文。

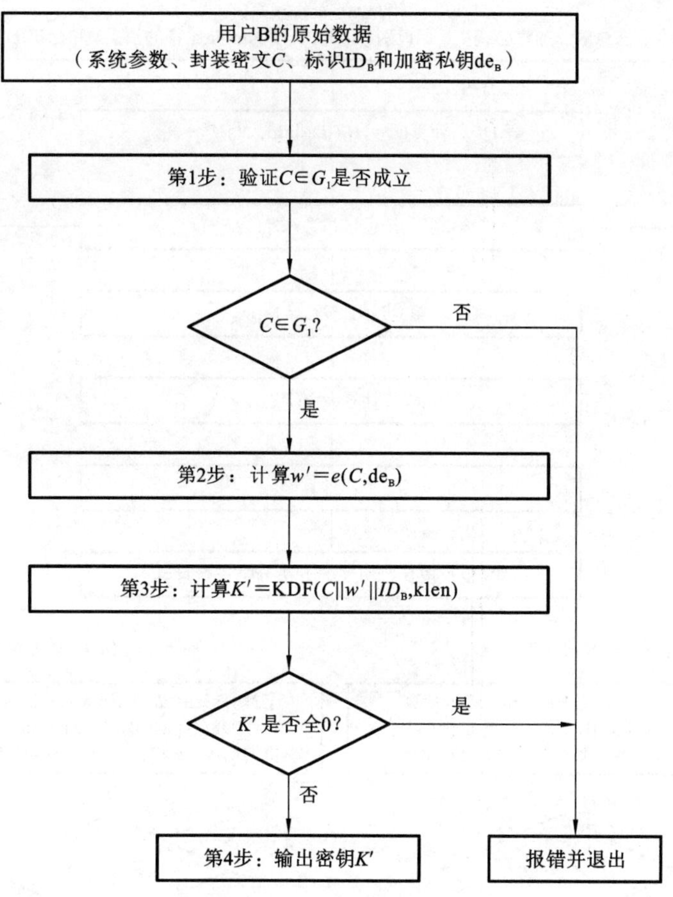

图 11.6 密钥解封装流程

当 B 收到封装密文 C 之后，执行以下过程。

(1) 验证 $C\in G_1$ 是否成立，若不成立，则报错退出；

(2) 计算群 G_{T} 中的元素 $w'=e(C,\mathrm{de_B})$，将 w' 转换成比特串；

(3) 将 C 转换成比特串，计算封装的密钥 $K'=\mathrm{KDF}(C\parallel w'\parallel \mathrm{ID_B},\mathrm{klen})$，若 K' 全 0，则报错并退出；

(4) 输出密钥 K'。

下面证明执行完解封装过程之后，若密文 C 被正确接收，则有 $K'=K$。

设 $h_1=H_1(\mathrm{ID_B}\parallel \mathrm{hid},N)]$，则有

$$
\begin{aligned}
w'&=e(C,\mathrm{de_B})=e([r]Q_{\mathrm{B}},\mathrm{de_B})=e([rh_1]P_1+[r]P_{\text{pub-e}},[ke\cdot(h_1+\mathrm{ke})^{-1}]P_2)\\
&=e([rh_1\cdot \mathrm{ke}^{-1}+r]P_{\text{pub-e}},[\mathrm{ke}\cdot(h_1+\mathrm{ke})^{-1}]P_2)\\
&=e(P_{\text{pub-e}},P_2)^{r(h_1\cdot \mathrm{ke}^{-1}+1)\mathrm{ke}(h_1+\mathrm{ke})^{-1}}\\
&=e(P_{\text{pub-e}},P_2)^{r(h_1+\mathrm{ke})(h_1+\mathrm{ke})^{-1}}=e(P_{\text{pub-e}},P_2)^{r}=g^{r}=w
\end{aligned}
$$

故可以正确共享密钥。

3. 公钥加密算法

公钥加密算法的流程如图 11.7 所示，公钥加密可以提供认证。假设 A 对消息 M 加密并发给 B，执行以下过程。

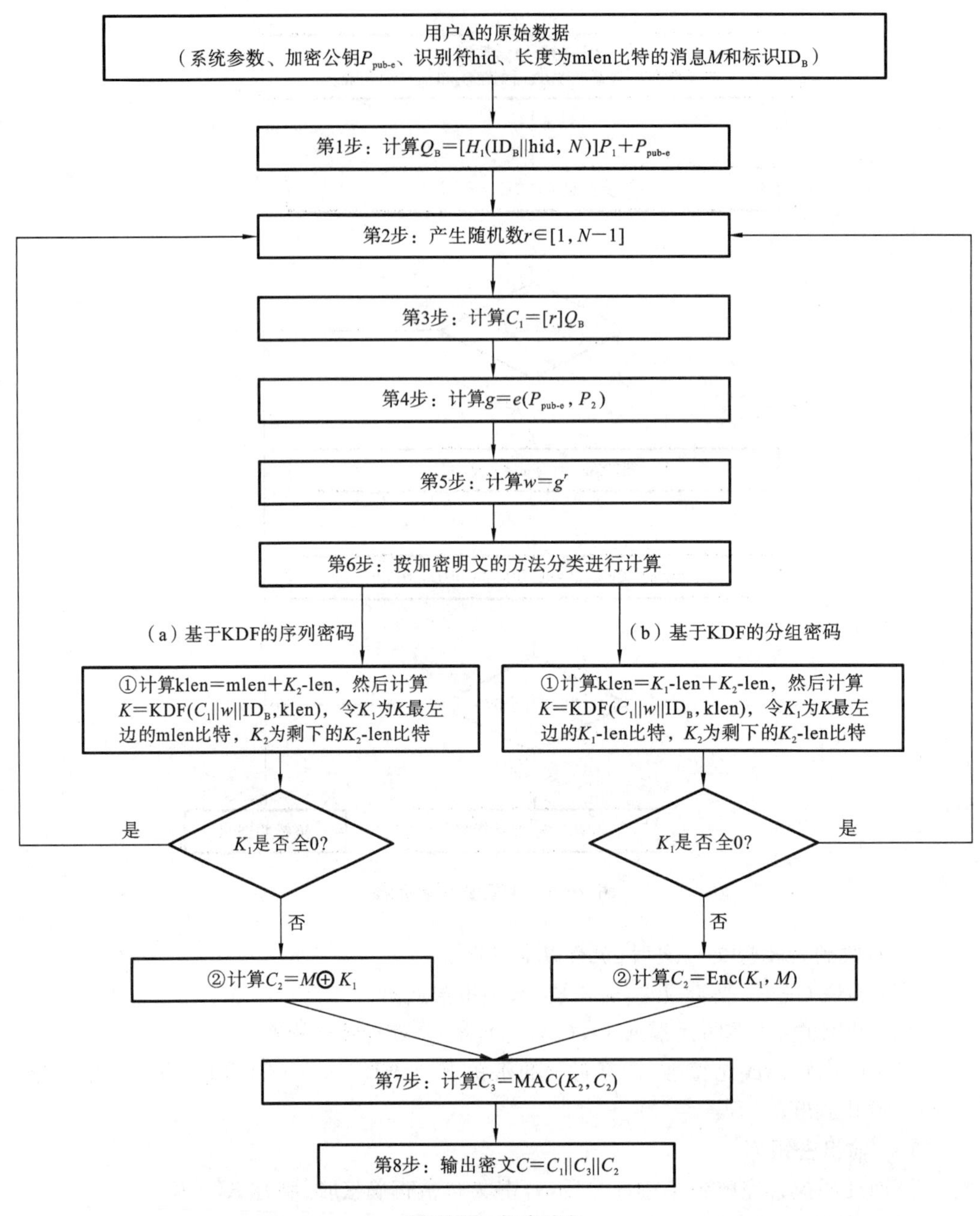

图 11.7 加密流程

(1) 计算群 G_1 中的元素 $Q_B=[H_1(ID_B \parallel hid,N)]P_1+P_{pub-e}$；

(2) 产生随机数 $r\in[1,N-1]$；

(3) 计算群 G_1 中的元素 $C_1=[r]Q_B$，将 C_1 转换成比特串；

(4) 计算群 G_T 中的元素 $g=e(P_{pub-e},P_2)$；

(5) 计算群 G_T 中的元素 $w=g^r$，并将 w 的数据类型转换成比特串；

(6) 按加密明文的方法分类进行计算，其中，K_1 作为消息加密密钥，K_2 作为 MAC 密钥：

(a) 如果加密选择基于 KDF 的序列密码算法，则

① 计算整数 klen＝mlen＋K_2－len，然后计算 K＝KDF($C_1 \| w \| \mathrm{ID_B}$，klen)，令 K_1 为 K 最左边的 mlen 比特，K_2 为剩下的 K_2-len 比特，若 K_1 为全 0，则返回(2)；

② 计算 $C_2 = M \oplus K_1$；

(b) 如果加密选择结合 KDF 和分组密码算法，则

① 计算整数 klen＝K_1－len＋K_2－len，然后计算 K＝KDF($C_1 \| w \| \mathrm{ID_B}$，klen)，令 K_1 为 K 最左边的 K_1－len 比特，K_2 为剩下的 K_2－len 比特，若 K_1 为全 0，则返回(2)；

② 计算 $C_2 = \mathrm{Enc}(K_1, M)$；

(7) 计算 $C_3 = \mathrm{Mac}(K_2, C_2)$；

(8) 输出密文 $C = C_1 \| C_2 \| C_3$。

公钥解密算法流程如图 11.8 所示，假设 B 收到密文 $C = C_1 \| C_2 \| C_3$，mlen 为其中 C_2 的比特长度，K_1-len 为分组密码算法中密钥 K_1 的比特长度，K_2-len 为 Mac 密钥

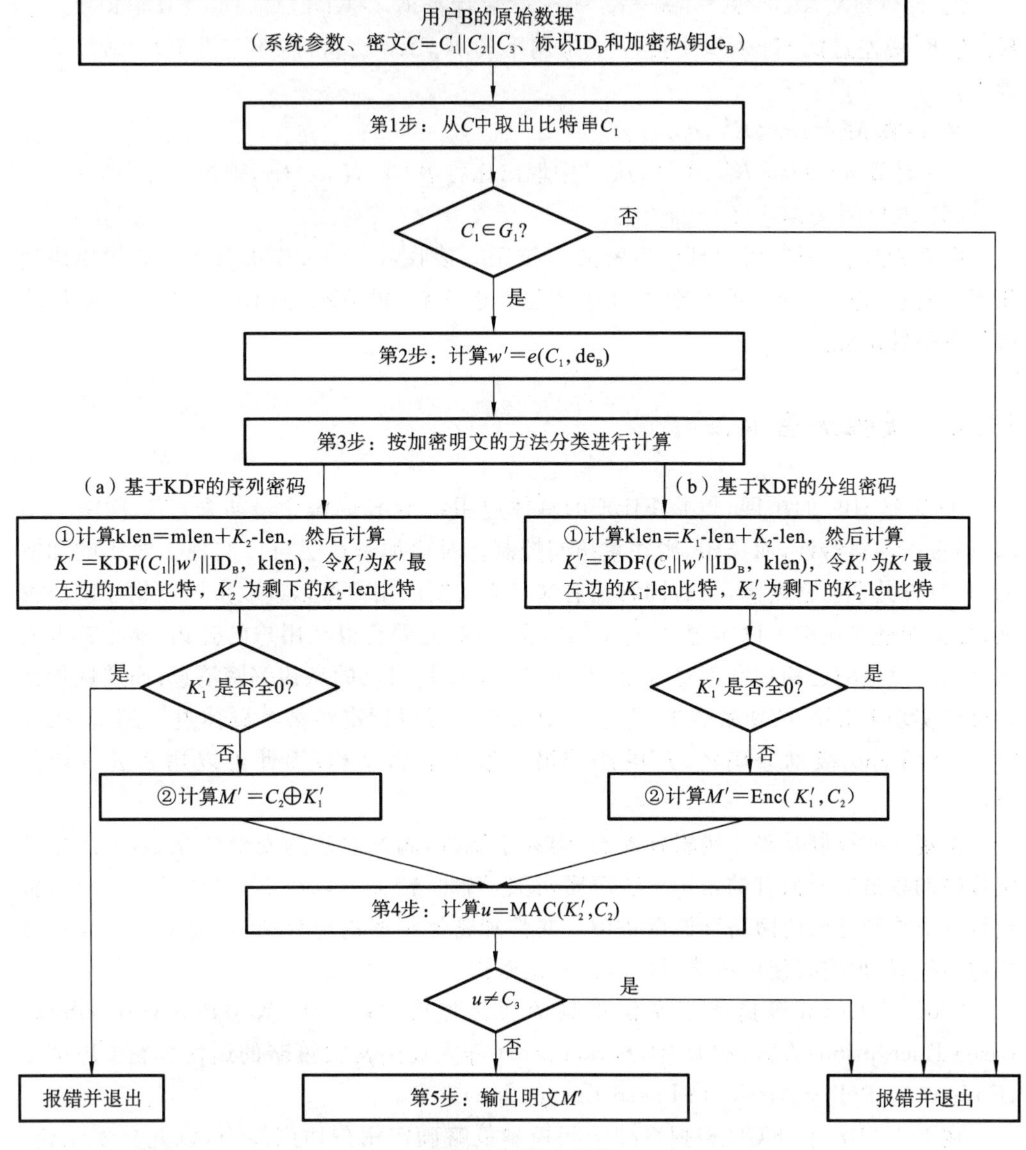

图 11.8　解密流程

K_2 的比特长度。B 执行如下过程。

(1) 从 C 中取出比特串 C_1,将 C_1 转换成椭圆曲线上的点,验证 $C_1 \in G_1$ 是否成立,若不成立则报错退出;

(2) 计算群 G_T 中的元素 $w'=e(C_1, de_B)$,将 w'转换成比特串;

(3) 按加密明文的方法分类进行计算:

(a) 如果加密基于 KDF 的序列密码算法,则

① 计算整数 klen=mlen+K_2-len,然后计算 $K'=\mathrm{KDF}(C_1 \parallel w' \parallel \mathrm{ID_B}, \mathrm{klen})$,令 K'_1 为 K'最左边的 mlen 比特,K'_2 为剩下的 K_2-len 比特,若 K'_1 为全 0,则报错并退出;

② 计算 $M'=C_2 \oplus K'_1$;

(b) 如果加密选择结合 KDF 和分组密码算法,则

① 计算整数 klen=K_1-len+K_2-len,然后计算 $K'=\mathrm{KDF}(C_1 \parallel w \parallel \mathrm{ID_B}, \mathrm{klen})$,令 K'_1 为 K'最左边的 K_1-len 比特,K'_2 为剩下的 K_2-len 比特,若 K'_1 为全 0,则报错并退出;

② 计算 $M'=\mathrm{Enc}(K'_1, C_2)$;

(4) 计算 $u=\mathrm{Mac}(K'_2, C_2)$,从 C 中取出比特串 C_3,若 $u \neq C_3$,则报错并退出;

(5) 输出明文 M'。

同密钥封装一样,可以证明当密文 C 被正确接收,$w'=w$,则加解密过程可以生成相同的密钥,即 $K=K'$,而且密文 C 中还包含密文 C_2 的 Mac,过程(4)可以对密文 C_2 进行完整性认证。

11.2 属性加密算法

ABE 是 IBE 的扩展,也是 FIBE 的具体应用。ABE 的概念最初来自于 FIBE,FIBE 偏重于容错特性,而 ABE 则注重访问控制。对称加密算法可以实现 1 对 1 的加密需求,双方共享秘密密钥,只有同时拥有这一对密钥的用户可以读取由该密钥加密的密文;公钥加密算法则可以实现 N 对 1 的加密需求,只要获得某用户的公钥,那么其他人都可以通过他的公钥加密消息,而只有该用户能使用自己的私钥解密消息;而属性加密则可以实现 1 对 N 的加密需求,即某个加密文档可以指定给某个群体进行解密,比如"财务部门 and 级别>副经理"的用户可以读取加密文档,因此可以用来进行访问控制。

常规访问控制是基于逻辑判断的,但易于绕过,属性加密的安全性在于,不满足既定策略的攻击者所拥有的密钥无法解密密文,因此,密文可以在不安全的信道上传输,也可以上传到开放的网络存储设备中。属性加密比组密钥更灵活,且能实现更细粒度的访问控制,加密时使用策略/属性,而不是密钥。

2006 年,Goyal 等提出了密钥策略的属性加密 KP-ABE(Key-Policy Attribute-Based Encryption)方案,2007 年,Bethencourt 等人提出密文策略的属性加密 CP-ABE(Ciphertext-Policy Attribute-Based Encryption)方案。

在 KP-ABE 中,KGC 根据系统访问控制策略确定用户访问能力,以此分发私钥,每个用户都可以根据文档的属性进行加密,密钥对应于访问策略和结构,密文对应于属

性集合，只有用户的访问能力涵盖文档属性才能解密。因此用户定义为一个谓词逻辑定义的策略，比如用户 A 定义为“技术部门 and 级别 ＜＝副经理 or 张三”，用户 B 定义为“级别 ＜＝总经理 or 李四”，文档属性可以定义为“财务部门，副经理”。

而在 CP-ABE 中，KGC 根据用户属性分发私钥，即用户私钥包含了用户的属性，每个用户都可以自己制定访问策略进行加密，密文中嵌入了访问策略，只有满足访问策略的用户才能解密，这在概念上与传统的访问控制模型，比如 RBAC(基于角色的访问控制，Role-Based Access Control)相似。比如用户 A 定义为“技术部门，副经理，张三”，用户 B 定义为“财务部门，普通员工，李四”，用户 C 定义为“行政部门，总经理，王五”，加密策略为“财务部门 and 级别＞＝副经理”。我们可以看到，根据加密策略，只有用户 C 才有权限访问该策略加密的文件。

11.2.1　访问树和访问控制结构

在属性加密中，访问结构是以属性作为叶子结点、阈值作为内部结点的访问树。访问树表示加密策略，如图 11.9 所示。树中每个非叶子结点表示一个由子结点和阈值所描述的门限。假设 num_x 表示结点 x 的子结点数目，k_x 表示结点 x 的阈值，则有 $0<k_x \leqslant num_x$。当 $k_x=1$ 时，门限表示“或”门，而当 $k_x=num_x$ 时，门限表示“与”门。另外，树中的叶子结点可以认为是一个属性且阈值 $k_x=1$。因此在图 11.9 中，“or”表示 $t=1$，“and”表示 $t=$子结点个数(图 11.9 左边一棵树中为 2)。

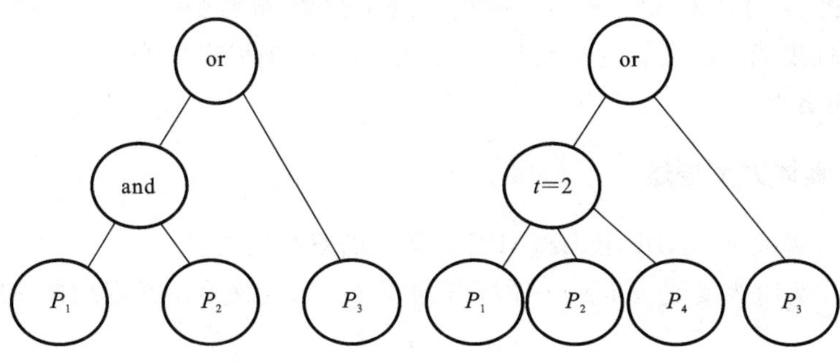

图 11.9　访问树

在访问树中定义了一些函数。函数 parent(x)表示结点 x 的父结点。如果 x 是叶子结点，则 att(x)表示与 x 关联起来的属性值。访问树 T 对每个结点的子结点进行编号，即子结点的编号是从 1 到 num，而函数 index(x)返回结点 x 的编号。

令 R 表示 T 的根结点，而 T_x 表示访问树 T 中以 x 为根的子树，因此 T 也可以表示为 T_R。我们用 $T_x(\gamma)=1$ 表示属性集合 γ 满足访问树 T。我们可以通过以下方式递归计算 $T_x(\gamma)$的值。如果 x 是一个非叶子结点，则计算 x 所有子结点 x' 的 $T_{x'}(\ )$，当且仅当有至少 k_x 个孩子结点返回 1 时，$T(\gamma)$返回 1；如果 x 是叶子结点，当且仅当 att(x) $\in\gamma$，$T_x(\gamma)$返回 1。

当用户的属性集合能够满足访问树，则表明用户能够访问数据。

在 CP-ABE 中定义了单调的访问结构。设$\{P_1,P_2,\cdots,P_n\}$是属性的集合，$A\subseteq 2^{\{P_1,P_2,\cdots,P_n\}}\setminus\{\phi\}$，如果对于任意 $B\in A$，$B\subseteq C$，都有 $C\in A$，则称 A 是一个单调集，也称作单调的访问结构。

A 可以看作所有授权的集合，如果 B 是 A 的一个授权，那么比 B 包含更多属性的集合 C 从直观上讲应该具有更多的权限，所以也应该是一个合法的授权。

在 CP-ABE 中，一个密钥所包含的属性如果满足访问树，就可以解密，比该密钥属性更多的密钥也能满足访问树，因此，一颗访问树隐含一个授权集。

11.2.2　KP-ABE

11.2.2.1　方案结构

2006 年，Goyal 等人构造 KP-ABE 方案，它的提出是针对用户存储在第三方网站上的敏感信息的，难以灵活地控制其访问权限。对加密数据的访问控制实质上是通过对密钥的访问控制来实现的。

一个 KP-ABE 方案由以下四个算法构成。

(1) 初始化：该算法是非确定性算法，它的输入只有一个系统安全参数，然后输出系统的公共参数和主私钥。

(2) 加密：该算法是非确定性算法，它的输入包括一条消息、一个属性集和公共参数，然后输出密文。

(3) 密钥生成：该算法是非确定性算法，它的输入包括一颗访问树、系统主私钥和公共参数，输出解密密钥。

(4) 解密：该算法是确定性算法，它的输入是密文、解密密钥和公共参数，如果加密时使用的属性集能满足密钥生成阶段使用的访问树，则可以解密该密文，获得消息明文。反之，输出为空。

11.2.2.2　具体方案描述

首先简要说明 KP-ABE 和 CP-ABE 方案中的双线性映射。

G_1 和 G_2 为阶为素数 p 的乘法循环群，g 是 G_1 的生成元，e 是双线性映射

$$e: G_1 \times G_1 \to G_2$$

满足

(1) 双线性：对任意 $u, v \in G_1$ 和 $a, b \in Z_p$ 有 $e(u^a, v^b) = e(u, v)^{ab}$；

(2) 非退化：$e(g, g) \neq 1$，其中，1 为 G_2 的生成元。

根据双线性性，有 $e(u_1u_2, v) = e(u_1, v)e(u_2, v)$，$e(u^a, v^b) = e(u, v)^{ab} = e(u^b, v^a)$，双线性性在 SM9 协议正确性的证明中已使用到。

我们详细描述 Goyal 等提出的 KP-ABE 方案。

双线性对 $e: G_1 \times G_1 \to G_2$，一个安全参数 k 确定群的大小。同时定义拉格朗日系数 $\Delta_{i,S} = \prod_{j \in S, j \neq i} \frac{x-j}{i-j}$，$i \in Z_p$，$S$ 是属于 Z_p 的成员集。对每个属性分配 Z_p^* 中的一个唯一值。

(1) 系统初始化。

随机选择 $y \in Z_p$，计算 $Y = e(g, g)^y$。定义属性全集 $U = \{1, 2, \cdots, n\}$，对每个 $i \in U$，随机选择 $t_i \in Z_p$，计算 g^{t_i}。

公钥：

$$\mathrm{PK} = (T_1 = g^{t_i}, \cdots, T_{|U|} = g^{t_{|U|}}, Y)$$

主私钥：

$$\mathrm{MK}=(t_1,\cdots,t_{|U|},y)$$

(2) 加密。

输入(M,γ,PK)，在属性集γ上加密消息$M\in G_2$。

选择一个随机数$s\in Z_p$，计算密文

$$E=(\gamma,E'=MY^s,\{E_i=T_i^s\}_{i\in\gamma})$$

(3) 密钥生成。

输入访问树T、公钥PK和主私钥MK，为用户输出密钥。当且仅当$T(\gamma)=1$时，持有这个密钥的用户可以解密在属性集γ下加密的消息。

为树中的每个结点x选择一个多项式q_x，多项式的选择从根结点R开始，以自上而下的方式进行选择。对于树中的每一个结点，多项式q_x的阶数d_x与结点的阈值k_x相关：$d_x=k_x-1$。对于根结点R，令$q_R(0)=y$，而多项式q_R在其他d_R个点的值随机定义(即除了零次项系数，其他系数随机选择)。类似地，对于下面的其他结点x，令$q_x(0)=q_{\mathrm{parent}(x)}(\mathrm{index}(x))$，而其他$d_x$个点的值随机定义。

一旦多项式确定，对于每个叶子结点x，将如下秘密信息发送给用户：

$$D_x=g^{\frac{q_x(0)}{t_i}}$$

其中，$i=\mathrm{att}(x)$。解密密钥D即为上述产生的秘密信息集合。

(4) 解密。

输入密文E和用户私钥D，输出消息M。现在有密文E，访问树T嵌入解密密钥D中，如果$T(\gamma)=1$，则返回$M\in G_2$；否则，返回“⊥”。

定义一个递归算法DecryptNode(E,D,x)，它的输入是密文E、解密密钥D和访问树的一个结点x，输出群G_2上的一个值或者“⊥”。

① 如果x是一个叶子结点，令$i=\mathrm{att}(x)$，则有

$$\mathrm{DecryptNode}(E,D,x)=\begin{cases}e(D_x,E_i)=e(g^{\frac{q_x(0)}{t_i}},g^{s\cdot t_i})=e(g,g)^{s\cdot q_x(0)}, & i\in\gamma\\ \perp, & \text{otherwise}\end{cases}$$

② 如果x不是叶子结点，递归算法DecryptNode(E,D,x)执行：对于结点x的所有孩子结点z，令$F_z=\mathrm{DecryptNode}(E,D,z)$。设$S_x$为任意$k_x$个$x$子结点$z$的结点集合且$F_z\neq\perp$，若不存在这样的子结点集合，则返回⊥。

令$i=\mathrm{index}(z)$，$S_{x'}=\{\mathrm{index}(z):z\in S_x\}$，利用拉格朗日多项式插值计算

$$\begin{aligned}F_x&=\prod_{z\in S_x}F_z^{\Delta_{i,s_x'}(0)}=\prod_{z\in S_x}(e(g,g)^{s\cdot q_z(0)})^{\Delta_{i,s_x'}(0)}\\&=\prod_{z\in S_x}(e(g,g)^{s\cdot q_x(i)})^{\Delta_{i,s_x'}(0)}=e(g,g)^{s\cdot q_x(0)}\end{aligned}$$

那么，解密算法调用函数DecryptNode在根结点的值，当且仅当密文属性满足访问树，即$T_R(\gamma)=1$时，可计算出DecryptNode$(E,D,R)=e(g,g)^{ys}=Y^s$，再利用$E'=MY^s$计算$E'\cdot(Y^s)^{-1}$即可恢复明文M。

11.2.3 CP-ABE

11.2.3.1 方案结构

2007年，John Bethencourt等人提出的CP-ABE方案大大扩展了ABE的应用范

围。与 KP-ABE 相反，用户的私钥由属性集描述，而访问结构由加密方定义，即在密文中定义了访问结构。CP-ABE 在概念上更接近传统的访问控制方法，如果用户的属性满足密文的访问结构，则用户能够解密密文。

一个 CP-ABE 方案由以下四个算法构成。

(1) 初始化：该算法同 KP-ABE 的初始化过程，是非确定性算法，它的输入只有一个系统安全参数，然后输出系统的公共参数和主私钥。

(2) 加密：非确定性算法，它的输入包括一条消息、一个访问结构 T 和公共参数，然后输出密文，因此称该密文包含了 T。

(3) 密钥生成：非确定性算法，它的输入包括系统一个属性集、主私钥和公共参数，输出解密密钥。

(4) 解密：确定性算法，它的输入是密文、解密密钥和公共参数，如果密钥生成时使用的属性集能满足加密阶段使用的访问树，则可以解密该密文获得消息明文。反之，输出为空。

11.2.3.2 具体方案描述

我们详细描述由 Bethencourt 等提出的 CP-ABE 方案。

双线性对 $e:G_1\times G_1\to G_2$，用一个安全参数 k 确定群的大小。同时定义拉格朗日系数 $\Delta_{i,S}(x)=\prod_{j\in S,j\neq i}\frac{x-j}{i-j}$，$i\in Z_p$，$S$ 是属于 Z_p 的成员集。另外，定义哈希函数 $H:\{0,1\}^*\to G_1$。

(1) 系统初始化。

随机选择两个随机数 $\alpha,\beta\in Z_p^*$，然后计算

公钥：

$$\mathrm{PK}=G_1,g,h=g^{\beta},e(g,g)^{\alpha}$$

主私钥：

$$\mathrm{MK}=(\beta,g^{\alpha})$$

(2) 加密。

加密算法的输入包括公钥、消息 M 和访问树 T。

① 为树中的每个结点 x 选择一个多项式 q_x，多项式的选择是从根结点 R 开始，以自上而下的方式进行选择的。对于树中的每一个结点，多项式 q_x 的阶数 d_x 与该结点的阈值 k_x 相关，即 $d_x=k_x-1$。

② 从根结点开始，选择一个随机数 $s\in Z_p^*$。对于根结点 R，令 $q_R(0)=s$，而多项式 q_R 在其他 d_R 个点的值随机定义。对于根以下的其他结点 x，令 $q_x(0)=q_{\mathrm{parent}(x)}(\mathrm{index}(x))$，而其他 d_x 个点的值随机定义。

③ 用 Y 表示访问树 T 所有叶子结点的集合，用 CT 表示嵌入了访问树 T 的密文。其中，

$$\mathrm{CT}=(T,C'=M\cdot e(g,g)^{\alpha s},C=h^s,\forall y\in Y,C_y=g^{q_y(0)},C_y'=H(\mathrm{att}(y))^{q_y(0)})$$

(3) 密钥生成。

输入属性集 γ 和主私钥 MK，输出具备该属性集的用户的私钥。

选择随机数 $r\in Z_p$，对于每个属性 $j\in\gamma$ 选择一个随机数 $r_j\in Z_p$，计算解密私钥 SK，

$$SK=(D=g^{\frac{\alpha+r}{\beta}},\forall j\in S,D_j=g^r\cdot H(j)^{r_j},D_j'=g^{r_j})$$

(4) 解密。

将密文 CT 和用户私钥 SK 作为输入，输出消息 M。如果 $T(\gamma)=1$，则进行解密操作；否则返回“⊥”。首先定义递归的结点解密算法 DecryptNode(CT,SK,x)如下。

输入：$CT=(T,C',C,\forall y\in Y,C_y,C_y')$，$SK=(D,\forall j\in S,D_j,D_j')$和结点 x。

输出：群 G_2 上的一个值或者“⊥”。

① 如果 x 是一个叶子结点，令 $i=\text{att}(x)$，则有

$$\text{DecryptNode}(CT,SK,x)=\begin{cases}\dfrac{e(D_i,C_x)}{e(D_i',C_x')}=e(g,g)^{r\cdot q_x(0)}, & i\in\gamma\\ \perp, & \text{otherwise}\end{cases}$$

$$\frac{e(D_i,C_x)}{e(D_i',C_x')}=\frac{e(g^r\cdot H(i)^{r_i},g^{q_x(0)})}{e(g^{r_i},H(i)^{q_x(0)})}=\frac{e(g,g)^{r\cdot q_x(0)}e(H(i),g)^{r_i\cdot q_x(0)}}{e(H(i),g)^{r_i\cdot q_x(0)}}=e(g,g)^{r\cdot q_x(0)}$$

② 如果 x 不是叶子结点，算法 DecryptNode(CT,SK,x)对结点 x 的孩子结点 z 递归调用，令 $F_z=\text{DecryptNode}(CT,SK,z)$。设 S_x 为任意 k_x 个 x 子结点 z 的结点集合且 $F_z\neq\perp$，若不存在这样的子结点集合，则返回⊥。

令 $i=\text{index}(z)$，$S'_x=\{\text{index}(z):z\in S_x\}$，利用拉格朗日多项式插值计算：

$$\begin{aligned}F_x&=\prod_{z\in S_x}F_z^{\Delta_{i,s'_x}(0)}=\prod_{z\in S_x}(e(g,g)^{r\cdot q_z(0)})^{\Delta_{i,s'_x}(0)}\\&=\prod_{z\in S_x}(e(g,g)^{r\cdot q_x(i)})^{\Delta_{i,s'_x}(0)}=e(g,g)^{r\cdot q_x(0)}\end{aligned}$$

解密算法调用该函数在根结点的值。所以，当且仅当密文属性满足访问树，即 $T_R(\gamma)=1$ 时，可计算出 $\text{DecryptNode}(CT,SK,R)=e(g,g)^{r\cdot q_R(0)}=e(g,g)^{rs}$。

最后计算

$$\frac{C'\cdot e(g,g)^{rs}}{e(C,D)}=\frac{M\cdot e(g,g)^{\alpha s}\cdot e(g,g)^{rs}}{e(h^s,g^{\frac{\alpha+r}{\beta}})}=\frac{M\cdot e(g,g)^{\alpha s+rs}}{e(g^{\beta s},g^{\frac{\alpha+r}{\beta}})}=M \qquad (11.1)$$

故可以恢复明文 M。

图 11.10 所示的为示例访问树，那么访问树的秘密值在根结点 A 上，选择随机数 s。在每个结点构造一个次数为 $t-1$ 的随机 mod p 多项式。

A：$q_A(0)=s$，$q_A(x)=ax^2+bx+s$　a,b 随机选择

B：$q_B(0)=q_A(1)$，$q_B(x)=cx+q_B(0)$　c 随机选择

C：$q_C(0)=q_A(2)$，$q_C(x)=dx+q_C(0)$　d 随机选择

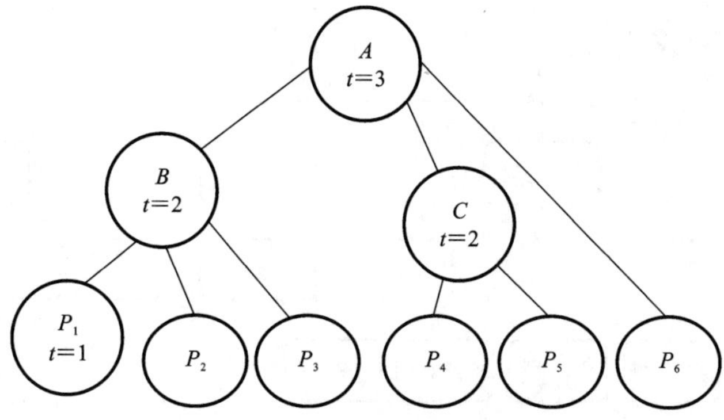

图 11.10　访问树示例

$P_6: q_{P_6}(0)=q_A(3)$

$P_1: q_{P_1}(0)=q_B(1)$，依此类推。

加密时，利用 $s, q_{P_1}(0), q_{P_2}(0), \cdots, q_{P_6}(0)$ 来进行计算。

解密时，用户根据密钥中包含的属性对应的值，先"求出"$q_{P_1}(0), q_{P_2}(0), \cdots, q_{P_6}(0)$，然后根据拉格朗日插值公式"求出"$s$。实质上是根据 DecryptNode 求出叶子结点的 $e(g,g)^{r \cdot q_y(0)}$，进而递归求出根结点的 DecryptNode 值 $e(g,g)^{rs}$，最终根据式(11.1)可以恢复消息 M。

假设在解密时，求解结点 B 的 DecryptNode 值，根据 $t=2$，假设可选择结点 P_1 和 P_3，其属性值满足 $t=2$ 的阈值要求，$q_B(x)$ 为 1 次多项式，根据拉格朗日插值公式，通过两个点可恢复 $q_B(x)$，设 $q_B(x)$ 在 $x=1,3$ 两点的拉格朗日系数为 $\Delta_1(x)=\frac{x-3}{1-3}$ 和 $\Delta_3(x)=\frac{x-1}{3-1}$，那么我们可以通过 DecryptNode(CT, SK, P_1) 和 DecryptNode(CT, SK, P_2) 计算出 DecryptNode(CT, SK, B)。

$$\text{DecryptNode}(\text{CT},\text{SK},P_1)=e(g,g)^{r \cdot q_{P_1}(0)}=e(g,g)^{r \cdot q_B(1)}$$

$$\text{DecryptNode}(\text{CT},\text{SK},P_3)=e(g,g)^{r \cdot q_{P_3}(0)}=e(g,g)^{r \cdot q_B(3)}$$

$$q_B(x)=q_B(1)\Delta_1(x)+q_B(3)\Delta_3(x),\ q_B(0)=q_B(1)\Delta_1(0)+q_B(3)\Delta_3(0)$$

因此 $(e(g,g)^{r \cdot q_B(1)})^{\Delta_1(0)}(e(g,g)^{r \cdot q_B(3)})^{\Delta_3(0)}=e(g,g)^{r \cdot q_B(0)}=e(g,g)^{r \cdot q_A(1)}$，依此类推，可以递归求出 DecryptNode(CT, SK, A)$=e(g,g)^{r \cdot q_A(0)}=e(g,g)^{rs}$。

习题

11.1 通过 SM9 算法分析 IBE 算法的功能特点。

11.2 假设一个单位的组织机构如图 11.11 所示，试利用 CP-ABE 设计一种密钥管理和加密方案，实现如下安全要求：

(1) 同一部门的用户之间可以互访加密文件；

(2) 不同部门的用户之间不能互访加密文件；

(3) 上级部门的用户可以查看下级部门的用户的加密文件。

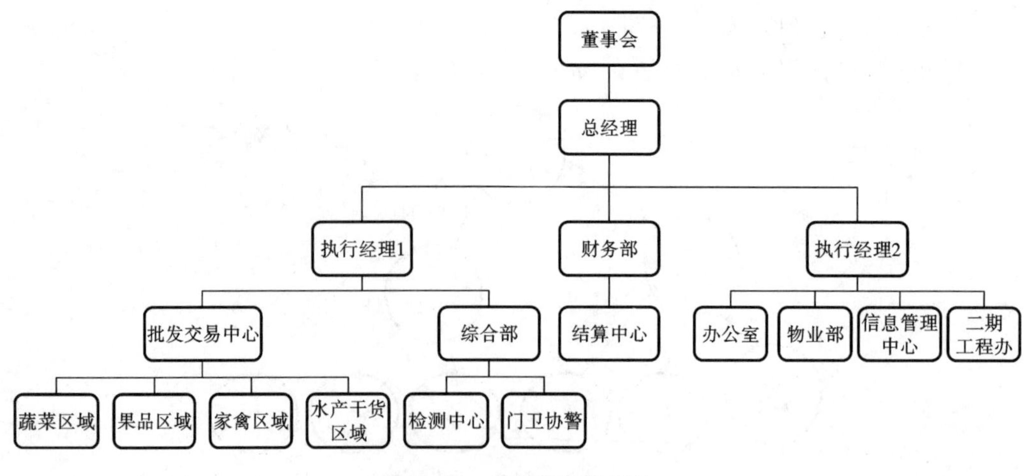

图 11.11 单位组织机构图

参 考 文 献

[1] 汤学明. 信息安全数学基础[M]. 武汉:华中科技大学出版社,2023.

[2] Douglas R. Stinson. 密码学原理与实践[M]. 冯登国,等译. 3rd. 北京:电子工业出版社,2016.

[3] 陈少真,王磊. 密码学教程[M]. 北京:科学出版社,2022.

[4] 卢开澄. 计算机密码学[M]. 3rd. 北京:清华大学出版社,2003.

[5] 姜丹. 信息论与编码[M]. 北京:中国科学技术大学出版社,2019.

[6] Jonathan Katz,Yehuda Lindell. 现代密码学——原理与协议[M]. 任伟,译. 北京:国防工业出版社,2011.

[7] Eli Biham,Adi Shamir. Differential Cryptanalysis of DES-like Cryptosystems[J]. Journal of Cryptology, 1991,4(3):72.

[8] Joan Daemen,Vincent Rijmen. 高级加密标准算法:Rijndael 的设计[M]. 谷大武,徐胜波,译. 北京:清华大学出版社,2003.

[9] Bruce Schneier. 应用密码学:协议、算法与 C 源程序[M]. 吴世忠,祝世雄,张文政,等译. 北京:机械工业出版社,2014.

[10] 陈恭亮. 信息安全数学基础[M]. 2nd. 北京:清华大学出版社,2014.

[11] 杨波. 现代密码学[M]. 5th. 北京:清华大学出版社,2022.

[12] 吴文玲,冯登国,张文涛. 分组密码的设计与分析[M]. 2nd. 北京:清华大学出版社,2009.

[16] 关杰,丁林,张凯. 序列密码的分析与设计[M]. 北京:科学出版社,2019.

[17] 祝跃飞,张亚娟. 公钥密码学[M]. 北京:高等教育出版社,2010.

[18] 祝跃飞,张亚娟. 椭圆曲线公钥密码导引[M]. 北京:科学出版社,2006.

[19] Oded Goldreich. 密码学基础(卷一)[M]. 温巧燕,杨义先,译. 北京:人民邮电出版社,2003.

[20] Oded Goldreich. 密码学基础(卷二)[M]. 温巧燕,杨义先,等译. 北京:人民邮电出版社,2003.

[21] 张焕国,王张宜. 密码学引论[M]. 武汉:武汉大学出版社,2003.

[22] Wenbo Mao. 现代密码学理论与实践[M]. 王继林,伍前红,译. 北京:电子工业出版社,2004.

[23] Tom St Denis,Simon Johnson. 程序员密码学[M]. 沈晓斌,译. 北京:机械工业出版社,2007.

[24] Michael Welschenbach. 密码学 C/C++语言实现[M]. 杜瑞颖,何琨,周顺淦,译. 北京:机械工业出版社,2015.

[25] Wade Trappe,Lawrence C. Washington. 密码学与编码理论[M]. 2nd. 王全龙,王鹏,林昌露,译. 北京:人民邮电出版社,2008.

[26] 张文政,陈克非,赵伟. 密码学的基本理论与技术[M]. 北京:国防工业出版

社,2015.

[27] 李子臣. 商用密码:算法原理与C语言实现[M]. 北京:电子工业出版社,2020.

[28] 谢冬青,冷健. PKI原理与技术[M]. 北京:清华大学出版社,2004.

[29] 董玲,陈克非. 密码协议:基于可信任新鲜性的安全性分析[M]. 北京:高等教育出版社,2012.

[30] Daniel J. Bernstein,Johannes Buchmann,Erik Dahmen. 抗量子计算密码[M]. 张焕国,王后珍,杨昌,等译. 北京:清华大学出版社,2015.